Friedrich · Krewitt

Umwelt- und Gesundheitsschäden durch die Stromerzeugung

Springer

Berlin
Heidelberg
New York
Barcelona
Budapest
Hongkong
London
Mailand
Paris
Santa Clara
Singapur
Tokio

Rainer Friedrich · Wolfram Krewitt

Umwelt- und Gesundheitsschäden durch die Stromerzeugung

Externe Kosten von Stromerzeugungssystemen

Mit 44 Abbildungen

Springer

Rainer Friedrich
Wolfram Krewitt

Institut für Energiewirtschaft
und Rationelle Energieanwendung
Universität Stuttgart
Heßbrühlstraße 49a
D-70565 Stuttgart

ISBN-13:978-3-540-63603-8

Die Deutsche Bibliothek - CIP-Einheitsaufnahme
Umwelt- und Gesundheitsschäden durch die Stromerzeugung :
externe Kosten von Stromerzeugungssystemen / Hrsg.: Rainer Friedrich ;
Wolfram Krewitt. - Berlin ; Heidelberg ; New York ; Barcelona ; Budapest ;
Hongkong ; London ; Mailand ; Paris ; Santa Clara ; Singapur ; Tokio : Springer - 1997
ISBN-13:978-3-540-63603-8 e-ISBN-13:978-3-642-60914-5
DOI: 10.1007/978-3-642-60914-5

Satz: Reproduktionsfertige Vorlagen des Autors
Einband: Struve & Partner, Heidelberg
Foto auf dem Einband mit freundlicher Genehmigung der Bavaria Bildagentur GmbH & Co. KG
SPIN: 10548521 62/3020 - 5 4 3 2 1 0 - Gedruckt auf säurefreiem Papier

Vorwort

Die Schäden und Risiken, die dem Menschen und der Umwelt durch die Energieversorgung aufgebürdet werden, sind ein wesentlicher Bestandteil von Diskussionen über die Ausgestaltung unseres Energiesystems. Insbesondere Vorschläge zur verstärkten Nutzung bestimmter Energiesysteme werden häufig von Hinweisen auf die Nachteile bzw. externen Kosten konkurrierender Systeme begleitet. Sollen solche Hinweise auf externe Effekte zu einer auf Konsensfindung ausgerichteten Diskussion und zu konsistenten Entscheidungen beitragen, so sind sie möglichst detailliert zu beschreiben; Schäden und Risiken sowie die diesen entsprechenden externen Kosten müssen daher soweit möglich quantitativ dargestellt werden. Es ist das Ziel dieses Buches, wichtige von ausgewählten Stromerzeugungssystemen ausgehende Schäden und Risiken zu beschreiben und zu quantifizieren. Anschließend werden diese externen Effekte monetarisiert, d. h. in einen gemeinsamen Maßstab, die externen Kosten umgerechnet.

Die Autoren dieses Buches haben in ihren Beiträgen gemeinsam festgelegte einheitliche Methoden, Festlegungen und Parameterwerte berücksichtigt, sodaß die einzelnen Kapitel dieses Buches sich zu einem geschlossenen Gesamtbeitrag zusammenfügen.

Die in diesem Buch vorgestellten Methoden und die damit erzielten Ergebnisse wurden im Rahmen von Forschungsprojekten erarbeitet, die insbesondere von der Europäischen Kommission, Generaldirektion XII, JOULE Programm, sowie von der Stiftung Energieforschung Baden-Württemberg finanziert wurden. Hierfür bedanken sich Autoren und Herausgeber.

Rainer Friedrich, Wolfram Krewitt

Autoren

Dipl.-Wirtsch.-Ing. Peter Bickel
Dr.-Ing. habil. Rainer Friedrich
Dipl.-Volkswirt Alexander Greßmann
Dr.-Ing. Wolfram Krewitt
Dipl.-Ing. Petra Mayerhofer
Dipl.-Phys. Alfred Trukenmüller

Institut für Energiewirtschaft und Rationelle Energieanwendung
Universität Stuttgart
Heßbrühlstr. 49 a
70565 Stuttgart

Dr. rer. pol. Jochen Diekmann
Dipl.-Volkswirt Barbara Praetorius

Deutsches Institut für Wirtschaftsforschung
14191 Berlin

Dipl.-Ing. Frank Kaspar
Dipl.-Ing. Fotis Raptis
Dr.-Ing. Jürgen Sachau

Institut für Solare Energieversorgungstechnik
Verein an der Universität Gesamthochschule Kassel
Königstor 59
34119 Kassel

Dr. rer. pol. Klaus Rennings

Zentrum für Europäische Wirtschaftsforschung
Postfach 10 34 43
68034 Mannheim

Inhaltsverzeichnis

1 **Problemstellung** ... 1
(R. FRIEDRICH)

2 **Methoden der Technikbewertung** ... 5

2.1 Bewertung von Umweltschäden im Konzept einer dauerhaft-umweltgerechten Entwicklung ... 5
(K. RENNINGS)
2.1.1 Definition einer dauerhaft-umweltgerechten Entwicklung ... 5
2.1.2 Das neoklassische Konzept ökonomischer Dauerhaftigkeit ... 7
2.1.3 Allokation, Distribution und Skalierung ... 8
2.1.4 Indikatoren für eine dauerhaft-umweltgerechte Entwicklung ... 10
2.1.4.1 Operationalisierung der Managementregeln ... 10
2.1.5 Fazit: Synthese von externen Kosten und kritischen Belastungswerten . 12
2.2 Externe Effekte und ihre Internalisierung ... 14
(J. DIEKMANN, B. PRAETORIUS)
2.2.1 Einleitung ... 14
2.2.2 Eigenschaften externer Effekte ... 14
2.2.2.1 Externe Effekte und Marktversagen ... 14
2.2.2.2 Relevante externe Kosten und Vermeidungskosten ... 16
2.2.2.3 Monetarisierung ... 18
2.2.3 Begriffliche Abgrenzung und Aussagefähigkeit externer Kosten ... 19
2.2.4 Internalisierung externer Kosten ... 21
2.2.4.1 Theoretische Grundlagen ... 21
2.2.4.2 Politische Instrumente ... 22
2.3 Methoden zur Schadensabschätzung ... 25
(W. KREWITT, P. MAYERHOFER)
2.3.1 Modellierung der Schadstoffausbreitung und -umwandlung ... 27
2.3.2 Modellierung der Wirkung auf verschiedene Rezeptoren ... 31
2.3.3 Modellierung und Bewertung der Umwelteinwirkung mit Hilfe von ökologischen Belastungsgrenzen ... 32
2.4 Ökonomische Bewertung von externen Effekten der Stromerzeugung ... 37
(K. RENNINGS)
2.4.1 Vergleichende Darstellung von Bewertungsmethoden ... 37
2.4.1.1 Methoden zur Schätzung der Zahlungsbereitschaft für Umweltqualitäten ... 37

2.4.2 Grenzen der Monetarisierung ... 41
2.4.3 Diskontierung externer Kosten der Stromerzeugung ... 43
2.4.3.1 Einführung ... 43
2.4.3.2 Das Konzept der sozialen Zeitpräferenzrate ... 44
2.4.3.3 Das Konzept der sozialen Opportunitätskostenrate ... 45
2.4.3.4 Das Konzept intergenerativer Gerechtigkeit ... 46
2.4.3.5 Schlußfolgerungen ... 49
2.4.4 Bewertung individueller Risikobereitschaft ... 50
2.4.4.1 Einführung ... 50
2.4.4.2 Technische Risikoanalyse und individuelle Bewertung ... 50
2.4.4.3 Marktversagen aufgrund von Informationsmängeln ... 51
2.4.4.4 Schlußfolgerungen ... 52
2.4.5 Bewertung von Gesundheitsrisiken ... 53
2.4.5.1 Mortalität - Der Wert eines statistischen Lebens ... 53
2.4.5.2 Der Wert eines verlorenen Lebensjahres ... 55
(A. GREßMANN, P. BICKEL)
2.4.5.3 Morbidität ... 60
2.4.5.4 Schlußfolgerungen ... 60
2.4.6 Bewertung von Klimaschäden ... 60
2.4.7 Bewertung von Lärm ... 62
2.4.7.1 Literaturüberblick ... 62
2.4.7.2 Die Studie von Weinberger, Thomassen und Willeke ... 63
2.4.7.3 Übertragbarkeit der Ergebnisse für niedrige Lärmpegel ... 64
2.4.7.4 Schlußfolgerungen ... 64
2.4.8 Bewertung visueller Beeinträchtigungen ... 65
2.4.8.1 Visuelle Beeinträchtigungen und Sichtbehinderungen ... 65
2.4.8.2 Probleme der Übertragbarkeit von Schätzwerten ... 65
2.4.8.3 Die Studie von Eyre ... 65
2.4.8.4 Deutsche Studien ... 66
2.4.8.5 Schlußfolgerungen ... 67

3 Schäden durch Stromerzeugung aus fossilen Energieträgern ... 69
(P. MAYERHOFER, W. KREWITT, A. TRUKENMÜLLER, R. FRIEDRICH)

3.1 Einleitung ... 69
3.2 Die betrachteten Stromerzeugungssysteme ... 69
3.2.1 Einleitung ... 69
3.2.2 Die fossilen Referenzkraftwerke ... 70
3.2.3 Vor- und nachgelagerte Prozeßstufen für die Stromerzeugung aus Steinkohle ... 71
3.2.4 Vor- und nachgelagerte Prozeßstufen für die Stromerzeugung aus Braunkohle ... 72
3.2.5 Vor- und nachgelagerte Prozeßstufen für die Stromerzeugung aus Öl ... 73
3.2.6 Vor- und nachgelagerte Prozeßstufen für die Stromerzeugung aus

Erdgas ... 73
3.2.7 Emissionen der fossilen Referenzenergiesysteme ... 76
3.3 Öffentliche Gesundheitsschäden durch Luftschadstoffe ... 79
3.3.1 Epidemiologische Studien als Grundlage von Dosis-Wirkungsbeziehungen ... 79
3.3.2 Die Wirkungen der relevanten Schadstoffe ... 81
3.3.2.1 Staub und SO_2 ... 81
3.3.2.2 Stickstoffdioxid ... 83
3.3.2.3 Ozon ... 83
3.3.3 Ableitung von Expositions-Wirkungsbeziehungen ... 84
3.3.4 Quantifizierung der Gesundheitsschäden ... 86
3.4 Berufliche Gesundheitsrisiken ... 91
3.4.1 Verfahren zur Quantifizierung beruflicher Gesundheitsrisiken ... 92
3.4.1.1 Das Konzept des Nettorisikos ... 92
3.4.1.2 Prozeßkettenanalyse ... 93
3.4.1.3 Quantifizierung beruflicher Gesundheitsschäden mit Hilfe von Expositions-Wirkungsbeziehungen ... 93
3.4.2 Quantifizierung der beruflichen Gesundheitsrisiken für die Referenzenergiesysteme ... 96
3.5 Schädigungen von Feldpflanzen durch Luftverunreinigungen ... 98
3.5.1 Wirkungsprozesse ... 98
3.5.2 Verfahren zur Schadensabschätzung ... 99
3.5.2.1 Expositions-Wirkungsbeziehungen für SO_2 ... 99
3.5.2.2 Expositions-Wirkungsbeziehungen für O_3 ... 100
3.5.2.3 Daten zur Agrarproduktion ... 102
3.5.2.4 Das Verfahren zur Quantifizierung der Produktionsverluste ... 102
3.5.2.5 Das Verfahren zur Quantifizierung des erhöhten Kalkbedarfs ... 102
3.5.3 Quantifizierung für die Referenzenergiesysteme ... 103
3.6 Schädigungen von Wäldern und naturnahen Ökosystemen durch Luftverunreinigungen ... 105
3.6.1 Wirkungsprozesse ... 105
3.6.1.1 Die Bodenversauerung ... 106
3.6.1.2 Die Eutrophierung ... 106
3.6.1.3 Die Waldschäden ... 107
3.6.1.4 Zusammenhang zwischen Waldschäden und Wachstumsraten ... 108
3.6.1.5 Die Erfassung der Waldschäden ... 109
3.6.2 Das Critical Levels und Loads-Konzept der UN-ECE ... 110
3.6.2.1 Einführung ... 110
3.6.2.2 Critical Levels ... 110
3.6.2.3 Critical Loads ... 113
3.6.3 Verfahren zur Abschätzung der Umwelteinwirkung mit Hilfe von ökosystemaren Belastungsgrenzen ... 118
3.7 Schäden an Sachgütern durch Luftverunreinigungen ... 123
3.7.1 Wirkungsprozesse ... 123

3.7.1.1 Metalle ... 124
3.7.1.2 Anorganische, nichtmetallische Werkstoffe ... 125
3.7.1.3 Anstrichsysteme ... 125
3.7.2 Verfahren zur Schadensabschätzung ... 126
3.7.2.1 Schadensfunktionen ... 128
3.7.2.2 Quantitative Erfassung des gefährdeten Bestands ... 130
3.7.2.3 Instandsetzungskriterien und -kosten ... 131
3.7.2.4 Kulturgüter ... 132
3.7.3 Quantifizierung für die Referenzenergiesysteme ... 135
3.8 Schäden durch den anthropogenen Treibhauseffekt ... 136
3.8.1 Wirkungsprozesse ... 136
3.8.2 Die Schadenskosten für den „Benchmark Case" ... 138
3.8.3 Verfahren zur Schadensabschätzung ... 142
3.8.3.1 Einleitung ... 142
3.8.3.2 Modellierung der globalen Temperaturerhöhung ... 142
3.8.3.3 Berechnung der treibhausgasspezifischen Schadenskosten durch die Klimaänderung ... 143
3.8.4 Quantifizierung für die fossilen Referenzenergiesysteme ... 147
3.8.5 Verwendung von Vermeidungskosten statt der externen Kosten für die Klimaänderung ... 148
3.9 Auswirkungen von Ölaustritten auf marine Ökosysteme ... 155
3.9.1 Auswirkungen von Öleinträgen auf Organismen ... 155
3.9.2 Wirkung auf Biota ... 155
3.9.2.1 Phytoplankton ... 155
3.9.2.2 Fische ... 156
3.9.2.3 Vögel ... 156
3.9.2.4 Meeressäuger ... 156
3.9.2.5 Ölunfall AMOCO CADIZ – Bretagne ... 157
3.9.2.6 Ölunfall EXXON VALDEZ – Alaska ... 157
3.9.2.7 Abschätzung externer Kosten ... 157
3.10 Sonstige Effekte ... 158

4 Schäden durch Stromerzeugung aus Kernenergie ... 161
(W. KREWITT)

4.1 Einleitung ... 161
4.2 Beschreibung des nuklearen Stromerzeugungssystems ... 162
4.3 Öffentliche Gesundheitsschäden durch ionisierende Strahlung ... 165
4.3.1 Wirkungsprozesse ... 165
4.3.2 Verfahren zur Schadensabschätzung ... 166
4.3.3 Quantifizierung der Gesundheitsschäden ... 169
4.3.3.1 Normalbetrieb ... 169
4.3.3.2 „Brennstoffkreislauf" mit direkter Endlagerung ... 173
4.3.3.3 Schäden durch nichtradioaktive Emissionen ... 174

4.3.3.4 Folgen eines auslegungsüberschreitenden Unfalls 176
4.4 Berufliche Gesundheitsschäden 182
4.5 Bewertung der Gesundheitsrisiken 184
4.5.1 Berechnung externer Kosten 184
4.5.2 Ansätze zur Berücksichtigung von Risikoaversion 184

5 Schäden durch Stromerzeugung mit erneuerbaren Energieträgern 189
(F. RAPTIS, F. KASPAR, J. SACHAU)

5.1 Photovoltaik 189
5.1.1 Eigenschaften der photovoltaischen Energieversorgung 189
5.1.1.1 Allgemeines 189
5.1.1.2 Stand der Technik und Entwicklungstendenzen 190
5.1.1.3 Besonderheiten der Photovoltaik 191
5.1.2 Referenzstandorte und -technologien 191
5.1.2.1 Standorte 191
5.1.2.2 Systemtechnik 194
5.1.2.3 Energieerzeugung 196
5.1.2.4 Betriebsphase 196
5.1.2.5 Abfallbeseitigung 197
5.1.3 Schadstoffabgabe in die Umwelt 197
5.1.3.1 Modulproduktion 197
5.1.3.2 Schadstoffabgabe während der Modulproduktion 198
5.1.3.3 Material- und Energiebedarf für Systemkomponenten 202
5.1.3.4 Spezifische Emissionsfaktoren 203
5.1.3.5 Gesamte atmosphärische Emissionen 204
5.1.3.6 Wirkungen und Kosten der Emissionen 206
5.1.4 Berufliche Gesundheitsrisiken 206
5.1.4.1 Methode 206
5.1.4.2 Quantifizierung der Gesundheitsrisiken 207
5.1.4.3 Ökonomische Bewertung 210
5.1.5 Flächenverbrauch und optische Belastungen 211
5.1.6 Zusammenfassung 211
5.2 Windenergie 215
5.2.1 Eigenschaften der Stromerzeugung mit Windenergie 215
5.2.1.1 Allgemeines 215
5.2.1.2 Stand der Technik und Entwicklungstendenzen 215
5.2.1.3 Besonderheiten der Windenergie 216
5.2.2 Referenzstandort und -technologie 217
5.2.2.1 Standorte 217
5.2.2.2 Systemtechnik 218

5.2.2.3 Betriebsphase 220
5.2.3 Luftschadstoffe und Treibhausgase 221
5.2.3.1 Materialeinsatz 221
5.2.3.2 Spezifische Emissionsfaktoren 222
5.2.3.3 Gesamte atmosphärische Emissionen 222
5.2.3.4 Wirkungen und Kosten der Emissionen 223
5.2.4 Lärmbelastungen 224
5.2.4.1 Berechnung der Schallausbreitung 224
5.2.4.2 Hintergrund-Geräuschpegel 226
5.2.4.3 Betroffene Bevölkerung 226
5.2.4.4 Ökonomische Bewertung 226
5.2.5 Visuelle Störungen 227
5.2.5.1 Visuelle Effekte von Windparks 227
5.2.5.2 Visuelle Wirkungen des "Nordfriesland Windpark" 228
5.2.5.3 Ökonomische Bewertung 228
5.2.6 Berufliche Gesundheitsrisiken 229
5.2.6.1 Quantifizierung der Gesundheitsrisiken 229
5.2.6.2 Ökonomische Bewertung 233
5.2.7 Direkte Wirkungen auf Flora und Fauna 233
5.2.8 Zusammenfassung 234

6 Zusammenfassung und Schlußfolgerungen 237
(W. KREWITT, R. FRIEDRICH)

6.1 Methodik und Bewertungsansätze 237
6.2 Quantifizierung umweltrelevanter Effekte 241
6.3 Ergebnisse der Quantifizierung externer Kosten 247
6.4 Schlußfolgerungen und Ausblick 255

Literatur 259

Abkürzungen 279

1 Problemstellung

(R. Friedrich)

Während früher die Technikentwicklung und -anwendung als durchweg positiv, insbesondere als Weg zur Vermehrung des Wohlstandes angesehen wurden, rükken heute mehr und mehr Betrachtungen über die Gefahren und Risiken von Techniken in den Vordergrund. Dies nicht ohne Grund, sind doch durch Entwicklung neuer Techniken und durch vermehrte Anwendung bestehender Techniken Komplexität und Ausmaß der Umwelteinwirkungen gestiegen. Waren früher eher lokale Belastungen problematisch, so sind jetzt globale Einwirkungen und Risiken hinzugekommen; man denke etwa an Klimaveränderungen durch die Erhöhung der Treibhausgaskonzentration in der Atmosphäre oder Risiken durch die Reduzierung der Ozonschicht in der Stratosphäre.

Das Bewußtsein, daß solche Schäden und Risiken bedeutsam sind, ist gewachsen. Dementsprechend besteht heutzutage Konsens, daß bei Entscheidungen nicht die betriebswirtschaftlichen Kosten allein ausschlaggebend sein sollten. Vielmehr sind Umwelt- und Gesundheitsschäden und -risiken sowie Ressourcenverbrauch adäquat mit zu berücksichtigen; in der Sprache der Ökonomie ausgedrückt geht es darum, daß solche externen, weil nicht im Preis bzw. der Kostenrechnung berücksichtigten Effekte internalisiert, also von den Entscheidungsträgern berücksichtigt werden.

Dies gilt nicht zuletzt für den Bereich der Elektrizitätserzeugung, der eine der wesentlichen Quellen von Belastungen und Gefährdungen von Umwelt, Gesundheit und Natur ist. Beispielhaft seien die Auswirkungen von Tankerunfällen, die Folgen von Veränderungen des Klimas durch die Emission von Treibhausgasen, Belastungen durch radioaktive Stoffe z. B. durch den Tschernobyl-Reaktorunfall und Beiträge zu hohen Ozon- und Aerosolkonzentrationen in der Atmosphäre und zu saurem Regen genannt. Die Berücksichtigung solcher Schäden und Risiken setzt ihre möglichst genaue Kenntnis voraus. Es ist daher ein wichtiges Ziel dieses Buches, Umweltschäden und -risiken, die durch die wichtigsten Stromerzeugungssysteme, also durch Steinkohle-, Braunkohle-, Öl-, Gas- und Kernkraftwerke sowie Windenergie- und Photovoltaikanlagen entstehen, systematisch dem Stand des Wissens entsprechend zu beschreiben. Dabei wird soweit wie möglich der Wirkungspfadansatz verwendet. Ausgehend von den Emissionen von Stoffen aus den betrachteten Kraftwerken in die Umweltmedien werden die Ausbreitung und chemische Umwandlung der Schadstoffe und schließlich mit Hilfe von Expositions-Wirkungs-Beziehungen die Schäden für Menschen, Tiere, Pflanzen und Materialien detailliert berechnet. Dabei werden auch die Emissionen vor- und nachgelagerter Prozeßstufen, also etwa Brennstoffgewinnung, Ascheentsorgung,

Bau und Abriß der Kraftwerke usw. berücksichtigt. Es ergibt sich somit ein detailliertes Bild der Schäden und Risiken, die durch die Stromerzeugung in den untersuchten Systemen entstehen.

Offen aber ist damit noch die Frage, auf welche Weise denn eine adäquate konsistente Berücksichtigung von verschiedensten Kriterien erfolgen soll. Hat man etwa mehrere Technikalternativen zur Erzeugung eines bestimmten Nutzens (etwa der Bereitstellung einer bestimmten Menge von Licht, Wärme und Kraft), so weisen diese in der Regel unterschiedliche Zielerfüllungsgrade auf, also etwa unterschiedliche Kosten, Krankheitsrisiken, Schäden an Materialien, an Feldfrüchten, Erhöhung von Treibhausgasemissionen usw. Bei der Wahl der aus Sicht der Gesellschaft optimalen Alternative müssen alle diese Vor- und Nachteile gegeneinander abgewogen werden.

Dies ist nicht einfach,

- weil es den Menschen prinzipiell schwerfällt, mehrdimensional zu denken, also zahlreiche Kriterien konsistent und widerspruchsfrei gegeneinander abzuwägen und
- weil die Bewertungen der Menschen verschieden sind.

In einem großen Teil dieses Buches wird daher der Frage nachgegangen, inwieweit und wie unterschiedliche Schäden und Risiken auf konsistente und nachvollziehbare Weise vergleichbar gemacht und in eine quantitative Bewertung integriert werden können.

Eine mögliche Lösung dieser Bewertungsproblematik wird von der Umweltökonomie angeboten - nämlich die Monetarisierung und Internalisierung externer Effekte. Im Prinzip geht es dabei darum, die Zahlungsbereitschaft für die Vermeidung von Umweltschäden und Risiken zu ermitteln. Diese Zahlungsbereitschaft ist ein Maß für den Nutzenverlust, mit dem Schäden und Risiken bewertet werden. Bei öffentlichen Schäden ist die Summe der Zahlungsbereitschaften ein Maß für die Bewertung eines Schadens durch die gesamte betroffene Bevölkerung. Allerdings ist dieses Konzept nicht überall anwendbar, setzt es doch zum einen ausreichende Kenntnisse über die Schäden und Zahlungsbereitschaften und zum anderen die prinzipielle Möglichkeit zur Kompensation von Umweltschäden und Gesundheitsrisiken durch Waren und Dienstleistungen voraus. Dort wo dies nicht gegeben ist, ist eine Ergänzung durch das Konzept der Forderung nach nachhaltiger Entwicklung erforderlich und sinnvoll. Konkret geht es darum, daß bestimmte Belastungsgrenzen für Umwelt und Gesundheit nicht überschritten werden dürfen.

Eine Synthese aus beiden Konzepten wird in diesem Buch verwendet, um die unterschiedlichen Schäden und Risiken der verschiedenen Stromerzeugungssysteme miteinander vergleichbar zu machen und damit eine Gesamtbewertung zu ermöglichen.

Dabei wird deutlich, daß dies noch Gegenstand aktueller wissenschaftlicher Arbeit und Diskussion ist; die Methoden sind noch im Fluß und die Unsicherheiten der Ergebnisse noch recht hoch. Dennoch können die wichtigsten Schadenskategorien bzw. Technikschwachstellen deutlicher identifiziert werden. Zudem zwingt der erforderliche Aufbau einer konsistenten quantitativen Vorgehensweise dazu, über Bewertungsmaßstäbe und die diesen zugrundeliegenden moralischen Prinzipien schärfer nachzudenken.

Im nachfolgenden Kapitel 2 werden zunächst Methoden der Technikbewertung erörtert. Dabei werden insbesondere der Ansatz externer Kosten und der Ansatz der nachhaltigen Entwicklung (sustainable development) näher erläutert und durch Angabe von Parameterwerten und Verfahrensvorschriften konkretisiert. In den Kapiteln 3, 4 und 5 werden dann die durch die Stromerzeugung mit fossilen Energieträgern, mit Kernenergie und mit erneuerbaren Energieträgern entstehenden Schäden und Risiken explizit quantifiziert und anschließend mit den in Kapitel 2 erläuterten Methoden bewertet. Kapitel 6 enthält eine Zusammenfassung und einige Schlußfolgerungen.

2 Methoden der Technikbewertung

2.1 Bewertung von Umweltschäden im Konzept einer dauerhaft-umweltgerechten Entwicklung

(K. Rennings)

2.1.1 Definition einer dauerhaft-umweltgerechten Entwicklung

Die Übersetzung des Begriffs sustainable development als dauerhaft-umweltgerechte Entwicklung hat der Rat von Sachverständigen für Umweltfragen (SRU) in seinem Umweltgutachten 1994 eingeführt [2.1]. Daneben ist eine Reihe weiterer Übersetzungen gebräuchlich, wie etwa nachhaltige, zukunftsfähige oder tragfähige Entwicklung. Für die Übersetzung des SRU spricht vor allem, daß sie die Priorität ökologischer Erfordernisse besonders herausstellt. Als Leitbild der internationalen Umweltpolitik hat sich der Begriff einer dauerhaft-umweltgerechten Entwicklung spätestens seit der UNCED-Konferenz 1992 in Rio durchgesetzt, wo er in der Präambel der Agenda 21 erwähnt wird. Popularisiert wurde der Begriff zuvor vor allem durch den Bericht „Unsere gemeinsame Zukunft" der Weltkommission für Umwelt und Entwicklung (WCED) im Jahre 1987, die nach ihrer Vorsitzenden Brundtland-Kommission genannt wird.

Im Brundtland-Bericht wird dauerhaft-umweltgerechte Entwicklung definiert als eine „Entwicklung, die die Bedürfnisse der Gegenwart befriedigt, ohne zu riskieren, daß künftige Generationen ihre eigenen Bedürfnisse nicht befriedigen können" [2.2]. Als Schlüsselbegriffe werden dabei hervorgehoben:

- der Begriff „Bedürfnisse", und
- der Gedanke von Beschränkungen, welche die Umwelt in die Lage versetzen, sowohl gegenwärtige Bedürfnisse, insbesondere die Grundbedürfnisse der Ärmsten der Welt (Forderung nach intragenerativer Gerechtigkeit) als auch zukünftiger Bedürfnisse zu befriedigen (intergenerative Gerechtigkeit).

In der Ökonomie hat der Sustainability-Begriff eine lange Tradition. Das Konzept der Nachhaltigkeit stammt ursprünglich aus der Forstwirtschaft, wo es eine Verpflichtung auf eine Waldbewirtschaftung kennzeichnet, bei der die Holzernte die Regenerationsfähigkeit des Waldes nicht überschreitet, so daß ein dauerhafter Schwund des Waldbestandes vermieden wird. In einem weiteren Sinn wird der Begriff der nachhaltigen Ernte in der Ressourcenökonomie für eine bestandserhaltende Nutzung von erneuerbaren Ressourcen verwendet (sustainable yield).

Seit das Konzept der dauerhaft-umweltgerechten Entwicklung in der Umweltpolitik eine zentrale Rolle spielt, bemühen sich auch Ökonomen um eine allgemeinere Definition und Konkretisierung dieses Begriffes. So wird der Nachhaltigkeitsbegriff in der neueren umweltökonomischen Literatur auch auf den Verbrauch erschöpfbarer Ressourcen und die Funktion der Umwelt als Aufnahmemedium für Schadstoffe ausgedehnt. Durchgesetzt hat sich bislang vor allem die ökonomische Formulierung des Dauerhaftigkeitskonzeptes von Pearce und Turner, die im wesentlichen eine Konstanz des natürlichen Kapitalstocks fordert [2.3]. Entwicklung wird danach allgemein als positiver gesellschaftlicher Wandel verstanden, also als eine Leerformel, die von der Gesellschaft ausgefüllt werden muß. Elemente des Entwicklungs-Vektors können z.B. das Pro-Kopf-Einkommen, die Ausstattung mit Infrastruktur, Bildung, die Einkommensverteilung, Gesundheit, Freiheitsrechte oder Umweltqualität sein. Je weiter der Begriff definiert wird, desto größer werden auch die Probleme seiner adäquaten Messung. Als dauerhaft-umweltgerecht wird eine Entwicklung bezeichnet, wenn der Wert des Entwicklungs-Vektors im Zeitablauf nicht sinkt.

Pearce und Turner haben für natürliche Ressourcen das Konzept des konstanten natürlichen Kapitalstocks entwickelt. Um spätere Generationen nicht schlechter zu stellen, soll danach der Bestand an natürlichem Kapital konstant gehalten werden. Das Konzept formuliert drei grundsätzliche Managementregeln, welche zur Erhaltung eines konstanten natürlichen Kapitalstocks befolgt werden müssen:

- Die Abbaurate erneuerbarer Ressourcen darf ihre Regenerationsrate nicht überschreiten.
- Erschöpfbare Ressourcen dürfen nur dann abgebaut werden, wenn gleichwertige Alternativen geschaffen werden, d.h. wenn sie durch technischen Fortschritt, Realkapital und/oder erneuerbare Ressourcen ersetzt werden können.
- Emissionen dürfen die natürliche Aufnahmekapazität der Umwelt nicht überschreiten.

Die drei Managementregeln werden mitunter um das Leitprinzip der Erhöhung der Ressourceneffizienz ergänzt, das übergreifend für alle Umweltressourcen gilt [2.4]. Als weitere ergänzende Dauerhaftigkeitsregel hat der SRU den Gesundheitsschutz hervorgehoben, der in der Bundesrepublik in der Vergangenheit besonders durch das Vorsorgeprinzip zum Ausdruck gebracht wurde und von den Vertretern des Sustainability-Konzeptes in der Regel nicht explizit erwähnt wird [2.1].

Je nachdem, ob sich die Forderung nach einer Konstanz des Kapitalstocks im engeren Sinne auf die Natur bezieht, oder ob im weiteren Sinne lediglich eine Konstanz des gesamten volkswirtschaftlichen Kapitalstocks gefordert wird (was meist implizit die Austauschbarkeit von künstlichem und natürlichem Kapital unterstellt), lassen sich Konzepte schwacher und starker Dauerhaftigkeit unterscheiden [2.5]. Das Konzept schwacher Dauerhaftigkeit („weak sustainability") basiert auf der neoklassischen Wohlfahrtstheorie und fordert lediglich die Konstanz des gesamten volkswirtschaftlichen Kapitalstocks. Dies läßt prinzipiell die Substitution natürlicher Ressourcen durch künstliches Kapital zu. Nutzenverluste aufgrund zunehmender Umweltbeeinträchtigungen (z.B. Waldschäden) können somit durch Zuwächse des Nutzens menschlich erzeugten Kapitals (z.B. Computer) ausgeglichen werden. In dem Konzept schwacher Dauerhaftigkeit werden daher die Kosten der Umweltbelastung als Indikatoren für entstandene Wohlfahrtsverluste verwendet. Das Konzept starker Dauerhaftigkeit („strong sustainability") verneint dagegen eine vollständige Substituierbarkeit zwischen natürlichem und künstlichem Kapital und betont die absoluten Schranken der Nutzbarkeit natürlicher Ressourcen. Belastungsgrenzen natürlicher Ressourcen werden daher in physischen Größen gemessen.

2.1.2 Das neoklassische Konzept ökonomischer Dauerhaftigkeit

Auch in der neoklassischen Ressourcenökonomie gibt es Konzepte für eine nachhaltige Bewirtschaftung erneuerbarer und erschöpfbarer Ressourcen. Denn grundsätzlich erscheint es aus einer ökonomischen Logik heraus langfristig vernünftig, den Bestand an natürlichem Kapital zu schonen. Dies gilt aber nur, wenn ein späterer Abbau von Ressourcen höheren Nutzen verspricht als der heutige. Der Verzicht auf einen sofortigen Ressourcenabbau ist folglich mit realen Kosten verbunden, denn die Ressource hätte volkswirtschaftlich rentabel eingesetzt und den Wohlstand mehren können. Außerdem ist der Nutzen heutigen Konsums dem Individuum sicher, ein Aufschieben in die Zukunft birgt dagegen immer Unsicherheit. Die Opportunitätskosten des Verzichts auf die heutige Nutzung von Ressourcen drücken Ökonomen in einer positiven Diskontrate aus. Zur Bestimmung dieser Diskontrate werden in Abhängigkeit davon, ob die Konsumenten- oder die Produzentenseite betrachtet wird, die Konzepte der sozialen Zeitpräferenzrate und der sozialen Opportunitätskostenrate verwendet [2.6].

Damit erklärt sich, warum die nachhaltige und ökonomisch optimale Nutzung von Ressourcen nur in seltenen Fällen übereinstimmen. Die Abhängigkeit des zeitlich optimalen Abbaus erschöpfbarer Ressourcen in Abhängigkeit vom Zinssatz drückt insbesondere die Hotelling-Regel aus, nach der auf einem vollkommenen Markt der Preis einer Ressource mit dem Zinssatz wachsen muß [2.7]. Bei niedrigeren Preissteigerungen würde der Besitzer die Ressource vollständig abbauen und sein Kapital lieber zinsbringend anlegen, bei höheren Preissteigerungen würde er die Ressource in der Hoffnung auf künftige Wertsteigerungen schonen. Bei erneuerbaren Ressourcen verhält es sich ähnlich, mit dem Unterschied, daß ein Konsumaufschub nicht allein durch einen Wertzuwachs der Ressource lohnend sein kann, sondern auch durch die Vermehrung der Ressource [2.8].

Um eine nachhaltige Bewirtschaftung von Ressourcen zu erreichen, ist in der Regel eine langfristigere Perspektive bzw. eine stärkere Berücksichtigung von Präferenzen künftiger Generationen erforderlich. Es wird daher mitunter vorgeschlagen, die Diskontrate zu senken oder völlig auf eine Diskontierung zu verzichten, um auszudrücken, daß heutige Wohlfahrt nicht mehr zählt als Wohlfahrt zu einem späteren Zeitpunkt. Eine Diskontrate von Null führt jedoch bei einem unbegrenzten Zeithorizont zu unendlich hohen externen Kosten ökonomischer Aktivitäten, was letztlich einen völligen Verzicht auf heutige Ressourcennutzung impliziert [2.9]. Nicht vergessen werden darf auch, daß der Zinssatz den relativen Preis des Kapitals darstellt, jegliche Zinsänderung somit eine Änderung der relativen Preise bewirkt und demzufolge unerwünschte ökonomische Nebenwirkungen induzieren kann. Es erscheint deshalb vernünftiger, den Zinssatz unangetastet zu lassen, dem Markt aber ökologische Grenzen zu setzen. Norgaard und Howarth argumentieren in die gleiche Richtung, mit einem Akzent auf der Distributionsfrage: „If we are concerned about the distribution of welfare across generations, then we should transfer wealth, not engage in inefficient investments. Transfer mechanisms might include setting aside natural resoures and protecting environments, educating the young, and developing technologies for the sustainable management of renewable resources“ [2.10].

Da die Diskontrate als Ansatzpunkt zur Sicherung intergenerativer Gerechtigkeit fragwürdig erscheint, hat eine Reihe von Ökonomen die Ansätze der Kompensationsinvestition und der Reinvestition zur Sicherung einer fairen Verteilung entwickelt. In dem Konzept der Kompensationsinvestition wird als Dauerhaftigkeitskriterium gefordert, daß Umweltschäden durch Ersatzmaßnahmen ausgeglichen werden [2.11]. Dabei ist für die Kosten-Nutzen-Analyse bemerkenswert, daß das Prinzip der rein hypothetischen Kompensation durch das der tatsächlichen Kompensation ersetzt wird. Ähnlich verhält es sich mit der Hartwick-Regel, die eine Reinvestition der Renten aus dem Abbau erschöpfbarer Ressourcen in reproduzierbares Kapital verlangt [2.12]. Ein Beispiel dafür ist die Reinvestition der Renten aus der Verbrennung fossiler Rohstoffe in die Entwicklung erneuerbarer Energien.

Die Schwäche der beiden Ansätze besteht darin, daß sie auf rein monetäre Maßeinheiten zurückgreifen und damit eine unbegrenzte Substituierbarkeit natürlicher Ressourcen unterstellen, d.h. ein Konzept schwacher Dauerhaftigkeit vertreten. Dies würde beispielsweise erlauben, ein größeres Ozonloch durch den verbesserten Schutz von Pandabären zu kompensieren.

2.1.3 Allokation, Distribution und Skalierung

Die Entwicklung sowohl ökologisch als auch ökonomisch problemadäquater Konzepte einer dauerhaft-umweltgerechten Entwicklung ist Gegenstand der sogenannten ökologischen Ökonomie. Im Gegensatz zu rein wohlfahrtstheoretischen Ansätzen wird das Umweltproblem nicht lediglich als ökonomisches Allokationsproblem aufgefaßt. Die Vertreter einer ökologischen Ökonomie beanspruchen für sich, interdisziplinär sowie methodisch und theoretisch offen zu sein.

Während neoklassische Umweltökonomen überwiegend eine Position schwacher Dauerhaftigkeit einnehmen, akzeptieren Vertreter der ökologischen Ökonomie eher absolute Belastungsgrenzen der Natur. Diese Belastungsgrenzen rücken ins Zentrum des Konzeptes. So unterscheidet Daly drei grundlegende, separierbare politisch-ökonomische Aufgaben: Allokation, Distribution und Skalierung [2.13]. Damit verbunden ist die Forderung, daß

- zuerst das Skalierungsproblem gelöst werden muß, d.h. der Verbrauch natürlicher Ressourcen muß an die ökologische Tragekapazität (ecological carrying capacity) angepaßt werden,
- an zweiter Stelle das Problem der Distribution gelöst werden muß, d.h. die gerechte Verteilung der als zulässig erachteten Umweltnutzungen, und
- erst zuletzt eine Reallokation dieser Umweltnutzungsrechte in Gang gesetzt werden kann. Im Sinne einer effizienten Allokation ist es ökonomisch rational, einen Tausch der Rechte auf Märkten zuzulassen. In diesem letzten Schritt ergeben sich aus dem Allokationsprozeß heraus relative Preise für Umweltnutzungsrechte (also jene unbekannten „ökologisch wahren Preise", die empirische Studien zur monetären Bewertung externer Effekte heute zu schätzen versuchen).

Allokation und Distribution sind weithin anerkannter, fester Bestandteil der ökonomischen Theorie und verfügen über ein eigenes Instrumentarium (z.B. freie Preisbildung, Transfers). Skalierung (scale), so Daly, werde bislang nicht als eigenständige Aufgabe anerkannt, sondern unter Allokation oder Distribution subsumiert. Daly vergleicht die Funktion der Bestimmung der ökologischen Tragekapazität mit der Festlegung von Freibordmarken (plimsoll-lines), die die absolute Ladegrenze von Schiffen angeben. Um zu vermeiden, daß ein Schiff überladen wird und sinkt, müssen diese Ladegrenzen eingehalten werden. Während die Tragekapazität den Mindeststandard an Umweltschutz bestimmt („good scale"), sollte ein darüber hinausgehendes Maß an Umweltschutz mit anspruchsvolleren Standards realisiert werden, wenn dies aufgrund der individuellen Präferenzen wohlfahrtsoptimal erscheint („optimal scale"). Die Kritik an der neoklassischen Umweltökonomie besteht demnach darin, daß sie mit ihrer Fixierung auf Allokationsfragen die Notwendigkeit der Etablierung von Koordinationsmechanismen zur Lösung vorgelagerter ökologischer und sozialer Probleme völlig ausblendet. In Anlehnung an die Metapher der lebensrettenden Freibordmarken läßt sich dies so ausdrücken: „Economists who are obsessed with allocation to the exclusion of scale really deserve the environmentalists criticism that they are busy rearranging deck chairs on the Titanic" [2.13].

Diese Grundaussagen der ökologischen Ökonomie lassen sich folgendermaßen als Kritik am Konzept der externen Kosten formulieren: Solange wirtschaftliche Aktivitäten nicht die Endlichkeit natürlicher Ressourcen beachten, und solange gleichzeitig eine gerechte Verteilung dieser endlichen Ressourcen unterbleibt, macht eine Bewertung externer Kosten wenig Sinn. Ein Beispiel: Erst nachdem die für einen dauerhaft-umweltgerechten Klimaschutz notwendigen Emissionsreduktionen von Treibhausgasen durchgesetzt worden sind, und nachdem die verbleibenden Emissionsrechte global gerecht verteilt worden sind, können sich über einen Handel dieser Rechte Preise herausbilden, die als volkswirtschaftliche Kosten der Klimastabilität angesehen werden können. Wie leicht einzusehen ist, sind diese Preise z.B. extrem davon abhängig,

- ob bescheidene (Stabilisierung) oder sehr ehrgeizige (80prozentige Reduktion) Ziele über einen bestimmten Zeitraum vereinbart werden und
- ob die verbleibenden Rechte nach dem grandfathering-Prinzip weitgehend an die Industrieländer verteilt werden oder diese sich ihre Rechte erst von den Entwicklungsländern erwerben müssen.

Solange keine Entscheidungen über die Skalierung und Distribution gefallen sind, können externe Kosten daher lediglich nach dem Status quo (gegebene Verteilung von Emissionsrechten) oder aufgrund selbst gesetzter Annahmen bewertet werden. Dies erklärt wiederum die Unsicherheiten und weiten Bandbreiten der Schätzungen. Die ökologische Ökonomie kann somit einen Beitrag dazu leisten, den auf Allokationsfragen verengten Blick der Ökonomen für vorgelagerte ökologische und soziale Problemstellungen zu öffnen.

2.1.4 Indikatoren für eine dauerhaft-umweltgerechte Entwicklung

2.1.4.1 Operationalisierung der Managementregeln

Orientiert man sich an den drei grundlegenden Managementregeln einer dauerhaft-umweltgerechten Entwicklung, stellt sich die Frage, wie sich die Regeln weiter konkretisieren lassen. Auf erneuerbare Ressourcen läßt sich die Forderung, daß die Abbaurate nicht größer als die Regenerationsrate sein darf, noch relativ leicht anwenden. Es stellt sich jedoch die Frage, ob nicht auch ein darüber hinausgehender Abbau erneuerbarer Ressourcen für spätere Generationen vorteilhaft sein kann. Noch schwieriger ist die Bestimmung einer akzeptablen Abbaurate für erschöpfbare Ressourcen. Ein Abbau erschöpfbarer Ressourcen kann immer dann legitimiert werden, wenn spätere Generationen diese Ressource nicht mehr benötigen, beispielsweise deshalb, weil ihre Funktionen auch anderweitig (z.B. durch erneuerbare Ressourcen oder Maschinen) erfüllt werden können. Eine solche Substitution natürlicher Ressourcen ist wegen deren Multifunktionalität allerdings in vielen Fällen problematisch. Während etwa Ölvorräte im wesentlichen eine Funktion als Rohstofflieferant erfüllen und somit prinzipiell ersetzbar erscheinen, dient beispielsweise der Erhalt von Arten mehreren Zwecken. So sind Robben und Wale als Lieferanten für Fleisch und Fett sicherlich ersetzbar, aus der Sicht vieler Menschen aber nicht in ihrem Beitrag zum Reichtum aquatischer Ökosysteme. Arten und Ökosysteme stiften ihren Nutzen daher nicht allein durch ihre unmittelbare Verwendung im ökonomischen System (use value), sondern vor allem auch durch den Eigenwert ihrer Existenz (non use value).

Aufgrund der Schwierigkeit, aus den ersten beiden Managementregeln bestimmte quantitative Nutzungsgrenzen abzuleiten, reduziert sich die Forderung nach einem Schutz natürlicher Ressourcen meist darauf, bestimmte Mindestniveaus zu sichern, die späteren Generationen auf keinen Fall vorenthalten werden dürfen. So formulierte Ciriacy-Wantrup 1952 erstmals den sogenannten safe-minimum-standard. Danach dürfen ökonomische Aktivitäten die wesentlichen Elemente der Biosphäre nicht in ihrer Existenz gefährden, unabhängig von den Umständen des Einzelfalls [2.14]. Eine konkretere Bestimmung möglicher Elemente des safe-minimum-standards nimmt Hampicke vor, der dieses Zielbündel als „Bündel ESH" bezeichnet, zu dem er die folgenden Teilziele zählt: [2.14]

- Teilziel E:
  Erhalt aller Elemente, die den Reichtum der Biosphäre ausmachen und klar identifiziert werden können (z.B. allgemein Artenschutz, aber in Einzelfällen auch Schutz bestimmter Populationen oder Naturdenkmäler).
- Teilziel S:
  Selbstregulation (Gleichgewicht) der Biosphäre.
- Teilziel H:
  Homöostase, d.h. Konservierung eines bestimmten Zustands (z.B. Klima) in den Fällen, in denen eine Selbstregulation der Natur in Form einer Anpassung an ein neues Gleichgewicht zwar möglich wäre, aber dies die menschlichen Lebensbedingungen erheblich verschlechtern würde (z.B. Eiszeiten).

Auch die Zieloperationalisierung von Hampicke bleibt jedoch noch sehr allgemein. Zudem wird der safe-minimum-standard meist nicht als absolutes Ziel vorgeschrieben, sondern durchaus zum Gegenstand ökonomischer Abwägung gemacht. So formuliert etwa Bishop den safe-minimum-standard für den Artenschutz folgendermaßen: Das Aussterben einer Spezie muß vermieden werden, es sei denn, die Kosten des Erhalts dieser Spezie sind unvertretbar hoch [2.15]. An dieser Stelle gehen die Konzepte starker und schwacher Dauerhaftigkeit fließend ineinander über.

Um die dritte Managementregel handhabbar zu machen, ist es erforderlich, die natürliche Aufnahmekapazität zu bestimmen. Als Indikatoren für die ökologische Aufnahmekapazität hat der SRU die Ermittlung kritischer Belastungswerte vorgeschlagen, also sogenannter critical loads und critical levels [2.1]. Diese Belastungsgrenzen müssen sehr exakt räumlich und zeitlich für bestimmte Wirkungen an einzelnen Rezeptoren festgelegt werden. Das critical-levels- und critical-loads-Konzept ist von der Wirtschaftskommission der Vereinten Nationen für Europa (UN-ECE) für verschiedene Luftschadstoffe entwickelt worden. Critical levels bezeichnen dort kritische Konzentrationen von Luftschadstoffen, critical loads dagegen kritische Depositionen. Werden critical levels und critical loads unterschritten, sind nach dem heutigem Stand des Wissens keine Schädigungen an Rezeptoren zu befürchten.

2.1.5 Fazit: Synthese von externen Kosten und kritischen Belastungswerten

Das Kriterium ökonomischer Effizienz einer dauerhaft-umweltgerechten Entwicklung drückt sich in der Forderung nach einer optimalen Skalierung aus. Wie Daly schreibt: „An optimal scale is at least sustainable, but beyond that it is a scale at which we have not yet sacrificed ecosystem services that are at the present worth more at the margin than the production benefits derived from further growth in the scale of resource use" [2.13]. Dies bedeutet, daß über die Erhaltung der ökologischen Tragfähigkeit der Erde hinaus zusätzlicher Umweltschutz lohnend sein kann. Zusätzliche Umweltschutzmaßnahmen sind solange ökonomisch effizient, wie die damit verursachten Kosten niedriger sind als der gestiftete Nutzen.

Somit wird die ökonomische Bewertung von Kosten und Nutzen des Umweltschutzes durch das Konzept einer dauerhaft-umweltgerechten Entwicklung keineswegs überflüssig. Zwar verzichten die Vertreter eines Sustainability-Konzeptes im Zweifel eher auf eine Kosten-Nutzen-Optimierung und fixieren statt dessen lediglich ökologische Mindeststandards, doch sprechen mindestens zwei Gründe dafür, das Konzept der externen Kosten auch im Rahmen einer ökologischen Ökonomie beizubehalten und weiterzuentwickeln:

- Erstens gibt die Natur in der Realität keine sicheren Schranken vor. Belastungsgrenzen der Umwelt (z.B. critical loads) lassen sich nur für wenige Stoffe ableiten und können je nach methodischem Ansatz zu divergierenden Ergebnissen führen. Selbst wenn Schwellenwerte existieren, ist zu entscheiden, ob der Schwellenwert eingehalten werden soll oder gewisse Umweltschäden in Kauf genommen werden können. Im Regelfall ergeben sich durch umweltpolitische Entscheidungen marginale Veränderungen von Umweltrisiken, deren Kosten und Nutzen sehr wohl abgewogen werden müssen. Entweder-oder-Entscheidungen über den Erhalt oder Zusammenbruch ganzer Ökosysteme sind im politischen Tagesgeschäft kaum anzutreffen. Mit anderen Worten: Welche Natur geschützt werden soll, bleibt eine im politischen Prozess zu treffende Entscheidung und damit eben auch Gegenstand ökonomischer Abwägung.
- Zweitens sollte sich eine ökologisch orientierte Marktwirtschaft selbst dort, wo ökologische Mindeststandards (good scale) definierbar sind, mit ihnen nicht zufriedengeben, wenn ökonomische Gründe für höhere Standards (optimal scale) sprechen. Genauso sichert die soziale Marktwirtschaft keineswegs für jeden nur ein soziales Existenzminimum, sondern mitunter weit mehr.

Um dem ökonomischen Aspekt des Konzeptes einer dauerhaft-umweltgerechten Entwicklung gerecht zu werden, ist es daher erforderlich, auch die Kosten und Nutzen einer Verbesserung der Umweltsituation anzugeben. Soweit verläßliche Daten vorhanden sind, sollte ermittelt werden, welche Kosten für die Einhaltung kritischer Belastungsschwellen für verschiedene Ökosysteme aufgewendet werden müssen, aber auch, in welchem Ausmaß soziale Kosten der Umweltverschmutzung eingespart werden. Mittel- bis langfristig sollte daher eine Verbindung ökonomischer und ökologischer Indikatoren erfolgen, wie sie in Abb. 2.1 angedeutet wird. Dabei werden aus ökologischer Sicht der aktuellen Umweltbelastung kritische Belastungswerte gegenübergestellt. Aus ökonomischer Sicht werden die volkswirtschaftlichen Kosten der bestehenden Umweltverschmutzung mit den Kosten zur Beseitigung dieser Schäden bzw. der Schadensvorsorge verglichen. Je nachdem, von welcher Aggregationsstufe die Berechnung der Vermeidungskosten ausgeht, lassen sich top down- und bottom up-Ansätze unterscheiden.

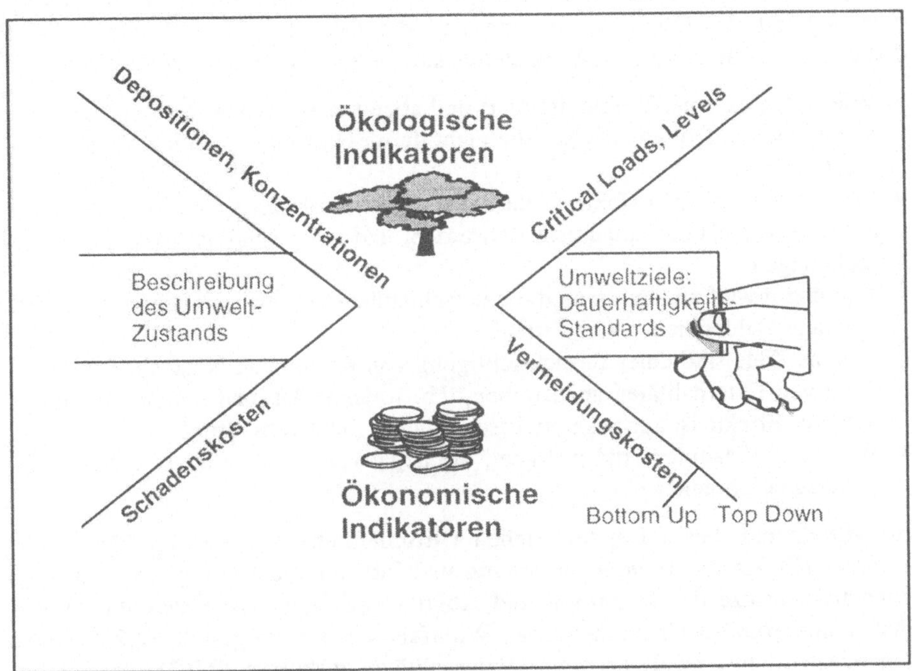

Abb. 2.1. Verbindung ökologischer und ökonomischer Indikatoren einer dauerhaft umweltgerechten Entwicklung

2.2 Externe Effekte und ihre Internalisierung

(J. Diekmann, B. Praetorius)

2.2.1 Einleitung

Die Existenz und Konsequenzen externer Effekte werden vor allem im Zusammenhang mit der Energieversorgung und der Gestaltung des Verkehrswesens diskutiert. Aus methodischer Sicht stellen sich hierbei die folgenden Fragen:

- Wie sollen externe Effekte definiert und abgegrenzt werden, und welche Rolle sollten hierbei Effekte spielen, die nicht durch Umweltmedien übertragen werden?
- Wie können diese Effekte identifiziert, ihre Ausbreitung verfolgt und ihre Schäden zurechenbar quantifiziert werden, und wie verläßlich sind solche Berechnungen?
- Wie und inwiefern kann man die unterschiedlichen Auswirkungen vergleichbar - etwa in Geldeinheiten - bewerten?
- Welche Ziele sind unter Berücksichtigung von Kosten und Nutzen der Vermeidung von Externalitäten anzustreben; d.h. welches Ausmaß der Beschränkung externer Effekte ist aus gesamtwirtschaftlicher Sicht vernünftig?
- Welche Maßnahmen sind geeignet, die negativen Auswirkungen externer Effekte zu beschränken?

Im Mittelpunkt dieses Kapitels stehen wirtschaftliche Aspekte des Phänomens externer Effekte der Energieversorgung und ihre Internalisierung. Dazu werden zunächst Ansätze der Definition und Abgrenzung relevanter Externalitäten vor dem Hintergrund der neoklassischen Wohlfahrtstheorie vorgestellt (2.2.2) sowie die Frage nicht-umweltbezogener Externalitäten diskutiert (2.2.3). Fragen der monetären Bewertung externer Effekte werden ausführlich in Kapitel 2.4 behandelt. Von besonderer Bedeutung sind letztlich die politischen Konsequenzen, die aus der Existenz von Externalitäten gezogen werden. In Abschnitt 2.2.4 werden deshalb verschiedene Optionen zur Internalisierung von externen Kosten skizziert.

2.2.2 Eigenschaften externer Effekte

2.2.2.1 Externe Effekte und Marktversagen

Dem Grundmodell der neoklassischen Wohlfahrtstheorie liegen die Annahmen zugrunde, daß freie Märkte existieren und die Wirtschaftssubjekte rationale Entscheidungen derart treffen, daß sie ihren individuellen Nutzen bzw. Profit maximieren. Unter der Annahme, daß die Marktpreise *alle* relevanten Kosten widerspiegeln, die mit der Bereitstellung von Gütern verbunden sind, kann gezeigt werden, daß der Marktmechanismus zu einer optimalen Allokation knapper Ressourcen führt und damit zugleich ein gesellschaftlich optimales Wohlfahrtsniveau erreicht. Allerdings kann dies nur unter den restriktiven Bedingungen vollkommener Märkte gewährleistet sein. Sobald die Preise nicht die richtigen Kostensignale an Konsumenten und Produzenten vermitteln, können Marktprozesse nicht mehr zu den gewünschten Ergebnissen führen.

Anders als in der Theorie weisen reale Märkte eine Reihe von Unvollkommenheiten auf, die verschiedene Ursachen haben und zu *Marktversagen* führen können [2.16]. Die wichtigsten Ursachen für Marktversagen sind natürliche Monopole und externe Effekte. Beispielsweise ist die Bereitstellung und Nutzung von fossilen und nuklearen Energiequellen mit verschiedenen Formen von Emissionen und Reststoffen verbunden, die einen negativen Einfluß auf die Gesundheit der Bevölkerung haben und materielle Schäden oder finanzielle Aufwendungen verursachen können. Diese Folgewirkungen bedingen gesamtwirtschaftliche Kosten und senken damit das erreichbare Niveau der gesellschaftlichen Wohlfahrt. Da diese externen Kosten nicht in den individuellen Kostenfunktionen enthalten sind, haben die Verursacher regelmäßig keinen Anreiz, ihr Verhalten zu ändern, um diese Kosten zu reduzieren.

Ein *negativer externer Effekt* liegt vor, wenn durch eine Aktivität eines Wirtschaftssubjektes andere Haushalte oder Unternehmen Nutzen- oder Produktionseinbußen erleiden, die der Verursacher des externen Effektes nicht als Kosten seiner Aktivitäten berücksichtigt. Formal-analytisch können Externalitäten als Variable in der Nutzen- oder Produktionsfunktion eines Individuums (dem Betroffenen oder Opfer) beschrieben werden, deren Wert von Dritten (dem Verursacher oder Verschmutzer) bestimmt wird, ohne daß letztere diese Effekte bei ihren Entscheidungen in Rechnung stellen [2.17]. Solange keine kompensatorischen Zahlungen für den externen Effekt oder dessen Vermeidung geleistet werden, resultieren *verzerrte Marktpreise*. Das bedeutet im Fall negativer Umwelt-externalitäten, daß die relativen Preise der mit Externalitäten verbundenen Güter zu niedrig sind. Der Markt bevorzugt umweltschädigende Produkte und verursacht auf diese Weise einen gesellschaftlichen Wohlfahrtsverlust.

Dieses Phänomen wurde bereits Anfang des Jahrhunderts von dem Ökonomen Arthur D. Pigou [2.18] beschrieben. Pigou führte die Unterscheidung zwischen privaten und *sozialen Kosten* ein: Sobald Externalitäten existieren, weichen private und soziale, d.h. gesellschaftliche Kosten der Produktion voneinander ab. So verursachen Emissionen von Ruß und Staub aus Fabrikschornsteinen zusätzliche Kosten für die Reinigung von Kleidung und für die Beseitigung von Schäden an Gebäuden und Pflanzen sowie Gesundheitsbeinträchtigungen, die aber nicht vom Fabrikeigentümer getragen werden. Die sozialen Kosten liegen in diesem Fall über den privaten Kosten der Produktion. Nach Pigou bestehen die sozialen Kosten aus der *Summe* der internen (privaten) und der externen Kosten.

[1] Kapp [2.30] verwendet den Begriff der sozialen Kosten hingegen für die Differenz zwischen den privaten und den gesamten Kosten.

Die Begriffe „Externalität", „Externer Effekt" und „Externe Kosten" werden oft als Synonyme verwendet. In diesem Zusammenhang stellt der Begriff der Externalität das übergeordnete Konzept dar, das den gesamten Fragenkomplex zu externen Effekten umfaßt; hierzu zählen seine Verursachung, sein Wirkungsweg und die materiellen und immateriellen Folgen. Externe Effekte können positiv und negativ sein; eine allgemeingültige Bewertung läßt sich einer Emission aber regelmäßig nicht unmittelbar zuordnen, da sie vom Urteil und der individuellen Position der einzelnen Betroffenen abhängt. Beispielsweise kann der „Lärm", der durch ein lautes Rockmusik-Konzert verursacht wird, von manchen Anwohnern als positiver Wert (Nutzen) empfunden werden, während andere Anwohner dies als Belästigung empfinden. Negative externe Effekte werden oft mit externen Kosten gleichgesetzt (entsprechend positive externe Effekte mit externem Nutzen). In einem engeren Sinne versteht man unter externen Kosten hingegen das monetäre Äquivalent (physikalischer) externer Effekte.

2.2.2.2 Relevante externe Kosten und Vermeidungskosten

Nicht jede Umweltverschmutzung ist ein Hinweis auf das Vorliegen von *relevanten* Externalitäten [2.19]. Dies ergibt sich aus dem Konzept der Internalisierung von externen Kosten: Selbst wenn diese „korrekt" (i.S.v. Pigou) erfolgte, wird ein bestimmtes Maß der Umweltbelastung oder Emission verbleiben. Aus neoklassischer Perspektive sind diese Restverschmutzungen ohne weitere Relevanz. Unter der Voraussetzung vollständiger Information und rationalen Verhaltens repräsentieren sie das Verschmutzungsniveau, das nach vollständiger Internalisierung als gesellschaftlich akzeptabel gilt [2.20]. Internalisierung zielt darauf, eine optimale Verschmutzung zu erreichen, nicht aber ihre gänzliche Eliminierung. Nur Abweichungen von einem definierten Optimum sollten deshalb als relevante Externalitäten behandelt werden.

Bator [2.21] unterscheidet zwischen privaten und öffentlichen Externalitäten. *Öffentliche Externalitäten* sind in ihren Eigenschaften der Nichtausschließbarkeit und Nichtrivalität mit öffentlichen Gütern vergleichbar. Niemand kann von den Effekten der Luftverschmutzung beispielsweise durch Automobile ausgeschlossen werden, und der Konsum sauberer Bergluft durch eine Person reduziert deren Verfügbarkeit für weitere Personen nicht. Aus diesen Gründen kann die effektive individuelle Zahlungsbereitschaft für Luftreinhaltung gering sein, da andere dann kostenlos davon profitieren würden (Trittbrettfahrer).

Besonders problematisch sind Externalitäten, wenn zugleich mehrere Absender und mehrere Empfänger externer Effekte beteiligt bzw. betroffen sind. Denn in diesem Fall wird zum einen eine Zurechnung auf einzelne Emittenten erschwert (Informationsproblem), und zum anderen lassen sich auch die externen Kosten nicht mehr einzeln zurechnen (Problem öffentlicher Güter). Diese Situation ist für viele Umweltprobleme symptomatisch. Umweltprobleme können aus diesem Grund in der Regel kaum allein von Märkten bewältigt werden.

Im Fall öffentlicher Externalitäten ergeben sich die marginalen externen Kosten aus der Summe der marginalen Schadenskosten aller Betroffenen. Die externen Kosten sind deshalb um so höher, je mehr Personen hierdurch geschädigt oder gefährdet werden.

In der Literatur existieren zwei Konzepte zur Quantifizierung externer Kosten: der Vermeidungskosten- und der Schadenskostenansatz. *Vermeidungs- oder Kontrollkosten* erfassen den Aufwand für die Reduktion einer bestimmten Emission, während die *Schadenskosten* den Wert der emissionsbedingten Schäden (oder deren Beseitigung) widerspiegeln. Für die Bestimmung eines ökonomischen Optimums müssen beide Größen bekannt sein. In der Tendenz werden die marginalen Schadenskosten mit dem Niveau der Verschmutzung zunehmen, während die marginalen Vermeidungskosten mit dem Niveau der Schadensvermeidung steigen. Diese beiden Konzepte stehen in einem ähnlichen Verhältnis zueinander wie die Standardkonzepte von Angebot und Nachfrage: Sie sind jeweils das Gegenstück zum anderen und nehmen im *Optimum* den gleichen Wert ein.

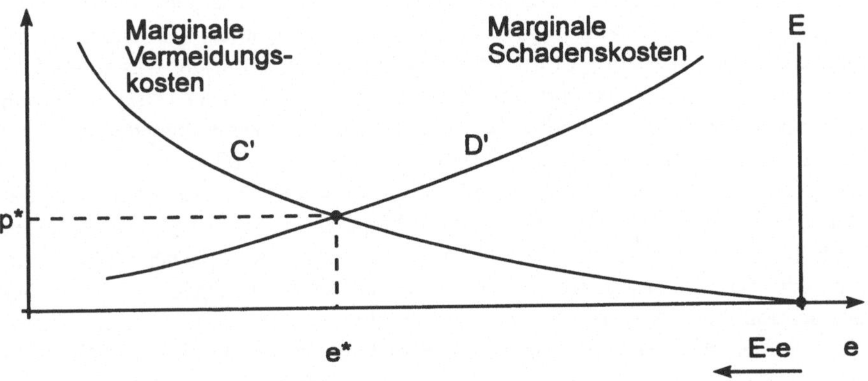

Abb. 2.2. Optimales Emissionsniveau

In Abb. 2.2 wird dieser Zusammenhang im Rahmen einer partialanalytischen Darstellung verdeutlicht. Ausgehend von einem anfänglichen Emissionsniveau (E) steigen die marginalen Vermeidungskosten (C'), während zugleich die marginalen Schadenskosten (D') mit rückläufigem Emissionsniveau sinken. Solange die marginalen Schadenskosten über den marginalen Vermeidungskosten liegen, ist es wirtschaftlich effizient, das Niveau der Emissionen (e) zurückzuführen. Das optimale Emissionsniveau (e*) ist erreicht, wenn die marginalen Vermeidungskosten so hoch sind wie die marginalen Schadenskosten (p*). Es muß allerdings betont werden, daß die *Kosteneffektivität* der Vermeidung eine notwendige Bedingung für eine optimale Allokation ist. Das bedeutet, daß das optimale Niveau der Restemissionen und der optimale Mix von Vermeidungstechnologien simultan bestimmt werden müssen. In diesem Fall gleichen sich die marginalen Kosten der verschiedenen Vermeidungstechnologien und die (Summe der) marginalen Schadenskosten aus.

Da die Informationen über den Wirkungsweg von Emissionen (d.h. Dispersion von Emissionen, Ursache-Wirkungs-Funktionen und monetäre Bewertung von Schäden) in der Regel nur mit großen Unsicherheiten oder unvollständig vorliegen, bleiben häufig die wahren Schadenskosten weitgehend unbekannt. *Vermeidungskosten* sind erheblich einfacher zu erfassen und zu analysieren. Aus diesem Grund dienen häufig die marginalen Vermeidungskosten als Näherungswert für die marginalen Schadenskosten. Zudem werden oft aufgrund begrenzter Informationen nur durchschnittliche anstelle von marginalen Kosten angesetzt. Solche pragmatischen Ansätze sind allerdings mit einigen methodischen Schwächen behaftet, die den Aussagewert erheblich einschränken. So sind durchschnittliche Werte kein angemessener Näherungswert für marginale Kosten, und Schadens- und Vermeidungskosten sind, wie die Abbildung illustriert, durch entgegenlaufende Kurvenverläufe gekennzeichnet, die sich nur im Optimum schneiden. Bei einem bestimmten Niveau der marginalen Vermeidungskosten können die marginalen Schadenskosten sehr stark hiervon abweichen. Außerdem weichen die marginalen Kosten verschiedener Vermeidungsmaßnahmen in einer nichtoptimalen Ausgangssituation oftmals beträchtlich voneinander ab, was sowohl an der Verschiedenheit von verfügbaren Technologien als auch an ortsspezifischen Umständen liegen kann. Eine alleinige Orientierung an Vermeidungskosten kann deshalb zu falschen Beurteilungen führen ([2.22], [2.19], [2.20]).

Die Vermeidungskosten hängen stark von dem bereits erreichten Niveau der Emissionsvermeidung ab. Dennoch können Angaben zu den Vermeidungskosten wichtige Informationen für die Auswahl adäquater umweltpolitischer Maßnahmen liefern. Dies gilt insbesondere im Fall eines politisch vorgegebenen Ziels der Emissionsreduktion. Angaben zu den Vermeidungskosten sind dann dazu notwendig, eine Kombination geeigneter kosteneffizienter Maßnahmen und Technologien zur Erreichung des Ziels zu identifizieren. Das Problem der Bestimmung des optimalen gesellschaftlichen Emissionsniveaus kann auf diesem Weg allerdings nicht gelöst werden, da hierzu in jedem Fall auch der *Nutzen* der Vermeidung bekannt sein müßte, d.h. der vermiedene *Schaden*.

2.2.2.3 Monetarisierung

Zur monetären Bewertung externer Effekte können je nach Fragestellung verschiedene Ansätze verfolgt werden. Hier können equivalent variation und compensating variation auf der einen Seite und Messung der Zahlungsbereitschaft und der Verkaufsbereitschaft auf der anderen Seite unterschieden werden. Aus theoretischer Perspektive sind direkte Ansätze wie contingent valuation grundsätzlich vorzuziehen; in der praktischen Umsetzung werden die Ergebnisse aber stark von der jeweiligen Ausgestaltung des Frageverfahrens beeinflußt. Im Gegensatz hierzu beruhen indirekte Ansätze wie die Ermittlung hedonischer Preise weitgehend auf der Beobachtung und Interpretation menschlichen Verhaltens. In der Praxis wird in Abhängigkeit von der Verfügbarkeit relevanter Daten regelmäßig ein Mix dieser Methoden eingesetzt. Der neoklassische Ansatz erfährt jedoch spätestens bei der notwendigen Bestimmung von Begriffen wie intergenerationelle Gerechtigkeit und nachhaltige Entwicklung (sustainable development) seine praktischen Grenzen. Weitere Bewertungsprobleme entstehen bei der Einbeziehung von grenzüberschreitenden und ortsspezifischen Aspekten. Im Prinzip sollte der Verursacher einer Verschmutzung unabhängig von der räumlichen Lage der Geschädigten zu einer Zahlung herangezogen werden; in der Praxis ist dies jedoch schwer zu bestimmen. Die Schadenskosten variieren beispielsweise auch mit der Bevölkerungsdichte in der betroffenen Region, mit der Topographie und den vorherrschenden meteorologischen bzw. klimatischen Bedingungen, die einen Einfluß auf die Dispersion der Emissionen ausüben, sowie mit der jeweiligen Vegetation und Wasserläufen, die Emissionen aufnehmen können [2.22]. Aus diesen Gründen verbietet sich in der Regel eine unmittelbare Übertragung der Resultate einer Region auf andere.

2.2.3 Begriffliche Abgrenzung und Aussagefähigkeit externer Kosten

Die bisher vorliegenden Studien zu den externen (oder sozialen) Kosten des Energieverbrauchs differieren in ihren numerischen Resultaten zum Teil erheblich (Vgl. [2.23], [2.24], [2.25], [2.26], [2.27], [2.28], [2.29], [2.22]). Ein wesentlicher Teil dieser Unterschiede kann auf die Verwendung unterschiedlicher Definitionen und Meßkonzepte zurückgeführt werden. Verschiedene Autoren schlagen vor, das Konzept der Externalitäten auch auf nicht-umweltbezogene Effekte auszudehnen, soweit diese mit der Fehlallokation von Ressourcen zusammenhängen. So diskutiert beispielsweise Kapp [2.30] in der Definition sozialer Kosten neben den umweltbezogenen Effekten auch die Auswirkungen auf verschiedene makroökonomische und kulturelle Werte.

Die in der Literatur zu findenden Unterschiede in den Begriffsabgrenzungen beruhen zu einem großen Teil auf unterschiedlichen Fragestellungen der Autoren. Mit der Quantifizierung externer Effekte wird allgemein angestrebt, die Informationsgrundlage für private und öffentliche Entscheidungen zu verbessern. Im Vordergrund steht hierbei die Bewertung politischer Maßnahmen zur Vermeidung oder Korrektur von Fehlentwicklungen. Beispiele sind die Bewertung öffentlicher Projekte, die Prioritätensetzung in der Forschungs- und Entwicklungspolitik, die Regulierung von wettbewerblichen Ausnahmebereichen, die Festlegung von Tarifen, die Gewährung von Subventionen, die Besteuerung bestimmter Produkte, die Vorsorgemaßnahmen zur Überwindung von Versorgungskrisen, die technische Zusammenarbeit mit Entwicklungsländern und die Festlegung von technischen Standards. Allein schon diese Vielfalt unterschiedlicher Fragestellungen macht deutlich, daß die Frage nach den Kosten von Externalitäten nicht unabhängig von der jeweiligen Entscheidungssituation eindeutig beantwortet werden kann. Besondere Bedeutung haben hierbei der räumliche und zeitliche Horizont der Entscheidungssituation und die politische Ebene, auf der externe Effekte berücksichtigt werden sollen.

Die wirtschaftstheoretische Behandlung externer Effekte im Rahmen neoklassischer Ansätze bezieht sich in erster Linie auf physische Nebeneffekte der Produktion und des Konsums, die in der Regel über Umweltmedien übertragen werden. Eine solche Beschränkung auf ökologische Externalitäten hat den Vorteil, daß die Abgrenzung des Untersuchungsgegenstandes leichter fällt. Allerdings wird damit zugleich die Aussagefähigkeit externer Kosten für die Fundierung von konkreten Entscheidungen eingeschränkt.

Beispiele für *nicht-ökologische Effekte* bzw. *Preiswirkungen,* die von der Energieversorgung ausgehen, sind makroökonomische Auswirkungen auf Beschäftigung, Wachstum, Preisniveau und außenwirtschaftliches Gleichgewicht, regional- und sektorstrukturelle Auswirkungen, Veränderungen der Einkommensverteilung, Sicherung der nationalen Energieversorgung, Gesundheit und Sicherheit am Arbeitsplatz, öffentliche Infrastrukturaufwendungen, öffentliche Forschungs- und Entwicklungsaufwendungen, staatliche Energiemarktinterventionen wie Steuern und Subventionen, besondere Haftungsregelungen, wettbewerbsverzerrende Regulierungen von Versorgungsunternehmen und die Erschöpfung natürlicher Ressourcen (Zur Bedeutung nicht-umweltbezogener Externalitäten vgl. [2.21], [2.23], [2.24], [2.25] [2.31], [2.32]). Hierbei handelt es sich zum Teil nicht im eigentlichen Sinn um Auswirkungen der Energieversorgung, sondern um ungleiche Voraussetzungen für die Nutzung unterschiedlicher Energieträger oder Energietechniken, die zwar bei Technikvergleichen zu berücksichtigen sind, die aber dennoch kaum als deren Effekte angesehen werden können. Bei anderen Kategorien ist zum Teil umstritten, in welchem Ausmaß die Effekte z.B. auf die Sicherheit am Arbeitsplatz oder die Nutzung erschöpfbarer Ressourcen tatsächlich in dem Sinne extern sind, daß sie nicht schon in den Marktpreisen berücksichtigt sind. Zum Teil handelt es sich auch um Interventionen, die mehr oder weniger als Internalisierung anderer Externalitäten verstanden werden können. Andere der genannten Effekte beziehen sich auf Marktunvollkommenheiten und den Beitrag zu deren Verminderung sowie auf Interdependenzen mit anderen Politikbereichen.

Insgesamt kann derartigen Effekten eine Relevanz für bestimmte politische Bewertungen und Entscheidungen nicht abgesprochen werden. Dennoch erscheint ihre Einbeziehung in Bilanzen externer Kosten - ungeachtet der Bewertungsmöglichkeiten - im Hinblick auf die Aussagefähigkeit fragwürdig. Dies vor allem deshalb, weil diese zusätzlichen Aspekte - in unterschiedlicher Mischung - nur für bestimmte Fragestellungen von Bedeutung sein dürften. Es wäre z.B. offensichtlich abwegig, positive regionale Beschäftigungseffekte und bisherige Forschungsaufwendungen zu Umweltschäden zu bilanzieren und diese Summe als Berechnungsgrundlage für eine Energiebesteuerung zu verwenden. Andererseits ist die Diskussion darüber, welche Auswirkungen in ein allgemein verwendbares Konzept externer Kosten des Energiebereiches aufgenommen werden sollen, bisher noch nicht abgeschlossen; denn auch eine reine Beschränkung auf Umweltbelastungen mag letztlich als unbefriedigend erscheinen. Solange aber kein einheitlicher Analyserahmen für die Berechnung externer Kosten vorliegt, ist es für die richtige Interpretation der Ergebnisse besonders wichtig, daß die den Studien zugrundeliegenden Abgrenzungen und Annahmen transparent dargestellt werden.

Von der Berechnung externer Kosten allein kann wohl keine völlig umfassende Information über Auswirkungen in anderen Bereichen erwartet werden. Dies gilt nicht nur im Hinblick auf die oben genannten Aspekte nicht-ökologischer Effekte, sondern auch im Hinblick auf Kriterien, die als Voraussetzung einer dauerhaft-umweltgerechten Entwicklung von Bedeutung sind. Denn Fragen intergenerationaler Gerechtigkeit und der Unwiederbringlichkeit von bestimmten Ressourcen und Gütern lassen sich - wenn überhaupt - nur schwer im Rahmen der herkömmlichen Ansätze erfassen. Dies schränkt zwar die Aussagefähigkeit externer Kosten selbst im Sinne von Umweltindikatoren ein, es macht aber andererseits diese Ansätze nicht verzichtbar.

Im Rahmen dieser Studie wird versucht, den Ursache-Wirkungs-Zusammenhang vom Emittenten bis zu den Schäden zu beschreiben und die Schadenskosten in Geldeinheiten zu bewerten. Beides ist in vielen Fällen nur mit großen Einschränkungen und nur unter vereinfachenden Annahmen möglich. Das Augenmerk sollte deshalb weniger auf die als Ergebnis ermittelten Zahlenwerte gelegt werden als vielmehr auf die qualitativ und quantitativ beschriebenen Wirkungszusammenhänge und Bewertungsansätze. Dies macht auch den verbleibenden Forschungsbedarf auf diesem Gebiet deutlich. Darüber hinaus mögen auch einige Ergebnisse der Monetarisierung zumindest Größenordnungen aufzeigen, in denen sich die energiebedingten Schäden bewegen können.

2.2.4 Internalisierung externer Kosten

2.2.4.1 Theoretische Grundlagen

Unter Internalisierung externer Kosten versteht man allgemein alle Maßnahmen, die geeignet sind, die Emissionen externer Effekte auf ein Maß zu reduzieren, das nach Abwägung von Nutzen und Kosten gesamtwirtschaftlich anzustreben ist. Hierfür stehen unterschiedliche Instrumente zur Verfügung, die sich gegenseitig ergänzen können. Durch die Internalisierung soll erreicht werden, daß die externen Kosten im privaten Entscheidungskalkül der Wirtschaftsakteure berücksichtigt und so Fehlallokationen vermieden werden. Aus Effizienzgründen (Anreizkompatibilität, statische und dynamische Effizienz) sollte eine möglichst verursachergerechte Zurechnung der externen Kosten erfolgen.

Für die Wirksamkeit der Instrumente sind bei ihrer Wahl und Ausgestaltung die Besonderheiten von Umweltbelastungen zu berücksichtigen (zeitliche, räumliche und mengenmäßige Eigenschaften der Umweltbelastungen). Zudem sind mit den verschiedenen Verfahren unterschiedliche gesamtwirtschaftliche Auswirkungen verbunden, die insbesondere mit Blick auf die politische Durchsetzbarkeit eine Rolle spielen. Die theoretischen Referenzmodelle für heute diskutierte umweltpolitische Instrumente gehen zurück auf die Ansätze von Pigou [2.18] und Coase [2.33].

Externe Effekte lassen sich theoretisch auf ideale Weise durch eine *Pigou-Steuer* ausgleichen. Wird der Steuersatz so gewählt, daß er die marginalen externen Kosten im Optimum widerspiegelt (p* in Abb. 2.2), dann werden die Emittenten veranlaßt, ihre Emissionen auf das gesamtwirtschaftlich optimale Maß zu reduzieren. Hierbei können die Verursacher selbst darüber entscheiden, mit welchen Mitteln sie diese Anpassung vollziehen. Wettbewerb und Eigennutz führen dazu, daß kosteneffiziente Vermeidungsmaßnahmen angewendet werden.

Nach Coase könnten externe Effekte unter bestimmten Voraussetzungen auch ohne staatliche Intervention, nämlich auf dem Wege von *privaten Verhandlungen* zwischen Verursachern und Betroffenen, beseitigt oder vermindert werden. Wenn die Transaktionskosten vernachlässigbar gering sind, können solche Verhandlungen grundsätzlich zu gesamtwirtschaftlich effizienten Allokationen führen. Diese Voraussetzung dürfte am ehesten bei einfachen externen Effekten zwischen Nachbarn der Fall sein. Nach dem Coaseschen Theorem ist die Allokation (anders als die Distribution) in solchen Fällen sogar unabhängig von der Ausgestaltung der Eigentumsrechte. Da es aber gerade bei Umweltproblemen in vielen Fällen sowohl auf der Seite der Emittenten als auch auf der Seite der Betroffenen zahlreiche Beteiligte gibt, verhindern allzu hohe Transaktionskosten (für das Entstehen der Verträge und der Kontrolle ihrer Einhaltung) in der Regel solche rein privatwirtschaftlichen Lösungen.

Auf ähnliche Weise kann zumindest theoretisch eine vollständige Internalisierung durch die Ausgabe von handelbaren *Emissionszertifikaten* erreicht werden. Auch hierzu ist im idealen Fall die Kenntnis des jeweiligen Optimums erforderlich, das sich aus den Verläufen der marginalen Vermeidungs- und Schadenskosten ergibt. Im Gleichgewicht würden dann die Kurse dieser Zertifikate die Höhe von optimalen Pigou-Steuern erreichen.

2.2.4.2 Politische Instrumente

Die in der Theorie "idealen" Instrumente können aus unterschiedlichen Gründen nicht unmittelbar auf die Praxis übertragen werden. Dennoch dürfte eine stärkere Nutzung ökonomischer Instrumente - von Ausnahmen abgesehen - auch in der praktischen Anwendung Vorzüge gegenüber den bisher vorherrschenden Ge- und Verboten aufweisen. Hauptkriterien sind hierbei - neben grundsätzlichen ordnungspolitischen Aspekten - die statische und die dynamische Effizienz der Maßnahmen. Während statische Effizienz eine Realisierung mit möglichst geringen gesamtwirtschaftlichen Kosten voraussetzt, spricht man von dynamischer Effizienz, wenn den privaten Akteuren ein fortwährender Anreiz zu weiteren Verbesserungen gegeben wird [2.34].

Ge- und Verbote sind, wenn ihre Einhaltung durch ausreichende Kontrollen gewährleistet werden kann, unmittelbar wirksam. Sie eignen sich deshalb insbesondere zur Abwehr akuter Gefahren. Die staatliche Eingriffsintensität ist bei solchen Maßnahmen - insbesondere wenn sie als Gebote formuliert sind - besonders hoch. Ordnungsrechtliche Auflagen wie die Festlegung von spezifischen Emissionsgrenzwerten oder die Vorschreibung bestimmter Techniken orientieren sich an Kriterien der technischen Machbarkeit und der wirtschaftlichen Vertretbarkeit. Sie lassen dem Einzelnen nur einen geringen Spielraum und führen in der Regel zu mehr oder weniger hohen Differenzen von Vermeidungskosten. Außerdem besteht die Gefahr, daß Innovationen durch technische Normen nicht gefördert oder sogar gehemmt werden können [2.35].

Entgegen den Forderungen vieler Umweltökonomen werden *ökonomische Instrumente* wie Umweltabgaben bisher kaum genutzt. Konkrete Vorschläge reichen von der pragmatischen Festsetzung einzelner *Abgaben* bis hin zu einer weitgehenden Umgestaltung des Steuersystems [2.36], [2.37]. Hiermit wird nicht das Ziel verfolgt, die Staatseinnahmen zu erhöhen, sondern es wird angestrebt, die relativen Preise der Produktionsfaktoren zu verändern. Die zusätzlichen Einnahmen des Staates sollen deshalb an die Privaten insbesondere durch Senkung anderer Abgaben zurückfließen. Bei entsprechender Ausgestaltung könnte hierbei unter Umständen sogar eine "doppelte Dividende" erzielt werden, wenn mit der Verwendung des Aufkommens zugleich eine andere Marktverzerrung korrigiert werden kann. Ein oft erhobener Haupteinwand gegen solche preispolitischen Maßnahmen betrifft negative Auswirkungen auf die internationale Wettbewerbsfähigkeit, wenn entsprechende Steuern nicht zugleich auch in anderen Ländern erhoben werden. Letztlich richtet sich diese Kritik aber gegen jede nationale Forcierung umweltpolitischer Maßnahmen.

Das Instrument der handelbaren *Emissionszertifikate* weist aus wirtschaftstheoretischer Sicht viele Ähnlichkeiten mit Abgabenlösungen auf. Ihre vergleichende Beurteilung hängt sehr davon ab, wie sie in der praktischen Umsetzung ausgestaltet werden können und welche Eigenschaften das Umweltproblem hat. Von besonderer Bedeutung sind hierbei die Vermeidung von hohen Transaktionskosten auf der einen Seite und die ökologische Treffsicherheit auf der anderen Seite.

Ergänzend zu preispolitischen Maßnahmen, die zu einer Verteuerung der Emission externer Effekte führen, können *Subventionen* dazu dienen, daß Entwicklung und Verbreitung bestimmter Technologien zur Emissionsminderung unmittelbar gefördert und dadurch beschleunigt werden. Begründet werden solche flankierenden Maßnahmen damit, daß die Lenkungswirkung von Abgaben zumindest bei einer moderaten Dosierung nicht ausreicht, wobei neben rein ökonomischen Kriterien auch sozioökonomische Aspekte der Investitionsbereitschaft zu beachten sind. Zur Förderung solcher Techniken zählen daneben auch Maßnahmen zur Verbesserung der *Information* und zum *Abbau von* unterschiedlichen institutionellen *Hemmnissen*.

Die Effizienz von Maßnahmen zur Verminderung externer Effekte kann in vielen Fällen dadurch erhöht werden, daß diverse *Kompensationsmaßnahmen* zugelassen werden. Ziel ist hierbei die Steigerung der Flexibilität bei der einzelwirtschaftlichen Wahl der Vermeidungsmaßnahmen. Kompensationsregelungen können sowohl rein ökonomische als auch ordnungsrechtliche Instrumente ergänzen. In der Praxis dürften künftig Strategien an Bedeutung gewinnen, die auf einer Mischung unterschiedlicher Ansätze beruhen.

Anders als ergänzende Kompensationsregelungen haben freiwillige *Selbstverpflichtungen* von Unternehmen oder Wirtschaftsbereichen in der Regel eher das Ziel, staatliche Maßnahmen zu vermeiden. In diesem Sinne handelt es sich um Kooperationslösungen zwischen Wirtschaftsvertretern und den politischen Entscheidungsträgern. Als eine Möglichkeit zur Erhöhung der Flexibilität lassen sie sich dann rechtfertigen, wenn Regulierungskosten eingespart werden können, ohne daß hierdurch die ökologische Zielerreichung und die ökonomische Effizienz beeinträchtigt werden. Als genereller Ersatz für staatliche Maßnahmen sind sie hingegen fragwürdig [2.38].

Maßnahmen zur Verringerung externer Effekte haben überwiegend naturgemäß einen interventionistischen Charakter; gilt es doch unerwünschte Ergebnisse einer reinen Allokation durch Märkte zu vermindern. Wer auf Marktversagen hinweist, muß allerdings auch die Gefahren von Staatsversagen betrachten; denn oftmals verfügen staatliche Stellen nicht über ausreichende Informationen und administrative Kapazitäten, um öffentliche Aufgaben optimal wahrzunehmen. In gemischten Volkswirtschaften haben sich unterschiedlich ausgeprägte Arbeitsteilungen zwischen öffentlichem und privatem Sektor herausgebildet. Die Implementation von Maßnahmen zum Umweltschutz muß innerhalb dieses Ordnungsrahmens geschehen. Hierbei sollte auch angestrebt werden, zum einen den bestehenden Marktmechanismus besser zu nutzen und zum anderen auch die bestehenden Regulierungen, z.B. im Energiebereich, unter ökonomischen und ökologischen Kriterien zu verbessern. Zu letzterem könnte auch eine stärkere Berücksichtigung von Aspekten des Least-Cost-Planning beitragen.

Alles in allem ist in politischer Hinsicht ein Bündel von Informationen erforderlich, um insbesondere umweltökonomische Ziele besser zu begründen, während ein Bündel von Maßnahmen erforderlich ist, um diese Ziele möglichst effizient zu realisieren. Versuche, die externen Kosten zu quantifizieren, können dazu beitragen, die Informationsbasis hierfür zu erweitern.

Künftig sollten auch Aktivitäten in anderen Sektoren kritisch nach der Bedeutung von Externalitäten hinterfragt werden.

2.3 Methoden zur Schadensabschätzung

(W. Krewitt, P. Mayerhofer)

Die in den vorangehenden Abschnitten dargestellten Konzepte zur Bewertung von Umweltschäden gehen generell davon aus, daß

- ein kausaler Zusammenhang zwischen einer Umweltbelastung und einem resultierenden Schaden hergestellt werden kann, daß
- die Schäden in quantifizierbaren Größen erfaßt werden können, und daß
- die marginalen Schäden, also die Schäden durch ein zusätzliches Kraftwerk, berechnet werden können.

Um dies zu ermöglichen, wird versucht, die kausale Wirkungskette eines Schadstoffs von der Emission über Transport- und Umwandlungsprozesse bis hin zur Wirkung auf verschiedene Rezeptoren (z. B. Menschen, Pflanzen) durch Modelle zu beschreiben. Um die marginalen Schäden, also die durch ein zusätzliches Kraftwerk an einem bestimmten Standort verursachten Schäden abschätzen zu können, müssen standortabhängige Größen wie z. B. meteorologische Bedingungen, die Bevölkerungsverteilung um das Kraftwerk oder die Hintergrundbelastung durch Schadstoffe berücksichtigt werden.

Da die Wirkungskette von der Emission eines Schadstoffs bis zur Wirkung in der Realität unter Umständen äußerst komplex ist, muß die Wirkungskette sinnvoll vereinfacht werden, um sie einer modelltechnischen Beschreibung überhaupt zugänglich zu machen. Zur Strukturierung und transparenten Darstellung von Zwischenergebnissen wird die Wirkungskette dabei in die in Abb. 2.3 dargestellten Stufen unterteilt. Während die Umwelteinwirkungen oft meßtechnisch erfaßt und dementsprechend relativ genau angegeben werden können, werden die Unsicherheiten bei der Beschreibung der Wirkungskette generell von Stufe zu Stufe größer. Die hier skizzierte Vorgehensweise zur Schadensabschätzung wird als Wirkungspfad-Analyse bezeichnet.

Bei der Betrachtung eines Energiesystems mit allen zur Energieumwandlung erforderlichen vor- und nachgelagerten Prozeßstufen wie z. B. der Brennstoffförderung, dem Brennstofftransport, dem Bau des Kraftwerks und der Entsorgung von Rückständen sind im Prinzip beliebig viele Wirkungspfade denkbar, die einzelne Umwelteinwirkungen und mögliche Schäden beschreiben. Es liegt auf der Hand, daß selbst im Rahmen einer umfassenden Technikbewertung nicht alle Wirkungspfade verfolgt werden können und auch nicht verfolgt werden müssen. Im Hinblick auf die ohnehin vorhandenen Unsicherheiten ist es zur Abschätzung von Schadenskosten im allgemeinen ausreichend, diejenigen Wirkungspfade zu modellieren, die die voraussichtlich größten Umweltschäden beschreiben. Der Auswahl der „wichtigsten" Wirkungspfade liegt im Prinzip eine erste Bewertung zu Grunde und muß dem Stand des Wissens entsprechend sorgfältig durchgeführt werden. Es ist dabei nicht auszuschließen, daß Wirkungspfade, denen nach dem heutigen Kenntnisstand keine Priorität eingeräumt wird, unter Umständen in der Zukunft eine weit größere Bedeutung bekommen. Für die hier untersuchten Stromerzeugungssysteme wurden nach einer umfassenden Literaturauswertung die in Tabelle 2.1 dargestellten Wirkungspfade als besonders wichtig identifiziert. Im Einzelfall können spezifische lokale Effekte wie z. B. die Gefährdung einer vom Aussterben bedrohten Pflanzen- oder Tierart von größerer Bedeutung sein als die in Tabelle 2.1 genannten Wirkungen. Falls solche speziellen Gegebenheiten nicht schon zu einem Abbruch des Vorhabens während des Genehmigungsverfahrens führt, so müssen diese Effekte bei der Berechnung von externen Kosten natürlich berücksichtigt werden.

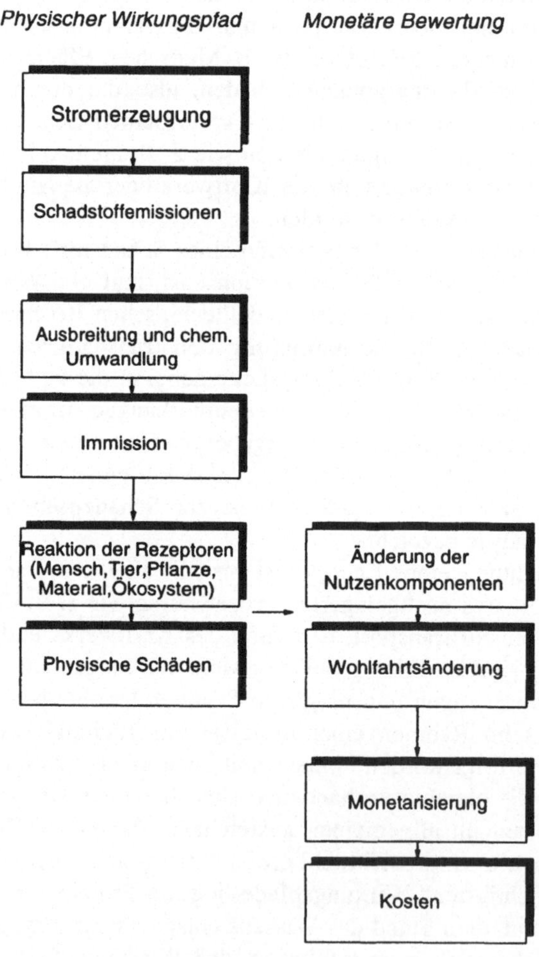

Abb. 2.3. Die Stufen eines Wirkungspfades

Tabelle 2.1. Übersicht über die wichtigsten Wirkungspfade der betrachteten Stromerzeugungssysteme

Schadenskategorie	Umwelteinwirkung	Energiesystem
Gesundheitsschäden	primäre und sekundäre Luftschadstoffe	fossile Energiesysteme Photovoltaik*, Wind*
	ionisierende Strahlung	Kernenergie
	Arbeitsunfälle/Berufskrankheiten	alle
Beeinträchtigung des Wohlbefindens	Lärm	Wind
Klimaänderung	Treibhausgase	fossile Energiesysteme Photovoltaik*, Wind*
Waldschäden	saure Deposition	fossile Energiesysteme Photovoltaik*, Wind*
Schäden an Feldpflanzen	primäre und sekundäre Luftschadstoffe	fossile Energiesysteme Photovoltaik*, Wind*
Auswirkungen auf Ökosysteme	Stickstoffeintrag	fossile Energiesysteme Photovoltaik*, Wind*
Schäden an Sachgütern	primäre und sekundäre Luftschadstoffe, saure Deposition	fossile Energiesysteme Photovoltaik*, Wind*
Schädigung maritimer Ökosysteme	Öleinträge ins Meer	Stromerzeugung aus Öl

* durch vorgelagerte Prozeßstufen

Die dargestellten Schadenskategorien unterscheiden sich im Hinblick auf die räumliche und zeitliche Verteilung der Effekte zum Teil erheblich voneinander. Während der Lärm durch eine Windkraftanlage zu einer direkten Belästigung im Bereich von wenigen hundert Metern um die Anlage führt, bilden sich sekundäre Schadstoffe wie z.B. Sulfate oder Nitrate erst nach einer Verweilzeit in der Luft von bis zu einigen Tagen. In dieser Zeit können Schadstoffe Entfernungen von einigen hundert Kilometern zurückgelegt haben und somit zu einer Schädigung in großer Entfernung von der Schadstoffquelle führen. Die Emission von Treibhausgasen führt zu einer globalen Änderung des Strahlungsgleichgewichts der Erde, deren Wirkung sich zum Teil erst nach mehreren Jahrzehnten oder auch Jahrhunderten einstellen wird.

2.3.1 Modellierung der Schadstoffausbreitung und -umwandlung

Da ein großer Teil der in Tabelle 2.1 zusammengestellten Wirkungspfade durch die Einwirkung von Luftschadstoffen charakterisiert wird, kommt der Modellierung der Ausbreitung und chemischen Umwandlung von Schadstoffen in der Atmosphäre eine besondere Bedeutung zu. Den in Abb. 2.3 dargestellten Stufen eines Wirkungspfades entsprechend werden Ausbreitungsmodelle verwendet, um die aus der Emission von Schadstoffen resultierende Immission, d.h. die Konzentration und die Deposition zu bestimmen.

Atmosphärische Ausbreitungs- und Umwandlungsmodelle beruhen auf einer Massenbilanz der untersuchten Schadstoffe. Für jeden Schadstoff gibt es Quellen und Senken. Quellen sind die Emission und die Erzeugung aus Vorläufersubstanzen durch luftchemische Reaktionen. Senken sind die trockene und die nasse Deposition und der luftchemische Abbau. Zusätzlich werden die Schadstoffe durch den Wind verfrachtet und durch die atmosphärische Turbulenz verteilt. Die Konzentration eines bestimmten Schadstoffs an einem bestimmten Ort zu einer bestimmte Zeit läßt sich durch die Integration der entsprechenden Quell- und Senkenterme über Raum und Zeit bestimmen, mathematisch gesprochen durch die Lösung eines Systems von Differentialgleichungen. Diese Differentialgleichungssysteme lassen sich nur in idealisierten Sonderfällen analytisch lösen; im allgemeinen sind nur numerische Lösungen möglich, die einen hohen Rechenaufwand erfordern.

Die derzeit besten Modelle sind die sogenannten *Euler-* oder *Gittermodelle*. In den Eulermodellen wird der zu untersuchende Luftraum mittels eines gedachten Gitters in eine Vielzahl von Boxen unterteilt und für jede dieser Boxen in kleinen Zeitschritten die Massenbilanz gelöst. Diese Modelle sind mathematisch verwandt mit den Wettervorhersagemodellen, für deren Einsatz bei den Wetterdiensten eigene Supercomputer verwendet werden. Der Einsatz dieses aufwendigen Modelltyps ist nur dort sinnvoll, wo durch die Anwendung einfacherer Modelle qualitative oder unzulässig große quantitative Fehler entstehen, z.B. bei der Simulation der Ozonbildung. Bei den anderen Schadstoffen führt die Verwendung einfacherer Modelle zu Fehlern, die kleiner sind als die Unsicherheiten der Expositions-Wirkungsbeziehungen und der Monetarisierung, und die deshalb toleriert werden.

Ein *Trajektorienmodell* löst wie das Gittermodell die Massenbilanzen der Schadstoffe in einer gedachten Box. Im Gegensatz zum Gittermodell wird jedoch in vielen Trajektorienmodellen nur eine einzige Box betrachtet, was den Daten- und Rechenaufwand erheblich reduziert. Der Advektion (d.h. dem horizontalen Transport) mit der vorherrschenden Strömung wird Rechnung getragen, indem die gesamte Box mit der mittleren Windgeschwindigkeit verschoben wird. Das Trajektorienmodell bestimmt die über das Volumen der Box gemittelte Schadstoffkonzentrationen, indem es über die Grundfläche der Box gemittelte Emissionen und Depositionen auswertet. Dieses Verfahren ist zulässig, wenn sich die Massenbilanzen der Schadstoffe weitgehend linear verhalten.

Wegen der Annahme der vertikalen Gleichverteilung der Schadstoffe über die Höhe der Mischungsschicht überschätzt ein Einschichten-Trajektorienmodell die bodennahe Schadstoffkonzentration durch die Emissionen aus einem hohen Kraftwerksschornstein. Ergänzt man jedoch das Trajektorienmodell im lokalen Bereich mit einem Gaußmodell (siehe unten), dann kann der Einfluß eines Kraftwerks auf das Jahresmittel der Schadstoffkonzentration realistisch vorausgesagt werden.

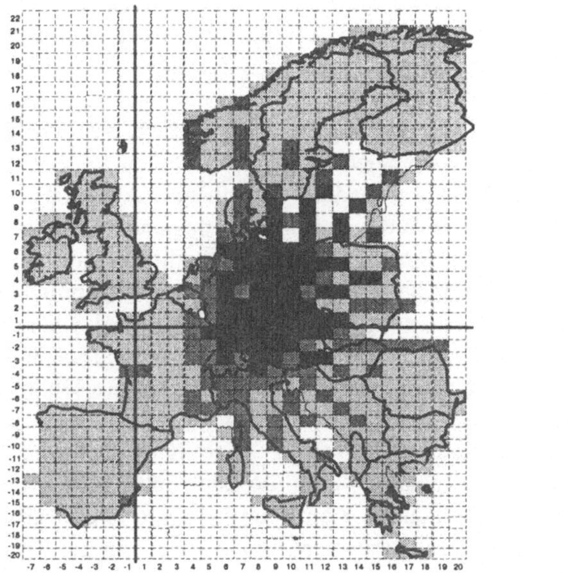

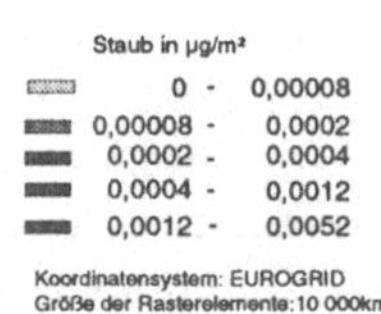

Abb. 2.4. Änderung der mittleren jährlichen Staubkonzentration in Europa durch den Betrieb eines Kohlekraftwerks in Süddeutschland, berechnet mit einem Trajektorienmodell.

Im Gegensatz zu Gitter- und Trajektorienmodellen verwenden *Gaußmodelle* keine numerischen Lösungsverfahren und erfordern daher einen geringen Rechenaufwand. Das Gaußsche Fahnenmodell ist die analytische Lösung eines idealisierten Advektions-Diffusions-Problems: In einem homogenen und stationären Strömungsfeld ohne vertikale Strömungskomponente würde die Abgasfahne eines kontinuierlich emittierenden Schornsteins entlang einer horizontalen Achse verlaufen. Bei einem vertikalen oder quer zur Windrichtung verlaufendem horizontalen Schnitt durch die Abgasfahne würde man eine um die Fahnenachse zentrierte Normal- oder Gauß-Verteilung der Schadstoffkonzentrationen feststellen. Die horizontale und die vertikale Standardabweichung dieser Verteilung, die sogenannten Ausbreitungsparameter σ_y und σ_z, wurden in empirischen Studien als Funktion der Entfernung von der Emissionsquelle und des Turbulenzzustandes der Atmosphäre ermittelt. Gaußmodelle sind im Prinzip nicht geeignet für die Modellierung der Deposition und der chemischen Umwandlung von Schadstoffen.

Um Ausbreitungsmodelle im Rahmen einer Wirkungspfadanalyse sinnvoll einsetzen zu können, muß der geographische Bereich, in dem Schäden zu erwarten sind, ausreichend abgedeckt sein. Mit einer einfachen Abschätzung, die von einer homogenen Verteilung sowohl der Windrichtungen als auch der exponierten Rezeptoren innerhalb des betrachteten Gebiets und von linearen Dosis-Wirkungsbeziehungen ohne Schwellenwert ausgeht, kann gezeigt werden, daß Entfernungen von mehreren hundert Kilometern abgedeckt werden müssen, um wirklich den größten Teil des erwarteten Schadens zu erfassen (Abb. 2.5). Der unterschiedliche Abbau der Schadstoffe durch chemische Umwandlung und Deposition führt zu den für verschiedene Schadstoffe unterschiedlichen Kurvenverläufen. Auch wenn die in Abb. 2.5 gezeigten Kurvenverläufe das Ergebnis einer eher qualitativen Abschätzung sind, so wird doch deutlich, daß bei einer Beschränkung der Schadensabschätzung auf den Nahbereich um das Kraftwerk, wie sie z. B. in Genehmigungsverfahren üblich ist, zu einer deutlichen Unterschätzung der externen Effekte führt. Es sei aber auch hier schon darauf hingewiesen, daß unter der Annahme einer Dosis-Wirkungsbeziehung ohne Schwellenwert ein großer Anteil am berechneten Gesamtschaden durch die Exposition einer großen Anzahl von Rezeptoren mit einer sehr kleinen Konzentrationsänderung in großer Entfernung von der Emissionsquelle verursacht wird. Da einige Dosis-Wirkungsbeziehungen gerade im Bereich niedriger Dosen sehr unsicher sind, kann dies zu Unsicherheiten sowohl bei der Schadensabschätzung als auch bei der Bewertung führen.

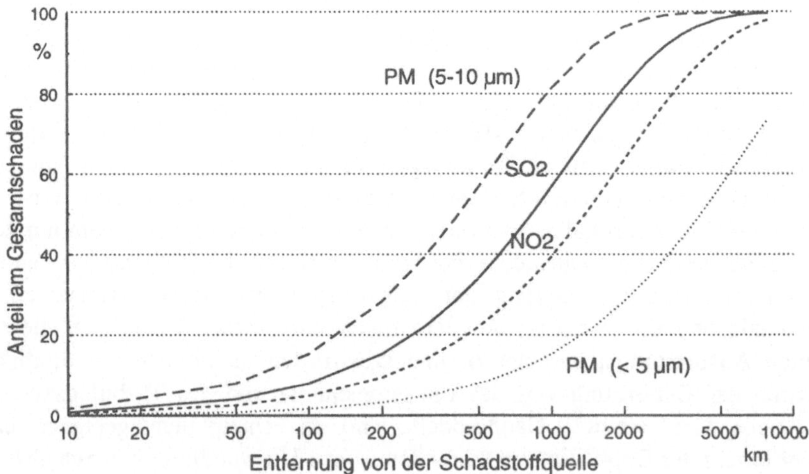

Abb. 2.5. Prozentualer Anteil am Gesamtschaden durch eine bis zum Abstand R durchgeführte Schadensabschätzung

2.3.2 Modellierung der Wirkung auf verschiedene Rezeptoren

Die durch den Betrieb eines Kraftwerks verursachte Änderung der Schadstoffkonzentration oder -deposition kann bei verschiedenen Rezeptoren (Menschen, Pflanzen, Materialien, Ökosystemen) eine Reaktion hervorrufen. Mit Hilfe von Dosis-Wirkungsbeziehungen wird versucht, die jeweilige Änderung am Zustand eines Rezeptors in Abhängigkeit von der Dosis zu beschreiben. Da es in der Regel nicht möglich ist, die komplizierten biochemischen und physiologischen Wirkungsprozesse in Prozeßmodellen zu beschreiben, werden statistische Zusammenhänge zwischen der Schadstoffbelastung und der beobachteten Wirkung ausgewertet. Dabei wird oft nicht die tatsächlich vom Rezeptor aufgenommene Dosis, sondern die Exposition (Konzentration x Zeit) als Maß für die Schadstoffbelastung verwendet. Strenggenommen müßte daher eigentlich statt dem Begriff der *Dosis*-Wirkungsbeziehung der Begriff der *Expositions*-Wirkungsbeziehung verwendet werden. Da jedoch im allgemeinen Sprachgebrauch der Begriff der Dosis-Wirkungsbeziehung üblich ist, werden im folgenden beide Begriffe synonym verwendet.

In der Regel ist ein tiefgehendes Verständnis der dem beobachteten Effekt zu Grunde liegenden Wirkungsmechanismen erforderlich, um einen statistisch ermittelten Zusammenhang zwischen Schadstoffbelastung und Wirkung als kausal interpretieren zu können. Während Schäden an Materialien oder an Feldfrüchten noch relativ leicht in kontrollierten Experimenten untersucht werden können, basieren Wirkungsmodelle zur Beschreibung von Gesundheitsschäden oder von Waldschäden auf Daten, die unter "realen" Bedingungen erhoben wurden, wobei der statistisch ermittelte Zusammenhang zwischen Dosis und Wirkung durch eine Vielzahl von Störgrößen beeinflußt werden kann. Nur wenn diese Störgrößen bei der statistischen Auswertung entsprechend berücksichtigt werden, wenn unter unterschiedlichen Bedingungen konsistente Ergebnisse erzielt werden und wenn der beobachtete Zusammenhang biologisch plausibel erklärt werden kann, kann von einer kausalen Wirkungsbeziehung ausgegangen werden.

Um in Experimenten eine Wirkung an einem Rezeptor beobachten zu können, ist die Schadstoffbelastung im Versuch oft sehr viel größer als die übliche Belastung der Umgebungsluft. Sollen die experimentell ermittelten Wirkungsbeziehungen im Rahmen einer Wirkungspfadanalyse verwendet werden, so müssen sie in den Bereich niedriger Dosen extrapoliert werden. Da der Verlauf der Wirkungsbeziehung im Bereich niedriger Dosen nicht bekannt ist, wird oft ein linearer Verlauf zwischen dem kleinsten Meßwert und dem Nullpunkt unterstellt. Verfügt jedoch der Organismus eines Rezeptors über Reparaturmechanismen, so ist die Existenz von Schwellenwerten möglich, unterhalb derer keine Wirkung auftritt. Die Frage nach der Existenz eines Schwellenwertes ist von entscheidender Bedeutung für die Ergebnisse der Wirkungspfadanalyse: liegt ein Schwellenwert vor, so beschränkt sich die Schadensabschätzung auf die Regionen, in denen die Schadstoffbelastung über dem Schwellenwert liegt, der berechnete Schaden ist in der Regel kleiner als bei einer Betrachtung ohne Schwellenwert.

Das Problem des Schwellenwertes ist bei der Quantifizierung von Gesundheitsschäden, die in der Regel den größten Beitrag zu den quantifizierbaren Schadenskosten liefern, von besonderer Bedeutung. Sowohl für Staub als auch für ionisierende Strahlung weisen die Ergebnisse aus epidemiologischen Studien nicht auf die Existenz eines Schwellenwertes hin. Andererseits ist der Nachweis von Effekten bei sehr niedriger Hintergrundbelastung kaum möglich, und der angenommene Wirkungsmechanismus wird von einigen Wissenschaftlern als biologisch nicht plausibel angesehen. Bei den in dieser Studie vorliegenden Abschätzungen der Gesundheitsschäden wird in den meisten Fällen eine lineare Dosis-Wirkungsbeziehung unterstellt.

Bei der Wirkung von SO_2 auf Feldpflanzen kann sogar ein "Düngeeffekt" beobachtet werden, der zu einer Ertragssteigerung bei niedrigen Schadstoffkonzentrationen führt. Dieser Effekt hängt stark von den lokalen Bedingungen, insbesondere vom Nährstoffangebot, ab. Bei einer sehr hohen Schadstoffbelastung ist auch ein Sättigungseffekt denkbar, der zu einer S-förmigen Wirkungsbeziehung führt. Schäden an Feldpflanzen durch Ozon werden beispielsweise oft durch eine Weibullfunktion beschrieben, die ein solches Verhalten zeigt.

Die Form der Dosis-Wirkungsbeziehungen kann also von Fall zu Fall unterschiedlich sein und wird zum Teil stark durch die zu Grunde liegenden Annahmen bestimmt. In dem für die hier durchzuführenden Schadensabschätzung relevanten Dosisbereich kann in den meisten Fällen mit ausreichender Genauigkeit von einer linearen Dosis-Wirkungsbeziehung ausgegangen werden.

In Abb. 2.6 ist beispielhaft die Implementierung eines Wirkungspfades mit den Stufen Umwelteinwirkung, Ausbreitung und chemische Umwandlung, Quantifizierung und Bewertung dargestellt. Auf die monetäre Bewertung wird ausführlich in Kapitel 2.4 eingegangen.

2.3.3 Modellierung und Bewertung der Umwelteinwirkung mit Hilfe von ökologischen Belastungsgrenzen

Gerade bei Ökosystemen sind die Wirkungsmechanismen sehr komplex. Eine Vielzahl von Organismen und Umgebungsfaktoren wirken zusammen, die sich gegenseitig verstärken oder aufheben können. Durch diese Synergismen und auch durch Akkumulationseffekte ist die Reaktion des Gesamtsystems praktisch nicht mehr vorhersagbar, wenn sie nicht von einem bestimmten, in der Vergangenheit bereits erkannten Wirkungsmechanismus beherrscht wird.

Bei hohen Umweltbelastungen kann in einigen Fällen nur vermutet werden, daß sie letztendlich zu hohen Schäden führen können. Es können zwar im Prinzip Experimente durchgeführt werden, allerdings nur über eine begrenzte Zeit mit einem beschränkten experimentellen Aufbau, damit der finanzielle Aufwand im Rahmen und die Datenmengen überschau- und auswertbar bleiben. Die Aussagekraft eines solchen Experiments ist außerdem von vornherein sehr beschränkt, da

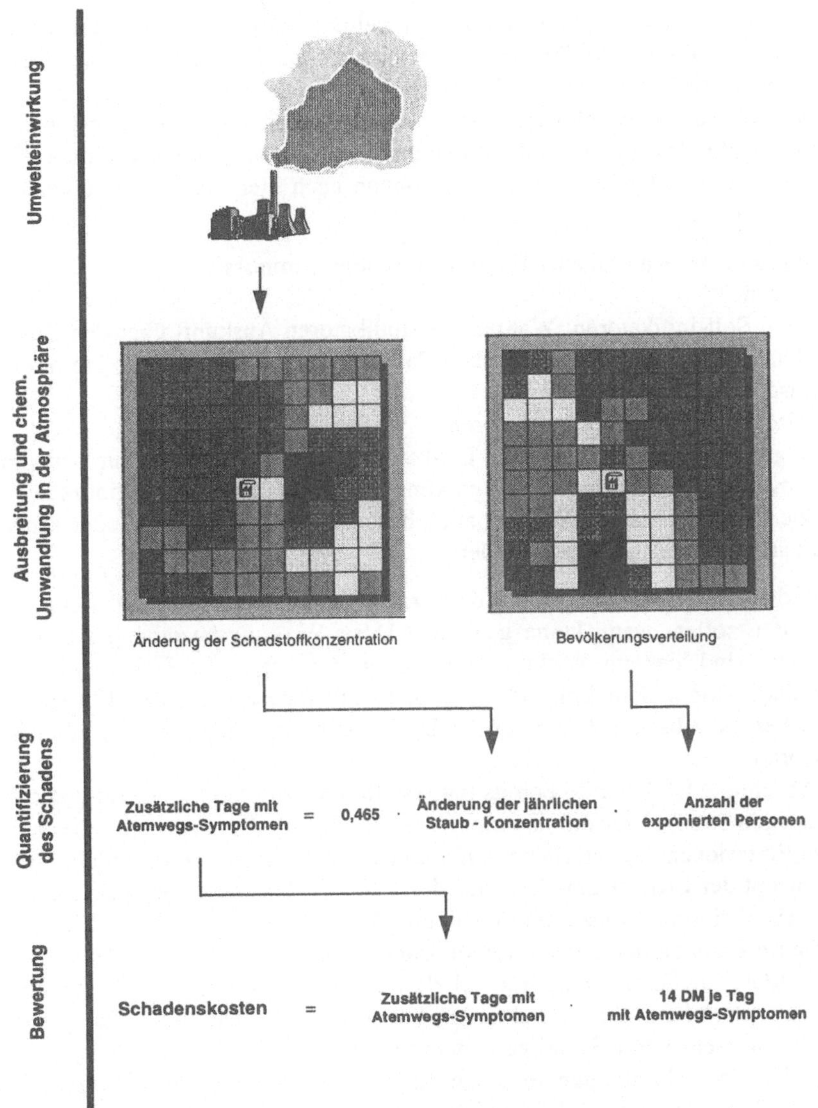

Abb. 2.6. Beispiel für die Implementierung eines Wirkungspfades

in einem anderen Ökosystem unter leicht veränderten Bedingungen wegen der Komplexität der Prozesse ganz andere Effekte auftreten können.

Dies bedeutet, daß sich einige potentielle Effekte einer Quantifizierung mittels einer Dosis-Wirkungsbeziehung wie in Abschn. 2.3.2 dargestellt immer entziehen werden. Dennoch sollten sie bei einem Vergleich der Optionen zur Stromerzeugung berücksichtigt werden. Für solche Effekte, die bestenfalls qualitativ beschrieben werden können, können aber Umweltindikatoren herangezogen werden. Umweltindikatoren beschreiben und kennzeichnen Qualitätszustände der Umwelt. Der Indikator stellt dabei einen dimensionsbehaftete Kennwert dar, der aus einer Fülle von Einzelfakten relevante Informationen verdichtet - im Unterschied zu einem Umweltindex, in dem Indikatoren gewichtet zu einer dimensionslosen Zahl aggregiert werden. Umweltindikatoren können nach vier Merkmalen unterschieden werden [2.40]:

- Stellung in der Kausalkette: Es gibt Emissions-, Immissions- und Wirkungsindikatoren.
- Ist- und Soll-Indikatoren: Während Ist-Indikatoren Auskunft über den Zustand der Umwelt geben sollen, versuchen Soll-Indikatoren, das angestrebte umweltpolitische Ziel zu konkretisieren.
- physische und monetäre Indikatoren;
- aggregierende und selektierende Indikatoren: Einzelindikatoren für bestimmte Schadstoffe und einzelne Regionen können ggf. zu einem Gesamtindikator aggregiert werden. Es können aber auch besonders aussagekräftige oder sensible Indikatoren herausgegriffen werden.

Da hier die Umweltindikatoren nur dann zur „Wirkungsmodellierung" herangezogen werden sollen, wenn keine geeignete Dosis-Wirkungsbeziehung zur Verfügung steht, sind hier nur Wirkungsindikatoren von Interesse. Zudem sollten die Umweltindikatoren dem Leitbild einer dauerhaft-umweltgerechten Entwicklung entsprechen (s. Abschn. 2.1.1), solche Indikatoren sind ihrem Wesen nach Soll-Indikatoren.

In Abschn. 2.1.4.1 wurde bereits dargestellt, daß zur Konkretisierung der dritten Managementregel für die dauerhaft-umweltgerechte Entwicklung - die besagt, daß die Emissionen die natürliche Aufnahmekapazität nicht überschreiten dürfen - das Konzept der Critical Levels/Loads der UN-ECE besonders geeignet ist. Critical Levels (kritische Konzentrationen) und Critical Loads (kritische Eintragsraten), die im Rahmen der Convention on Long-Range Transboundary Air Pollution der UN-ECE für Ökosysteme entwickelt wurden (s. Abschn. 3.5.2), stellen die Konzentrationen bzw. Eintragsraten dar, bei deren Unterschreitung nach jetzigem Stand des Wissens keine Schädigungen auftreten.

Um die Überschreitungen in einen Energiesystem-Vergleich einbeziehen zu können, sollten sie auch noch bewertet werden. Eine Möglichkeit der Bewertung wäre z.B. der Vergleich mit nationalen oder internationalen Zielsetzungen (sogenannten Target Loads). Z.B. können Überschreitungen der kritischen Eintragsraten für Schwefel mit der Zielsetzung des 2. Schwefelprotokolls der UN-ECE von 1994 verglichen werden, wonach zumindest die sogenannte „60 % gap closure" erreicht werden sollte. Damit ist gemeint, daß die Schwefelemissionen jeweils soweit vermindert werden sollten, daß die Überschreitungen der kritischen Eintragsraten für Schwefel gegenüber 1990 um mindestens 60 % reduziert werden

[2.39]. Über ein 2. Stickstoffprotokoll, dessen Zielsetzung sich ebenfalls auf die Überschreitung der kritischen Eintragsraten statt auf die Emissionen direkt beziehen soll, wird im Moment verhandelt. Die Beschränkung der Zielsetzung auf Target Loads, die i.a. über den Critical Loads liegen, bedeutet natürlich, daß eine gewisse Schädigung in Kauf genommen wird; die Höhe dieser Schädigung ist aber nicht quantifizierbar, daher soll hier der Begriff Schädigungspotential verwendet werden. Eine besonders scharfe Bewertung ist es, wenn die Critical Loads selbst als Target Loads verwendet werden (Schädigungspotential Null). Dies würde bedeuten, daß die Gesellschaft dieser potentiellen Schädigung besonders hohes Gewicht beimißt. Angesichts begrenzter Mittel bedeutet dies dann aber auch, daß andere Zielsetzungen nur schwer oder gar nicht erreicht werden können.

Nach einem Vergleich der Überschreitungsflächen und -höhen mit Target Loads ist eine Aggregierung oft unumgänglich, da z.B. die Ergebnisse räumlich disaggregiert vorliegen oder mehrere Wirkstoffe zu einem Effekt beitragen (z.B. Schwefel- und Stickstoffeinträge zur Versauerung). Auch bei dieser Aggregierung kommt es zu Bewertungen, die offengelegt werden müssen. Analog zu Abb. 2.3 ist die Quantifizierung und Bewertung über ökologische Belastungsgrenzen in Abb. 2.7 zusammengefaßt.

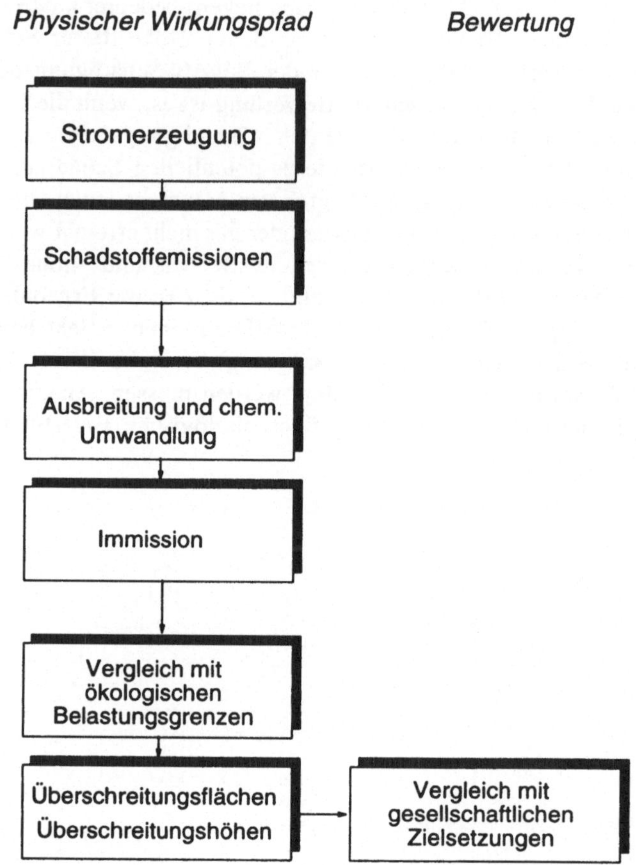

Abb. 2.7. Ansatz zur Quantifizierung und Bewertung von Umwelteinwirkungen über die Überschreitung von ökologischen Belastungsgrenzen und den Vergleich mit gesellschaftlichen Zielsetzungen

2.4 Ökonomische Bewertung von externen Effekten der Stromerzeugung

(K. Rennings)

In diesem Kapitel wird ein kurzer Überblick gegeben über die verwendeten Bewertungsmethoden (Abschnitt 2.4.1) sowie die Behandlung ausgewählter Probleme, bei denen die Übertragbarkeit dieser Bewertungsmethoden auf deutsche Verhältnisse eingehender zu betrachten ist. Zu diesen Fragen zählt die Wahl des Zinssatzes (Abschnitt 2.4.2), sowie die Bewertung von individueller Risikobereitschaft (Abschnitt 2.4.3), Gesundheitsrisiken (Abschnitt 2.4.4), Klimaschäden (Abschnitt 2.4.5), Lärm (Abschnitt 2.4.6) sowie visuellen Beeinträchtigungen (Abschnitt 2.4.7).

2.4.1 Vergleichende Darstellung von Bewertungsmethoden

2.4.1.1 Methoden zur Schätzung der Zahlungsbereitschaft für Umweltqualitäten

Zahlungsbereitschaften für Umweltschäden lassen sich entweder direkt oder indirekt erfassen. Direkte Methoden erfassen die Zahlungsbereitschaften für Umweltgüter durch Befragungen, während indirekte Methoden diese Zahlungsbereitschaften aus beobachteten Marktdaten ableiten (Tabelle 2.2).

Tabelle 2.2. Methoden zur monetären Bewertung von Umweltgütern

direkte Methoden	indirekte Methoden
Contingent Valuation Method (CVM) Marktsimulationsverfahren	Reisekostenansatz Vermeidungskostenansatz Produktions-, Einkommensausfälle Hedonische Preisanalyse (HPA)

Da eine Einzeldarstellung und Bewertung der verschiedenen Instrumente den Rahmen dieser Arbeit sprengen würde [2.40], wird im folgenden lediglich eine vergleichende, zusammenfassende Bewertung der Methoden vorgenommen. Die Bewertung lehnt sich an fünf Fragen an: [2.41]

- Ist die Methode zur Vorbereitung und Findung von Entscheidungen über die Bereitstellung öffentlicher Leistungen geeignet?
  Diese Frage ist für alle Methoden zu bejahen. Während das Kriterium der Eignung zur Entscheidungsvorbereitung lediglich die systematische Generierung relevanter Informationen verlangt, ist für die Entscheidungsfindung die Identifikation potentieller Paretoverbesserungen erforderlich. Zwar erfassen nicht alle Methoden die gesamte, theoretisch relevante Wohlfahrtsänderung, aber zumindest Teile davon.
- Können mit den Verfahren bereits bestehende oder auch neuartige öffentliche Güter bewertet werden?
  Während alle Verfahren für die Bewertung bereits bestehender Güter tauglich sind, muß für neuartige Güter auf direkte Verfahren zurückgegriffen werden.
- Lassen sich mit den Verfahren auch die Nutzen von Gütern mit bestimmten spezifischen Charakteristika (Ubiquität, non use values) erfassen?
  Ubiquitäre (allgegenwärtige) Änderungen können nicht über Marktdaten geschätzt werden, weil sie nicht zu meßbaren Unterschieden in Bezug auf bestimmte Merkmalsausprägungen von Gütern führen. So läßt sich der Schaden des globalen Schwunds der Ozonschicht beispielsweise nicht in Immobilienpreisdifferenzen zwischen mehr oder weniger geschädigten Regionen ausdrükken. Non use values schließlich sind Nutzen, die nicht aus dem direkten Gebrauch eines Gutes entstehen (wie z.B. dem Besuch eines Nationalparks), sondern aus dem bloßen Wissen um dessen Erhalt (Existenznutzen) oder um die Möglichkeit, dies künftig tun zu können (Optionsnutzen). Diese besonderen Charakteristika können nur durch die direkte Ermittlung von Präferenzen über Befragungen gemessen werden.
- Ist die Methode anfällig für verzerrende Einflüsse, und läßt sie sich auf interne Konsistenz und externe Validität hin überprüfen?
  Bei allen Verfahren können systematische Über- und Unterschätzungen auftreten. Unterschätzungen kommen etwa bei den indirekten Methoden vor, wenn der aus den Marktdaten entnommene Wert nur einen Teil des betreffenden Umweltgutes abbildet, wenn Dosis-Wirkungs-Beziehungen die tatsächlichen Schäden unterschätzen oder wenn systematische Lücken in der Messung entstehen. So mißt etwa die HPA bei der Bewertung von Lärm in der Regel lediglich Immobilienpreisdifferenzen, womit Nutzenänderungen von Nicht-Anwohnern systematisch ausgeklammert werden. Überschätzungen können auftreten, wenn Ausgaben fälschlicherweise den Umweltausgaben zugerechnet werden, oder wenn Doppelzählungen erfolgen (z.B. Addition von Einkommensausfällen im Tourismus und sinkenden Reisekosten der Bevölkerung). Bei den direkten Verfahren können Verzerrungen in erster Linie aus dem hypothetischen Charakter der Befragung, strategischen Antworten und aus Doppelzählungen bei der Addition der Ergebnisse von Einzelbefragungen entstehen. Diese Verzerrungen lassen sich aber durch ein sorgfältiges Befragungsdesign und durch Marktsimulationsverfahren kontrollieren.

Tabelle 2.3. Vergleich der Verfahren zur Erfassung der Präferenzen für öffentliche Güter

Aspekte des Vergleichs	Verfahren der indirekten Präferenzerfassung			Verfahren der direkten Präferenzerfassung	
	Transport- kostenansatz	Vermeidungs- kostenansatz	Hedonischer Preisansatz	Kontingente Bewertungsmethode	Marktsimulation
Zweck der empirischen Untersuchung: geeignet für: – Entscheidungsvorbereitung – Entscheidungsfindung	 ja ja	 ja ja	 ja ja	 ja ja	 ja ja
Untersuchungsgegenstand: Möglichkeit der Präferenzerfassung für: – bestehende öffentliche Güter – neuartige öffentliche Güter	 ja kaum	 ja kaum	 ja kaum	 ja / bedingt ja	 ja bedingt
Spezifische Charakteristika des öffentlichen Gutes: Möglichkeit der Erfassung von: – regionalen Unterschieden – ubiquitären Änderungen – Options-, Vermächtnis- und Existenzwerten	 ja nein nein	 bedingt bedingt nein	 ja nein nein	 ja ja ja	 jabedingt bedingt
Möglichkeit systematisch verzerrter Ergebnisse aufgrund – der erforderlichen sonstigen Annahmen – von Lücken und Doppelzählungen bei der Erfassung – des strategischen Verhaltens – der Entscheidungssituation – von sonstigen Störfaktoren	 ja ja ein nein kaum	 ja ja nein nein kaum	 ja ja nein nein kaum	 nein kaum ja / Lerneffekt ja ja	 nein kaum ja / Lerneffekt ja ja
Überprüfung der Validität des Verfahrens möglich bezüglich – der internen Konsistenz – der externen Validität	 bedingt ja	 bedingt ja	 bedingt ja	 ja bedingt	 ja bedingt
Aufwand in Form von – Einsatz geschulter Personen – Zeit- und anderen Kosten	 niedrig hoch	 niedrig hoch	 niedrig hoch	 sehr hoch hoch	 sehr hoch hoch

Tabelle 2.4. Eignung der Verfahren zur Präferenzerfassung bei verschiedenen Umweltgütern [2.41]

Bewertungsobjekt	Verfahren der indirekten Präferenzerfassung			Verfahren der direkten Präferenzerfassung	
	Transport-kostenansatz	Vermeidungs-kostenansatz	Hedonischer Preisansatz	Kontingente Bewertungsmethode	Marktsimulation
Luftqualität Stadt	nein	sehr bedingt	ja	ja	bedingt / ja
Luftqualität Erholungsgebiet	bedingt	nein	nein	ja	bedingt / ja
Lärmniveau	nein	bedingt	ja	ja	bedingt / ja
Erholungswert von Seen und Flüssen	ja	nein	kaum	ja	bedingt / ja
Wasserqualität des Grundwassers	nein	kaum	kaum	ja	bedingt / ja
arbeitsplatzbezogene Risiken	nein	bedingt	ja	ja	nein
öffentliche Risiken	nein	sehr bedingt	bedingt	bedingt / ja	ja
öffentliche Infrastrukturgüter (Straßen, etc.)	kaum	nein	bedingt / ja	bedingt / ja	ja
(öffentl.) Bildungsangebot, Kulturangebot	bedingt / ja	nein	bedingt / ja	bedingt / ja	bedingt / ja

- Eine Überprüfung auf interne Konsistenz und externe Validität ist bei allen Verfahren möglich. Die interne Konsistenz betrifft die Plausibilität der geschätzten Parameter in Bezug auf bestimmte Größen (z.B. Einkommen, Alter). Hier können durch ökonometrische Tests systematische Zusammenhänge und Zufallsangaben identifiziert und getrennt werden. Die externe Validität betrifft den Quervergleich von Untersuchungsergebnissen zwischen den verschiedenen Methoden, beispielsweise den Vergleich der Bewertung von Lärm durch die Schätzung von Vermeidungskosten, Mietpreisdifferenzen und Befragungen.
- Mit welchen Kosten ist die Methode verbunden?
  Die direkten Verfahren sind mit den höchsten Kosten verbunden, da Befragungen ein aufwendiges Design und geschultes Personal erfordern.

Zusammenfassend läßt sich die Schlußfolgerung ziehen, daß jede Methode mit Vor- und Nachteilen verbunden ist, so daß die Wahl einer bestimmten Methode vom jeweiligen Untersuchungszweck abhängen sollte (vgl. auch die Übersichten in Tabelle 2.3 und Tabelle 2.4).

2.4.2 Grenzen der Monetarisierung

Grenzen der Monetarisierung lassen sich auf zwei Ebenen ziehen: Auf der Ebene der zugrundeliegenden wohlfahrtstheoretischen Annahmen und auf der Ebene der Monetarisierungsverfahren.

Zu den Grundannahmen der Wohlfahrtstheorie zählen der methodologische Individualismus, der Utilitarismus, die Annahme rationalen Verhaltens und das Tauschparadigma [2.42]. Daraus ergeben sich folgende Probleme:

- ein Repräsentationsproblem (Repräsentativität der individuellen Präferenzen für die Interessen kommender Generationen),
- ein Verteilungsproblem (Orientierung am Status Quo),
- ein Informationsproblem (Problem der Informationsmängel),
- ein Problem der Unsicherheit (Unsicherheit über Ursache-Wirkungs-Zusammenhänge) sowie
- ein Problem der Definition von Schutzgütern.

Zu den ersten drei Problemen ist anzumerken, daß bei der Monetarisierung in der Regel eine Orientierung am Status Quo erfolgt, d.h. einem gegebenen Ordnungsrahmen mit einer gegebenen Verteilung und gegebener Informiertheit. Die Frage nach der Gerechtigkeit der Ausgangsverteilung läßt sich im Rahmen der neoklassischen Wohlfahrtstheorie nicht beantworten. Alternativ zur Orientierung am Status quo können in Untersuchungen jedoch Änderungen des Ordnungsrahmens (z.B. der Verteilung) und anderer Annahmen durchgespielt und ihre Auswirkungen auf das Ergebnis in einer Sensitivitätsanalyse getestet werden. Variieren lassen sich beispielsweise die Annahmen über den Grad der Informiertheit der Bevölkerung, über deren Zeitpräferenzrate oder sogar über die Rechte künftiger Generationen. Um nicht Gefahr zu laufen, durch willkürliche Annahmen auch willkürliche Ergebnisse zu produzieren, müssen die zugrundegelegten Annahmen jeweils transparent gemacht werden.

Die Transparenz der Annahmen muß auch hinsichtlich des Umgangs mit dem Problem der Unsicherheit gefordert werden. Dieses Problem führt bei der monetären Bewertung von Umweltschäden dazu, daß selbst die Größenordnungen möglicher Schäden in so wichtigen Bereichen wie etwa dem Artenschwund, der Klimaänderung, der Gesundheitsgefahren, der Risiken durch Kernschmelzunfälle oder der Waldschäden umstritten sind. Meist wird das Problem der Unsicherheit in Monetarisierungsstudien zwar erwähnt, trotzdem werden dann aber subjektive Annahmen getroffen, die dem Monetarisierer plausibel erscheinen. Durch die Auswahl der Annahmen kann das Ergebnis entscheidend beeinflußt werden. Eine Alternative zur subjektiven Auswahl von Annahmen besteht darin, die jeweils mögliche Bandbreite anzugeben. Der Umgang mit Unsicherheit, der mit Hilfe von monetären Bewertungsverfahren geleistet werden kann, besteht demnach darin, diese Unsicherheit transparent zu machen. Da Unsicherheiten stets Ermessensspielräume mit sich bringen, sollten diese Spielräume zur Unterstützung des politischen Entscheidungsprozesses sichtbar gemacht werden.

Ein weiteres Problem besteht in der Definition von Schutzgütern wie dem der menschlichen Gesundheit oder der Existenz von Tierarten und Ökosystemen. Schutzgüter sind dadurch gekennzeichnet, daß ihre Bereitstellung in der Regel unabhängig von Kosten und Nutzen allein aus ethischen Gründen gefordert wird. Was solche ethischen Motive betrifft, läßt sich im Rahmen wohlfahrtstheoretischer Ansätze weder eine Auswahl von Schutzgütern treffen noch das anzustrebende Schutzniveau bestimmen. Allerdings fordert auch die Umweltethik eine Abwägung von Übeln, zu der Ökonomen mit der Abwägung von Kosten und Nutzen durchaus einen wichtigen Beitrag leisten können. Die Aufgabe der Ökonomen besteht demnach darin, die mit der Wahl eines Schutzgutes und der Bestimmung eines Schutzniveaus verbundenen Opportunitätskosten zum Ausdruck zu bringen. Ein Beispiel: Gesundheitsschäden stehen berechtigterweise im Mittelpunkt des Umweltschutzinteresses und erweisen sich auch in Monetarisierungsstudien häufig als die dominante Schadenskategorie. Der Sinn und Zweck der monetären Bewertung von Gesundheitsrisiken wird jedoch häufig aus ethischen Gründen mit der Behauptung angezweifelt, daß sich der Wert eines Menschenlebens einer Bewertung in Geldeinheiten entziehe (was so selbstverständlich richtig ist). Dieser Argumentation liegt ein Gerechtigkeitsprinzip zugrunde, nach dem ein höher anzusiedelndes Schutzgut (Gesundheit) nicht gegen niedrigere, rein materielle Werte (Geld) eingetauscht werden darf. Übersehen wird dabei, daß die Monetarisierung gar nicht den Anspruch hat, solche „Werturteile" zu fällen. Sie versucht lediglich, die Nachfrage nach einer Verringerung von Gesundheitsrisiken zu ermitteln und überläßt es damit den Nachfragern selbst, welchen Aufwand sie für eine gewisse Senkung bestimmter statistischer Morbiditäts- und Mortalitätsrisiken in Kauf zu nehmen bereit sind. Der ökonomische Wert eines Gesundheitsrisikos ist demnach der Betrag, den die Individuen für die Vermeidung eines Risikos zu zahlen bereit sind, oder der Betrag, für den sie eine Ausweitung von Risiken auf sich nehmen. Was durch die Monetarisierung vorgegeben wird, ist lediglich die Maßeinheit. Es läge kein Widerspruch zur Methodik der Monetarisierung vor, wenn im tatsächlichen Verhalten der Bevölkerung oder in der praktischen Politik die Nachfrage nach Gesundheitsschutz oder die Zahlungsbereitschaft für die Verminderung von Gesundheitsrisiken wirklich unendlich hoch wären. Ein solcher empirischer Befund wäre aus methodischer Sicht so gut wie jeder andere. Die Realität sieht bislang allerdings anders aus.

Außer auf der Ebene der zugrundeliegenden wohlfahrtstheoretischen Annahmen lassen sich Grenzen der Monetarisierung auch auf einer methodischen Ebene ziehen. Hier geht es vor allem um die Frage, ob die aus mikroökonomischen Partialanalysen gewonnenen Ergebnisse auch zu Makro-Kennziffern aggregiert werden dürfen, z.B. zu einer Summe aller Schäden für Deutschland. Diese Frage ist zu verneinen, da Kosten-Nutzen-Analysen mit ceteris-paribus-Annahmen arbeiten, die nicht mehr zulässig wären, wenn eine Totalanalyse für eine gesamte Volkswirtschaft vorgenommen würde. Methodisch kann das Problem jedoch prinzipiell durch die Entwicklung mikroökonomischer Totalmodelle gelöst werden.

2.4.3 Diskontierung externer Kosten der Stromerzeugung

2.4.3.1 Einführung

Wie können künftig anfallende Kosten und Nutzen mit gegenwärtigen Werten verglichen werden? Ökonomen beantworten diese Fragen normalerweise, indem sie Diskontraten benutzen. Besonders bei der Bewertung externer Kosten entsteht das Problem, das durch die Diskontierung künftige Generationen benachteiligt werden können. In der Tat hängen die Ergebnisse einer monetären Bewertung in besonderem Maße von der Wahl der Diskontrate ab. Je höher die Diskontrate ist, desto geringer ist der gegenwärtige Wert von künftigen Schäden, insbesondere der Wert von langfristigen Effekten, beispielsweise von radioaktivem Müll, Klimaschäden oder Waldschäden. Daher wird die Diskontierung häufig kritisiert, mit dem Argument, daß Anreize gesetzt werden, Umweltrisiken von der Gegenwart in die Zukunft zu verlagern.

Dennoch ist die Beziehung zwischen der Diskontrate und Umweltzerstörung nicht eindeutig. Eine Verringerung der Diskontrate ist normalerweise mit einem steigenden Niveau ökonomischer Aktivitäten und Investitionen verbunden. Dies führt normalerweise zu weiteren Umweltbelastungen [2.43]. Die Beziehung zwischen der Diskontrate und Umweltbelastung wird daher auch als „Umweltschutzdilemma“ bezeichnet, denn beides, hohe und niedrige Diskontraten, kann ökologische Nachteile mit sich bringen [2.44].

Im Rahmen der Diskussion um die Diskontierung externer Kosten der Energieerzeugung wurden bislang Diskontraten zwischen 0 und 10% vorgeschlagen. Im folgenden werden die Argumente für bestimmte Diskontraten analysiert, wobei eine geringere Bandbreite und die Wahl von Zinssätzen in Höhe von 0, 3 und 6% vorgeschlagen wird. Dieser Vorschlag liegt auf der Linie der Ansätze, die die Diskussion in der Literatur weitgehend beherrschen: nämlich die Konzepte der sozialen Zeitpräferenzrate (STP-Social Time Preference), der sozialen Opportunitätskostenrate (OCC-Opportunity Cost of Capital) und intergenerativer Gleichheit (IE-Intergenerational Equity).

Die zwei wichtigsten Konzepte für die Wahl der Diskontrate sind die STP und die OCC [2.45]. Die STP stellt eine Diskontrate aus der Perspektive der Konsumenten dar, die OCC eine Diskontrate aus der Perspektive der Produzenten. Konzepte der IE wurden in den letzten Jahren insbesondere im Rahmen der Diskussion um eine dauerhaft umweltgerechte Entwicklung intensiv diskutiert.

2.4.3.2 Das Konzept der sozialen Zeitpräferenzrate

Die STP ist ein Maß für die Verringerung des Nutzens von Konsum im Zeitverlauf [2.46]. Eine Voraussetzung für die Ableitung einer sozialen Zeitpräferenzrate ist die Existenz einer intertemporalen Nutzenfunktion, welche die Austauschrate zwischen heutigem und künftigem Konsum ausdrückt. Die Steigung der Kurve drückt die Substitutionsrate von heutigem in Relation zu künftigem Konsum aus. Die STP hängt von der Rate der reinen individuellen Zeitpräferenz (ITP) oder Ungeduld, von der Wachstumsrate des realen Konsums pro Kopf (W) und von der Elastizität des marginalen Nutzens des Konsums (U) ab. Die Gleichung ist:

$$STP = ITP + W \cdot U \tag{2.1}$$

und kann von einer individuellen intertemporalen Nutzenfunktion abgeleitet werden [2.47].

Ein wichtiges Argument gegen das STP-Konzept ist die Existenz ökologischer „Schranken“ des Wachstums, welche eine langfristige Restriktion für W darstellen. Bei der Wahl der Wachstumsrate müssen solche Restriktionen berücksichtigt werden. Für die EU hat Markandya eine Wachstumsrate von 1 oder 2% als niedrigen Satz empfohlen, der durchaus mit einer dauerhaft umweltgerechten Entwicklung vereinbar ist [2.43].

Umweltschützer lehnen es häufig ab, überhaupt die reine, individuelle Zeitpräferenz bei sozialen Investitionsentscheidungen zu berücksichtigen. Aus dieser Perspektive heraus wird die Gesellschaft als ein Ganzes betrachtet. Ungeduld wird als irrational angesehen, denn für eine Gesellschaft ist es, im Gegensatz zur individuellen Perspektive, unvernünftig, künftige Präferenzen geringer zu schätzen als die heutigen. Eine solche kollektivistische Sichtweise steht jedoch in Konflikt mit dem methodologischen Individualismus, der ein fundamentales Element der Wohlfahrtsökonomie darstellt.

Die Rolle der individuellen Zeitpräferenzrate bei der Bestimmung der sozialen Diskontrate bleibt umstritten [2.47]. Rabl argumentiert, daß eine Diskontrate für intergenerative Effekte aus der Sicht künftiger Generationen definiert werden sollte. Demzufolge sollen Marktzinssätze nur für den Zeitraum Gültigkeit haben, für den auch die Existenz funktionsfähiger Märkte angenommen werden kann. Folgt man Rabl, dann ist der längste Horizont für Markttransaktionen der Zeitraum von 30-40 Jahren. Demzufolge führt es nicht zu Inkonsistenzen, wenn die Zinssätze für Schäden, die über diesen Zeitraum hinaus gehen, gesenkt werden. Rabl empfiehlt deshalb, die soziale Zeitpräferenzrate zu unterteilen in eine

$$STP = ITP + W \cdot U \quad \text{für kurzfristige Effekte (< 30 bis 40 Jahre)} \qquad (2.2)$$

und eine

$$STP = W \cdot U \quad \text{für langfristige Effekte (> 30 bis 40 Jahre)} \qquad (2.3)$$

Auf den ersten Blick erscheint das Konzept geteilter Diskontraten sehr willkürlich. Auf den zweiten Blick dagegen erscheint eine besondere Behandlung langfristiger Effekte sehr vernünftig, weil sonst Schäden, die in hundert oder mehr Jahren auftreten, in Studien zur monetären Bewertung von Umweltschäden völlig ignoriert werden. Versteht man das Konzept von Rabl als eine erste Annäherung, erscheint es hilfreich, um die Behandlung langfristiger Effekte in monetären Bewertungsstudien zu verbessern.

Die Schätzung von Markandya für ITP liegt bei 1-2%. Zählt man W hinzu, ergibt sich eine STP von 2-4% [2.43]. Wenn Durchschnittswerte realer Diskontraten als Richtlinie für die Bestimmung der STP angesehen werden können, läßt sich eine vergleichbare Bandbreite von 2-5% für Deutschland ableiten [2.48]. Rabls Schätzung von W ist der von Markandya sehr ähnlich [2.49].

2.4.3.3 Das Konzept der sozialen Opportunitätskostenrate

Die soziale Opportunitätskostenrate stellt die Verzinsung der besten alternativen Investitionen dar. Das OCC-Konzept fordert, daß Projekte nur dann durchgeführt werden, wenn ihre Rendite mindestens so hoch wie die alternativer Investitionen ist [2.43]. Eine Voraussetzung für die Ableitung einer sozialen Opportunitätskostenrate ist die Existenz einer intertemporalen Transformationsfunktion, die die Austauschrate darstellt, für die eine Gesellschaft bereit ist, heutigen Konsum in späteren Konsum durch Investitionen zu transformieren. Die Steigung der Kurve drückt die marginale Produktivität des Kapitals in der gewählten Periode aus.

Umweltschützer argumentieren gegen das OCC-Konzept, daß die zugrunde liegende Annahme der Reinvestition invalide ist, weil oft die mit der Investition verbundene Rendite konsumiert wird [2.11]. Das Argument berührt zwei Fragen. Erstens fragt es, ob eine Diskontrate für Konsumenten, für Produzenten oder eine gewichtete Diskontrate gewählt werden soll. Dieses Problem ist theoretisch von Marglin und Feldstein gelöst worden, die beide Diskontraten gewichtet haben, wobei das Kriterium zugrunde liegt, ob private Investitionen durch ein bestimmtes Projekt verdrängt worden sind [2.45]. Die zweite Frage ist, ob eine Kompensation gezahlt worden ist. Intergenerative Fairness, so kann argumentiert werden, ist nur erreichbar, wenn eine Kompensation tatsächlich gezahlt wird. Dagegen verwenden Ökonomen in der Regel das Kaldor-Hicks-Kriterium, das lediglich eine potentielle Kompensation fordert. Es hat jedoch einige Ansätze von Ökonomen gegeben, das Kriterium der potentiellen Kompensation durch ein Dauerhaftigkeits-Kriterium der tatsächlichen Kompensation zu ersetzen [2.50]. Dieses Kriterium wird als eine Variante des Konzeptes intergenerativer Gerechtigkeit in den nächsten Abschnitten diskutiert.

Für Staaten der EU empfiehlt Markandya eine Bandbreite von 5-7% für die soziale Opportunitätskostenrate. Eine Orientierung für Näherungswerte liefert die durchschnittliche Produktivitätsrate der privaten Industrie. In Westdeutschland lag die Rate seit den 70er Jahren zwischen 3 und 9%, so daß der durchschnittliche EU-Wert von 5-7% auch auf Deutschland angewendet werden kann [2.51].

Auf vollkommenen Märkten sind die Raten von STP und OCC identisch. In der Realität existieren jedoch Steuern und Marktunvollkommenheiten, die zu Unterschieden führen, mit dem Ergebnis, daß die soziale Zeitpräferenzrate in der Regel niedriger ausfällt. Daraus ergibt sich die Frage, welche der beiden Raten in Kosten-Nutzen-Analysen gewählt werden soll. Beide Ansätze lassen sich rechtfertigen. Gewöhnlich wird deshalb eine Bandbreite von Zinssätzen gewählt. Nach Markandya stellen Diskontraten von 0, 3 und 10% eine adäquate Bandbreite dar [2.43]. 3% ist dabei die Rate für die STP, während 0 und 10% vornehmlich als extreme Parameter für Sensitivitätsanalysen dienen. Diekmann plädiert für eine geringere Bandbreite von 1, 3 und 6%, welche von den Konzepten der STP (mit und ohne ITP) und OCC abgeleitet werden können [2.47].

2.4.3.4 Das Konzept intergenerativer Gerechtigkeit

Allokation, Distribution und Skalierung. Fragen einer dauerhaft umweltgerechten Entwicklung und intergenerativer Gerechtigkeit werden vor allem im Rahmen der sogenannten ökologischen Ökonomie zunehmend diskutiert. Im folgenden sollen unterschiedliche Ansätze dargestellt und diskutiert werden, die sich mit der Bestimmung von Diskontraten unter Aspekten einer dauerhaft umweltgerechten Entwicklung befassen. Einige Ansätze versuchen, Aspekte intergenerativer Gerechtigkeit in die Diskontrate zu integrieren, andere trennen strikt Fragen der Allokation (wie die Diskontierung), der Distribution (wie die Verteilung von Ressourcen zwischen Generationen) und der Skalierung (wie die absolute Beschränktheit zur Verfügung stehender natürlicher Ressourcen für ökonomische Aktivitäten). Deshalb erscheint es nützlich, die Ansätze zur Behandlung intergenerativer Gerechtigkeit nach diesen von Daly eingeführten Kategorien - Allokation, Distribution und Skalierung - zu unterteilen [2.52].

Diskontierung, Gerechtigkeit und Allokation. Nach Daly ist der Mechanismus der relativen Preise das wichtigste Instrument für eine effiziente Allokation von Angebot und Nachfrage auf Märkten [2.13]. Diskontraten lassen sich als ein Preis verstehen, der für die Verfügbarkeit von Kapital zu zahlen ist, so daß Diskontraten - als „Preis des Geldes“ - einen Teil des Systems relativer Preise darstellen. In diesem Sinne ist Vorsicht geboten, wenn Diskontraten auf Grund von ökologischen Überlegungen gesenkt werden sollen, da die Effizienz des Systems beeinträchtigt werden kann.

Dennoch gibt es gute Gründe, warum das Marktverhalten von Individuen möglicherweise nicht ihre reale Sorge um künftige Generationen widerspiegelt. Sen argumentiert, daß Marktverhalten sich von dem Verhalten in anderen sozialen Situationen unterscheidet. Diese „Doppelrolle" der Individuen, wie Sen es nennt, liefert ein Argument, warum soziale Diskontraten unter den Marktzinssätzen liegen können [2.11]. Während Diskontraten von Entscheidungen auf privaten Märkten und den dort vorzufindenden individuellen Geschäftsinteressen abhängen, sollte die soziale Diskontrate eine gesellschaftliche Entscheidung widerspiegeln, in der sich die Individuen ihrer Verantwortung für künftige Generationen bewußt sind. Das Argument berührt die generelle Frage, inwieweit Märkte eine geeignete Institution darstellen, um die Zahlungsbereitschaft der Bürger für Umweltschutzmaßnahmen und das Wohlergehen künftiger Generationen zu messen.

Nichts desto weniger ist jedoch das Problem zu lösen, wie die Differenz zwischen Marktzinssätzen und Sozialdiskontraten quantifiziert werden kann. Eine Lösungsmöglichkeit wurde bereits von Rabl in Gleichung (2.3) dargestellt. Eine radikalere Position besteht darin, eine Diskontrate von 0% zu verwenden [2.53]. Eine Diskontrate von 0% folgt der Regel, daß Konsum zu einem bestimmten Zeitpunkt nicht mehr wert ist als Konsum zu einem anderen Zeitpunkt. Es wird jedoch befürchtet, daß eine Diskontrate in Höhe von 0 zu unendlich hohen sozialen Kosten und, damit verbunden, zu einem totalen Verzicht in der Gegenwart führen würde [2.53].

Einige zusätzliche Probleme treten mit der Behandlung von irreversiblen Schäden, Risiko und Unsicherheit auf [2.11]. Pearce und Markandya argumentieren, daß die Zahlungsbereitschaft zur Verringerung unsicherer Schäden, beispielsweise zur Reduktion von Gesundheitsrisiken oder zum Erhalt der Biodiversität, besser durch den Gebrauch von Risikoprämien, Optionswerten und Existenzwerten ausgedrückt werden kann, als durch eine Senkung der Diskontrate. Dennoch gibt es einige Gründe dafür, daß Zahlungsbereitschaften für bestimmte Umweltgüter, wie z.B. einzigartige Biotope oder Sicherheit, in Zukunft steigen werden, weil diese Ressourcen knapper werden. Es kann angenommen werden, daß die Wachstumsrate der Zahlungsbereitschaft für bestimmte natürliche Ressourcen (W_{NR}) mindestens so hoch sein wird wie die Wachstumsrate des Bruttosozialprodukts. Alles in allem scheint eine Diskontrate von 0% nur dann angemessen zu sein, wenn

$$W = 0 \tag{2.4}$$

oder wenn

$$W > 0, \text{ und } W_{NR} \approx W \tag{2.5}$$

Eine Voraussetzung für (2.5) ist, daß W_{NR} nicht bereits in der Kalkulation der zugrunde liegenden Kosten- und Nutzenströme enthalten ist, z.B. werden die Kosten der Klimaänderung meist als Prozentsatz des Bruttosozialprodukts ausgedrückt [2.54]. Es kann angenommen werden, daß die Zahlungsbereitschaft zur

Reduktion von Gesundheitsrisiken mindestens proportional mit dem Bruttosozialprodukt wächst. Dagegen wird üblicherweise mit einer über den Zeitverlauf konstanten Größe für den statistischen Wert eines Lebens gerechnet [2.55].

Diskontierung, Gerechtigkeit und Distribution. Alternativ kann intergenerative Fairness als eine Frage der Distribution zwischen Generationen charakterisiert werden. Nach Daly sind Transfers in Form von Steuern und Zuwendungen das politische Instrumentarium für eine gerechtere Verteilung [2.13].

Aus diesem Blickwinkel hat die Diskontrate ausschließlich die Funktion, zu einer effizienten Allokation von Ressourcen beizutragen. Distributive Aspekte werden von Allokation getrennt behandelt. Es ist plausibel, daß Transfers an künftige Generationen relative Preise ändern. Wie Norgaard und Howarth anmerken: „With different distributions and efficient allocations, new prices arise. One can no more speak of „the" rate of interest when societies are giving major consideration to the sustainability of development than one can speak of „the" price of timer when deciding whether to conserve forests. Redistributions change equilibrium prices" [2.10].

Ein Vorschlag zur Berücksichtigung intergenerativer Gerechtigkeit als ein Distributionsproblem in Kosten-Nutzen-Analysen wurde von Barbier, Markandya und Pearce unterbreitet [2.50]. Sie formulieren ein Dauerhaftigkeitskriterium, welches besagt, daß die Summe der Schäden durch eine bestimmte Menge von Projekten 0 sein soll. Wenn E_i die Schäden des Projektes i darstellt, lautet das Kriterium

$$\sum_i E_i \leq 0 \tag{2.6}$$

Die Idee des Kriteriums besteht darin, daß jeder Umweltschaden durch Projekte kompensiert werden sollte, die speziell für eine Verbesserung der Umweltqualität ins Leben gerufen werden [2.11]. Ökonomisch ausgedrückt heißt dies, daß das Kriterium der hypothetischen Kompensation in eine Forderung nach tatsächlicher Kompensation umgewandelt wird.

Dennoch ist das Dauerhaftigkeitskriterium von Barbier, Markandya und Pearce als schwaches Dauerhaftigkeitskriterium zu kennzeichnen, da es eine vollkommene Substitution verschiedener Arten von natürlichem Kapital erlaubt. Solch ein „schwaches" Dauerhaftigkeitskriterium sollte durch „starke" Dauerhaftigkeitskriterien ergänzt werden, welche einen stärkeren Akzent auf absolute Grenzen der Substituierbarkeit legen. Starke Nachhaltigkeitskriterien betrachten Umweltprobleme als eine Frage der Skalierung, was im nächsten Abschnitt vertieft diskutiert werden soll.

Diskontierung, Gerechtigkeit und Skalierung. Nach Daly stellt Skalierung auf die Berücksichtigung der ökologischen Tragekapazität ab und beinhaltet die Forderung, daß ökonomische Aktivitäten die Stabilität von Ökosystemen nicht gefährden sollten. Die absolute Tragekapazität von Ökosystemen sollte durch ökonomische Aktivitäten nicht überschritten werden, was als Voraussetzung für die Behandlung von Distributions- und Allokationsfragen (z.B. Diskontierung) angesehen wird. Ökonomische Aktivitäten sollen demnach auf ein umweltverträgliches Maß beschränkt werden. Skalierung soll dabei in absoluten physischen Einheiten gemessen werden. Auf der Suche nach einer angemessenen Diskontrate für Wälder hat Ackermann das Konzept der getrennten Behandlung von Allokations- und Skalierungsfragen angewendet. Er plädiert für biophysikalische Restriktionen, die eine Art Mindeststandard darstellen: „Biophysical constraints on economic theory, in this instance, are due to the dual nature of renewable resources such as forests. The same objects, trees, are both marketable assets and integral parts of natural ecosystems. There is a corresponding duality in the meaning of the rate of interest. On the one hand, the interest rate is the price of capital, determined by supply and demand; on the other hand, it must not exceed a critical level if forests are to survive" [2.56].

Ähnlich der Verwendung biophysikalischer Restriktion schlägt Markandya vor, daß Schäden, welche die dauerhafte Nutzung von Ökosystemen gefährden, nicht mit ihren Schadenskosten, sondern mit ihren Wiederherstellungskosten bewertet werden sollen [2.43]. Die Empfehlung ist ähnlich, weil die Existenz von Dauerhaftigkeitsstandards eine Grundlage für die Schätzung von Wiederherstellungskosten darstellt. Umweltschäden, welche die Dauerhaftigkeit von Ökosystemen gefährden, sind z.B. der Schwund von Ozonschicht und Klimaschäden.

2.4.3.5 Schlußfolgerungen

Abschließend läßt sich das Fazit ziehen, daß sich die Diskussion um die Diskontierung externer Kosten um die zentralen Annahmen der Wohlfahrtstheorie dreht: Den methologischen Individualismus, den Utilitarismus, das rationale Verhalten und das Bild vom Menschen als einem Konsumenten und Produzenten [2.42]. Es geht demzufolge um eine eher allgemeine Diskussion ökonomischer versus ökologischer Paradigmen einer dauerhaft umweltgerechten Entwicklung, als um eine spezielle Debatte um bestimmte Zinssätze. Wie die Analyse gezeigt hat, haben ökonomische Konzepte bei der Integration distributiver und ökologischer Fragestellungen Fortschritte gemacht. Soweit Allokationsfragen angesprochen sind, sollte eine angemessene Bandbreite von Diskontraten folgende Zinssätze umfassen

- 0% als eine Rate für bestimmte langfristige Schäden,
- 1% als eine Rate für STP ohne ITP,
- 3% als eine Rate für STP mit ITP und
- 6% als eine Rate für OCC.

Wenn nur 3 Diskontraten ausgewählt werden können, sollten 0, 3 und 6% bevorzugt werden. Eine Diskontrate von 3% sollte als Standardwert verwendet werden.

Diese Empfehlungen berühren nicht die Notwendigkeit der Identifikation und Spezifizierung kritischer Elemente des natürlichen Kapitals oder einer gerechten Verteilung von Umweltnutzungsrechten. Weiterer Forschungsbedarf bezüglich der Entwicklung von Nachhaltigkeitskriterien, Indikatoren und angemessenen politischen Instrumenten wurde festgestellt.

2.4.4 Bewertung individueller Risikobereitschaft

2.4.4.1 Einführung

In ihrem Papier „Die externen Kosten der Kernenergie: ex ante Schäden und Laien-Risikobewertung" unterscheiden Krupnick, Markandya und Nickell, wie sie es ausdrücken, zwei „alternative Paradigmen" der Risikobewertung: Die Expertenbewertung (EED, Expert Expected Damage) und den Erwartungsnutzen (EU, Expected Utility) [2.57]. Das EED-Konzept basiert auf technischen, probabilistischen Risikostudien. Daher wird das EED-Konzept meist als „objektiv" angesehen. Nach Krupnick, Markandya und Nickell ist das Problem des EED-Ansatzes, daß subjektive individuelle Risiko-Wahrnehmung und Bewertung ignoriert wird (Risiko-Aversion, ex ante Perspektive, subjektive Wahrscheinlichkeit). Im Gegensatz zu dem EED-Konzept geht der EU-Ansatz von subjektiv wahrgenommenen Risiken aus. Daher paßt der EU-Ansatz besser in die moderne Wohlfahrtsökonomik, weil Risiko-Bewertung als eine Frage individueller Präferenzen behandelt wird. Individuelle Präferenzen (hier: die Zahlungsbereitschaft für eine Verringerung von Risiken) werden durch Marktverhalten beobachtet und gemessen. Wenn keine validen Marktdaten existieren, wird auf das Verhalten in anderen Bereichen zurückgegriffen. Die Risiko-Bewertung ist subjektiv, beinhaltet aber eine breitere Risiko-Wahrnehmung. Verglichen mit dem EED-Ansatz (der sich manchmal auf die Bewertung erwarteter Gesundheitsrisiken beschränkt) kann das EU-Konzept zusätzliche Risiko-Charakteristika berücksichtigen, welche die Zahlungsbereitschaft beeinflussen können. Solche Risiko-Charakteristika können das mögliche Schadensausmaß bei katastrophalen Ereignissen, Vertrauen in die Regierung, die Kontrollierbarkeit von Risiken, die Freiwilligkeit, mit der diese Risiken eingegangen werden oder die Irreversibilität möglicher Schäden sein. Krupnick, Markandya und Nickell schlagen vor, daß die Diskrepanz zwischen der Risiko-Bewertung von Laien und Experten durch die Verwendung einer Verhältniszahl von Laien- zu Experten-Risiken transparent gemacht werden soll.

2.4.4.2 Technische Risikoanalyse und individuelle Bewertung

Die Unterscheidung zwischen dem EED-Konzept und dem EU-Ansatz ist jedoch nicht völlig konsistent. In monetären Bewertungsstudien werden in der Regel nämlich weder ausschließlich Experten- noch ausschließlich Laien-Bewertungen verwendet. Vielmehr kommen bei der Bewertung externer Kosten normalerweise beide Ansätze zur Geltung. Während die Identifikation und Quantifizierung von Schadensverläufen, Schadensfunktion und Risiko-Indikatoren in der Regel aus einer Experten-Bewertung heraus gewonnen werden, müssen diese Indikatoren in einem weiteren Schritt mit individuellen Zahlungsbereitschaften zur Vermeidung dieser Risiken bewertet werden. Während des Bewertungs-Prozesses können individuelle Risiko-Wahrnehmung (ex ante versus ex post Risiken, subjektive Wahrscheinlichkeiten) und individuelle Risiko-Bewertung (Risiko-Aversion) berücksichtigt werden. Deshalb ist die Frage, ob solche Aspekte ignoriert werden, nicht eine Frage der Verwendung des EED- oder EU-Konzeptes. Vielmehr handelt es sich um eine Frage der Bewertungsmethode. Ein spezielles Design der Contingent Valuation Method (CVM) würde die Zahlungsbereitschaft für verringerte nukleare Risiken messen können. Daher könnte die von Krupnick, Markandya und Nickell als Hauptproblem des EED-Ansatzes identifizierte Ignoranz individueller Risikowahrnehmung durch weitere empirische Arbeiten gelöst werden. Insofern erscheint die Konstruktion eines fundamentalen Gegensatzes zwischen dem EED und dem EU-Ansatz und die Präsentation der EU-Bewertung "als alternatives Paradigma" [2.57] irreführend.

In einigen neueren Studien zur Bewertung der Kosten von Kernschmelzunfällen wird die fehlende empirische Basis der Risikostudien deutlich. Die britische Pearce-Studie diskutiert unterschiedliche Möglichkeiten, Risiko-Aversion in mathematischen Funktionen auszudrücken und stellt fest, daß diese Frage immer noch unbeantwortet ist [2.58]. Eine ähnliche Studie für die Schweiz benutzt Standardabweichungen zur Bewertung von Unfallrisiken. Die verwendeten Verhaltensannahmen sind jedoch hypothetisch, da die Bereitschaft der Menschen, bestimmte Standardabweichungen zu akzeptieren, unbekannt sind [2.59].

2.4.4.3 Marktversagen aufgrund von Informationsmängeln

Selbst wenn adäquate CVM-Studien verfügbar wären, müßte die Frage beantwortet werden, wie unterschiedliche Risiko-Wahrnehmung von Experten und Laien zu behandeln ist. Denn Risiko-Studien haben gezeigt, daß Individuen geringe Risiko-Wahrscheinlichkeiten (z.B. einen Blitzschlag) häufig überschätzen, während sie andere Risiken mit hohen Wahrscheinlichkeiten (z.B. das Risiko eines Herzschlages) häufig unterschätzen [2.60]. Abb. 2.8 zeigt den Unterschied zwischen der wahrgenommenen Wahrscheinlichkeit und der tatsächlichen Wahrscheinlichkeit von Ereignissen. Im Falle von Kernschmelzunfällen, das ein Beispiel für extrem niedrige Wahrscheinlichkeiten darstellt, ist anzunehmen, daß die individuelle Risiko-Wahrnehmung wesentlich höher als das tatsächliche Risiko ist.

Wenn die Risiko-Wahrnehmung von Laien systematisch falsch ist, und dieser Fehler nachweislich auf einem Mangel an Informationen beruht, sollen dann solche offensichtlich falschen Wahrnehmungen überhaupt in monetären Bewertungsstudien Verwertung finden? In anderen Worten: Sollte nicht Marktversagen, das durch Informationsmängel begründet ist, eliminiert werden? Eine Möglich-

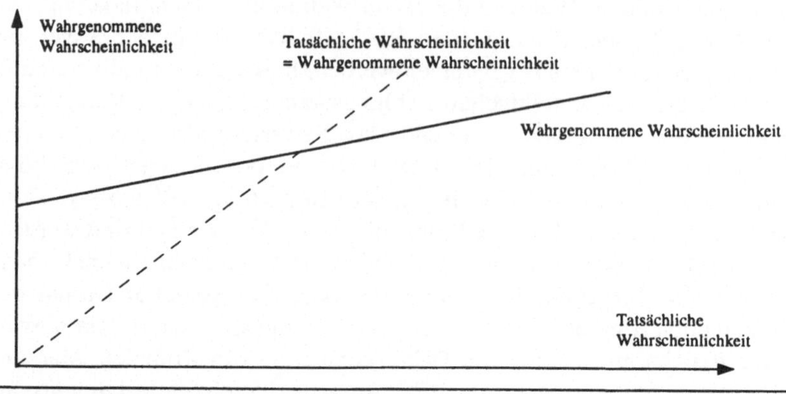

Quelle: Viscusi (1993), S. 1919

Abb. 2.8. Beziehung zwischen tatsächlichen und wahrgenommenen Eintrittswahrscheinlichkeiten von Risiken [2.60]

keit, mit diesem Problem umzugehen, besteht darin, bei Zahlungsbereitschaftsbefragungen nur auf die Werte gut informierter Menschen zurückzugreifen. Ein solches Vorgehen, d.h. die Korrektur des Wissens der Befragten, erscheint legitim, wohingegen eine Korrektur ihrer Präferenzen (z.B. Risiko-Aversion) nicht vertretbar ist.

2.4.4.4 Schlußfolgerungen

Abschließend läßt sich das Fazit ziehen,

- daß kein fundamentaler Widerspruch zwischen dem EED-Ansatz und dem EU-Ansatz existiert,
- daß Bewertungsstudien üblicherweise beide Ansätze benutzen (wie auch die hier vorliegende Studie),
- daß das wesentliche Problem darin besteht, daß Risikowerte von Gesundheitsrisiken auf Arbeitsmärkten auf die Bewertung von Kernschmelzrisiken übertragen werden,
- daß demzufolge die Verwendung von zusätzlichen Kennzahlen für das Verhältnis von Experten- zu Laien-Risikobewertung zu Inkonsistenzen führen würde, weil nahezu alle Zahlungsbereitschaften subjektive Präferenzen beinhalten (z.B. Werte zur Verringerung von Gesundheitsrisiken auf Arbeitsmärkten),
- daß statt der Einführung von Kennzahlen für Experten- und Laien-Risiken eine sinnvollere Alternative darin bestünde, empirische Arbeiten durchzuführen, die die Zahlungsbereitschaften zur Verringerung von Kernschmelzunfällen messen.

2.4.5 Bewertung von Gesundheitsrisiken

2.4.5.1 Mortalität - Der Wert eines statistischen Lebens

Ex ante und ex post Bewertung. Die monetäre Bewertung von Menschenleben wird häufig mit ethischen Argumenten kritisiert. Es wird argumentiert, daß:

- monetäre Bewertung das Grundrecht auf körperliche Unversehrtheit ignoriere [2.61] und
- aus ethischen Gründen heraus der Wert eines Menschen immer als unendlich hoch anzusetzen sei.

Ein solcher Standpunkt kann jedoch nicht das reale Verhalten von Menschen erklären, denn es würde bedeuten, daß:

- durch die Gesetzgebung bereits alle externen Gesundheitseffekte beseitigt sein müßten und
- die Zahlungsbereitschaft der Bürger zur Reduzierung von Gesundheitsrisiken unendlich hoch sein müßte.

Tatsächlich aber wägen Menschen die Kosten und Nutzen von Investitionen in Sicherheitsgurte, Airbags oder in andere Sicherheitseinrichtungen sorgfältig ab. Ein solches ökonomisches Verhalten von Menschen ist Gegenstand vieler Studien zur Bewertung von Gesundheitsrisiken. Die Werte für Mortalität und Morbidität werden von individuellen Präferenzen abgeleitet, die von diesen Individuen über ihr Marktverhalten oder durch Zahlungsbereitschaftsbefragungen geäußert werden.

Demnach ist der Wert eines statistischen Lebens (VSL - Value of Statistical Life) ein Maß für die Wohlfahrtsverluste, die durch zusätzliche Risiken für Leib und Leben entstehen. Mathematisch ausgedrückt beinhaltet dieser Wert die Zahlungsbereitschaft für verringerte Mortalitätsrisiken, die durch die erreichte Reduktion des Risikos dividiert werden muß. Ein Beispiel: Der VSL ist eine Million DM, wenn die durchschnittliche Zahlungsbereitschaft für eine Risikoreduktion von 1:10.000 100 DM beträgt.

Es ist wichtig, anzumerken, daß der VSL nicht einen Wert für ein Leben eines bestimmten Individuums darstellt. Vielmehr bezieht er sich auf statistische Risiken, bevor ein bestimmter Schaden akut wird. Das heißt: Es ist unbekannt, welche Individuen tatsächlich geschädigt werden, aber es kann abgeschätzt werden, in welchem Ausmaß Schäden zu erwarten sind. Der ökonomische Wert eines Gesundheitsrisikos ist der Betrag, den ein Individuum zur Vermeidung eines Risikos zu zahlen bereit ist, oder der Betrag, für den ein Individuum bereit ist, ein bestimmtes Risiko zu akzeptieren [2.62]. Der entscheidende Unterschied zwischen einer ex ante und einer ex post Bewertung wird von Pearce und Markandya wie folgt beschrieben:

„... die Umweltpolitik hat es normalerweise nicht mit dem sicheren Tod eines bekannten Individuums zu tun. Gegenstand umweltpolitischer Entscheidungen ist vielmehr die einem bestimmten Risiko ausgesetzte Bevölkerung. Durch umweltpolitische Entscheidungen kann die Wahrscheinlichkeit eines Todesfalls allerdings reduziert werden, beispielsweise von 1:100.000 auf 1:200.000. Diese Situation ist nicht vergleichbar mit einer Entscheidung, eine Rettungsaktion für eine Yacht bei stürmischer See vorzunehmen. Denn in einem solchen Falle wäre das Individuum bekannt und das Todesrisiko sehr hoch, wenn nicht gar sicher. Dieser Unterschied hilft zu erklären, warum sehr hohe Summen für die Rettung einzelner Leben ausgegeben werden, während die Investition in Vorsichtsmaßnahmen zur Rettung „statistischer Leben", bei denen ein derartiges Unglück noch gar nicht stattgefunden hat, vergleichsweise gering ausfällt. Natürlich werden aus „statistischen Leben" nach einem Unglücksfall bekannte Leben - individuelle Schicksale, die der Umweltverschmutzung zum Opfer fallen. In dieser Situation ist es wichtig zu bedenken, daß das, was in der ökonomischen Literatur als „Wert eines Menschenlebens" bezeichnet wird, den rein statistischen Wert vor Eintritt dieses Unglücksfalls ausdrückt (den ex ante Wert, wie er in der Literatur bezeichnet wird)" [2.63].

Der VSL ist ein grober Durchschnittswert für eine durchschnittliche Risikoreduktion und unterscheidet nicht zwischen Determinanten wie dem Alter des Betroffenen oder dessen künftiger Lebensqualität, was wichtige Faktoren für seine individuelle Zahlungsbereitschaft wären. Konzepte, die sich auf spezifischere Größen wie den Wert eines verlorenen Lebensjahres oder eines mit einem Faktor für die Lebensqualität gewichteten Lebensjahres beziehen, gelten aus methodischen wie auch ethischen Gründen als umstritten; valide Schätzungen hierfür sind bisher nicht verfügbar [2.64]. Allerdings führt die Anwendung des von der Zahl der verlorenen Lebensjahre unabhängigen VSL-Konzepts in einigen Fällen zu Inkonsistenzen und Widersprüchen, wie im nachfolgenden Abschnitt verdeutlicht wird. Im folgenden Teilkapitel wird daher ein konsistenter Bewertungsansatz entwikkelt, der auf den verlorenen Lebensjahren als Bezugsgröße aufbaut, und als Alternative zum VSL zur Bewertung von Todesfällen verwendet.

Bewertungsmethoden und ihre empirische Evidenz. Zahlungsbereitschaften können direkt durch Befragungen oder indirekt über beobachtetes Marktverhalten gemessen werden. Die verbreitetste direkte Methode ist die Contingent valuation method (CVM). Eine weit verbreitete indirekte Methode ist die hedonische Preisanalyse (HPA). Hedonische Preisanalysen leiten ihre Werte normalerweise aus Lohnzulagen ab, die für risikobehaftete Tätigkeiten auf Arbeitsmärkten gezahlt werden. Einige weitere Untersuchungen analysieren das Verhalten zur Vermeidung von Gesundheitsrisiken außerhalb von Arbeitsmärkten (beispielsweise Investitionen in Airbags). Schließlich werden Gesundheitsrisiken häufig auch über den sogenannten Human-Kapital-Ansatz (HCA-Human Capital Approach) bewertet, der die durch Krankheiten und Todesfälle entstandenen Produktionsverluste mißt.

Im Rahmen der großangelegten amerikanischen und europäischen Studien zur Bewertung externer Kosten der Energieerzeugung wurde eine Meta-Analyse von CVM- und HPA-Studien vorgenommen (siehe Tabelle 2.5). Auf diese Weise wurde ein VSL von 3,1 Millionen ECU (5,84 Mio. DM) abgeleitet [2.65]. Studien zur Bewertung von Menschenleben auf der Basis des Human-Kapital-Ansatzes bleiben in dieser Meta-Analyse außer Betracht, weil dieser Ansatz in der einschlägigen wissenschaftlichen Literatur als irrelevant angesehen wird. Die Ablehnung des Human-Kapital-Ansatzes ist hauptsächlich darauf zurückzuführen, daß die gemessenen Produktionsverluste in keinem theoretischen oder empirischen Zusammenhang mit den gesuchten Zahlungsbereitschaften zur Verringerung von Gesundheitsrisiken stehen. Im Zusammenhang mit der hier vorliegenden deutschen Implementation der ExternE-Studie ist dies besonders bemerkenswert, da in Deutschland der Human-Kapital-Ansatz nach wie vor weit verbreitet ist. Gesundheitsschäden durch Unfälle und Luftverschmutzung werden hierzulande immer noch vorwiegend auf der Basis dieses Ansatzes gemessen.

Tabelle 2.5. Schätzungen des VSL in Millionen ECU auf der Basis verschiedener Methoden (Preisbasis 1990) [2.58]

Methoden	Studien USA	Studien Großbritannien
HPA (Arbeitsmärkte)	3,5 - 5,5	2,8 - 3,5
HPA (außerhalb Arbeitsmärkte)	1,0 - 1,1	0,7 - 3,4
CVM Studien	1,4 - 2,5	4,1 - 6,3
Mittelwerte	2,0 - 3,0	2,5 - 4,4

2.4.5.2 Der Wert eines verlorenen Lebensjahres

(A. Greßmann, P. Bickel)

Betrachtet man unterschiedliche Todesfälle, die im Zusammenhang mit Energiesystemen auftreten können, so stellt man fest, daß eine pauschale Bewertung aller dieser Todesfälle mit einem einheitlichen VSL den unterschiedlichen Sachverhalten nicht immer Rechnung trägt oder in manchen Fällen überhaupt nicht eindeutig anwendbar ist.

Einerseits sind bei den zu vergleichenden Energiesystemen typischerweise Todesfälle unterschiedlicher Ursachen zu bewerten, die sich hinsichtlich des Alters und Gesundheitszustands der betroffenen Personen und somit deren verbleibender Lebenserwartung erheblich unterscheiden. Man vergleiche beispielsweise akute

Todesfälle durch Luftschadstoffe (die nur bei älteren Personen mit erheblichen Vorerkrankungen und einer geringen noch verbliebenen Lebenserwartung auftreten können) mit tödlichen Berufsunfällen. Es ist zu vermuten, daß viele die Belastung eines Kindes mit einem Zusatzrisiko für schwerwiegender halten als die Belastung eines alten Menschen, eben weil das Kind fast sein ganzes Leben noch vor sich hat, die Zahl der verlorenen Lebensjahre also viel höher wäre. Weiterhin treten etwa tödliche Unfälle sofort auf, während andere Auswirkungen erst nach einer längeren Latenzzeit, also in fernerer Zukunft eine erhöhte Gefahr eines vorzeitigen Todes bewirken. Das schwerwiegendste Problem einer Bewertung mit dem VSL ist jedoch eine Inkonsistenz bei der Bewertung: Bei der Mortalität durch Luftschadstoffe ist davon auszugehen, daß sich auch bei einer individuellen exponierten Person mit einer weiteren Zunahme der Schadstoffkonzentration im Durchschnitt die verlorene Lebenszeit erhöht. Somit wären bei der Erhöhung einer Schadstoffkonzentration von C_0 auf C_1 zusätzliche (vorzeitige) Todesfälle zu bilanzieren und zu bewerten; bei den Effekten einer weiteren Erhöhung von C_1 auf C_2 würden dieselben Todesfälle, wenn sie jetzt nochmals zu einem etwas früheren Zeitpunkt eintreten, erneut in voller Höhe angesetzt. Man würde also in der Summe nicht denselben Effekt erhalten, der bei einer Schadstofferhöhung von C_0 auf C_2 eintreten würde. Durch Unterteilung der Schadstoffemissionen in beliebig kleine Teile, die wiederum jeweils entsprechend kleine Reduzierungen der Lebenserwartung nach sich ziehen, lassen sich somit beliebig hohe monetäre Werte errechnen. Außerdem ist bei Anwendung der Aussage, die etwa Dosis-Wirkungs-Beziehungen für chronische Mortalität ermöglichen, auf eine betroffene Population eine Zeit-Mengen-Aussage über verlorene Lebensjahre ableitbar (von der Gestalt, wie in Abb. 2.9 dargestellt), nicht jedoch eine eindeutige Aussage über die genaue Anzahl von Personen, auf die sich im einzelnen die in der Summe bekannte verlorene Lebenszeit verteilt.

Aufgrund dieser Schwierigkeiten wird - alternativ zu der im vorangegangenen Teilkapitel erläuterten VSL-Bewertung - auch das Konzept einer Bewertung verlorener Lebensjahre (VLYL - Value of Life Year Lost) für die Bewertung tödlicher Gesundheitseffekte verwendet. Die hierbei verwendete Vorgehensweise sei im folgenden kurz erläutert:

Hinter einer monetären Bewertung von verlorenen Lebensjahren steht die Hypothese, daß sich eine Person bei Risikoentscheidungen, die für die Bestimmung empirischer Werte für den VSL zugrundegelegt werden, ihrer durchschnittlichen verbleibenden Lebenserwartung bewußt ist und dabei die gegenwärtige sowie die weiter in der Zukunft liegende Lebenszeit gemäß ihrer Zeitpräferenzrate zueinander gewichtet.

Da nicht unmittelbar empirische Werte für ein verlorenes Lebensjahr vorliegen, behilft man sich damit, den Durchschnittswert eines VSL auf ein Lebensjahr „umzulegen". Hierbei kann man die Information nutzen, daß die den VSL-Studien zugrundeliegende Bevölkerung meist eine spezifische Zusammensetzung besitzt (z.B. nur Autofahrer oder bestimmte Berufsgruppen); insbesondere besteht sie überwiegend aus Personen im Durchschnittsalter von 35 - 45 Jahren. Deren fernere Lebenserwartung und die Überlebensverteilung der Alterskohorte in der Zukunft lassen sich mit Hilfe der altersspezifischen jährlichen Überlebens- bzw. Sterbewahrscheinlichkeiten bestimmen. Hieraus wurde (unter Zugrundelegung der drei alternativ zu verwendenden Diskontraten 0 %, 3 % und 6 %) der jeweils zugehörige Gegenwartswert eines verlorenen Lebensjahres errechnet, unter der Nebenbedingung, daß die (abdiskontierte) Summe der mit den Überlebenswahrscheinlichkeiten gewichteten zukünftigen Lebensjahre zum einen für einen 35-jährigen, zum anderen für einen 45-jährigen im Durchschnitt den aus empirischen Studien ermittelten Durchschnittswert von 5,84 Mio. DM ergibt. Aus diesen beiden Werten wurde das arithmetische Mittel gebildet; somit ergeben sich (als gerundete Werte) für 0 % Diskontrate 185000 DM, für 3 % 292000 DM und für 6 % 396000 DM.

Es ist leicht einzusehen, weshalb aus einer höheren Diskontrate auch ein höherer Gegenwartswert für ein YOLL resultiert. Je höher die Zeitpräferenzrate angesetzt wird, um so stärker werden die nächstgelegenen Lebensjahre im Vergleich zu den weiter entfernten gewichtet. Die Gewichte der weiter in der Zukunft liegenden Jahre nähern sich um so schneller Null an, je größer die Diskontrate ist; das Gewicht des auf den Gegenwartszeitpunkt folgenden ersten Jahres bleibt aber immer 1. Um nun bei allen drei Diskontierungsalternativen dieselbe Summe von 5,84 Mio. DM für die gesamte Zeitreihe eines Lebens zu erhalten, muß der monetäre Wert, der dem „ersten“ Jahr zugerechnet wird und an dem auch die Abdiskontierung ansetzt, bei einer höheren Diskontrate entsprechend größer sein.

Mit diesen Zahlen ließe sich ein einzelner Todesfall, bei dem die zu erwartende Anzahl verlorener Lebensjahre bekannt wäre, als abdiskontierter Barwert einer entsprechenden Annuität berechnen. Um mit dieser Angabe bestimmte Mortalitätsfälle, z.B. chronische Todesfälle durch Luftschadstoffe, die über Dosis-Wirkungs-Beziehungen errechenbar sind und als Folge einer heutigen Exposition erst in der Zukunft auftreten, zu bewerten, ist aber noch ein weiterer Umrechnungsschritt erforderlich. Hierfür muß die zeitliche Verteilung der „verlorenen Lebensjahre“ in der exponierten Bevölkerung bestimmt werden.

Dies erfolgt durch den Vergleich der Bevölkerungsentwicklung, die durch ihre altersspezifischen Sterbewahrscheinlichkeiten determiniert ist, zwischen einer unbelasteten „Referenz“-Bevölkerung und einer durch zusätzliche Schadstoffimmission belasteten Bevölkerung. Die zugrundeliegende Dosis-Wirkungs-Beziehung (z.B. aus [2.66]) gibt eine proportionale Erhöhung der altersspezifischen Sterbewahrscheinlichkeiten in Abhängigkeit von der Höhe der Schadstoffexposition an; dieser Faktor wird aufgrund der Informationen über die Verteilung der Latenzzeit anteilig auf die folgenden 30 Jahre nach der Schadstoffexposition verteilt. Dadurch ergibt sich eine charakteristische Zeitstruktur verlorener Lebensjahre für Mortalität durch Luftschadstoffe. Abb. 2.9 zeigt graphisch, wie dieses Zeitprofil durch Vergleich der Sterblichkeitsentwicklung mit und ohne zusätzliche Schadstoffimmission ermittelt werden kann. Der Wert zwischen 0 und 1 auf der Bevölkerungsskala gibt hierbei an, welcher Anteil des gesamten Bevölkerungskollektivs aus dem Ausgangszeitpunkt, in dem die Schadstoffbelastung auftritt, nach

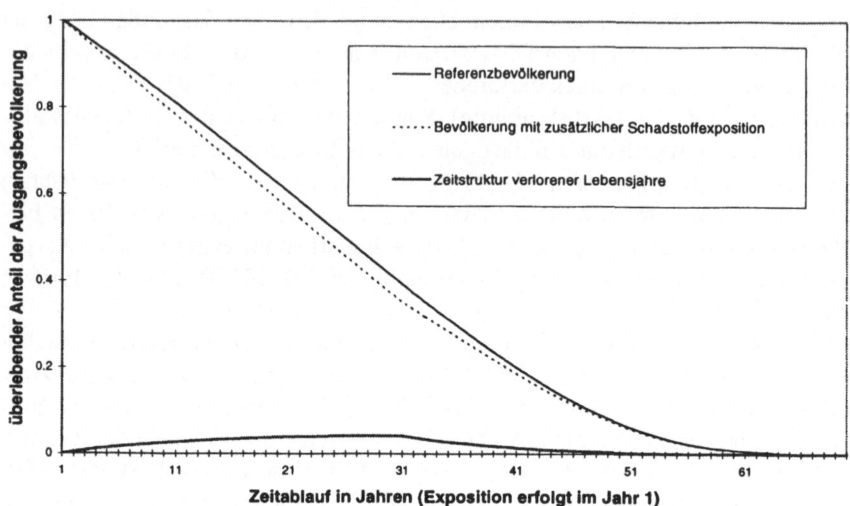

Abb. 2.9. Sterblichkeitsentwicklung im Referenzfall und mit zusätzlicher Schadstoffimmission und die daraus resultierende Struktur der verlorenen Lebensjahre. (Für die Berechnung wurde der aus [2.66] resultierende relative Risikofaktor von 1,0064 für 1 µg Staubpartikel ($PM_{2,5}$) zugrundegelegt und auf 30 Jahre verteilt, was zu einer prozentualen Erhöhung der altersspezifischen jährlichen Sterbewahrscheinlichkeiten von 0,64 % /30 = 0.021 % führt. Die Grafik verwendet zur Verdeutlichung des Effekts einen um 1000 erhöhten Prozentsatz.)

der jeweiligen Zeit noch am Leben ist. Wegen des Stützbereichs der Dosis-Wirkungs-Beziehung beinhaltet das Bevölkerungskollektiv nur die Altersstufen ab einem Lebensalter von 30 Jahren.

Durch Abzinsen der oben errechneten monetären Werte eines „heute" verlorenen Lebensjahres mit den zugehörigen Diskontraten - unter Berücksichtigung der Zeitstruktur, in der die verlorenen Lebensjahre von der Schadstoffexposition aus in der Zukunft auftreten - erhält man einen durchschnittlichen Wert für ein verlorenes Lebensjahr durch Luftschadstoffe, nämlich 185000 DM bei einer Diskontrate von 0 %, 159000 DM bei 3 % bzw. 137000 DM bei 6 %. Daß nun diese Werte mit steigender Diskontrate niedriger werden, liegt daran, daß aufgrund der weit in die Zukunft reichenden Zeitverteilung der Abzinsungseffekt in der Summe den Effekt, daß die „gegenwartsnahen" Lebensjahre durch den höheren YOLL-Anfangswert eine höhere Bewertung erfahren, überkompensiert.

Zu beachten ist, daß die auf verlorener Lebenszeit basierende Bewertungsmethode (und die dem zugrundeliegende Verhaltenshypothese, daß ein Individuum nicht das Risiko eines Todesfalles, sondern gewissermaßen das „Risiko eines Verlustes von einer abdiskontierten Reihe von Lebensjahren" wahrnimmt und entsprechend bewertet,) nicht unumstritten ist. Von den zahlreichen bestehenden HPA- und CVM-Studien, die die Grundlage für den VSL bilden, geben nur wenige einen Aufschluß über eine erkennbare Altersabhängigkeit des VSL; wo diese feststellbar ist, ist die Form des Zusammenhangs zwischen dem Alter des Entscheidungsträgers und seiner Zahlungsbereitschaft für Risikoreduktion nicht einheitlich. Übereinstimmend zeigen die Studien jedoch - dies geht etwa aus einer Literaturübersicht bei Rowe et al. [2.67] hervor - daß zumindest im Altersbereich von über 40 Jahren mit weiter steigendem Lebensalter die Zahlungsbereitschaft zur Reduktion von Todesrisiken übereinstimmend abnimmt. Daß dies nicht über das gesamte Lebensalter (also auch für Personen unter 40 Jahren) eindeutig erkennbar ist, wird dadurch erklärbar und plausibel, daß der evtl. theoretisch vorhandene Zusammenhang zwischen der individuellen Risikobewertung und der ferneren Lebenserwartung durch zwei Effekte überlagert wird, die mit dem Alterungsprozeß eines Menschen untrennbar zusammenhängen. Dies ist zum einen der mit dem Alter positiv korrelierte Einkommenseffekt - die Zahlungsbereitschaft für alle Gütergruppen (soweit sie nicht absolut inferior sind) nimmt bekanntlich zu, wenn das Einkommen steigt -, zum anderen ein Effekt, der von den aufeinanderfolgenden Phasen im Familienlebenszyklus einer Person bestimmt wird. In jeder dieser Phasen spielen - wie man etwa im Marketing erkannt hat und sich dort bei der Absatzmarktprognose und -segmentierung zunutze macht - unterschiedliche Bedürfnisse und Kaufentscheidungen eine Rolle. Empirisch beobachtbar (etwa mittels hedonischer Preisstudien) ist nur das Resultat aus dem Zusammenspiel dieser Einflußfaktoren.

Andererseits wird durch das Ergebnis einer neueren Contingent-Valuation-Studie aus Schweden [2.68] die Berechtigung des YOLL-Konzepts empirisch gestützt. Sie kommt zu dem Ergebnis, daß die Zahlungsbereitschaft für eine Maßnahme zur Verlängerung der durchschnittlichen Lebenserwartung um ein Jahr (unter der bedingenden Annahme, das 75. Lebensjahr bereits überlebt zu haben) mit zunehmendem Alter der Befragten nur geringfügig steigt, also kein Hinweis auf eine drastische Änderung der Präferenzen in Bezug auf die Größe „verlorenes Lebensjahr" mit steigendem Lebensalter erkennbar ist. Gleichzeitig zeigt diese Studie, daß die aus den Befragungsergebnissen ermittelbare Zeitpräferenzrate (ohne eine erkennbare Altersabhängigkeit) im Bereich von 1 - 4 % liegt, was den hier verwendeten Wertebereich der Diskontraten, insbesondere den mittleren Wert von 3 %, bestätigt.

Zusammenfassend bleibt also darauf hinzuweisen, daß zum einen das Konzept der Bewertung verlorener Lebensjahre auch bei chronischer Mortalität und bei akuten Todesfällen von bereits stark vorgeschädigten Personen eine konsistente Vorgehensweise erlaubt. Andererseits besteht sowohl von der empirischen Grundlage als auch vom intuitiven Verständnis menschlicher Verhaltensweisen bisher nur eine begrenzte Evidenz, daß die verlorenen Lebensjahre eine entscheidende Rolle bei der Bewertung individueller wie kollektiver Risikoentscheidungen spielen. Wegen der umstrittenen Diskussion, welchem Bewertungskonzept der Vorzug zu geben ist, werden - parallel zueinander - sowohl der Ansatz des

„Wertes eines statistischen Lebens“ als auch der des „Wertes eines verlorenen Lebensjahres“ für die monetäre Bewertung von Todesfällen verwendet.

2.4.5.3 Morbidität

Bewertungsmethoden und empirische Evidenz. Wie das Risiko der Mortalität kann auch das der Morbidität durch direkte Befragungen, hedonische Preisanalysen oder durch die entstandenen Produktionsausfälle geschätzt werden. Zu den Einkommensverlusten werden hier meist die Kosten der medizinischen Behandlung hinzuaddiert.

Diese Variante des HCA wird als Cost of Illness-Methode (COI) bezeichnet. Da für Morbiditätsrisiken kaum valide CVM- oder HPA-Studien existieren, wird auch in der internationalen Literatur weitgehend auf COI-Werte zurückgegriffen [2.69]. Diese COI-Werte können als untere Grenze der tatsächlichen Zahlungsbereitschaft zur Reduktion von Morbiditätsrisiken angesehen werden, weil Nutzenverluste durch Schmerz und Leid unberücksichtigt bleiben. Die durchschnittliche Zahlungsbereitschaft zur Verhinderung von Krankheiten ist nach empirischen Schätzungen ungefähr dreimal so hoch wie die reinen Krankheitskosten.

2.4.5.4 Schlußfolgerungen

In der vorliegenden Studie werden die in Tabelle 2.6 angegebenen, auf Preisbasis 1995 umgerechneten Werte empfohlen. Es handelt sich demzufolge um aktualisierte Werte, die der Preisentwicklung des Inlandsprodukts seit dem Jahr 1990 angepaßt wurden.

2.4.6 Bewertung von Klimaschäden

Die Höhe von Klimaschäden wird in den meisten Studien in einer Bandbreite zwischen 1 und 3% des Welt-Bruttosozialproduktes angesehen [2.54]. Es gibt jedoch eine zunehmende Anzahl von Stimmen in der ökonomischen Diskussion, die die Berechnung von Schadenskosten einer globalen Klimaänderung als eine nicht angemessene Behandlung des Klimaproblems ansehen. Daher wird im folgenden dafür plädiert, die Kosten der Vermeidung einer globalen Klimaänderung als oberes Limit der Kosten der Klimaänderung anzusetzen und zusätzlich zu den Schadenskosten zu berechnen. Diese Vorgehensweise erscheint im Sinne der beschriebenen Dauerhaftigkeitskriterien (siehe Kapitel 2.1) und der daraus abgeleiteten Rolle monetärer Bewertung von Umweltproblemen konsistent.
Ein Überblick über die Literatur zur monetären Bewertung von Klimaschäden zeigt, daß eine wachsende Anzahl von Ökonomen mit der gegenwärtigen Behandlung des Treibhauseffektes unzufrieden ist. Selbst Nordhaus, der für seine Kosten-Nutzen-Analysen auf diesem Gebiet weltweit bekannt ist, merkt an, daß „Klimaänderung das kulturelle Erbe einer Gesellschaft in unakzeptabler Weise

Tabelle 2.6. Monetäre Bewertung von Gesundheitsrisiken für Deutschland (Preisbasis 1995 DM, umgerechnet aus ECU-Werten)

Mortalität	
Value of Statistical Life	5 840 000 DM
Value of life year lost	
für 0 % Diskontrate	185 000 DM
für 3 % Diskontrate	159 000 DM
für 6 % Diskontrate	137 000 DM
Morbidität	
Tage mit eingeschränkter Aktivität	141 DM
chronische airway obstructive disease	424 DM
Krankenhausaufnahmen wegen Krupp bei Kindern	420 DM
Chronische Bronchitis bei Kindern	424 DM
Chronischer Husten bei Kindern	424 DM
Krankenhausaufnahmen wg. Infektionen der Atemwege-	14 827 DM
Krankenhausaufnahmen wegen chronisch obstruktiver Lungenerkrankungen	14 827 DM
Tage mit Atemwegssymptomen	14 DM
Berufskrankheiten, -risiken	
schwere berufliche Arbeitsunfälle/Krankheiten	73 600 DM
leichte berufliche Arbeitsunfälle/Krankheiten	6 470 DM

bedrohen kann, auch wenn es nicht möglich ist, diese Schäden in einem ökonomischen Ansatz zu bewerten. Auch wenn wir nicht in der Lage sind, eine Stadt wie Venedig mit einem Preisschild zu versehen, können wir Aktivitäten für unakzeptabel halten, welche die Existenz von Venedig bedrohen. Die Wirtschaftswissenschaft kann zu diesem Problem nicht viel mehr beitragen, als solche trade-offs zu identifizieren" [2.70]. Die wesentlichen Argumente gegen die Verwendung von Schadenskosten als eine Basis politischer Entscheidungen sind [2.71]:

- Die Unsicherheit über die mögliche Größenordnung ökonomischer Schäden einer Klimaänderung ist um ein Vielfaches höher, als bei den klassischen Luftschadstoffen,
- die Möglichkeit irreversibler Schäden des globalen Ökosystems und
- die Möglichkeit langfristiger Belastungen für künftige Generationen.

Deshalb argumentieren einige Ökonomen, daß „sich die geeignete Rolle der ökonomischen Analyse auf die Emissionsreduktionsseite beschränkt und daß die Schadensseite am besten den Naturwissenschaftlern, Politikern und der Öffentlichkeit überlassen werden soll, die über politische Prozesse über akzeptable Schäden entscheiden. Ökonomische Analysen können bei der Schätzung der Kosten zur Vermeidung von Kohlendioxid-Emissionen eine wichtige Informationsgrundlage liefern. Sie mögen auch eine Rolle bei der Entwicklung von Minimalkosten-Kombinationen für Maßnahmen zur Erreichung spezifizierter Reduktionsziele spielen. Nach dem derzeitigen Stand scheitern ökonomische Analysen jedoch schlicht bei jedem Versuch, eine optimale Höhe von CO_2-Emissionen zu berechnen" [2.72]. Aus dieser Sichtweise heraus wird die globale Klimaänderung als kritisches Element des Naturkapitals betrachtet, das eine spezielle Behandlung durch die Verwendung von Kriterien wie den „safe minimum standard" oder Dauerhaftigkeitsregeln verlangt. „Der sogenannte „safe minimum standard" kann als ein Beispiel angesehen werden, bei dem die Berechnung ökonomischer Tradeoffs durch die Einführung von Rechten eingeschränkt wird. Der Standard fordert den Schutz von Spezien und Ökosystemen, solange die Kosten des Schutzes nicht unakzeptabel hoch sind. ... Wenn Rechte zum Schutz späterer Generationen vor den Schäden unserer Treibhausgas-Emission akzeptiert werden, dann wird der Spielraum für Trade-offs in diesem Bereich, den Ökonomen gewöhnlich annehmen, drastisch reduziert" [2.73].

Es läßt sich die Schlußfolgerung ziehen, daß die Schätzung von Schadenskosten einer Klimaänderung durch die Verwendung von Vermeidungskosten ergänzt werden sollte.

2.4.7 Bewertung von Lärm

2.4.7.1 Literaturüberblick

Wesentliche Lärmquellen bei der Erzeugung von Energie und Elektrizität sind Lärmemissionen von Kraftwerken und während des Transports [2.43]. Nahezu alle Studien zur Bewertung von Lärm stammen aus dem Verkehrssektor. Daher stellt sich die Frage, ob die in diesen Studien geschätzten Werte von Lärmschäden auch auf Lärmquellen bei der Energieerzeugung übertragen werden können.

Sowohl die hedonische Preisanalyse als auch die Contingent Valuation Method sind geeignete Bewertungstechniken zur Schätzung der Nutzen-Verluste aufgrund von Lärmbelastungen [2.41]. Die am meisten verbreitete Methode ist die hedonische Preisanalyse. Nur wenige Studien sind verfügbar, die sich der Contingent Valuation Method bedienen. Einige andere Studien [2.74] kalkulieren Vermeidungskosten, die aber lediglich zur Schätzung einer unteren Grenze der Schäden aufgrund von Lärmbelästigung geeignet sind [2.75].

Bei der Bewertung von Lärmbelastung ist zwischen kontinuierlichen und diskontinuierlichen Lärmbelastungen zu unterscheiden [2.43]. Hedonische Preisanalysen, die diskontinuierliche Geräusche untersuchen, bewerten meistens die Nutzen-Verluste von Lärm in der Gegend von Flughäfen. Diskontinuierliche Geräusche werden in der Regel in Emissionseinheiten gemessen, d.h. hier in NNI (noise and number index) beziehungsweise in NEF (noise exposure forecast). Für Fluglärm liegt der Durchschnittswert aus 17 Studien bei 1% Änderung von Immobilienpreisen für die Änderung einer Einheit in NEF und bei 0,5% Änderung der Immobilienwerte für eine Einheit Änderung in NNI [2.9].

Studien zur Bewertung von kontinuierlichem Lärm stammen meist aus dem Verkehrssektor. Die Lärmbelastung wird normalerweise als Exposition gemessen, d.h. hier in dB (A) Leq (equivalent continuous sound level). Der durchschnittliche Wert von zwölf Studien liegt bei 0,5% Veränderung von Immobilienpreisen [2.9] für eine Änderung von einer Einheit in dB (A) Leq. Studien in Köln [2.76] und Basel [2.77] ermittelten Werte von 0,5% für Köln und 1,3% für Basel. Das Ergebnis der hedonischen Preisanalyse von Pommerehne wurde durch eine Zahlungsbereitschaftsbefragung bestätigt, die parallel durchgeführt wurde [2.77].

Für die vorliegende Arbeit wurden im Rahmen der methodischen Vorstudien folgende Werte empfohlen:

- für kontinuierlichen Lärm: -0,9% der Immobilienwerte pro dB (A) Leq (als bester Schätzwert, der aus Studien im Verkehrssektor abgeleitet wurde) und
- für diskontinuierlichen Lärm: -0,45% von Immobilienwerten pro Einheit Lärmanstieg bei einem Lärmpegel über 30 NNI.

Bei der Auswertung ausländischer Studien für Deutschland haben Weinberger, Thomassen und Willeke die Bandbreite valider empirischer Ergebnisse von 0,5-1,26% für (kontinuierlichen) Verkehrslärm und von 0,3-1,2% für (diskontinuierlichen) Fluglärm angegeben [2.78].

2.4.7.2 Die Studie von Weinberger, Thomassen und Willeke

In einer neueren empirischen Studie für Deutschland haben Weinberger, Thomassen und Willeke die sozialen Kosten des Verkehrs (Straßenverkehr, Flugverkehr, Schienenverkehr), Fabriken und Lärmbelästigung am Arbeitsplatz gemessen [2.78]. Die Kosten wurden mit Hilfe einer Zahlungsbereitschaftsbefragung gemessen. Zusätzlich wurden andere Methoden (Vermeidungskosten, Metaanalyse hedonischer Preisanalysen) angewendet, um die Validität der Ergebnisse zu überprüfen. Die wesentlichen Ergebnisse sind:

- Nutzenverluste durch Straßenverkehrslärm können durch eine lineare Schadensfunktion mit einer Zahlungsbereitschaft von 1,79 DM pro Monat für eine Lärmreduktion von dB (A) Leq angenähert werden [2.78]. Ausgedrückt in Prozenten von Immobilienwerten, bedeutet dies eine Änderung von rund 1% pro dB (A).
- Nutzenverluste durch Flugverkehrslärm und Schienenverkehrslärm können durch Straßenverkehrswerte angenähert werden. Unterschiede zwischen der subjektiven Wahrnehmung von Schienenverkehrslärm und Straßenverkehrslärm werden dabei allerdings häufig für nächtliche Lärmbelästigung angenommen. Soweit wie nächtlicher Lärm betroffen ist, ist die Zahlungsbereitschaft für die Reduktion von Schienenverkehrslärm signifikant geringer [2.78]. Dieses Resultat deckt sich mit einigen Studien, die von der Annahme ausgehen,

daß Schienenverkehrslärm von den meisten Menschen als weniger unangenehm empfunden wird als Straßenverkehrslärm.

- Nutzenverluste durch hohe Lärmpegel in der Industrie (55 dB (A) Leq und mehr) sind signifikant höher als bei Verkehrslärm.

2.4.7.3 Übertragbarkeit der Ergebnisse für niedrige Lärmpegel

Empirische Studien zur Bewertung der Lärmbelästigung von einzelnen Quellen (z.B. Kraftwerke oder Windturbinen) mit insgesamt geringeren Geräuschpegeln sind nicht verfügbar. Forschung in diesem Bereich ist daher anzuregen. Um die Übertragbarkeit der Ergebnisse zu verbessern, wurde in der Windenergiestudie des ExternE- Projektes ein erweiterter Ansatz verwendet, der den Lärmwert mit einer Wahrscheinlichkeit für dadurch verursachte hohe Störungen gewichtet [2.79]. Die Resultate sind zwei Zehnerpotenzen niedriger als die Resultate des Ansatzes, der die Lärmbelästigung allein nach der Lautstärke mißt. Die Windenergiestudie schlußfolgert, daß die Bewertung ausschließlich nach der Lautstärke eine obere Grenze der Wohlfahrtsverluste repräsentiert, während die zusätzliche Gewichtung nach der Wahrscheinlichkeit erheblicher Störungen eher eine untere Grenze beschreibt.

2.4.7.4 Schlußfolgerungen

Für die vorliegende Studie kann die Schlußfolgerung gezogen werden, daß die individuelle Wahrnehmung von Lärmbelästigung von unterschiedlichen Lärmquellen abhängt:

- Wohlfahrtsverluste durch Straßenverkehrslärm sollten mit Wertverlusten von Besitztümern in der Höhe von 1% pro dB (A) Leq kalkuliert werden.
- Wohlfahrtsverluste durch Luftverkehrs- und Schienenverkehrslärm sollten mit dem gleichen Wert kalkuliert werden wie Straßenverkehrslärm. Dieser Wert mag die tatsächlichen Schäden überschätzen, soweit es um nächtlichen Schienenverkehr geht.
- Wohlfahrtsverluste durch hohe Lärmpegel in der Industrie (55 dB (A) und mehr) sollten mindestens so hoch wie Verkehrslärm gewertet werden. Wohlfahrtsverluste durch geringere Geräuschpegel sollten mit den Werten bewertet werden, die in den methodischen Vorarbeiten dieser Arbeit für diskontinuierlichen Lärm empfohlen werden (0,4% Änderung der Werte von Besitztümern pro Einheit Anstieg von NNI). Dieser Wert repräsentiert eine obere Grenze der Nutzen-Verluste. Die zusätzliche Einbeziehung der Wahrscheinlichkeit erheblicher Störungen sollte zusätzlich verwertet werden, um eine untere Grenze der externen Kosten durch die Lärmbelästigung der Windenergie zu ermitteln.

2.4.8 Bewertung visueller Beeinträchtigungen

2.4.8.1 Visuelle Beeinträchtigungen und Sichtbehinderungen

In der Literatur zur Bewertung von Umweltschäden wird zwischen visuellen Beeinträchtigungen, wie bspw. durch den Anblick von Kraftwerken, und Sichtbehinderungen unterschieden, die etwa aus Smog-Situationen aufgrund von Luftverschmutzung resultieren. Sichtbehinderungen können nur in grob verschmutzten Regionen gemessen werden. In weiten Teilen Europas, wie in Deutschland und Großbritannien, hat die umweltpolitische Regulierung zu reduzierten Emissionen geführt, die das Problem der Sichtbehinderung aufgrund von Luftverschmutzung als vernachlässigbar erscheinen lassen.

2.4.8.2 Probleme der Übertragbarkeit von Schätzwerten

Für die Bewertung visueller Beeinträchtigungen müssen Monetarisierungsstudien zur Bewertung von Naherholungsräumen herangezogen werden, weil spezielle Studien für den Energiesektor nicht verfügbar sind. Die Übertragung von solchen Werten zu anlagenspezifischen Umweltschäden ist jedoch mit einigen Problemen verbunden, weil regionale Faktoren berücksichtigt werden müssen, wie beispielsweise die Möglichkeit alternativer Aktivitäten zur Naherholung und die von Änderungen der Erholungsqualität betroffene Bevölkerung [2.80]. Darüber hinaus sind Nutzenverluste durch visuelle Beeinträchtigungen stark von persönlichen Vorlieben oder Abneigungen gegen bestimmte Arten der Energieversorgung, z.B. Windenergie oder alternative Energieversorgungssysteme, beeinflußt [2.81]. Nach Pearce sollten bestimmte potentielle Unterschiede zwischen Gebieten berücksichtigt werden:

- Unterschiede in der sozio-ökonomischen Charakteristik zwischen Haushalten,
- Unterschiede bezüglich Politik, Projekt oder Regulierung und
- Unterschiede in der Verfügbarkeit alternativer Güter und Dienstleistungen.

2.4.8.3 Die Studie von Eyre

Das Problem visueller Beeinträchtigungen wird meistens in Studien zu Bewertung externer Kosten ignoriert. Deshalb wurde in den methodischen Vorarbeiten dieser Arbeit auf Literatur aus Großbritannien zur Bewertung von Landschaftsbildern zurückgegriffen [2.79]. Die Kosten von visuellen Beeinträchtigungen wurden von einer Zahlungsbereitschaftsbefragung abgeleitet, die den Nutzen des Yorkshire Dales National Parks bewertet. Obwohl Nationalparks sicherlich keine typische Gegend zur Errichtung von Windparks darstellen, werden die Werte vom Yorkshire Dales Nationalpark als obere Grenze in der Windenergiestudie herangezogen. Unter Verwendung einiger Transformationen und Aggregationen werden 1,9 mECU/kWh für den Windpark in Cornwall (große Anzahl Touristen) und 0,09 mECU/kWh für den Windpark in Powys (geringe Anzahl Touristen) als Ausgangspunkt der Diskussion berechnet. Für einen kulturell wertvollen Standort von Windparks, wie sie etwa eine Gegend wie Yorkshire Dales darstellen könnte, werden Schäden von 35 mECU geschätzt.

Einige Probleme der Übertragbarkeit von Schadenskosten bleiben jedoch in der Windenergiestudie ungelöst [2.79]:

- Im Gegensatz zu Windturbinen können Landnutzungsänderungen in Gegenden wie Yorkshire Dales potentiell irreversible Wirkungen mit sich bringen und
- Nationalparks sind sehr untypische Standorte für die Errichtung von Windparks.

2.4.8.4 Deutsche Studien

Deutsche Studien zur Bewertung visueller Beeinträchtigungen durch Windenergie existieren bislang nicht. Als relevant kann die Arbeit von Klockow und Matthes aus dem Jahre 1991 angesehen werden, in der die Autoren versucht haben, die Beziehung zwischen Umweltbelastung, Erholungsnutzen und Erholungsnachfrage mit Hilfe einer Zahlungsbereitschaftsbefragung zu analysieren. Zunächst benutzen Klockow und Matthes mehrere Indikatoren für Umweltwirkungen, die nach Umweltmedien klassifiziert werden (Wasser, Luft, Lärm, Boden, landschaftsökologischer Wert, visuelle Beeinträchtigungen). Indikatoren für die Qualität von Landschaften und visuelle Beeinträchtigungen sind [2.82]:

- Anteil natürlicher Gebiete,
- Anteil intensiv benutzter Agrarflächen als Anteil der gesamten Agrarflächen,
- Anteil offener Landschaften pro Einwohner,
- aktuelle oder frühere Fläche an Waldschäden (Schadenskategorie 2 oder mehr),
- Naturschutzgebiete und
- Existenz von Rote Liste Arten.

Offenkundig können Windfarmen diese Indikatoren nicht signifikant beeinflussen. Dennoch mag es gewisse Zahlungsbereitschaften zur Vermeidung visueller Beeinträchtigungen durch Windparks geben, die mit den Zahlungsbereitschaften zur Vermeidung von Schäden der oben genannten Kategorien vergleichbar sind. Durchschnittliche Zahlungsbereitschaften für Besucher intakter Landschaften liegen in der Höhe von 2,89 DM pro Person und Tag (0,50 DM pro Person und Stunde) in der Klockow und Matthes Studie. Die durchschnittliche Zahlungsbereitschaft für den Besuch intakter Landschaften im Urlaub liegt bei 145 DM pro Jahr bzw. 15,3% des gesamten Geldes, das für Urlaub ausgegeben wird. Teilt man die durchschnittliche Zahlungsbereitschaft mit einem Mittelwert von 17,5 Tagen für einen Urlaub, ergibt sich ein Betrag von 8,30 DM pro Person und Tag. Options- und Existenzwerte sind in diesen Ergebnissen enthalten, Existenzwerte erscheinen jedoch nicht relevant, weil keine irreversiblen Wirkungen durch Wind oder Solarenergie zu erwarten sind [2.82].

Um Werte für Deutschland ableiten zu können, ist es wichtig zu bemerken, daß Windenergie ein positives Image inne zu haben scheint. Das Institut für Raum und Energie in Hamburg befragte 2000 Touristen in Schleswig-Holstein in den Jahren 1991 und 1992 nach ihren Einstellungen bezüglich Windturbinen. Das Ergebnis war:

- Nur 2% der Touristen fühlten sich durch die Turbinen gestört (98% fühlten sich ungestört),
- 19% waren gleichgültig,
- mehr als 75% bewerteten die Turbinen als positiven Faktor,
- die Mehrheit der Touristen nahm die Turbinen als typisches Element der Küstenlandschaft Schleswig-Holsteins war,
- 83% votierten für die Installierung zusätzlicher Windturbinen und
- 99% sagten, daß sie zum Urlaub wieder in die gleiche Region kommen würden. [2.83].

2.4.8.5 Schlußfolgerungen

Für die Bewertung visueller Beeinträchtigungen liegen kaum empirische Werte vor. Daher sollte Forschung durch hedonische Preisanalysen und Zahlungsbereitschaftsbefragungen vorangetrieben werden. Zusätzlich ist zu bemerken, daß einige Probleme der Übertragbarkeit von monetären Werten aus der Literatur bislang ungelöst sind. Empirische Studien haben bisher folgende Werte ermittelt:

- Für Großbritannien: 1,9 mECU/kWh für die Windfarm in Cornwall (hohes Touristenaufkommen) und 0,9 mECU/kWh für die Windfarm in Powys (geringes Touristenaufkommen) als Ausgangspunkt der Diskussion. Für einen intensiv genutzten und kulturell wertvollen Nationalpark werden 35 mECU geschätzt.
- Für Deutschland: Nutzenverluste für Besucher und Touristen können mit einer durchschnittlichen Zahlungsbereitschaft für Besucher intakter Landschaften in Höhe von 2,89 DM pro Person und Tag (0,50 DM pro Person und Stunde) und einer durchschnittlichen Zahlungsbereitschaft für intakte Landschaften im Urlaub von 8,30 DM pro Person und Tag bewertet werden.

Die genannten Werte können jedoch lediglich als Ausgangswerte für weitere Forschung angesehen werden.

3 Schäden durch Stromerzeugung aus fossilen Energieträgern

(P. Mayerhofer, W. Krewitt, A. Trukenmüller, R. Friedrich)

3.1 Einleitung

Die Stromerzeugung aus fossilen Energieträgern ist mit beträchtlichen Umweltauswirkungen verbunden. Der Treibhauseffekt, die Waldschäden sowie Atemwegserkrankungen werden im Zusammenhang mit fossilen Kraftwerken immer wieder diskutiert. Die wichtigsten durch die fossilen Energiesysteme hervorgerufenen Effekte werden im folgenden im Detail untersucht. Dazu gehören:

- die durch Luftverunreinigungen verursachten Schäden
  - beim Menschen,
  - an Feldpflanzen,
  - an naturnahen Ökosystemen (bspw. Waldschäden),
  - an Sachgütern;
- die durch Treibhausgase hervorgerufene Klimaänderung und ihre Folgen;
- die durch Öleinträge ins Meer (bspw. durch Öltankerunfälle) verursachten Schäden sowie
- die beruflichen Gesundheitsrisiken (durch Arbeitsunfälle oder Berufskrankheiten).

Im folgenden Abschnitt werden zunächst die untersuchten Technologien zur Stromerzeugung aus fossilen Energieträgern beschrieben. Daran anschließend werden die Wirkungsprozesse, die Quantifizierungsverfahren und die Ergebnisse für die einzelnen Effekte dargestellt. Auf mögliche weitere Effekte wird im abschließenden Abschnitt eingegangen.

3.2 Die betrachteten Stromerzeugungssysteme

3.2.1 Einleitung

Stromerzeugungssysteme setzen sich jeweils aus mehreren Prozeßstufen zusammen – z.B. Kohleförderung, Kohletransport, Kraftwerk –, die alle die Umwelt auf verschiedenste Weise beeinträchtigen können. Da die von einem Energiesystem verursachten Schädigungen von vielen Faktoren – z.B. räumliche Verteilung von Rezeptoren, Klimaverhältnisse, frühere Umweltbelastungen – abhängig sind, sind die Schädigungen – und damit auch die externen Kosten – standortspezifisch. Das bedeutet, daß nicht die externen Kosten z.B. der Stromerzeugung aus Steinkohle generell, sondern nur von ganz bestimmten Kombinationen von Technologie und Standort der verschiedenen Prozeßstufen bestimmt werden können. Die Gesamtheit der eingesetzten Technologien und Standorte wird hier als *Referenzenergiesystem* bezeichnet. Es wird für jeden fossilen Energieträger ein Referenzenergiesystem definiert, für das die externen Kosten quantifiziert werden. Im folgenden werden diese Referenzenergiesysteme kurz charakterisiert und ein Überblick über die Emissionen der Energieumwandlung und der vorgelagerten Prozeßstufen gegeben.

3.2.2 Die fossilen Referenzkraftwerke

Für alle Energieträger werden Referenzkraftwerke spezifiziert, die dem heutigen Stand der Technik entsprechen. Die Spezifikationen der gewählten Kraftwerkstechnologien basieren dabei auf Angaben der IKARUS-Datenbank [3.1]. Tabelle 3.1 und Tabelle 3.2 fassen die technischen Daten, die Emissionen sowie die für die Ausbreitungsrechnung relevanten Daten der fossilen Referenzkraftwerke zusammen.

Es werden Kohlekraftwerke mit atmosphärischer Staubfeuerung betrachtet. Für die Energieträger Öl und Erdgas werden Kraftwerke mit Gasturbinentechnik zugrundegelegt. Zum Vergleich wird auch ein mit Erdgas betriebenes Kraftwerk mit Gas- und Dampfturbinentechnik (GuD) untersucht. Das Ölkraftwerk wird mit leichtem Heizöl (HEL) betrieben. Für Erdgas wird eine Standardgaszusammensetzung zugrundegelegt, die ein gewichtetes Mittel des in Deutschland genutzten Erdgas darstellt [3.2]. Die beiden Kohlekraftwerke sowie das Gas-GuD-Kraftwerk werden im Grundlastbetrieb, die beiden Gasturbinenkraftwerke zu Spitzenlastzeiten eingesetzt. Für die Kohlekraftwerk sind Sekundärmaßnahmen zur Reduktion der Staub- und Schwefeldioxid- (SO_2) Emissionen notwendig, zusätzlich braucht das Steinkohlekraftwerk noch eine Entstickungsanlage. Die Öl- und Gaskraftwerke halten die Emissionsgrenzwerte der Großfeuerungsanlagen-Verordnung (GFAVO) auch ohne sekundäre Emissionsminderungsmaßnahmen ein.

Als Standort für die hypothetischen fossilen Referenzkraftwerke wird Lauffen am Neckar, ca. 35 km nördlich von Stuttgart, angenommen – mit Ausnahme des Braunkohlekraftwerks. In einem Entwicklungsplan für Kraftwerksstandorte von 1976 wurde Lauffen für ein Kohlekraftwerk ausgewiesen, dies zeigt, daß der gewählte Standort prinzipiell geeignet ist. Allerdings wurde dort nie ein Kraftwerk gebaut. Inzwischen wurde der genannte Entwicklungsplan wieder aufgegeben, da der Zuwachs des Stromverbrauchs und damit auch der Standortbedarf sich als deutlich geringer herausstellte, als damals angenommen. Der Standort des Braunkohlekraftwerks liegt an der Erft bei Grevenbroich in Nordrhein-Westfalen, 40 km nordwestlich von Köln.

Tabelle 3.1. Technische Daten der fossilen Referenzkraftwerke (nach [3.1])

	Steinkohle	Braunkohle	Öl	Gas-GT	Gas-GuD
Typ	atmosph. Staub- feuerung, Staubfilter, REA[a], SCR[b]	atmosph. Staub- feuerung, Staubfilter, REA[a]	Gasturbine	Gasturbine	Gas- und Dampf- turbinen
Nennleistung (brutto) [MW_{el}]	652,2	887,9	157,2	146,6	790,8
Nennleistung (netto) [MW_{el}]	600,0	800,0	155,9	145,7	777,5
thermischer Wirkungsgrad [%]	43,0	40,1	31,1	33,2	57,6
Ausnutzungsdauer [h/Jahr]	6500	6500	675	675	6500
jährliche Stromerzeugung [GWh]	3900,0	5200,0	105,2	98,3	5053,8
technische Lebensdauer [Jahr]	35	35	35	35	35
Brennstoffspezifikation					
Heizwert H_u [MJ/kg]	29,2	8,45	42,7	43,6	43,6
Schwefelgehalt [%]	0,9	0,3	0,2	0,0	0,0

[a] Rauchgas-Entschwefelungsanlage
[b] Selektive katalytische Reduktion zur Stickstoffoxid-Minderung

3.2.3 Vor- und nachgelagerte Prozeßstufen für die Stromerzeugung aus Steinkohle

Bei der Analyse der Umweltauswirkungen der Stromerzeugung aus Steinkohle werden die Prozeßstufen Kohleförderung und -transport, Kalkförderung und -transport, Bau, Betrieb und Abriß des Kraftwerkes sowie die Entsorgung von Abfallstoffen betrachtet (s. Abb. 3.1). Es wird angenommen, daß die Kohle für das Referenzkraftwerk aus dem Ruhrgebiet und dem Saarland kommt.

Der Kohletransport von der Zeche zum Kraftwerk erfolgt zu zwei Drittel per Schiff und zu einem Drittel mit der Bahn. Die Kohle wird über die Flüsse Ruhr, Rhein und Neckar vom Ruhrgebiet zum Kraftwerk in Lauffen befördert. Der Kalk sowie Abfallstoffe werden von Lastwagen an- und abtransportiert.

Tabelle 3.2. Emissionen der fossilen Referenzkraftwerke sowie für Ausbreitungsrechnungen relevante Daten (nach [3.1], [3.3] sowie eigene Abschätzungen)

		Steinkohle	Braunkohle	Öl	Gas-GT	Gas-GuD
SO_2	[g/MWh]	288	411	1207	0	0
	[mg/Nm³]	100	100	132	0	0
NO_x	[g/MWh]	516	739	814	577	208
	[mg/Nm³]	180	180	89	50	50
Staub	[g/MWh]	57	82	18	0	0
	[mg/Nm³]	20	20	2	0	0
CO_2	[kg/MWh]	781	1015	858	604	348
CH_4	[g/MWh]	42	14	35	78	27
N_2O	[g/MWh]	42	45	60	2	1
Für Ausbreitungsrechnung relevante Daten						
Schornsteinhöhe	[m]	240	200	170	170	250
Schornsteindurchmesser	[m]	10	10	6	6	10
Rauchgasvolumenstrom	[Nm³/h]	1720738	3286113	1425185	1681592	3233754
Rauchgastemperatur	[°C]	130	130	160	160	91

3.2.4 Vor- und nachgelagerte Prozeßstufen für die Stromerzeugung aus Braunkohle

Wegen des relativ geringen Heizwertes der Braunkohle ist die Stromerzeugung aus Braunkohle nur sinnvoll, wenn sie nahe bei der Braunkohleförderung erfolgt, um weite Transportwege zu vermeiden. Es gibt mehrere größere Abbaugebiete in Deutschland, in denen Braunkohle im Tagebau gefördert wird. Hier wird ein Standort im Rheinland angenommen. Im rheinischen Braunkohlerevier soll langfristig der Abbau auf drei Tagebaue beschränkt werden: Inden, Hambach und Garzweiler. Als Referenztagebau werden Garzweiler I und II zugrundegelegt.

Die Braunkohle wird mit elektrisch betriebenen Bandanlagen vom Tagebau direkt ins nahe gelegene Kraftwerk transportiert. Der Kalk für die REA wird per Lastwagen vom Kalksteinbruch zum Kraftwerk befördert. Die festen Abfallstoffe wie Asche und Gips werden mit dem ausgeschleusten REA-Wasser in abgedichteten Bereichen des Braunkohletagebaus abgelagert [3.4], wohin sie per Lastwagen transportiert werden. Abb. 3.2 faßt die Prozeßstufen der Stromerzeugung aus Braunkohle zusammen.

3.2.5 Vor- und nachgelagerte Prozeßstufen für die Stromerzeugung aus Öl

Für die Versorgung des Ölreferenzkraftwerks wird das durchschnittliche deutsche Rohölaufkommen zugrundegelegt. Nach Aussagen der Mineralölwirtschaft kommt zwischen 1995 und 2000 der größte Anteil des in Deutschland verbrauchten Erdöls aus den OPEC-Staaten (42%), weitere wichtige Lieferländer sind Norwegen und Großbritannien (34%) sowie die Gebiete der ehemaligen Sowjetunion (GUS) (22%). Nur 2% des deutschen Rohölaufkommens werden im Land selbst gefördert [3.2].

Nur ein Teil des in Deutschland verwendeten Rohöls, nämlich das Rohöl aus der OPEC sowie ein kleiner Teil des Rohöls aus der GUS, aber rund die Hälfte des weltweit geförderten Rohöls wird auf dem Seeweg befördert. Von den Küstenspeichereinrichtungen – in Italien, Frankreich, den Niederlanden und Deutschland – wird dieses Rohöl mit Pipelines zu der Referenzraffinerie in Wesseling in der Nähe von Köln befördert. Das Rohöl aus der Nordsee, der größte Teil des Rohöls aus der GUS wie auch das deutsche Rohöl wird direkt mit Pipelines in die Raffinerie transportiert. Die Referenzraffinerie beruht auf der Beschreibung einer hypothetischen deutschen Raffinerie im Rahmen des IKARUS-Projektes [3.5]. Von der Raffinerie wird das Heizöl mit dem Schiff zum Kraftwerksstandort transportiert. Abb. 3.3 faßt die Prozeßstufen zusammen, die für die Stromerzeugung aus Erdöl notwendig sind.

3.2.6 Vor- und nachgelagerte Prozeßstufen für die Stromerzeugung aus Erdgas

Für die Versorgung der beiden Gas-Referenzkraftwerke wird die durchschnittliche deutsche Gasversorgungsstruktur zugrundegelegt. Von 1995 bis 2000 werden 15% des in Deutschland verbrauchten Erdgases im Inland gefördert. Der Rest wird aus den Niederlanden (22%), Norwegen (28%), Gebieten der ehemaligen Sowjetunion (32%), Dänemark (2,5%) und Großbritannien (0,5%) importiert [3.2].

Das geförderte Erdgas enthält Wasserdampf und Schwefel (als Schwefelwasserstoff (H_2S) oder in organischer Form). Gemäß der Norm DVGW G260/I darf Erdgas nur bis zu 5 mg/Nm^3 H_2S (und 50 mg/Nm^3 Kohlenoxisulfid (COS)) enthalten [3.6]. Ca. 50% der deutschen Gasreserven besteht aus sogenanntem Sauergas (H_2S-Gehalt > 1 Vol.-%), der Rest ist Leangas. Niederländisches und norwegisches Erdgas ist zu 100% Leangas, wogegen Erdgas aus der ehemaligen Sowjetunion zu jeweils 50% aus Sauergas besteht [3.2]. Als Teil der Aufbereitung wird Sauergas mit dem Sulfinolverfahren, Leangas mit dem Purisolverfahren entschwefelt. Weiterhin wird es getrocknet [3.7].

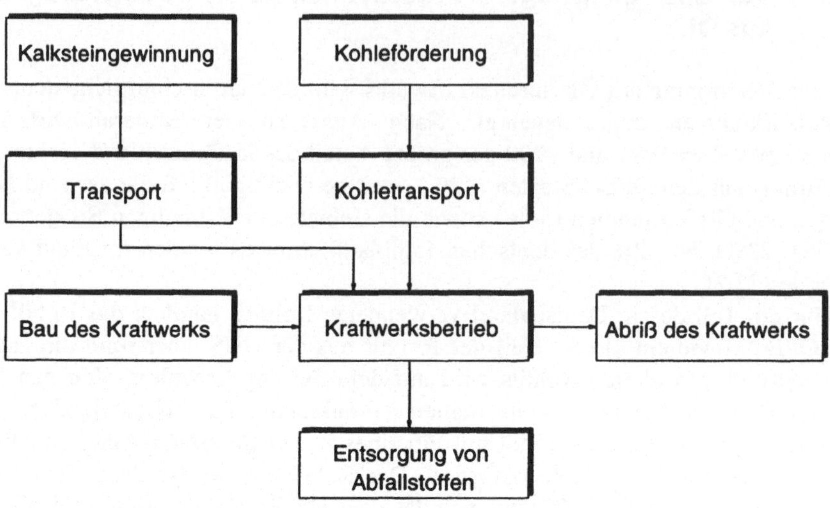

Abb. 3.1. Prozeßstufen der Stromerzeugung aus Steinkohle

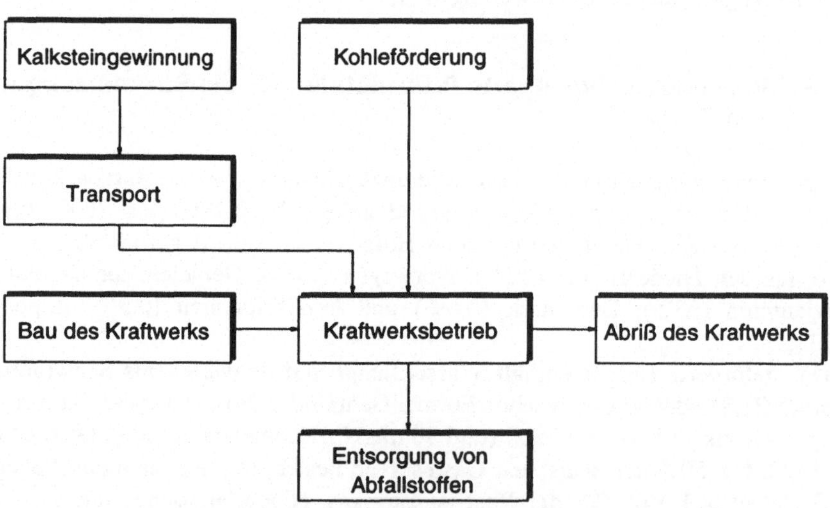

Abb. 3.2. Prozeßstufen der Stromerzeugung aus Braunkohle

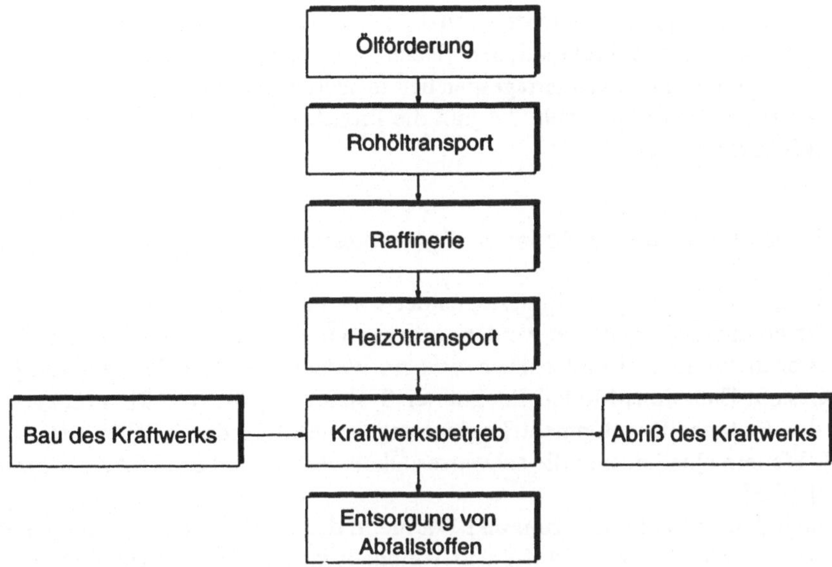

Abb. 3.3. Prozeßstufen für die Stromerzeugung aus Erdöl

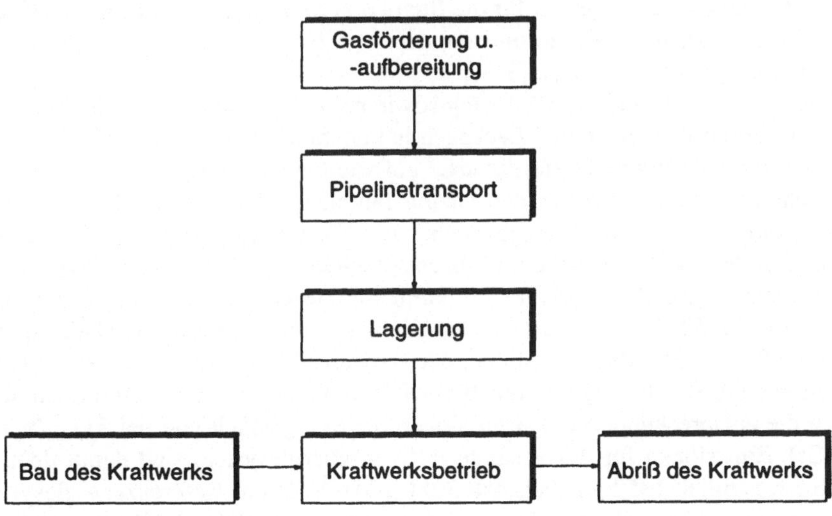

Abb. 3.4. Prozeßstufen für die Stromerzeugung aus Erdgas

Erdgas wird in Pipelines befördert. Zuzüglich zu den Pipelines werden Speicher benötigt, um tägliche Fluktuationen (Hoch- und Niederdruckgaskontainer) und saisonale Unterschiede (Untertagespeicher in leeren Gasfeldern oder Salzkavernen) auszugleichen [3.8]. Abb. 3.4 faßt die Prozeßstufen für die Stromerzeugung aus Erdgas zusammen.

3.2.7 Emissionen der fossilen Referenzenergiesysteme

Für die Quantifizierung der Emissionen der vor- und nachgelagerten Prozeßstufen der Referenzenergiesysteme werden generische, d.h. nicht standortspezifische Emissionsfaktoren verwendet. Hier wird im wesentlichen auf den Datensatz für das Gesamt-Emissions-Modell Integrierter Systeme (GEMIS) [3.9] zurückgegriffen, den Fichtner Development Engineering im Auftrag der VDEW erstellt hat [3.2]. Weitere Quellen sind die schweizer Ökoinventare und das IKARUS-Projekt [3.10], [3.5].

Durch den Einsatz von Strom und Wärme in den vor- und nachgelagerten Prozeßstufen werden Luftschadstoffe und Treibhausgase emittiert. Dazu kommen bei einigen Prozessen noch weitere (direkte) Emissionen hinzu. So werden durch die Steinkohleförderung beträchtliche Mengen an CH_4 freigesetzt. Auch die Braunkohleförderung führt zur Freisetzung von CH_4, allerdings in sehr viel geringerem Maße. Aktuelle Quellen geben für die Steinkohleförderung einen Emissionsfaktor von 15,9 m^3 CH_4 pro t Kohle und für deutsche Braunkohleminen von 0,015 m^3 CH_4 pro t Braunkohle an [3.2], [3.11].

Auch bei der Öl- und Gasförderung sowie beim Pipelinetransport des Erdgases wird CH_4 durch Abfackeln und Leckagen in hohem Maße freigesetzt [3.12]. Dabei sind die Verluste durch Gasförderung, -aufbereitung und -transport in der GUS eine sehr unsichere Größe. In den letzten Jahren wurden verschiedene Abschätzungen mit stark voneinander abweichenden Werten vorgelegt [3.10]. Die Annahmen in der VDEW 1.0-Datenbasis entsprechen eher dem oberen Bereich dieser Abschätzungen. Es ergeben sich damit direkte CH_4-Emissionen in der GUS von 2546 g/MWh für das Gasturbinen-Kraftwerk und von 1467 g/MWh für das GuD-Kraftwerk. Mit den Annahmen der schweizer Ökoinventare zu den Leckagen in der GUS, die dem unteren Bereich der Abschätzungen zuzuordnen sind, liegen die entsprechenden CH_4-Emissionen bei 886 g/MWh und bei 511 g/MWh. Die CH_4-Emissionen für das gesamte Referenzenergiesystem sind damit deutlich niedriger, nämlich 1352 g/MWh statt 3011 g/MWh für das Referenzenergiesystem mit dem Gasturbinen-Kraftwerk; und 743 g/MWh statt 1700 g/MWh für das Referenzenergiesystem mit dem GuD-Kraftwerk.

Nach Angaben des UBA [3.13] werden beim Be- und Entladen 0,2 kg Kohlenstaub pro t Stein- oder Braunkohle emittiert.

Abb. 3.5 und Abb. 3.6 geben jeweils eine Übersicht über die SO_2-Emissionen und die NO_x-Emissionen der Prozeßstufen der fossilen Referenzenergiesysteme. Tabelle 3.3 sind alle für die Wirkungsanalyse relevanten Emissionen der fossilen

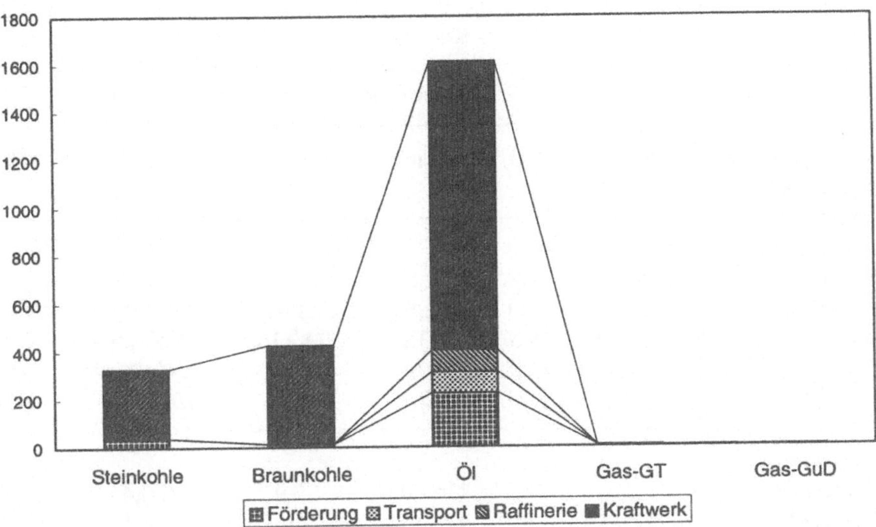

Abb. 3.5. SO_2-Emissionen [g/MWh] der einzelnen Prozeßstufen der fossilen Referenzenergiesysteme

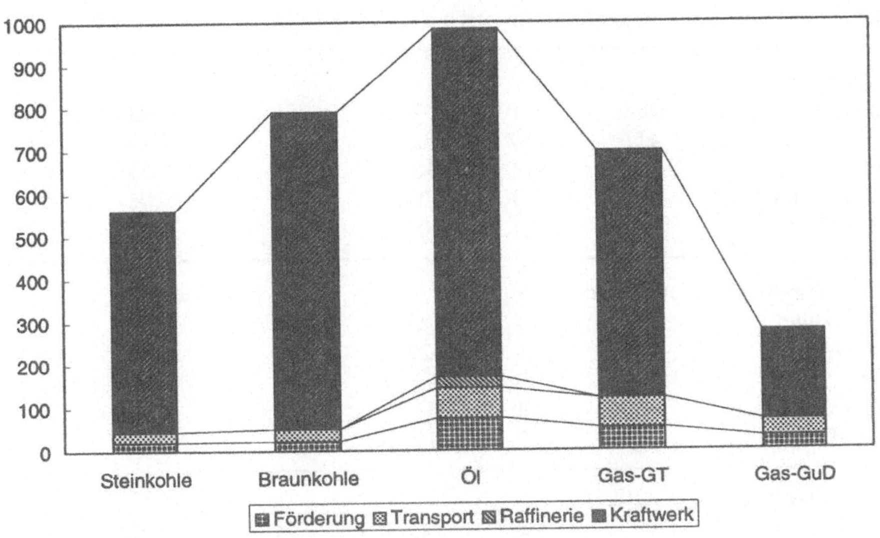

Abb. 3.6. NO_x-Emissionen [g/MWh] der einzelnen Prozeßstufen der fossilen Referenzenergiesysteme

Tabelle 3.3. Schwefeldioxid- (SO_2), Stickoxid- (NO_x), Staub-, Methan- (CH_4)- und Lachgas- (N_2O) Emissionen in mg/kWh und Kohlendioxid- (CO_2) Emissionen in g/kWh der Prozeßstufen der fossilen Referenzenergiesysteme (direkte CH_4-Emissionen in der GUS wurden mit Annahmen der VDEW 1.0-Datenbasis berechnet)

Referenzenergiesystem	SO_2	NO_x	Staub	CO_2	CH_4	N_2O
Förderung						
Steinkohle	35,1	20,6	2,9	31,1	0,1[b]+3267,7[c]	0,7
Braunkohle	12,3	22,1	2,5	30,4	0,4[b]+11,4[c]	1,3
Öl	224,0	74,6	13,5	20,1[b]+10,2[c]	1,4[b]+89,5[c]	0,8
Gas-Gasturbine[a]	5,6	52,2	30,1	14,0	12,0[b]+2244,9[c]	0,5
Gas-GuD[a]	3,2	30,1	17,4	8,1	6,9[b]+1294,0[c]	0,3
Transportprozesse						
Steinkohle	3,0	23,8	115[c]+0,6[b]	2,9	3,4	0,0
Braunkohle	1,5	28,5	425[c]+0,6[b]	1,5	0,1	0,0
Öl	88,4	69,2	34,0	8,3	9,7	0,2
Gas-Gasturbine	0,1	68,0	0,9	11,5	1,6[b]+583,2[c]	0,5
Gas-GuD	0,05	39,2	0,5	6,7	0,9[b]+336,2[c]	0,3
Raffinerie						
Öl	40,1[b]+51,8[c]	26,6	1,4	28,4	11,5[b]+6,8[c]	0,5
Stromerzeugung						
Steinkohle	288	516	57	781	42	42
Braunkohle	411	739	82	1015	14	45
Öl	1207	814	18	858	35	23
Gas-Gasturbine	0	577	0	604	78	2
Gas-GuD	0	208	0	348	27	1
Vorgelagerte Prozeßstufen zusammen						
Steinkohle	38	34	125	34	3271	1
Braunkohle	14	51	429	32	12	1
Öl	404	171	49	77	140	2
Gas-Gasturbine	6	120	31	26	2933	1
Gas-GuD	3	69	18	15	1673	1
Gesamtes Referenzenergiesystem						
Steinkohle	326	560	182	815	3313	43
Braunkohle	425	790	511	1047	26	46
Öl	1611	985	67	935	154	25
Gas-Gasturbine	6	697	31	630	3011	3
Gas-GuD	3	277	18	363	1700	2

[a] inkl. Aufbereitung; [b] Prozeßwärme- und Elektrizitätseinsatz; [c] direkte Emissionen

Referenzenergiesysteme in die Luft zusammengefaßt. Bis auf wenige Ausnahmen fällt der größte Anteil der Emissionen jeweils bei der Stromerzeugung an. Zu den Ausnahmen gehören

- die Staubemissionen durch das Be- und Entladen der Stein- und Braunkohle vor und nach dem Transport; diese Emissionen wirken lokal stark begrenzt und werden daher nicht in die Wirkungsabschätzung einbezogen, sowie
- die hohen CH_4-Emissionen der vorgelagerten Prozeßstufen aller Referenzenergiesysteme.

3.3 Öffentliche Gesundheitsschäden durch Luftschadstoffe

3.3.1 Epidemiologische Studien als Grundlage von Dosis-Wirkungsbeziehungen

Die Mechanismen, mit denen die für die fossile Stromerzeugung relevanten Schadstoffe auf den menschlichen Organismus wirken, werden bisher nur ungenügend verstanden. Dementsprechend stehen keine Prozeßmodelle zur Verfügung, mit denen der kausale Zusammenhang zwischen der Schadstoffbelastung und dem resultierenden negativen Effekt beschrieben werden kann. Andererseits wurde der Zusammenhang zwischen Mortalität bzw. Morbidität und der Konzentration von Luftschadstoffen in vielen Studien beobachtet, so daß zweifellos ein statistischer Zusammenhang besteht. Obwohl dessen Interpretation oft schwierig und zum Teil nicht eindeutig ist, bildet dieser statistische Zusammenhang die Grundlage für Schadensabschätzungen und wird in einer Vielzahl von Studien untersucht.

In klinischen Laboruntersuchungen werden freiwillige Probanden unter idealisierten Bedingungen bestimmten Schadstoffen ausgesetzt. Da es nicht zu irreversiblen Schädigungen kommen darf, werden in klinischen Studien v.a. Änderungen der Lungenfunktion in Abhängigkeit von der Schadstoffbelastung untersucht. Da die in Laboruntersuchungen festgestellten Änderungen der Lungenfunktionsparameter zwar meßtechnisch erfaßt, aber von den betroffenen Personen kaum selber wahrgenommen werden und somit nicht bewertet werden können, sind die Ergebnisse aus experimentellen Studien zur Berechnung externer Kosten von untergeordneter Bedeutung. Um auch schwerwiegendere und irreversible Schäden erfassen zu können, muß auf Ergebnisse aus epidemiologischen Studien zurückgegriffen werden, in denen mit Hilfe statistischer Verfahren versucht wird, einen Zusammenhang zwischen dem Auftreten bestimmter Krankheiten innerhalb einer Bevölkerungsgruppe und der tatsächlichen Schadstoffbelastung herzustellen. Die Durchführung epidemiologischer Studien ist aufwendig, und die Interpretation der Ergebnisse ist schwierig, da im Gegensatz zu klinischen Laboruntersuchungen eine große Anzahl von Störgrößen (z. B. Rauchgewohnheiten) berücksichtigt werden müssen.

Bei der Durchführung von epidemiologischen Studien wird zwischen sogenannten Longitudinalstudien und Querschnittsstudien unterschieden. In Longitudinalstudien wird der Zusammenhang zwischen der sich mit der Zeit ändernden Schadstoffbelastung und den in einer definierten Bevölkerungsgruppe unmittelbar beobachtbaren Änderungen des Gesundheitszustandes untersucht. Im Gegensatz dazu wird in Querschnittsstudien die unterschiedliche Häufigkeit von Krankheiten in verschiedenen Bevölkerungskollektiven mit unterschiedlicher Schadstoffbelastung untersucht. Querschnittsstudien können daher in einem kürzeren Zeitraum durchgeführt werden, haben aber zwangsläufig den Nachteil, daß die betrachteten Bevölkerungskollektive Unterschiede aufweisen. Der statistische Zusammenhang zwischen Schadstoffbelastung und Effekt kann in beiden Untersuchungsformen durch verschiedene Größen beeinflußt werden, die in den Studien nicht immer ausreichend berücksichtigt werden (siehe z. B. [3.14]):

- Charakterisierung der Exposition
  Die Schadstoffbelastung innerhalb eines Untersuchungsgebietes wird oft durch wenige Meßstellen erfaßt, die die individuelle Belastung einzelner Probanden nur ungenau wiedergibt. Problematisch ist die Berücksichtigung der Unterschiede zwischen der Schadstoffbelastung der Außen- und Innenluft, große Teile der Bevölkerung halten sich nur ca. 10% der Zeit in der Außenluft auf. Vor allem in Querschnittsstudien ist es schwierig, verhaltensbedingte Unterschiede der Exposition (z.B. Belastung am Arbeitsplatz) adäquat zu berücksichtigen.
- Berücksichtigung zeitgleich auftretender Schadstoffe
  In der Regel wird die Bevölkerung einem Schadstoffgemisch ausgesetzt, dessen Komponenten nicht alle gemessen werden. Wird bei der Ermittlung eines Zusammenhangs zwischen Schadstoffbelastung und Schäden nur ein einzelner Schadstoff berücksichtigt, so erhöht dies zwar die statistische Signifikanz, allerdings werden mögliche Einflüsse anderer Schadstoffe vernachlässigt. Sind Ergebnisse einer epidemiologischen Studie auf einen einzelnen Schadstoff bezogen, so sollte dieser Schadstoff als Indikator für ein Schadstoffgemisch angesehen werden, er muß nicht notwendigerweise der wirkungsrelevante Schadstoff sein.
- Charakterisierung der exponierten Bevölkerung
  In vielen Studien wird die Häufigkeit von Gesundheitsschäden in der gesamten Bevölkerung beobachtet. Für Risikogruppen (z. B. alte Menschen, Personen mit Erkrankungen der Atemwege) ist ein stärkerer Zusammenhang zwischen Exposition und Wirkung zu erwarten. Vor allem in Querschnittsstudien ist es schwierig, Merkmale wie Zugehörigkeit zu sozialen Klassen, berufliche Tätigkeit, Rauchgewohnheiten, etc. in verschiedenen Kontrollgruppen vollständig zu erfassen.
- Zeitintervall zwischen Exposition und Wirkung
  Die Wahl des Intervalls zwischen dem Zeitpunkt, an dem die Schadstoffbelastung gemessen wird, und dem Zeitraum, in dem die resultierenden Effekte be-

obachtet werden, kann den statistischen Zusammenhang zwischen Exposition und Wirkung wesentlich beeinflussen. In Longitudinalstudien werden kurzfristige Änderungen untersucht, d. h. die Schadstoffkonzentration an einem bestimmten Tag wird mit der Häufigkeit bestimmter Krankheiten am folgenden Tag (oder z. B. der durchschnittlichen Häufigkeit an folgenden Tagen) verglichen. Oft wird das Zeitintervall gewählt, bei dem der Zusammenhang zwischen Schadstoffkonzentration und Effekt besonders groß wird. Folgt aber z. B. einem kurzfristigen Anstieg der Sterblichkeitsrate als Antwort auf eine Konzentrationsänderung ein Rückgang unter die durchschnittliche Häufigkeit in den folgenden Tagen, so kann davon ausgegangen werden, daß die Schadstoffbelastung das um einige Tage frühere Eintreten des Todesfalls verursacht hat, sie ist jedoch nicht als Ursache für den Tod an sich anzusehen.

Die Ergebnisse epidemiologischer Studien weisen auf einen Zusammenhang zwischen Schadstoffexposition und Mortalität sowie einem breiten Spektrum verschiedener nicht tödlicher Krankheiten, v.a. Erkrankungen der Atemwege, hin. Wichtig für die Interpretation der vorliegenden Studien ist die Unterscheidung zwischen *akuten* und *chronischen* Effekten.

Als akute Effekte werden Effekte bezeichnet, die unmittelbar nach Tagen mit einer erhöhten Schadstoffbelastung auftreten. Bei der „akuten" Mortalität sind v.a. ältere Menschen betroffen, die bereits erheblich vorerkrankt sind. Es wird davon ausgegangen, daß die zusätzliche Belastung durch Schleimhautreizung oder geringgradige Bronchospasmen bei diesen vorgeschädigten Personen letztlich dazu führt, daß der Tod um einige Tage bis einige Monate früher eintritt. Akute Effekte konnten nach verschiedenen Smogepisoden nachgewiesen werden, ein kausaler Zusammenhang gilt als gesichert. Verschiedene epidemiologische Studien in den USA, Europa und anderen Ländern kommen zu eindeutigen und konsistenten Ergebnissen, aus denen sich quantitative Expositions-Wirkungsbeziehungen ableiten lassen.

Als chronische Effekte werden Effekte bezeichnet, die nach einer Langzeitexposition auftreten. Die epidemiologische Evidenz für chronische Effekte ist schwächer als für akute Effekte, da ihr Nachweis schwieriger zu erbringen ist. Zusammenhänge zwischen chronischen Erkrankungen und Schadstoffkonzentrationen werden v.a. in Querschnittsstudien untersucht, in denen eine große Anzahl von Störgrößen wie Rauchgewohnheiten oder Exposition am Arbeitsplatz berücksichtigt werden müssen und die deswegen schwieriger zu interpretieren sind.

3.3.2 Die Wirkungen der relevanten Schadstoffe

3.3.2.1 Staub und SO_2

SO_2 und Staub wirken in erster Linie auf die Atemwege exponierter Personen. Das Schwefeldioxid wird fast vollständig an den Schleimhäuten der Nase und der oberen Atemwege adsorbiert, nur ein kleiner Anteil gelangt in die unteren Atemwege. Die Adsorption an den Schleimhäuten führt zu einer Zunahme der Schleimsekretion und gleichzeitig zu einer Verlangsamung bzw. Aufhebung des Schleimtransportes. Durch die Kontraktion der glatten Muskulatur der Bronchien kommt es zu einer Einengung der Atemwege und führt dadurch zu Veränderungen der Lungenfunktion, v.a. zu einer Erhöhung des Strömungswiderstandes in den Atemwegen.

Die Deposition von Staubpartikeln im Atemtrakt hängt von den physikalischen und chemischen Eigenschaften der Partikel und dem Durchmesser der Atemwege ab. Partikel mit mehr als 10 µm Durchmesser erreichen nur den Nasen-Rachenraum und gelangen nicht bis in die mittleren und tiefen Atemabschnitte. Wegen der hygroskopischen Eigenschaften können kleine Partikel in den mit Wasser gesättigten oberen Atemwegen schnell an Größe zunehmen und so ihr Abscheideverhalten ändern. Partikel mit einem Durchmesser von etwa 2 µm werden v.a. in den Alveolen (Lungenbläschen) abgelagert.

In Abhängigkeit vom Depositionsort ist der weitere Verbleib im Organismus unterschiedlich. In den oberen Atemwegen erfolgt eine Ausscheidung durch Nasensekret, durch Abschlucken oder auch durch Resorption. Aus der Lunge können unlösliche Partikel durch Schleimsekretion entfernt werden (mukozilarer Transport). Die Effektivität des Staubtransports hängt wesentlich von einer intakten Bronchialschleimhaut ab. Die Transportgeschwindigkeit kann durch toxische Substanzen (z.B. durch Nikotin) oder auch durch gasförmige Stoffe wie SO_2 und NO_x beeinflußt werden.

Wegen der engen räumlichen und zeitlichen Korrelation zwischen der Konzentration von SO_2 und Staub ist es in epidemiologischen Studien kaum möglich, spezifische Wirkungen eines einzelnen Schadstoffes festzustellen. Ein statistisch signifikanter Zusammenhang zwischen Schadstoffbelastung und Gesundheitseffekten wurde v.a. für die Staubkonzentration gefunden. Dabei wird die Konzentration der Partikel mit einem aerodynamischen Durchmesser von 10 µm und kleiner (PM_{10}) als wichtiger Indikator für ein Schadstoffgemisch angesehen. In verschiedenen Studien konnte zwar ein zusätzlicher Effekt durch SO_2 festgestellt werden, dieser ist allerdings auch abhängig von der Staubkonzentration.

In kontrollierten Laborversuchen mit reinem SO_2 an Patienten mit empfindlichem Bronchialsystem zeigte sich bereits nach kurzfristiger Exposition gegenüber 1 ppm (2600 µg/m^3) eine Erhöhung des Atemwegswiderstandes. Meist lassen die Exponierten aber erst bei Konzentration um 5 ppm (13300 µg/m^3) entsprechende Reaktionen erkennen. Die Schadstoffkonzentration in der Umgebungsluft liegt jedoch deutlich unter dem im Labor untersuchten Belastungsbereich. Die durchschnittliche Staubkonzentration in der Bundesrepublik erreicht in Belastungsgebieten bis zu 75 µg/m^3, liegt aber in der Regel unter 50 µg/m^3. Die mittlere SO_2-Konzentration liegt unter 25 µg/m^3, nur in hoch belasteten Gebieten der neuen Bundesländer werden noch Jahresmittelwerte bis 75 µg/m^3 erreicht. In epidemiologischen Studien konnte allerdings schon bei Konzentrationen von ca. 10 µg/m^3 Feinstaub eine erhöhte Sterblichkeit innerhalb der belasteten Bevölkerung beobachtet werden, so daß auch bei den heutigen niedrigen Konzentrationen in der Umgebungsluft mit langfristigen Schäden zu rechnen ist. Von großer Bedeutung für die Abschätzung der Schäden durch fossile Kraftwerke ist die Berücksichtigung der Umwandlung des gasförmig emittierten SO_2 und NO_x zu Sulfaten und Nitraten, die bei der Wirkungsabschätzung als (sekundäre) Partikel angesehen werden.

3.3.2.2 Stickstoffdioxid

In kontrollierten Laboruntersuchungen konnte die nachteilige Wirkung des NO_x auf den Atemwegwiderstand und andere Lungenfunktionsparamter festgestellt werden. Während Wirkungen im Konzentrationsbereich über 1 ppm (1880 µg/m^3) nach experimentellen Ergebnissen auch für den Menschen unbestritten sind, gibt es kaum Daten, die für niedrige NO_2 Konzentrationen nachteilige Wirkungen sicher beweisen (die mittlere jährliche NO_2-Konzentration liegt in Deutschland deutlich unter 100 µg/m^3). Vorliegende epidemiologische Studien sind widersprüchlich und liefern keinen eindeutigen Nachweis für eine gesundheitsschädigende Wirkung. Es gibt jedoch Hinweise darauf, daß kurzzeitige Belastungen mit höherer Konzentration, wie sie z. B. in gasbeheizten Häusern vorkommen können, zu einer erhöhten Anfälligkeit gegenüber Infektionen führt. In Studien, die einen signifikanten Zusammenhang zwischen der NO_x-Konzentration und Gesundheitseffekten beobachten, wird die Staubkonzentration nur ungenügend erfaßt, so daß die NO_x-Konzentration eher als Indikator für das Schadstoffgemisch und nicht als ursächlicher Schadstoff angesehen werden muß.

3.3.2.3 Ozon

Ozon ist eine Substanz mit äußerst hoher chemischer Reaktionsbereitschaft. Wegen der geringen Wasserlöslichkeit kann Ozon schon in niedrigen Konzentrationen bis in die Lungenperipherie (Bronchiolen und Alveolen) vordringen. Im Gegensatz zu den zentralen Bereichen ist das Gewebe dort nicht mehr durch eine Schleimschicht geschützt, so daß Ozon leicht Bestandteile der Zellenembran oxidieren und dadurch Oberflächenzellen des Atemtraktes schädigen oder zerstören kann.

In kontrollierten Laboruntersuchungen konnte schon bei relativ niedrigen Konzentrationen von ca. 200 µg/m^3, die in den Sommermonaten häufig erreicht und sogar überschritten werden, eine Änderung der Lungenfunktionsparameter festgestellt werden. Einige Studien weisen darauf hin, daß bei der gleichen Dosis eine peakförmige Belastung im Vergleich mit einer gleichmäßigen Belastung die höhere Beanspruchung des Bronchialsystems darstellt. Eine wiederholte oder chronische Exposition gegenüber Ozon scheint zu einer Adaption zu führen, die lungenfunktionsanalytisch feststellbaren Wirkungen nehmen deutlich ab. In tierexperimentellen Untersuchungen konnte festgestellt werden, daß Ozon zu einer erhöhten Empfindlichkeit gegenüber Infektionen führen kann.

Die Ergebnisse experimenteller Untersuchungen zur Kombinationswirkung von Ozon mit anderen Schadstoffen sind uneinheitlich. Es zeichnet sich jedoch ab, daß eine Kombination von Ozon und SO_2 zu einer verstärkten Wirkung führt, während bei einer Kombination von O_3 und NO_2 keine zusätzliche Wirkung beobachtet wird.

Epidemiologische Untersuchungen zur Wirkung von photochemischen Oxidantien wurden v.a. in den USA, im Gebiet von Los Angeles durchgeführt. Wegen der unterschiedlichen Mengenverhältnisse der den photochemischen Smog bildenden Substanzen lassen sich epidemiologische Untersuchungen oft nur bedingt miteinander vergleichen. In verschiedenen Untersuchungen wurden Mortalitätsdaten von älteren Einwohnern mit Oxidantien-Konzentrationen korreliert. Bei der Analyse von einzelnen Tagen (im Gegensatz zu Perioden zugeordneten Durchschnittswerten) konnte eine positive Korrelation festgestellt werden. Eine ebenfalls positive Korrelation wurde zwischen der Einweisung von Patienten in Krankenhäuser wegen Herz-Lungen-Erkrankungen und der Konzentration photochemischer Oxidantien festgestellt. Verschiedene Studien weisen auch auf einen Zusammenhang zwischen einer erhöhten Ozon-Konzentration und der Anfallshäufigkeit von Asthmatikern hin. Es wird vermutet, daß eine Belastung mit hohen Konzentrationen von Photooxidantien über einen längeren Zeitraum auch irreversible Lungenfunktionsänderungen hervorrufen kann.

3.3.3 Ableitung von Expositions-Wirkungsbeziehungen

Um die Schäden durch die Emissionen eines einzelnen Kraftwerks abschätzen zu können, müssen aus den vorliegenden epidemiologischen Studien quantitative Expositions-Wirkungsbeziehungen abgeleitet werden. In einer umfangreichen Literaturauswertung wurden auf der Grundlage eines Kriterienkatalogs (z. B. Berücksichtigung von Störgrößen, Berücksichtigung zeitgleich auftretender Schadstoffe, statistische Methode, etc.) geeignete epidemiologische Studien ausgewählt [3.15]. Aus diesen Studien kann in der Regel ein Koeffizient abgeleitet werden, der die relative Änderung der Häufigkeit eines Effektes in Abhängigkeit von der Schadstoffkonzentration beschreibt. Um die Effekte durch die zusätzlichen Emissionen eines einzelnen Kraftwerks berechnen zu können, muß die relative Änderung der Häufigkeit eines Effektes auf die absolute Häufigkeit innerhalb der Untersuchungsgruppe bezogen werden. Außerdem wurden die Wirkungsbeziehungen linearisiert und auf jährliche Mittelwerte bezogen. Der Anwendung der nach dieser Vorgehensweise ermittelten Wirkungsbeziehungen liegen folgende Annahmen zu Grunde:

- Die Wirkungsbeziehungen sind auf verschiedene Bevölkerungsgruppen übertragbar. Dies ist problematisch, wenn nicht mit der Änderung der relativen Häufigkeit eines Effektes, sondern mit der absoluten Anzahl zusätzlicher Effekte gerechnet wird.

- Die Wirkungsbeziehungen sind unabhängig von der Zusammensetzung des Schadstoffgemischs (das Schadstoffgemisch in der Abluftfahne eines Kraftwerks unterscheidet sich von dem Gemisch in der Umgebungsluft in der Untersuchungsregion).
- Die Verwendung jährlicher Mittelwerte setzt vereinfachend die gleiche Wirkung bei gleicher Dosis voraus, wobei die Dosis als Produkt der Expositionszeit und der Konzentration definiert ist. Aus experimentellen Untersuchungen ist jedoch bekannt, daß v.a. kurzzeitige Spitzenbelastungen bei gleicher Dosis u. U. eine größere Wirkung verursachen können als eine über einen längeren Zeitraum wirkende niedrigere Konzentration.

Von großer Bedeutung für die Abschätzung der durch Kraftwerksemissionen verursachten Schäden ist die Frage nach der Existenz von Schwellenwerten, d. h. von Schadstoffkonzentrationen, unterhalb derer keine negativen Wirkungen erwartet werden. Obwohl die Mehrzahl der Studien die Annahme von Expositions-Wirkungsbeziehungen ohne Schwellenwert unterstützt, sind die Aussagen bezüglich der Existenz eines Schwellenwertes nicht eindeutig. Die Annahme einer linearen Wirkungsbeziehung ohne Schwellenwert bedeutet, daß die Schäden durch eine zusätzliche Schadstoffquelle unabhängig von der Hintergrundbelastung sind. In diesem Fall wird der berechnete Schaden v.a. durch die Summierung über eine große Anzahl von Personen, die einer sehr kleinen Änderung der Schadstoffkonzentration ausgesetzt sind, bestimmt. Existiert ein Schwellenwert, so führt diese Vorgehensweise unter Umständen zu einer Überschätzung der Schäden.

Bei der Berechnung externer Kosten durch Gesundheitsschäden ist der Einfluß von Luftschadstoffen auf die Mortalität von besonderer Bedeutung. Inzwischen wurde der Zusammenhang zwischen der täglichen Sterblichkeitsrate und der Staubbelastung in mehreren Studien sowohl in den USA (z.B. [3.16],[3.17], [3.18]) als auch in Europa ([3.19], [3.20], [3.21]) untersucht. In diesen Studien konnte unter Berücksichtigung saisonaler und witterungsbedingter Einflüsse ein konsistenter und signifikanter Zusammenhang zwischen der Staubkonzentration und der Sterblichkeit festgestellt werden. Die Ergebnisse neuer Querschnittsstudien (z. B. [3.22], [3.23]) zeigen jedoch, daß es durch eine langfristige Schadstoffbelastung zu einer Verringerung der Lebenserwartung in der gesamten Bevölkerung kommt, so daß die in Longitudinalstudien beobachteten „akuten" Todesfälle bei vorerkrankten Menschen nur als Spitze des Eisbergs der tatsächlichen Effekte angesehen werden müssen. Allerdings ist es mit den aus den Querschnittsstudien gewonnenen Ergebnissen nicht direkt möglich, die Anzahl der „zusätzlichen" Todesfälle zu bestimmen. Stattdessen läßt sich mit der in der epidemiologischen Studie beobachteten Änderung der Sterbewahrscheinlichkeit die Änderung der Lebenserwartung in einem Bevölkerungskollektiv mit bekannter Altersstruktur und altersabhängiger Sterbewahrscheinlichkeit berechnen. Die – relativ kurze – verlorene Lebenserwartung durch akute Mortalität ist darin bereits enthalten. Da jeder Mensch nur einmal stirbt, kann es durch erhöhte Schadstoffbelastung auch keine *zusätzlichen* Todesfälle innerhalb einer Bevölkerung geben, so daß hier im

Gegensatz zu früheren Studien die verlorene Lebenszeit als *Years of Life Lost* (YOLL) statt der Anzahl zusätzlicher Todesfälle abgeschätzt wird.

Es soll noch einmal darauf hingewiesen werden, daß bei der Ableitung und Anwendung der Expositions-Wirkungsbeziehungen noch relativ große Unsicherheiten bestehen. Obwohl der in verschiedenen Ländern und in unterschiedlichen Belastungsbereichen beobachtete Zusammenhang zwischen der Feinstaubkonzentration und verschiedenen Gesundheitseffekten einen deutlichen Hinweis auf einen tatsächlichen Zusammenhang gibt, bleiben zur Zeit noch viele Fragen offen. Während zum Beispiel in epidemiologischen Studien die Feinstaubbelastung in Masseneinheiten ($\mu g/m^3$) gemessen wird, erscheint es durchaus als plausibel, daß auch die Anzahl der Teilchen eine wichtige Bestimmungsgröße für die Wirkung ist. Außerdem ist die Bezeichnung „Partikel" sehr unspezifisch, da sowohl die Größe als auch die Zusammensetzung der Partikel stark variieren kann. Obwohl Ergebnisse aus Laboruntersuchungen darauf hinweisen, daß die Zusammensetzung der Staubpartikel (z. B. Schwermetallanlagerungen) einen großen Einfluß auf die Wirkung haben können, wird sie in epidemiologischen Studien bisher nicht berücksichtigt. Dementsprechend ist die Masse an Feinstaub unter Umständen nur ein grober Indikator für das Schadstoffgemisch und die Belastung mit dem tatsächlich wirkungsrelevanten Schadstoff.

In neueren europäischen epidemiologischen Studien zur akuten Mortalität durch Feinstaub wurde festgestellt, daß der Schaden je Einheit Schadstoff nur ca. halb so groß wie der in amerikanischen Studien beobachtete Effekt ist. Da sich die amerikanische und europäische Bevölkerung im Hinblick auf ihre Altersstruktur, den Anteil von Risikogruppen etc. nicht wesentlich voneinander unterscheiden, könnte eine unterschiedliche Zusammensetzung des Schadstoffgemischs eine mögliche Ursache für diese Differenz sein. Entsprechende epidemiologische Untersuchungen zur chronischen Mortalität wurden in Europa bisher nicht durchgeführt, so daß hier auf die Ergebnisse amerikanischer Studien zurückgegriffen werden muß. Um die Unsicherheiten bei der Verwendung der Expositions-Wirkungsbeziehungen im europäischen Kontext zu berücksichtigen, wird in einer Sensitivitätsanalyse der aus der Studie von Pope et al. [3.24] abgeleitete Risikofaktor zur Berechnung der chronischen Mortalität in Analogie zu den Ergebnissen der europäischen Studien zur akuten Mortalität um den Faktor 2 reduziert.

In Tabelle 3.4 sind die zur Schadensabschätzung verwendeten Expositions-Wirkungsbeziehungen zusammengestellt.

3.3.4 Quantifizierung der Gesundheitsschäden

Die aus der erhöhten Schadstoffbelastung resultierenden Gesundheitseffekte werden mit den im vorhergehenden Abschnitt beschriebenen Expositions-Wirkungsbeziehungen berechnet. Für die Schadensberechnung liegen Informationen über die Änderung der Schadstoffkonzentration und über die Bevölkerungsdichte in gerasterter Form vor. Für jedes Rasterelement wird aus der Anzahl der

Tabelle 3.4. Expositions-Wirkungsbeziehungen zur Abschätzung der durch Luftschadstoffe verursachten Gesundheitseffekte

Partikel		
Verlorene Lebenserwartung (in Jahren) je Person [3.24]	= 0,00072	* Änderung der jährlichen PM_{10}-Konzentration in µg/m³
Krankhausaufnahmen wegen Erkrankungen der Atemwege je 100000 Personen [3.25]	= 0,207	* Änderung der jährlichen PM_{10}-Konzentration in µg/m³
Krankenhausaufnahmen wegen cerebrovascularer Erkrankungen je 100000 Personen [3.26]	= 0,504	* Änderung der jährlichen PM_{10}-Konzentration in µg/m³
Krankenhausaufnahmen wegen Herzerkrankungen je 100000 Personen (älter als 65 Jahre) [3.27]	= 1,85	* Änderung der jährlichen PM_{10}-Konzentration in µg/m³
Tage mit eingeschränkter Aktivität je 1000 Erwachsener [3.28]	= 24,95	* Änderung der jährlichen PM_{10}-Konzentration in µg/m³
Gebrauch von Bronchodilatatoren je 1000 Erwachsener mit Asthma [3.29]	= 162,9	* Änderung der jährlichen PM_{10}-Konzentration in µg/m³
Gebrauch von Bronchodilatatoren je 1000 Kinder mit Asthma [3.30]	= 77,5	* Änderung der jährlichen PM_{10}-Konzentration in µg/m³
Hustentage je 1000 Erwachsener mit Asthma [3.29]	= 167,6	* Änderung der jährlichen PM_{10}-Konzentration in µg/m³
Hustentage je 1000 Kinder mit Asthma [3.31]	= 266,9	* Änderung der jährlichen PM_{10}-Konzentration in µg/m³
Tage mit Atemwegssymptomen je 1000 Erwachsener mit Asthma [3.29]	= 60,6	* Änderung der jährlichen PM_{10}-Konzentration in µg/m³
Tage mit Atemwegssymptomen je 1000 Kinder mit Asthma [3.30]	= 102,9	* Änderung der jährlichen PM_{10}-Konzentration in µg/m³
Chronisch obstruktive Erkrankungen der Atemwege je 100000 Erwachsener [3.32]	= 5,4	* Änderung der jährlichen PM_{10}-Konzentration in µg/m³
Fälle chronischer Bronchitis bei Kindern je 100000 Kinder [3.33]	= 161	* Änderung der jährlichen PM_{10}-Konzentration in µg/m³
Fälle chronischen Hustens bei Kindern je 100000 Kinder [3.33]	= 207	* Änderung der jährlichen PM_{10}-Konzentration in µg/m³
SO_2		
Verlorene Lebenserwartung (in Jahren) je 100000 Personen [3.19]	= 0,534	* Änderung der jährlichen SO_2-Konzentration in µg/m³
Ozon		
Verlorene Lebenserwartung (in Jahren) je 100000 Personen [3.19]	= 0,87	* Änderung der mittleren 6-h O_3 Konzentration in ppb
Krankhausaufnahmen wegen Erkrankungen der Atemwege je 100000 Personen [3.34]	= 1,42	* Änderung der mittleren 6-h O_3 Konzentration in ppb
Tage mit Atemwegssymptomen [3.35]	= 66,0	* Änderung der mittleren 6-h O_3 Konzentration in ppb

Einwohner und der zusätzlichen Schadstoffbelastung unter Berücksichtigung des Anteils der jeweiligen Risikogruppe an der Gesamtbevölkerung der erwartete Schaden berechnet. Um die im Vergleich zu den Emissionen des Kraftwerksbetriebs niedrigen Emissionen der vorgelagerten Prozeßstufen mit vertretbarem Aufwand berücksichtigen zu können, werden sie für die Ausbreitungsrechnungzu den Kraftwerksemissionen hinzuaddiert. Der Fehler durch die nicht standortspezifische Behandlung der Emissionen vorgelagerter Prozeßstufen dürfte schon wegen der niedrigen Emissionen klein sein. Folgende Punkte sind bei der Schadensabschätzung zu beachten:

Schadensabschätzung für die Schadstoffe SO_2, Staub und Aerosole. Alle Wirkungsbeziehungen sind auf eine mittlere jährliche Konzentrationsänderung normiert, dementsprechend wird mit jährlichen Mittelwerten der Schadstoffbelastung gerechnet. Zur Abschätzung der Schäden durch Aerosole – berücksichtigt werden Ammoniumsulfat ($(NH_4)_2SO_4$), Ammoniumnitrat (NH_4NO_3) und Salpetersäure (HNO_3) – werden die für Partikel abgeleiteten Expositions-Wirkungsbeziehungen verwendet [3.36].

Schadensabschätzung für den Schadstoff Ozon. Zur Berechnung der Gesundheitsschäden durch erhöhte Ozonkonzentrationen werden Abschätzungen von Rabl und Eyre [3.37] verwendet, die durch Ozon verursachte Schadenskosten je emittierter Tonne Vorläufersubstanzen (NO_x und NMVOC) berechnet haben. Rabl und Eyre habe aus den Ergebnissen komplexer Ozon Modelle die europaweite und globale Änderung der Ozonkonzentration durch die Emission einer Tonne NO_x an europäischen Standorten abgeschätzt. Unter Verwendung der in Tabelle 3.4 dargestellten Dosis-Wirkungsbeziehungen und der entsprechenden monetären Werte haben Rabl und Eyre Schadenskosten in Höhe von ca. 440 DM je Tonne NO_x durch erhöhte Mortalität und von ca. 780 DM je Tonne NO_x durch Erkrankungen berechnet. Unter Berücksichtigung der NO_x-Emissionsfaktoren der hier betrachteten Referenzkraftwerke ergeben sich die in Tabelle 3.6 dargestellten Schadenskosten je kWh.

In Tabelle 3.5 sind die Ergebnisse der Schadensabschätzung für den Betrieb der Kraftwerke ohne Berücksichtigung der Emissionen aus vorgelagerten Prozeßstufen dargestellt. Den Emissionen der betrachteten Stromerzeugungstechnologien entsprechend sind die berechneten Gesundheitsschäden für die Stromerzeugung aus Öl am höchsten und für die Gaskraftwerke am niedrigsten. Die Zahl der zu erwartenden Schadensfälle hängt vom jeweiligen Grad der Schädigung ab und reicht von einigen wenigen Fällen von Krankenhausaufnahmen über einige hundert verlorene Lebensjahre bis hin zu mehreren zehntausend Tagen mit Atemwegsbeschwerden innerhalb der hier betrachteten Bevölkerung von ca. 480 Millionen Personen. Der größte Teil der quantifizierten Gesundheitsschäden wird durch die aus SO_2 und NO_x entstandenen Aerosole verursacht.

Tabelle 3.5. Gesundheitsschäden je TWh durch Luftschadstoffe (nur Kraftwerksbetrieb, ohne vorgelagerte Prozeßstufen)

		Stein-kohle	Braun-kohle	Öl	Gas-GT	Gas-GuD
Verlorene Lebensjahre	PM_{10}	12,9	21,2	4,3	-	-
	Aero.	111	136	264	85,9	29,3
	SO_2	0,85	1,6	3,8	-	-
Krankhausaufnahmen wg. Erkrankungen der Atemwege	PM_{10}	0,065	0,11	0,022	-	-
	Aero.	0,56	0,69	1,3	0,43	0,15
Krankenhausaufnahmen wg. cerebrovascularer Erkrankungen	PM_{10}	0,16	0,26	0,053	-	-
	Aero.	1,4	1,7	3,3	1,1	0,36
Krankenhausaufnahmen wg. Herzerkrankungen	PM_{10}	0,076	0,12	0,025	-	-
	Aero.	0,65	0,80	1,6	0,50	0,17
Tage mit eingeschränkter Aktivität	PM_{10}	448	735	150	-	-
	Aero.	3841	4709	9155	2975	1016
Gebrauch von Bronchodilatatoren	PM_{10}	123	202	41,2	-	-
	Aero.	1054	1292	2512	816	279
Hustentage bei Asthmatikern	PM_{10}	140	231	47,2	-	-
	Aero.	1206	1479	2876	934	319
Tage mit Atemwegs-symptomen bei Asthma-tikern	PM_{10}	65,0	107	21,9	-	-
	Aero.	560	687	1335	434	148
Chronisch obstruktive Erkrankungen der Atemwege	PM_{10}	0,88	1,4	0,30	-	-
	Aero.	7,4	9,1	17,5	5,9	2,0
Chronische Bronchitis bei Kindern	PM_{10}	12,1	20,0	4,1	-	-
	Aero.	104	128	249	80,8	27,6
Chronischer Husten bei Kindern	PM_{10}	15,6	25,7	5,2	-	-
	Aero.	134	165	320	104	35,5

Entsprechend der in Abschnitt 2.4 geführten Diskussion um die Bewertung der Mortalität werden die resultierenden Schadenskosten sowohl mit dem Ansatz der Bewertung der verlorenen Lebensjahre (VLYL-Ansatz) (Tabelle 3.6) als auch für die Bewertung mit dem Wert eines statistischen Lebens (VSL-Ansatz) (Tabelle 3.7) berechnet. Aus den detaillierten Rechnungen mit altersspezifischen Überlebenswahrscheinlichkeiten ist bekannt, daß jeder durch Schadstoffbelastung verursachte Todesfall zu einer Verkürzung der Lebenserwartung von durchschnittlich zehn Jahren führt. Mit dieser Angabe kann aus der vorher berechneten Zahl der verlorenen Lebensjahre die Zahl der „vorzeitigen" Todesfälle abgeschätzt und mit dem Wert eines statistischen Lebens bewertet werden.

In Tabelle 3.8 ist die mögliche Bandbreite der Schadenskosten durch öffentliche Gesundheitsrisiken für beide Bewertungsansätze, für verschiedene Diskontraten sowie unter Berücksichtigung der oben diskutierten Sensitivitätsanalyse (Reduktion der chronischen Mortalität durch Feinstaub um den Faktor 2) dargestellt. Bei allen Bewertungsansätzen werden die Schadenskosten eindeutig durch das erhöhte Mortalitätsrisiko dominiert. Es wird deutlich, daß die Bewertung nach dem *VSL*-Konzept zu höheren Schadenskosten als die Bewertung mit dem *VLYL* führt, da hier die bei Todesfällen durch Luftschadstoffe relativ niedrige verlorene Lebenserwartung je Todesfall nicht berücksichtigt wird. Die mit beiden Ansätzen verbundenen Probleme wurden in Abschnitt 2.4 bereits ausführlich erörtert. Der mit den vorliegenden Dosis-Wirkunsbeziehungen quantifizierte Effekt ist eindeutig der Verlust an Lebenserwartung, so daß im Prinzip die Bewertung des Lebenszeitverlustes sinnvoller erscheint als die Bewertung „zusätzlicher" Todesfälle, die es in der Realität in diesem Sinne gar nicht gibt. Andererseits ist die hier durchgeführte Ableitung des Wertes eines verlorenen Lebensjahres zwar mathematisch konsistent, jedoch nicht empirisch untermauert, so daß Einwände gegen diese Vorgehensweise – auch aus moralisch und ethischen Gründen – nicht leicht von der Hand zu weisen sind. Letztendlich wird auch hier deutlich, daß die Bewertung von quantifizierbaren physischen Schäden von gesellschaftlichen Werturteilen abhängt.

Tabelle 3.6. Schadenskosten in Pf/kWh durch öffentliche Gesundheitsschäden. Bewertung der Mortalität mit dem *VLYL*-Ansatz (Diskontrate = 3%)

	Steinkohle	Braunkohle	Öl	Gas-GT	Gas-GuD
Kraftwerksbetrieb					
Mortalität					
PM_{10}	0,21	0,34	0,069	-	-
SO_2	0,025	0,047	0,11	-	-
Aerosole	1,8	2,2	4,2	1,4	0,47
Ozon	0,023	0,033	0,036	0,025	0,0090
Morbidität					
PM_{10}	0,026	0,043	0,0088	-	-
Aerosole	0,23	0,28	0,53	0,18	0,060
Ozon	0,040	0,058	0,063	0,045	0,016
vorgelagerte Prozeßstufen					
Mortalität	0,22	0,13	1,4	0,42	0,26
Morbidität	0,032	0,021	0,13	0,053	0,039
Summe	2,6	3,2	6,5	2,1	0,85

Tabelle 3.7. Schadenskosten in Pf/kWh durch öffentliche Gesundheitsschäden. Bewertung der Mortalität mit dem *VSL*-Ansatz (Diskontrate = 3%)

	Steinkohle	Braun-kohle	Öl	Gas-GT	Gas-GuD
Kraftwerksbetrieb					
Mortalität					
PM_{10}	0,65	1,1	0,22	-	-
SO_2	0,66	1,1	2,9	-	-
Aerosole	5,6	6,8	13,3	4,3	1,5
Ozon	0,61	0,77	0,95	0,66	0,24
Morbidität					
PM_{10}	0,026	0,043	0,0088	-	-
Aerosole	0,23	0,28	0,53	0,18	0,060
Ozon	0,040	0,058	0,063	0,045	0,016
vorgelagerte Prozeßstufen					
Mortalität	0,65	0,44	5,1	1,0	0,64
Morbidität	0,032	0,021	0,13	0,053	0,039
Summe	8,5	10,6	23,2	6,2	2,5

Tabelle 3.8 Schadenskosten durch öffentliche Gesundheitsschäden in Pf/kWh unter Berücksichtigung unterschiedlicher Annahmen

	Bester Schätzwert				Sensitivitätsanalyse*			
	VLYL		VSL		VLYL		VSL	
Diskontrate	0%	3%	0%	3%	0%	3%	0%	3%
Steinkohle	3,0	2,6	9,6	8,5	1,7	1,5	5,6	5,0
Braunkohle	3,6	3,2	12,0	10,6	2,0	1,8	7,1	6,4
Öl	7,5	6,5	26,2	23,2	4,2	3,7	15,4	13,9
Gas GT	2,4	2,1	7,1	6,2	1,4	1,2	4,0	3,6
Gas GuD	1,0	0,85	2,8	2,5	0,55	0,49	1,6	1,4

* Steigung der Schadensfunktion für chronische Mortalität durch Feinstaub um den Faktor 2 reduziert.

3.4 Berufliche Gesundheitsrisiken

Unter dem Begriff berufliche Gesundheitschäden werden die durch Berufskrankheiten und Arbeitsunfälle hervorgerufenen negativen Auswirkungen auf die Gesundheit von denjenigen Personen verstanden, die beruflich an den Aktivitäten der verschiedenen Prozesse eines Energiesystems beteiligt sind.

Wesentlich für den Arbeitsunfall ist ein Ereignis als Ursache und eine Körperschädigung als Wirkung [3.38]. Das Unfallereignis muß ursächlich auf der betrieblichen Tätigkeit beruhen, wobei der Tatbestand des Arbeitsunfalls kein normwidriges, d.h. dem ordnungsmäßigen Arbeitsablauf widersprechendes Ereignis voraussetzt. Um den Arbeitsunfall von einem "inneren, krankhaften Vorgang" (z.B. Berufskrankheit) abzugrenzen, wird ein von außen auf den Menschen einwirkendes Ereignis gefordert. Für das Vorliegen eines Arbeitsunfalls ist außerdem die zeitliche Begrenzung des Ereignisses über einen verhältnismäßig kurzen Zeitraum (längstens eine Arbeitsschicht) von Bedeutung.

Im Gegensatz zu Arbeitsunfällen treten Berufskrankheiten i. allg. erst nach länger dauernder Einwirkung schädigender Noxe auf. Als Berufskrankheiten werden für einzelne Berufe typische Krankheiten verstanden, die durch die Arbeitsweise oder durch das Arbeitsverfahren begünstigt werden. Dementsprechend folgt das Berufskrankheitenrecht zunächst einem sogenannten Listenprinzip, d.h. bestimmte Stoffe bzw. Einwirkungen werden aufgeführt und jede dadurch verursachte Krankheit ist zu entschädigen. Dem Unfallversicherungsträger ist jedoch im Einzelfall eine Durchbrechung des Listenprinzips gestattet, wenn der erforderliche Zusammenhang einer Krankheit mit betrieblichen Einwirkungen nach neuen technischen und medizinischen Erkenntnissen festgestellt werden kann. Mit der Aufnahme einer Krankheit in die Liste der Berufskrankheiten-Verordnung wird sie als solche für entschädigungswürdig befunden. Für die Entschädigung einer Berufskrankheit im Einzelfall muß jedoch stets der ursächliche Zusammenhang mit der beruflichen Beschäftigung nachgewiesen werden. Im Sinne der Krankenversicherung beginnt eine Krankheit, sobald erstmalig ärztliche Behandlung, Arznei oder Heilmittel erforderlich werden und/oder Arbeitsunfähigkeit eintritt [3.38].

3.4.1 Verfahren zur Quantifizierung beruflicher Gesundheitsrisiken

3.4.1.1 Das Konzept des Nettorisikos

Da grundsätzlich alle Beschäftigten aus allen Wirtschaftssektoren einem Gesundheitsrisiko durch Arbeitsunfälle und Berufskrankheiten ausgesetzt sind, wird das Konzept des Nettorisikos eingeführt, um die durch eine bestimmte Technologie verursachten zusätzlichen Risiken berechnen zu können. Das Nettorisiko beschreibt das von dem durchschnittlichen Risiko gewerblicher Tätigkeit abweichende Risiko einer bestimmten Aktivität. Das Nettorisiko einer Aktivität wird aus der Differenz der Risikorate der jeweiligen Aktivität und der durchschnittlichen gewerblichen Tätigkeit, multipliziert mit dem für die Aktivität erforderlichen Personaleinsatz, berechnet:

$$R_{netto,A} = (r_A - r_{Durchschnitt}) \cdot N_A \tag{3.1}$$

mit

R_{netto}	Nettorisiko der Aktivität A je TWh
r_A	Risiko je Personenjahr der Aktivität A
$r_{Durchschnitt}$	durchschnittliches Risiko gewerblicher Tätigkeit je Personenjahr
N_A	erforderlicher Personaleinsatz je TWh

Während das Brutto-Risiko nur Information über das durch eine Aktivität verursachte kollektive Risiko gibt, gibt das Nettorisiko auch einen Hinweis auf das individuelle Risiko eines Beschäftigten, da es aus der Differenz der auf den Personaleinsatz bezogenen Risikokenngrößen abgeleitet wird. Wird das Nettorisiko einer Aktivität negativ, so ist die von dieser Aktivität ausgehende Gesundheitsgefährdung kleiner als das Risiko einer durchschnittlichen gewerblichen Tätigkeit.

3.4.1.2 Prozeßkettenanalyse

Die Quantifizierung beruflicher Gesundheitsschäden stützt sich in erster Linie auf Daten über Arbeitsunfälle und Berufserkrankungen, die von den Berufsgenossenschaften erfaßt und veröffentlicht werden. Nur bei Berufskrankheiten mit einer langen Latenzzeit, bei denen die heute festgestellten Erkrankungen nicht aus der derzeitigen, sondern aus der Belastung zurückliegender Jahre hervorgegangen sind, müssen Dosis-Wirkungsbeziehungen zur Schadensabschätzung verwendet werden.

Die beruflichen Gesundheitsrisiken eines Energiesystems werden mit Hilfe einer Prozeßkettenanalyse abgeschätzt, bei der die relevanten Parameter eines Produktionsprozesses für jede Prozeßstufe einzeln ermittelt und ausgewertet werden. Zu diesem Zweck wird der gesamte Produktionsprozeß in einzelne Prozeßstufen aufgeteilt. Für jede Prozeßstufe werden die entsprechenden Risikokenngrößen ermittelt und auf eine Einheit des System-Outputs (in diesem Fall eine TWh Strom) normiert. Die durch das Gesamtsystem verursachten Gesundheitsrisiken sind gleich der Summe der Risiken aller Prozeßstufen. Die Ermittlung der Gesundheitsschäden durch Aktivitäten einer einzelnen Prozeßstufe eines Energiesystems erfolgt in der Regel in vier Teilschritten:

1. Zunächst wird der erforderliche Personaleinsatz je Einheit Prozeßstufen-Output ermittelt.
2. Mit den von den Berufsgenossenschaften zur Verfügung gestellten Daten wird das Risiko je Personen-Jahr für die jeweilige Tätigkeit ermittelt.

3. Durch Multiplikation der Ergebnisse aus Schritt (1) und Schritt (2) wird das Risiko je Einheit Prozeßstufen-Output berechnet.
4. Mit Kenntnis über den Bedarf des Gesamtsystems an dem jeweiligen Prozeßstufen-Output der einzelnen Prozeßstufe werden die in Schritt (3) berechneten Werte auf eine Einheit Output des Gesamtsystems normiert.

Zur Berechnung sämtlicher Kenngrößen werden soweit wie möglich Durchschnittswerte herangezogen, die über einem Zeitraum von 5 Jahren gemittelt werden. Da v.a. die Anzahl der Todesfälle je Personenjahr in einigen Wirtschaftszweigen glücklicherweise klein ist, kann bei einer Mittelwertbildung über einen kürzeren Zeitraum ein einzelnes Ereignis zu großes Gewicht bekommen. Andererseits muß davon ausgegangen werden, daß bei einer Mittelwertbildung über einen Zeitraum von mehr als fünf Jahren die Ergebnisse nicht mehr repräsentativ für heutige Bedingungen sind, da in den letzten Jahren durch technische Verbesserungen effiziente Arbeitsschutzmaßnahmen eingeführt werden konnten.

3.4.1.3 Quantifizierung beruflicher Gesundheitsschäden mit Hilfe von Expositions-Wirkungsbeziehungen

Obwohl durch die Statistiken der Berufsgenossenschaften umfangreiches Datenmaterial über berufliche Gesundheitsschäden zur Verfügung steht, ist in einigen Fällen eine Abschätzung der durch die Stromerzeugung verursachten Gesundheitsrisiken auf der Grundlage statistischer Daten nicht sinnvoll. Eine Abschätzung der durch heutige Bedingungen verursachten Schäden ist nur mit Hilfe einer Expositions-Wirkungsbeziehung möglich, die den Zusammenhang zwischen einer Belastung und den resultierenden gesundheitlichen Schäden explizit beschreibt. Typische Berufskrankheiten mit langer Latenzzeit sind:

- Silikoseerkrankungen durch Staubbelastung im Steinkohlenbergbau
- Lungenkrebs bei Bergleuten durch Radon und dessen Zerfallsprodukte

Die Vorgehensweise zur Abschätzung der jeweiligen Gesundheitsschäden wird in den folgenden Abschnitten beschrieben.

Silikoseerkrankungen durch Staubbelastung im Steinkohlenbergbau. Die Silikose, früher auch als Staublungenerkrankung bezeichnet, ist eine v.a. im Bergbau seit Jahrhunderten bekannte Krankheit. Unter Silikose versteht man eine i. allg. chronisch fortschreitende Fibrose des Lungengewebes. Verursacht wird die Silikose durch das Einatmen von Staub mit einem Anteil freier kristalliner Kieselsäure, wie sie untertage als Quarz (SiO_2) im Grubenstaub vorhanden ist. In der Regel bleibt die Silikose lange Zeit ohne wesentlichen Einfluß auf die Lungenfunktion, eine schwere respiratorische Beeinträchtigung entwickelt sich erst nach mehreren Jahren. Das Krankheitsbild der Silikose ist wenig charakteristisch, als Krankheitszeichen sind v.a. Atembeschwerden, Husten, Auswurf und Brustschmerzen zu nennen. Durch die Beeinträchtigung der Lungenfunktion und durch Entzündungsprozesse in der Lunge kann eine Silikose auch tödlich verlaufen.

Eine Dosis-Wirkungsbeziehung zur Abschätzung des Silikoserisikos wurde von Hurley und MacLaren [3.39] auf der Grundlage einer epidemiologischen Studie an englischen Bergarbeitern entwickelt. Mit dieser Beziehung kann die Wahrscheinlichkeit und Schwere einer Silikoseerkrankung in Abhängigkeit von der mittleren Staubkonzentration, vom Kohlenstoffgehalt der Kohle und vom Alter der betroffenen Person dargestellt werden. Es wird davon ausgegangen, daß die von Hurley und MacLaren dargestellten Zusammenhänge für eine Abschätzung des Silikoserisikos auf deutsche Verhältnisse übertragen werden können. Um die Ergebnisse vergleichbar zu machen, werden hier alle Fälle, die nach der internationalen Staublungenklassifikation zu einer Silikoseerkrankung der Kategorien ILO 2, ILO 3 und PMF (Lungenschatten sind radiologisch erkennbar) führen, als schwere Berufkrankheiten angesehen.

Lungenkrebs bei Bergleuten durch Radon und dessen Zerfallsprodukte. Seit etwa 50 Jahren ist die ursächliche Beteiligung von Radon und dessen Zerfallsprodukten an der Entstehung von Lungentumoren bekannt. Nicht nur dort, wo Uran abgebaut wird, ist untertage wegen des im Gestein vorkommenden Radiums mit einer höheren Radon-Konzentration zu rechnen. Deswegen muß auch für den Steinkohlenbergbau eine Risikoabschätzung durchgeführt werden. Da in Deutschland z.Z. keine epidemiologischen Studien vorliegen, in denen die Lungenkrebshäufigkeit bei Bergleuten in einen direkten Zusammenhang mit der tatsächlichen Radon-Exposition gebracht wird, muß auf existierende Modelle zurückgegriffen werden. Das neueste verfügbare Modell ist das Time Since Exposure Modell des *US Committee on the Biological Effects of Ionizing Radiation* [3.40], auch bekannt als BEIR IV. Die Abschätzung des Lungenkrebsrisikos durch Radon und seine Zerfallsprodukte basiert auf epidemiologischen Studien, die an Bergarbeitern in Uran- und Eisenerzbergwerken in den USA durchgeführt wurden. Die Ergebnisse des BEIR IV Modells sind in tabellarischer Form als Wahrscheinlichkeit eines tödlichen Lungenkarzinoms und als durchschnittliche Zahl der verlorenen Lebensjahre je Arbeiter in Abhängigkeit vom Alter, von der Expositionszeit und von der Expositionshöhe dargestellt. Es ist zu beachten, daß das Modell auf Mortalitätsraten in den USA in den Jahren 1980 bis 1984 basiert. Eine Übertragbarkeit der BEIR IV Ergebnisse zur Abschätzung des Lungenkrebsrisikos durch Radon und Zerfallsprodukte im deutschen Steinkohlenbergbau ist nur bedingt möglich, da v.a. die Rauchgewohnheiten einen großen Einfluß auf die Lungenkrebswahrscheinlichkeit haben. Da jedoch die Entwicklung eines Lungentumors die Folge einer Langzeitexposition ist, stellt die Abschätzung der zu erwartenden Risiken durch die heutige Belastung immer eine Projektion in die Zukunft dar, bei der die Entwicklung von Rauchgewohnheiten u. ä. nicht bekannt ist und somit mit großen Unsicherheiten verbunden ist.

Tabelle 3.9. Risiken je Personen-Jahr durch verschiedene gewerbliche Aktivitäten (AU = Arbeitsunfälle; BK = Berufskrankheiten)

	Todesfälle	schwere AU und BK	leichte AU und BK
Steinkohlenförderung	0,00034	0,016	0,11
Braunkohlenförderung	0,000044	0,0014	0,024
Erdölförderung	0,00012	0,0028	0,052
Erdgasförderung	0,00012	0,0028	0,026
Kalksteingewinnung	0,00020	0,0041	0,11
Bahntransport	0,00011	0,0013	0,074
Binnenschifftransport	0,00048	0,0028	0,075
Hochseetransport	0,00041	0,0022	0,029
LKW-Transport	0,00015	0,0019	0,060
Maschinenbau	0,000060	0,0027	0,081
Stahlbau	0,000060	0,0012	0,080
Elektrotechnik	0,000027	0,00072	0,027
Chem. Industrie	0,000091	0,0012	0,036
Baugewerbe	0,00013	0,0030	0,11
Verwaltung	0,000012	0,00036	0,023
Dienstleistungen	0,000013	0,00036	0,022
Durchschnittliche gewerbliche Tätigkeit	$5{,}46 \cdot 10^{-5}$	0,0013	0,053

3.4.2 Quantifizierung der beruflichen Gesundheitsrisiken für die Referenzenergiesysteme

Zur Berechnung der beruflichen Gesundheitsrisiken nach der dargestellten Vorgehensweise müssen für die relevanten Industriesektoren die Risiken je Personenjahr sowie der jeweilige Personaleinsatz je TWh bekannt sein. Tabelle 3.9 zeigt für verschiedene Sektoren die beruflichen Risiken, ausgedrückt als Todesfälle sowie als schwere und leichte Arbeitsunfälle und Berufskrankheiten je Personenjahr. In Tabelle 3.10 ist der erforderliche Personaleinsatz je TWh für die betrachteten Energiesysteme dargestellt, der aus den Aktivitäten auf allen Prozeßstufen (Brennstoffförderung und -aufbereitung, Brennstofftransport, Stromerzeugung, Abfallbehandlung, Bau und Abriß des Kraftwerks) resultiert. Die resultierenden Gesundheitsrisiken je TWh sind in Tabelle 3.11 sowohl für die Brutto- als auch für die Nettobetrachtung dargestellt. Die beruflichen Risiken durch die Stromerzeugung aus Steinkohle werden durch die hohen Risiken der Kohlenförderung

Tabelle 3.10. Personaleinsatz in Personenjahren je TWh

	Steinkohle	Braunkohle	Öl	Gas-GT	Gas-GuD
Steinkohlenförderung	541,0				
Braunkohlenförderung		156,8			
Erdölförderung			47,5		
Erdgasförderung				42,6	24,5
Kalksteingewinnung	15,1	13,0			
Bahntransport	21,8				
Binnenschifftransport	41,0		58,0		
Hochseetransport			128,0		
LKW-Transport	46,0	22,0			
Maschinenbau	19,0	25,0	52,5	44,0	10,7
Stahlbau	15,6	20,5	43,0	36,1	8,7
Elektrotechnik	22,5	24,8	44,2	42,3	9,2
Chem. Industrie			97,0		
Baugewerbe	10,9	14,3	29,9	25,1	6,1
Verwaltung	15,0	15,0	23,5	25,0	5,0
Dienstleistungen	6,6	8,6	18,1	15,2	3,7

Tabelle 3.11. Berufliche Risiken und resultierende Schadenskosten

	Todesfälle je TWh		Schwere AU u. BK je TWh		Leichte AU u. BK je TWh		Schadenskosten in Pf/kWh
	brutto	netto	brutto	netto	brutto	netto	netto
Steinkohle	0,22	0,18	9,0	7,6	76,0	37,6	0,19
Braunkohle	0,018	0,0020	0,48	0,10	12,9	-3,0	-0,00004
Öl	0,12	0,088	1,0	0,33	25,5	-3,2	0,052
Gas-GT	0,020	0,0072	0,40	0,11	12,3	0,10	0,0051
Gas-GuD	0,0080	0,0068	0,12	0,039	3,3	-0,33	0,0040

dominiert. Das Risiko des Öl-Energiesystems ist deutlich kleiner, hier verursachen die verschiedenen Transportprozesse den größten Teil des Gesamtrisikos. Das durch die Energiesysteme Braunkohle und Gas verursachte Risiko ist um noch einmal eine Größenordnung kleiner als das Risiko der Ölverstromung.

Da nach der ökonomischen Theorie der externen Kosten die marginalen Schäden relevant sind, werden zur Berechnung der Schadenskosten die Netto-Risiken verwendet, da sie besser als die Brutto-Risiken die zusätzlichen Schäden durch eine einzelne Anlage wiedergeben. Mit den in Abschn. 2.4 angegebenen Wertansätzen lassen sich aus den berechneten Risikokenngrößen die Schadenskosten ableiten (Tabelle 3.11). Die Schadenskosten durch die Braunkohleverstromung sind negativ (betragsmäßig allerdings sehr klein), weil die Beschäftigten im Braunkohlentagebau ein geringeres Risiko eingehen als der Durchschnitt aller gewerblich Beschäftigter.

Es sei hier noch einmal darauf hingewiesen, daß die Schadenskosten durch berufliche Gesundheitsrisiken durch Versicherungsleistungen zum Teil schon internalisiert, also im Strompreis bereits berücksichtigt sind (siehe Abschnitt 2.4).

3.5 Schädigungen von Feldpflanzen durch Luftverunreinigungen

3.5.1 Wirkungsprozesse

Immissionen von Luftverunreinigungen wie SO_2, NO_2, O_3, HF und PAN, die auf Pflanzen toxisch wirken, lösen eine Folge von biochemischen und physiologischen Wirkungsprozessen aus, die schließlich zu einer Schädigung von Pflanzen führen können. Diese Prozesse umfassen [3.41]:

1. Schadstoffaufnahme
2. Störung der Zellfunktionen und -strukturen
3. Versuch durch Reparatur- und/oder Kompensationsmaßnahmen zur normalen metabolischen Funktionsweise zurückzukehren (Homöostase)
4. Schädigung.

Die Schadstoffaufnahme hängt vom Konzentrationsgradienten zwischen Umgebungsluft und Blattinnerem ab. Dem Massenstrom wirken im Verlauf des Diffusionsweges der Grenzschichtwiderstand sowie stomatärer Widerstand und Mesophyllwiderstand entgegen (ausführliche Darstellungen finden sich in Guderian [3.41] und Jäger *et al.*, [3.42]). Nach der Schadstoffaufnahme kommt es zunächst zu Veränderungen der Zellmembranstrukturen oder der Enzymaktivitäten [3.43]. Diese Veränderungen können z.B. die Photosynthese beeinträchtigen, was zu vermindertem Wachstum und Ertrag führen kann. Sichtbare Symptome einer Schädigung (z.B. vorzeitiges Altern, Chlorosen, Nekrosen) setzen tiefgreifende Veränderungen im Stoffwechsel der Organismen voraus. Im einzelnen lösen saure Schadstoffe und Oxidantien verschiedene Wirkungsprozesse in der Zelle aus (Abb. 3.7).

Äußere Faktoren bestimmen den Gasfluß zur Blattoberfläche, die Schadstoffaufnahme und die Reaktion innerhalb der Pflanze. Zu den äußeren Faktoren gehören klimatische (Licht, Temperatur, relative Feuchtigkeit) sowie die Windverhältnisse, die Nährstoffversorgung und Schädlinge (s. Guderian [3.44], [3.41] für detaillierte Beschreibungen).

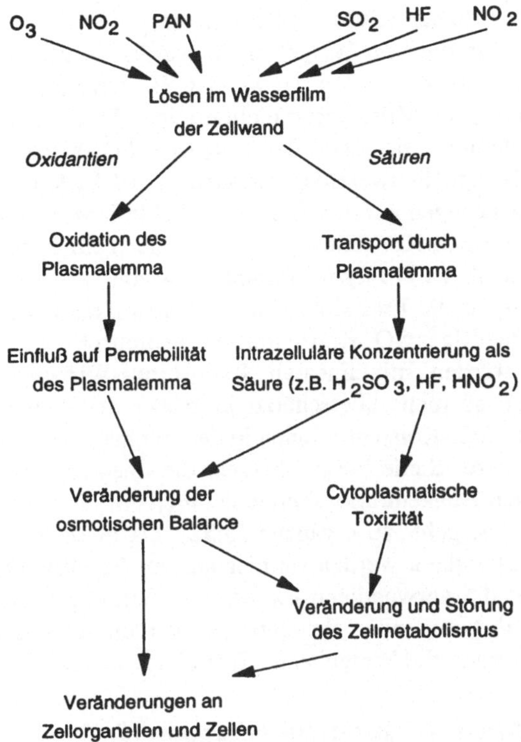

Abb. 3.7. Unterschiedliche Wirkungsspektren von sauren Schadstoffen und Oxidantien nach Schlee [3.45]

Weiterhin gibt es interne Faktoren, die zu unterschiedlichen Pflanzenreaktionen führen. Dazu gehören das Entwicklungsstadium der Pflanze und das Blattalter [3.41]. Dadurch ergibt sich ein breites Reaktionsspektrum, das sowohl die Gesamtpflanze als auch einzelne Pflanzenorgane je nach Entwicklungsphase durchlaufen.

3.5.2 Verfahren zur Schadensabschätzung

3.5.2.1 Expositions-Wirkungsbeziehungen für SO_2

Für SO_2 gibt es mehrere lineare Expositions-Wirkungsbeziehungen, die mittels statistischer Analysen aus den Ergebnissen längerfristiger Experimente mit Feld-

pflanzen in sogenannten „open-top chambers" oder im Freiland hergeleitet wurden [3.46], [3.47], [3.48]. Sie beschreiben die Abhängigkeit des Ertrags der Feldpflanzen von der (jährlichen mittleren) SO_2-Konzentration.
Mit Ausnahme der Studie von Weigel *et al.* wurden in diesen Untersuchungen SO_2-Konzentrationen über 40 µg/m^3 verwendet. Heutzutage werden solche Konzentrationen im jährlichen Mittel meist nicht erreicht. Dies ist insofern wichtig, da mehrere Untersuchungen belegen, daß niedrige SO_2-Konzentrationen (< ca. 15 µg/m^3) bzw. niedrige Schwefeldepositionen (< 10 kg S/ha/Jahr) i.allg. sogar eher positive Auswirkungen auf den Ertrag von Feldpflanzen haben [3.49], [3.50], [3.51]. Bei niedrigen SO_2-Konzentrationen steigt der Ertrag also mit wachsender Konzentration, erst ab ca. 15 µg/m^3 nimmt er wieder ab. Wenn also die SO_2-Konzentrationen durch die Emissionen eines Kraftwerkes zunehmen, kann es in den Gebieten mit niedriger SO_2-Konzentration theoretisch zu Ertragssteigerungen kommen. Daher werden mit linearen Expositions-Wirkungsbeziehungen die Schadenskosten um so mehr überschätzt, je größer der Anteil der Gebiete mit niedrigen jährlichen SO_2-Konzentrationen in der zu untersuchenden Region ist.

Es wurde an anderer Stelle vorgeschlagen, die linearen Korrelationsgleichungen für die niedrigen Konzentrationsbereiche durch eine Parabel, die tangential in die lineare Kurve übergeht, zu ergänzen [3.52]. Da diese Funktionen nicht auf empirischen Daten beruhen, werden sie hier nur zur Sensitivitätsanalyse verwendet. Abb. 3.8 zeigt die verwendeten Expositions-Wirkungsbeziehungen für SO_2. Die auf Baker *et al.* beruhenden Beziehungen werden auf alle hier betrachteten Feldpflanzen angewandt, die Weigel *et al.*-Beziehung nur auf Gerste [3.53].

3.5.2.2 Expositions-Wirkungsbeziehungen für O_3

Es gibt im wesentlichen zwei Quellen für Expositions-Wirkungsbeziehungen für O_3. Das „National Crop Loss Assessment Network" (NCLAN), das 1980 in den USA etabliert wurde, hatte zum Ziel, die Auswirkungen der Luftverunreinigungen auf die wichtigsten Agrarpflanzen zu untersuchen [3.54]. Die in NCLAN für die USA ermittelten Expositions-Wirkungsbeziehungen sind aber nur bedingt auf Europa übertragbar. Zum einen wurden in NCLAN andere Feldpflanzensorten untersucht, als in Europa angebaut werden. Zum anderen unterscheiden sich die Zusammensetzung der Schadstoffe in der Atmosphäre, die Klima- und andere Faktoren in großen Teilen Europas stark von den Untersuchungsbedingungen von NCLAN. Letzterer Punkt betrifft allerdings die Übertragbarkeit fast aller zur Verfügung stehenden Wirkungsbeziehungen.

Inzwischen wurde auch ein europäisches Untersuchungsprogramm zur Bestimmung von Agrarertragsverlustgleichungen für Ozon, das sogenannte European Open-Top Chamber Programme, abgeschlossen [3.55]. Die Ergebnisse zeigen, daß die augenblicklichen O_3-Immissionen in Europa hoch genug sind, um die Erträge von Weizen zu beeinträchtigen. Gerste und Hafer zeigten sich weniger O_3-empfindlich.Abb. 3.9 zeigt die in den beiden Forschungsprogrammen bestimmten Expositions-Wirkungsbeziehungen für Weizen. Dabei muß allerdings beachtet werden, daß die O_3-Exposition in den Gleichungen unterschiedlich charakterisiert sind (bei NCLAN als saisonales Mittel über 7 h pro Tag, im europäischen Programm als saisonales Mittel über 8 h pro Tag).

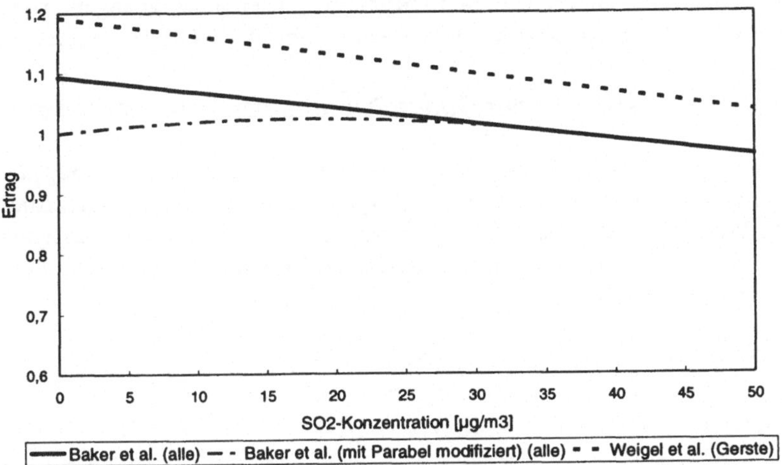

Abb. 3.8. Verwendete Ertragsgleichungen [3.48], [3.47]

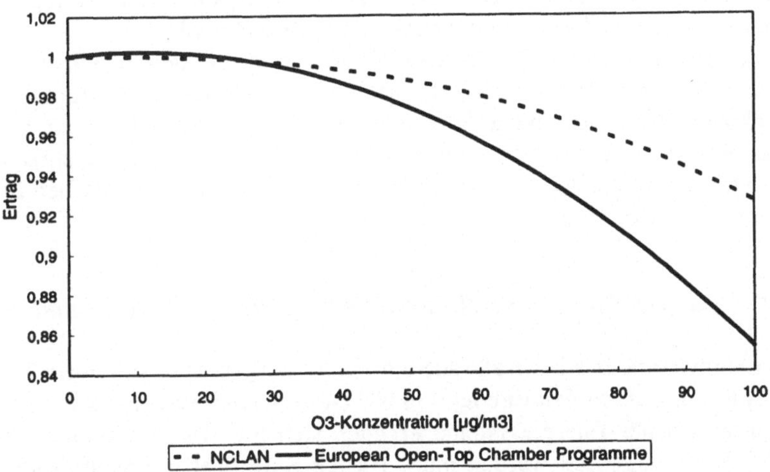

Abb. 3.9. O_3-Ertragsgleichungen für Weizen (O_3-Konzentration als mittlere sommerliche Konzentration in $\mu g/m^3$, für NCLAN [3.54] über 7 h pro Tag, für European Open-Top Chamber Programme [3.55] über 8 h pro Tag)

3.5.2.3 Daten zur Agrarproduktion

Angaben zur derzeitigen Produktion von Weizen, Gerste, Hafer und Roggen in Deutschland wurden der Datenbank REGIOSTAT des Statistischen Bundesamts (StaBA) und weiteren Publikationen des StaBA entnommen [3.56]. Für die anderen europäischen Länder wurden EUROSTAT-Daten hinzugezogen. Die Daten auf Kreisebene wurden auf das Koordinatensystem EUROGRID umgerechnet.

3.5.2.4 Das Verfahren zur Quantifizierung der Produktionsverluste

Mit den Expositions-Wirkungsbeziehungen werden die relativen Ertragsänderungen berechnet. Es muß nun berücksichtigt werden, daß die in Agrarstatistiken erfaßte Produktion ebenfalls unter der Einwirkung von Immissionen entstanden ist. Die relative Ertragsänderung y_{rel} durch die Emissionen eines Energiesystems berechnet sich daher wie folgt:

$$y_{rel} = \frac{y_n}{y_b} - 1 \tag{3.2}$$

mit

y_b relativer Ertrag, der sich bei der gegenwärtigen Immissionslage ergibt
y_n relativer Ertrag, der sich bei der gegenwärtigen Immissionslage zuzüglich der Emissionen des Referenzenergiesystems ergibt

Die absolute Ertragsänderung ergibt sich dann, indem der relative Ertrag mit den Produktionsdaten aus den Agrarstatistiken multipliziert wird.

Ertragsverluste, die den Bauern bzw. Produzenten infolge der Schadstoffbelastung entstehen, bedeuten für diese zunächst einen Geldverlust. Im Rahmen einer ersten ökonomischen Abschätzung können die Ertragsverluste durch die Emissionen der Referenzenergiesysteme mit dem Weltmarktpreis der entsprechenden Pflanzenart (s. Tabelle 3.12) multipliziert werden, um den ökonomischen Produktionsverlust zu berechnen.

3.5.2.5 Das Verfahren zur Quantifizierung des erhöhten Kalkbedarfs

In der Landwirtschaft wird Kalk auf die Felder aufgebracht, um einer Versauerung des Bodens durch den Entzug von Nährstoffen entgegenzuwirken. Aufgrund der Emissionen der Energiesysteme erhöhen sich die sauren Einträge, weshalb vermehrt Kalk eingesetzt werden muß. 100 kg Kalk ($CaCO_3$) neutralisieren den Eintrag von 2 kg Protonen. Es besteht also ein Massenverhältnis von 50. Der zusätzliche Kalkbedarf ΔK (in kg/Jahr) berechnet sich dann mit [3.52]:

$$\Delta K = 50 \cdot A \cdot \Delta D_S \tag{3.3}$$

mit

Tabelle 3.12. Marktpreise in DM/t [3.57], [3.58], [3.59]

Getreidesorte	Verwendeter Preis [DM/t]	Bemerkung
Weizen	200	Weltmarktpreis für 1991
Gerste	112	Weltmarktpreis für 1991
Zuckerrüben	96	EUROSTAT/New Cronos Database 1991
Kartoffeln	170	Weltmarktpreis für 1991
Hafer	116	Weltmarktpreis für 1991
Roggen	323	Durchschnittspreise aus 9 EU-Ländern für 1991

A landwirtschaftliche Nutzfläche in ha
ΔD_S jährliche saure Deposition in meq/m^2/Jahr

Dieser Kalkbedarf wird mit dem Marktpreis für Kalk bewertet (DM 33,6 pro t Kalk). Der eventuelle zusätzliche Zeitaufwand für das Ausbringen des Kalks wird hier aufgrund der geringen Mengen nicht berücksichtigt.

3.5.3 Quantifizierung für die Referenzenergiesysteme

Mit der beschriebenen Methodik werden die Auswirkungen der Emissionen der fossilen Referenzkraftwerke bestimmt. Tabelle 3.13 faßt die europaweit durch den Betrieb der fossilen Referenzkraftwerke entstehenden Agrarverluste sowie den zusätzlichen Kalkbedarf zusammen. Da von den Gaskraftwerken kein SO_2 emittiert wird, ergeben sich keine SO_2-Agrarverluste für diese beiden Referenzkraftwerke. Auswirkungen auf die Qualität der Feldpflanzen oder auch indirekte Effekte wie z.B. durch verminderte Resistenz gegenüber Schädlingen werden nicht quantifiziert. Diese Effekte wie auch der Einfluß von Klimafaktoren oder z.B. Krankheitsüberträgern sind allerdings voraussichtlich um Größenordnungen geringer als die hier berechneten Ertragsänderungen.

Die ausgewiesenen Ertragsverluste werden mit linearen Expositions-Wirkungsbeziehungen berechnet. Wie in Abschn. 3.5.2.1 erläutert, wird damit der „SO_2-Düngeeffekt“ vernachlässigt. Die Ergebnisse sind also als obere Grenze potentieller Agrarverluste aufzufassen. Zur Sensitivitätsanalyse wurde die durch eine Parabel modifizierte Ertragsgleichung herangezogen, um den potentiellen Einfluß des „Düngeeffekts“ abzuschätzen. Zur Zeit liegen die SO_2-Konzentrationen europaweit im Bereich des Scheitelpunktes dieser Gleichung (bei ca. 18 µg/m^3) oder darunter, eine Erhöhung der Konzentration durch ein Kraftwerk führt daher eher zu einer Ertragssteigerung. Da die Parabel-Ertragsgleichung nicht auf empirischen Daten beruht, werden die damit berechneten Ergebnisse nicht in die Ergebnistabelle in Kap. 6 aufgenommen. Trotzdem lassen die Ergebnisse den Schluß zu, daß bei den augenblicklich relativ niedrigen SO_2- Konzentra-

Tabelle 3.13. Europaweit quantifizierte SO_2-Agrarverluste in dt/TWh bei den wichtigsten Feldpflanzen bzw. zusätzlicher Kalkbedarf durch saure Deposition in t/TWh durch Betrieb der fossilen Referenzkraftwerke (in Klammern die Ergebnisse für die mit der Parabel modifizierte Ertragsgleichung, die nur zur Sensitivitätsanalyse verwendet wird; negative Werte stellen Ertragssteigerungen dar)

	Steinkohle	Braunkohle	Öl	Gas-GT	Gas-GuD
SO_2					
Weizen	908 (-30)	1143 (13)	3478 (-500)	0	0
Gerste	717 (-40)	726 (-9)	2726 (-488)	0	0
Zuckerrüben	660 (-129)	1194 (-46)	2704 (-623)	0	0
Kartoffeln	1330 (-258)	1765 (-586)	5168 (-1549)	0	0
Roggen	119 (-80)	155 (-60)	488 (-359)	0	0
Hafer	110 (17)	94 (4)	339 (-64)	0	0
Saure Deposition					
Kalkbedarf	156	215	418	101	36

Tabelle 3.14. Europaweit entstehende, quantifizierte Schadenskosten in 10^{-4} Pf(1995)/kWh für die fossilen Referenzenergiesysteme (in Klammern die Ergebnisse für die mit der Parabel modifizierte Ertragsgleichung, die nur zur Sensitivitätsanalyse verwendet wird)

	Steinkohle	Braunkohle	Öl	Gas-GT	Gas-GuD
Kraftwerksbetrieb					
SO_2					
Weizen	18 (-1)	23 (0)	69 (-10)	0	0
Gerste	8 (0)	8 (0)	31 (-5)	0	0
Zuckerrüben	7 (-1)	12 (0)	27 (-6)	0	0
Kartoffeln	23 (-4)	30 (-10)	88 (-26)	0	0
Roggen	4 (0)	5 (0)	16 (0)	0	0
Hafer	1 (0)	1 (0)	4 (-1)	0	0
Saure Deposition					
Kalkbedarf	5	7	14	3	1
vorgelagerte Prozeßstufen					
SO_2	9 (-1)	2 (0)	118 (24)	1 (0)	1 (0)
Saure Deposition	0	0	4	0	0
Summe	75 (-3)	88 (-4)	370 (-14)	5 (4)	2 (1)

tionen der Betrieb eines zusätzlichen Kraftwerkes nur zu geringen Agrarverlusten und evtl. sogar zu geringen Ertragssteigerungen führt.

Die quantifizierten Ertragsverluste durch ein einzelnes Kraftwerk sind so gering, daß sie von den betroffenen Landwirten nicht bemerkt werden. Wenn ein ganzes Energiesystem betrachtet werden würde, müßten auch Verhaltensänderungen der Produzenten sowie Auswirkungen auf Marktpreise und Produktionskosten berücksichtigt werden. Tabelle 3.14 zeigt die europaweit entstehenden Schadenskosten, die – ohne den SO_2-Düngeeffekt – zwischen 0,0002 und 0,037 Pf/kWh liegen. Für das Ölkraftwerk, das den höchsten Ausstoß an SO_2 und NO_x hat, werden die höchsten Schadenskosten quantifiziert, gefolgt vom Braunkohle- und Steinkohlekraftwerk. Die Gaskraftwerke verursachen die geringsten Schadenskosten. Der Anteil der Emissionen aus den vorgelagerten Prozeßstufen an den quantifizierten Schadenskosten ist nur gering. Im Vergleich zu den anderen Schadenskategorien (v.a. Auswirkungen auf die Gesundheit) sind die quantifizierten Schadenskosten relativ klein.

Beispielhaft wurden auch die Verluste bei der Weizenproduktion durch die Ozonimmissionen bestimmt. Es liegen zwei erste Ausbreitungsrechnungen vor, die sich allerdings auf ein Gebiet von 171 x 159 km^2 um das Kraftwerk herum sowie auf einen Tag einer Sommer-Ozonepisode beschränken, einmal für ein Steinkohlekraftwerk und einmal für das hier untersuchte Gas-GuD-Kraftwerk. Mittels einer statistischen Analyse wurden Abhängigkeiten zwischen den Ozonspitzenkonzentrationen der untersuchten Ozonepisode und den saisonalen Ozonmittelwerten, die in die O_3-Ertragsgleichungen eingehen (Abschn. 3.5.2.2), ermittelt. Dieses überschlägige Verfahren ergibt allerdings kaum belastbare Zahlen. Dementsprechend unsicher sind auch die Ergebnisse. Sie können nur als erste Anhaltspunkte dienen. Die so quantifizierten O_3-Schadenskosten betragen 0,00008 Pf/kWh für das Steinkohlekraftwerk und 0,00002 Pf/kWh für das Gas-GuD-Kraft werk. Da sowohl das Öl- als auch das Gas-Gasturbinen-Referenzkraftwerk Spitzenlastkraftwerke sind, die wohl nur im Winter eingesetzt werden, wird hier angenommen, daß durch sie die sommerlichen Ozonkonzentrationen nicht verändert werden. Deshalb werden für diese beiden Kraftwerke keine O_3-Agrarschäden erwartet.

3.6 Schädigungen von Wäldern und naturnahen Ökosystemen durch Luftverunreinigungen

3.6.1 Wirkungsprozesse

Pflanzen und Ökosysteme können auf direktem oder indirekten Weg durch Luftverunreinigungen und den Eintrag von Schadstoffen geschädigt werden. Die direkten Effekte wurden bereits bei den Agrarschädigungen (Abschn. 3.5.1) dargestellt. Indirekt können Schadstoffeinträge die Ökosysteme durch die Bodenversauerung oder die Eutrophierung beeinträchtigen. Diese beiden Aspekte werden im folgenden erläutert, gefolgt von einer kurzen Beschreibung der verschiedenen Hypothesen zur Erklärung der Waldschäden.

3.6.1.1 Die Bodenversauerung

Saure Depositionen, wie z.B. von Schwefelsäure (H_2SO_4), Salpetersäure (HNO_3) und Ammoniumsulfat ($(NH_4)_2SO_4$), führen langfristig zu einer Akkumulation starker Säuren in den Böden. Das Ausmaß der Bodenversauerung hängt jeweils von den Standortbedingungen, dem Schadstoffeintrag aus der Luft und der Form der Bewirtschaftung ab. Dabei sind alle Böden betroffen. In der Landwirtschaft hat sich die Versauerung allerdings nicht zu einem Problem entwickelt, da sie dort durch regelmäßiges Kalken ausgeglichen wird. Von der Bodenversauerung sind daher v.a. Wald- und naturnahe Ökosysteme betroffen.

Durch die Bodenversauerung werden zunächst Kalzium, Magnesium und Kalium ausgewaschen. Im fortgeschrittenen Stadium werden Mangan und schließlich Aluminium, ein wichtiger Bestandteil von Ton und Gesteinen, aus den Bodenpartikeln gelöst und umgewandelt. Das Aluminium kann dann von den Pflanzen aufgenommen werden und dort zu einer Schädigung führen [3.64]. Es wird angenommen, daß Aluminium die Aufnahme von Kalzium und Magnesium durch die Wurzeln hemmt und an ihrer Stelle in die Zellwände eingebaut wird. Die Zellwände können dadurch brüchig werden. Sicher ist, daß Aluminium unter anderem die Streckung der Wurzelzellen und damit das Längenwachstum der Wurzeln hemmt. Gefährdet sind v.a. die Wurzelspitzen. Wird das Wachstum von Wurzelspitzen gehemmt, wird der Baum weniger gut mit Nährstoffen versorgt. Das aber wirkt sich wiederum auf die Photosyntheseleistung und damit auf die Lieferung von Kohlenhydraten aus, die ihrerseits für das Wachstum der Wurzeln nötig sind [3.68]. Es handelt sich also um ein rückgekoppeltes System, in dem Ursachen und Wirkungen schwer voneinander zu trennen sind. Symptome eines Nährstoffmangels, wie sie bei vielen geschädigten Beständen beobachtet werden, lassen sich mit Veränderungen der Bodenchemie erklären.

3.6.1.2 Die Eutrophierung

In den letzten Jahren blieben die Stickstoffeinträge unverändert auf einem hohen Niveau, in Einzelfällen nahmen sie sogar zu [3.60], [3.61], [3.79]. Stickstoff ist für Pflanzen unentbehrlich und gehörte bisher zu den knappen Nährstoffen. Daher reagierten viele Baumbestände auf die Lieferung von Stickstoffverbindungen aus der Luft mit einem stärkeren Zuwachs, selbst wenn sie schon einen Teil ihrer Nadeln eingebüßt haben [3.62], [3.63]. Dies wird oft fälschlich als Merkmal für "Vitalität" gedeutet. Wenn aber der Stickstoffeintrag kontinuierlich hoch ist, können andere Nährstoffe zum begrenzenden Faktor werden. Das heißt das verstärkte Wachstum läßt den Mangel an anderen Nährstoffen deutlicher wirksam werden, was wiederum zu Schäden wie z.B. dem Auftreten von Mangelerscheinungen führen kann. Stickstoffverbindungen wirken eben nicht nur wachstumssteigernd, sondern verdrängen auch andere lebenswichtige Elemente oder behindern deren Aufnahme [3.64]. Wenn der Stickstoff von den Pflanzen nicht vollständig umgesetzt werden kann, wird der überschüssige Stickstoff entweder inaktiv akkumuliert, aus dem System ins Grundwasser ausgewaschen oder als N_2O, das wiederum zum Treibhauseffekt beiträgt, emittiert [3.65], [3.66].

Ein weiterer wichtiger Aspekt ist, daß ein zu hoher Stickstoffeintrag die Konkurrenzverhältnisse zwischen verschiedenen Populationen von Organismen verschieben kann, da dann Arten, die an eine stickstoffarme Umwelt angepaßt sind, von Arten, die weniger stickstoffeffizient sind, verdrängt werden. Hiervon sind z.B. naturnahe Ökosysteme wie Wiesen betroffen, die mehr und mehr vergrasen [3.65], [3.67], [3.66].

3.6.1.3 Die Waldschäden

Ende der 70er Jahre wurde die Wissenschaft auf neuartige Waldschäden in Deutschland und später auch in ganz Europa aufmerksam. Die damals vorhergesagten, katastrophenartigen, irreversiblen Zusammenbrüche ganzer Waldökosysteme traten allerdings nicht ein. Dafür haben sich die Schäden allmählich über größere Flächen (europaweit) verbreitet, außerdem waren bald nicht mehr nur Nadelbäume betroffen, sondern Schäden wurden bei verschiedenen wichtigen Laubbaumarten beobachtet. Die zuerst verwendete Bezeichnung "Waldsterben" für das neue Phänomen wurde bald zugunsten des Begriffs "neuartige Waldschäden" aufgegeben. Neuartig sind die Waldschäden aufgrund ihrer geographischen Verbreitung, ihrer starken Ausdehnung in den einzelnen Regionen sowie der Erkrankung mehrerer Baumarten innerhalb weniger Jahre. Die wesentlichen, äußerlich sichtbaren Symptome der neuartigen Waldschäden sind allerdings bereits von früher her bekannt [3.68]. Die weitere Darstellung folgt im wesentlichen einer Kurzfassung der Ergebnisse der deutschen Waldschadensforschung, die Möhring im Auftrag des Bundesministeriums für Forschung und Technologie (BMFT) erstellt hat [3.69].

Nach Bekanntwerden der neuartigen Waldschäden wurden viele Hypothesen als Erklärung angeführt. Eine Hypothese war, daß es sich um die klassischen "Rauchschäden" handelte, die durch hohe Konzentrationen von SO_2 hervorgerufen werden und die schon vor mehr als hundert Jahren beobachtet wurden, v.a. in der Umgebung von Erzhütten im Harz und im Erzgebirge. Diese klassischen Rauchschäden sind den akuten direkten Wirkungen durch Luftverunreinigungen (s. Abschn. 3.5.1) zuzuordnen. Die Schädigungen der klassischen Rauchschäden sind durch braune Nadelspitzen, die Auflichtung der exponierten Kronen und ihr Absterben von oben her gekennzeichnet. Solche akuten Schädigungen wurden in den westdeutschen Bundesländern in den letzten Jahrzehnten jedoch nicht beobachtet. In den stark belasteten Regionen Osteuropas und auch in den östlichen Bundesländern können akute, direkte Schädigungen durch SO_2 aber von Bedeutung sein. Latente Beeinträchtigungen durch SO_2- und O_3-Konzentrationen, die erst zusammen mit anderen Faktoren wirksam werden, wie z.B. eine Störung der Photosynthese, sind aber auch in den Gebieten mit geringeren Konzentrationen nicht auszuschließen.

Weitere Hypothesen wurden diskutiert: Eine Hypothese war, ob die Schäden Folge natürlicher Witterungsereignisse sind. Einige Frost- und Trockenperioden Ende der 70er Jahre wurden zur Erklärung herangezogen. Verschiedene Experimente belegen, daß solche Zusammenhänge tatsächlich möglich sind. Aber derartige extreme Wetterbedingungen sind bereits früher vorgekommen, ohne daß europaweit Waldschäden beobachtet wurden.

In einzelnen Fällen können Epidemien Ursache für die Waldschäden sein, so z.B. für Eichen. Ein Erreger, der eine Vielzahl von Baumarten befällt und das räumliche Muster der Waldschäden erklären könnte, wurde jedoch nicht identifiziert.

Auch die einseitig ertragsorientierte Forstwirtschaft wurde als Verursacher aufgeführt, allerdings sind nicht nur die von der Forstwirtschaft bevorzugten Fichten von den Waldschäden betroffen.

Die Bodenversauerung, die zu hohen Stickstoffeinträge und direkte (latente) Effekte der Luftverunreinigungen waren weitere Hypothesen. Letztere wurden bereits bei den Agrarschädigungen (Abschn. 3.5.1) beschrieben.

Heute wird davon ausgegangen, daß die "konkurrierenden" Hypothesen zur Erklärung der neuartigen Waldschäden sich gegenseitig nicht ausschließen. Sie scheinen vielmehr mit unterschiedlicher Gewichtung für alle neuartigen Krankheitsbilder von Bedeutung zu sein. Die Unterscheidung einzelner Hypothesen wird fraglich. Statt dessen rücken vielfach verknüpfte Wirkungsnetze in den Mittelpunkt der ökologischen Forschung. Die neuartigen Waldschäden werden daher als Komplexkrankheit bezeichnet, für die keine einheitlichen Wirkungskomplexe definiert werden können [3.68]. Die europäischen und amerikanischen Forschungsprogramme (z.B. [3.70], [3.71], [3.72], [3.73]) zu den Ursachen der Waldschäden kamen in den einzelnen Teilbereichen zu ähnlichen Ergebnissen wie das deutsche Forschungsprogramm, obwohl sich die Deutungen und Einschätzungen des Gesamtbildes graduell unterscheiden.

3.6.1.4 Zusammenhang zwischen Waldschäden und Wachstumsraten

Besonders zu Beginn der Diskussion um die neuartigen Waldschäden standen u.a. auch die Zuwachsraten der Waldbäume im Vordergrund, da diese für die Forstwirtschaft oftmals entscheidend sind. Die Forstwirtschaft betont aber auch, daß der Holzzuwachs ein wichtiger Vitalitätsweiser ist. Der deutsche Forschungsbeirat Waldschäden/Luftverunreinigungen kam zu dem Schluß, daß bei Nadelbaumarten die Grenze für Zuwachseinbußen bei Nadelverlusten zwischen 25 und 50% liegt. Die Holzqualität geschädigter Bäume wird nicht beeinträchtigt [3.68].

Die Auswirkungen der Waldschäden auf die Wachstumsraten von Waldbäumen wird von anderer Seite aber immer wieder in Frage gestellt (s. z.B. [3.74]). Der Grund hierfür ist, daß der außergewöhnlich starke Zuwachs bei europäischen Wäldern in den letzten Jahrzehnten das Bild stark verwischt und somit die Analyse erschwert [3.68], [3.62]. Im allgemeinen wird dieser starke Zuwachs den stark gestiegenen (atmosphärischen) Stickstoffeinträgen zugeschrieben. Der Zuwachs wird mit großer Besorgnis gesehen, da Nährstoffungleichgewichte befürchtet werden.

3.6.1.5 Die Erfassung der Waldschäden

Nachdem die neuartigen Waldschäden bekannt wurden, wurde eine einheitliche Erfassung der Waldschäden entwickelt und 1984 bundesweit eingerichtet (nach der Wiedervereinigung wurde die Erfassung auch auf die neuen Bundesländer ausgedehnt). Die Methode wird inzwischen auch europaweit angewandt. Die bundesweiten Ergebnisse werden jedes Jahr vom Bundesministerium für Ernährung, Landwirtschaft und Forsten (BMELF) als Waldzustandsbericht des Bundes veröffentlicht.

In der Bundeswaldinventur werden die Stichprobenbäume entsprechend ihres Nadel- und Blattverlusts und des Grads der Vergilbung klassifiziert (s. Tabelle 3.15). Die Bundeswaldinventur als Methode zur Erfassung der Waldschäden wurde stark kritisiert, da Nadel- bzw. Blattverluste unspezifische Symptome sind, die keine Rückschlüsse auf die Ursache der Schädigung erlauben. Die regionalen und baumartenspezifischen Standards für die "normale" Belaubung, mit denen verglichen wird, sind nur unscharf definiert. Außerdem sind die Zusammenhänge zwischen Blattverlusten und Zuwachsgeschehen sowie physiologischen oder biochemischen Kennwerten nur unzureichend bekannt [3.68], [3.75]. Von den verschiedenen Umweltverbänden wird weiterhin immer wieder kritisiert, daß abgestorbene Bäume, die deshalb abgeholzt wurden, in der Statistik nicht mehr auftauchen und diese daher verzerren. Die Schwächen der Waldschadenserfassung erschweren die statistische Analyse, mit der relativ einfache Beziehungen zwischen Schadstoffbelastung und Waldschäden hergeleitet werden könnten.

Im Mittel waren laut Waldzustandsbericht 1995 22% des deutschen Waldes geschädigt (in den Schadensklassen 2-4). Diese Aussage muß allerdings differenziert werden. Wie Abb. 3.10 zeigt, sind die nördlichen Wuchsgebiete weniger betroffen als die süd- und ostdeutschen. Bei den Baumarten gehört die z.Z. wirtschaftlich wichtigste Baumart Fichte zu den weniger geschädigten, ganz im Gegensatz zur Tanne. Die Kiefer und insbesondere die Laubbaumarten Buche und Eiche zeigen steigende Tendenzen (Abb. 3.11).

Tabelle 3.15. Schadensklassen der Bundeswaldinventur (BMELF) (Schadstufe 0: „ohne Schadensmerkmale“, 1: „schwach geschädigt (Warnstufe)“, 2: „mittelstark geschädigt“, 3: „stark geschädigt“, 4: „abgestorben“)

Nadel-/Blatt-verlust [%]	Einstufung aufgrund Nadel-/Blattverlust	Erhöhung der Schadstufe entsprechend dem Vergilbungsgrad Anteil der vergilbten Nadel-/Blattmasse [%]		
		11-25	26-60	61-100
< 10	0	0	1	2
11-25	1	1	2	3
26-60	2	2	3	4
> 60	3	3	3	3
abgestorben	4	4	4	4

3.6.2 Das Critical Levels und Loads-Konzept der UN-ECE

3.6.2.1 Einführung

Im Rahmen der Convention on Long Range Transboundary Air Pollution (LRTAP) der UN-ECE, die 1979 beschlossen wurde, wurde das sogenannte Critical Levels/Loads-Konzept entwickelt. Die Begriffe wurden dabei wie folgt definiert [3.76]:

- *Critical Levels* (*kritische Konzentrationen*) sind atmosphärische Schadstoff-Konzentrationen, oberhalb derer nach jetzigem Stand des Wissens nachteilige Auswirkungen auf Rezeptoren wie Pflanzen, Ökosysteme oder Materialien auftreten können.
- *Critical Loads* (*kritische Eintragsraten*) sind quantitative Abschätzungen der Exposition von ein oder mehr Schadstoffen, unterhalb derer signifikante schädliche Effekte bei festgelegten empfindlichen Umweltelementen nach jetzigem Stand des Wissens nicht auftreten.

3.6.2.2 Critical Levels

Die Höhe der Critical Levels wie auch die Charakterisierung der Critical Levels für die Luftschadstoffe SO_2, NO_x, O_3 und NH_3 wurden jahrelang von Fachleuten diskutiert. Insbesondere für Ozon war umstritten, ob eher ein saisonaler Mittelwert oder ein kumulativer Wert (d.h. Summation aller stündlichen Konzentrationen oberhalb einer bestimmten Konzentration) für die Auswirkungen auf Pflanzen und terrestrische Ökosysteme verwendet werden sollte. Tabelle 3.16 stellt die inzwi-

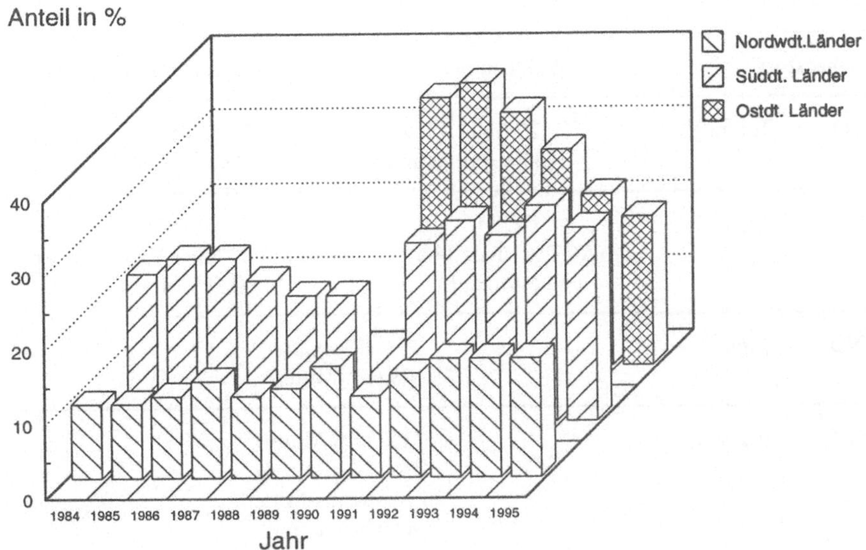

Abb. 3.10. Anteil der Waldfläche in % in den Schadensklassen 2-4 (BMELF)

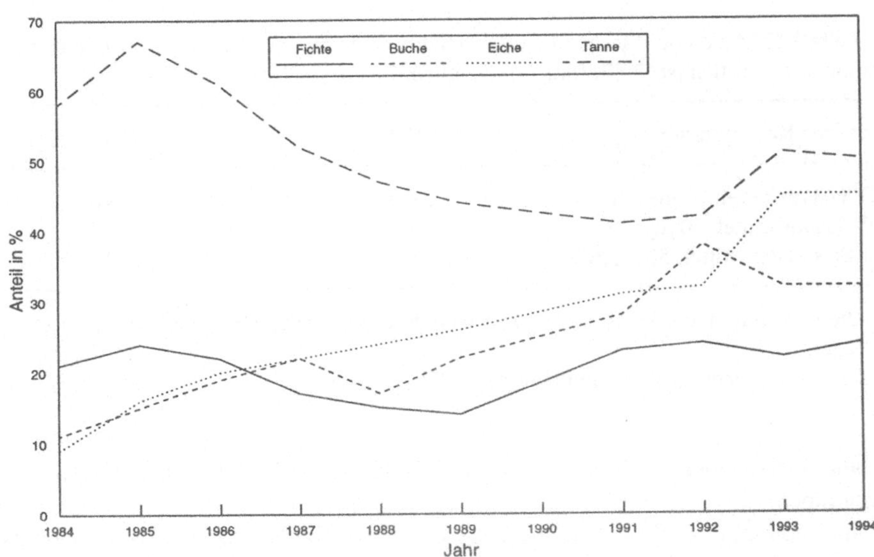

Abb. 3.11. Anteil der Baumarten (in Deutschland) in den Schadensklassen 2-4 (BMELF)

Tabelle 3.16. Critical Levels für Vegetation [3.76]

Schadstoff		Waldbäume	Naturnahe Ökosysteme
SO_2	[µg/m³]	20 (oder 15, wenn ETS[a] > 1000°C-Tage) (Jahresmittel und Wintermittel (Okt.-März))	
O_3	[ppb·h]	10000 (AOT40[b] über 24 h und 6 Monate)	5300 (AOT40[b] über Tagesstunden und 3 Monate)
NO_x	[µg/m³]	30 (Jahresmittel) 95 (4 h-Mittel)	
NH_3	[µg/m³]	3300 (1 h-Mittel) 270 (24 h-Mittel) 23 (1 Monats-Mittel) 8 (Jahresmittel)	

[a] ETS ≅ effektive Temperatursumme oberhalb 5 °C.
[b] AOT40 ≅ Akkumulation der Ozon-Stundenwerte, die über 40 ppb liegen.

Tabelle 3.17. Anteil der Fläche in Deutschland in %, in der die jeweilige kritische Konzentration überschritten ist [3.77] (n.q. = nicht quantifiziert)

Kritische Konzentration	1988	1990
SO_2 (Jahresmittel, 20 µg/m³)	ca. 50[b]	ca. 40[b]
NO_x (Jahresmittel, 30 µg/m³)	ca. 30	ca. 30
O_3 (Saisonales Mittel, 50 µg/m³)[a]	n.q.	92

[a] Ältere Definition der kritischen O_3-Konzentration: saisonaler Mittelwert über 7 h des Tages.
[b] Anteil der Fläche an Wald und naturnahen Ökosystemen.

schen festgelegten Critical Levels für Waldbäume und naturnahe Ökosysteme zusammen.

Im September 1993 wurde die erste Phase zur Kartierung der kritischen Konzentrationen und Eintragsraten und deren Überschreitung in Deutschland abgeschlossen [3.77]. Die Überschreitung der kritischen Eintragskonzentrationen von SO_2, NO_x und O_3 in den Jahren 1988 und 1990 wurde dabei erfaßt (s. Tabelle 3.17). 1988 wurden in ca. 50% der Fläche an Wald und naturnahen Ökosystemen die kritische SO_2-Konzentration überschritten. 1990 hatte diese Fläche sich auf ein Drittel reduziert. Diese Überschreitungen beschränken sich fast vollständig auf die neuen Bundesländer. Dort waren die SO_2-Konzentrationen oft mehr als doppelt so hoch wie die kritische SO_2-Konzentration.

Die kritische NO_x-Konzentration wird in fast einem Drittel Deutschlands überschritten. Allerdings liegen diese Überschreitungsflächen fast alle in Bevölkerungszentren. In ganz Deutschland ist zumindest einer der kritische Konzentrationswerte für SO_2, NO_x und O_3 überschritten. In der Hälfte des Gebietes sind zwei kritische Werte überschritten. Im nördlichen Schwarzwald, im südlichen Saarland und Rheinland-Pfalz, um Coburg und um Hamburg sind sogar alle drei kritischen Konzentrationen überschritten.

3.6.2.3 Critical Loads

Für Säureeintrag durch Schwefel und Stickstoff wurde die obige allgemeinere Definition der kritischen Eintragsrate wie folgt ausgedeutet [3. 76]: „Die höchste Deposition versauernder Komponenten, die keine chemischen Veränderungen verursachen, die langfristig schädliche Auswirkungen auf Struktur und Funktion des Ökosystems haben.“ Bei dieser Definition wird bereits deutlich, daß auch bei der Bestimmung der Critical Loads Annahmen getroffen werden müssen, in diesem Fall dazu, welche chemischen Veränderungen langfristig Ökosysteme schädigen können.

Die kritische Eintragsrate für eutrophierende Stickstoffeinträge wurde folgendermaßen festgelegt: „Eine quantitative Abschätzung der Exposition mit einer Stickstoffdeposition in Form von NH_x und/oder NO_x, unterhalb derer empirisch feststellbare Änderungen von Struktur oder Funktion des Ökosystems nach jetzigem Stand des Wissens nicht auftreten.“

Die Critical Loads für die einzelnen Ökosysteme können mit unterschiedlich aufwendigen Verfahren bestimmt werden. Bei den empirischen Verfahren werden auf Erfahrungen und Felduntersuchungen beruhende Grenzwerte für einen Schadstoff einem bestimmten ökologischen Rezeptor zugewiesen. Beim „steady-state“-Verfahren wird eine Massenbilanz der Stoffströme im Ökosystem aufgestellt. Die Grundannahme ist dabei, daß die langfristigen Stoffeinträge gerade noch so hoch sein dürfen, wie diesen ökosystem-interne Prozesse gegenüberstehen, die den Eintrag puffern, speichern oder aufnehmen können. Dabei wird ein stationärer Zustand angenommen. Allerdings kann bei jahrelangem Überschreiten der so ermittelten „stationären“ Critical Loads kaum davon ausgegangen werden, daß das ökosystemare Gleichgewicht sich sofort einstellt, sobald die Stoffeinträge wieder unter der kritischen Eintragsrate liegen. Mit dynamischen Modellen, d.h. mehr oder weniger komplexen Prozeßmodellen, können solche Prozesse abgebildet werden [3. 76], [3.78].

Im Rahmen der LRTAP wurden verschiedene National Focal Centers (NFC) etabliert, deren Aufgabe es ist, Critical Loads-Karten für die jeweiligen Länder zu erstellen. Bereits die Massenbilanz des „steady-state“-Verfahrens benötigt eine Vielzahl räumlich disaggregierter Daten wie z.B. Versickerungsraten oder Bodenkarten. Die Erstellung der Critical Loads-Karten ist daher so aufwendig, daß die einzelnen Länder nur einen Teil ihrer Ökosysteme bei der Kartierung berücksichtigen. Im allgemeinen sind dies die Waldökosysteme, die skandinavischen Länder z.B. kartieren dazu noch die Binnengewässer, Großbritannien bezieht außerdem noch Heide-, Torf- und Grasland mit ein. Die berücksichtigten Ökosysteme sind also bereits ein Hinweise auf die Bedeutung, die die verschiedenen Ökosysteme in den einzelnen Ländern haben. Aus den nationalen Beiträgen werden am Coordination Center of Effects in den Niederlanden europaweite Karten auf dem EMEP (50 x 50 km^2)-Gitter erstellt. Die neuesten Karten wurden 1995 fertiggestellt, sind aber leider bisher nur bedingt zugänglich, weshalb sie hier nicht eingesetzt werden können [3.79].

Ein Vergleich der aktuellen Schwefel- und Stickstoffeinträge mit den Critical Loads ermöglicht eine Bewertung der Überschreitung von ökologischen Belastungsgrenzen; es wird erkennbar, bei welchem Schadstoff und in welchem Umfang Maßnahmen zur Emissionsminderung getroffen werden müssen. Das Coordination Center of Effects hat einen solchen Vergleich letztmalig 1995 veröffentlicht [3.79]. Um die Datenmengen in Grenzen zu halten, werden die Critical Loads der einzelnen Ökosysteme in einer Gitterzelle zu Perzentilen zusammengefaßt. Unter einem 5er-Perzentil wird z.B. die Critical Load verstanden, bei deren Unterschreiten 95% der betrachteten Ökosysteme geschützt (d.h. 5% ungeschützt) sind.

Im Moment sind die Schwefel- und Stickstoffeinträge für Waldökosysteme in einem großen Teil Mitteleuropas, dabei in ganz Deutschland, den Benelux-Ländern, Österreich, Tschechien, Slowakei und Polen, im Vergleich mit den 5er-Perzentil-Critical Loads so hoch, daß eine Minderung sowohl der Schwefel- als auch der Stickstoffeinträge zwingend ist [3.79].

Für Deutschland wurden 1993 und 1995 Critical Loads-Karten für Säure- und Stickstoffeinträge in Waldökosysteme vorgelegt, die mittels des Massenbilanz-Verfahrens ermittelt wurden [3.77], [3.78]. Abb. 3.12 und Abb. 3.13 zeigen die Verteilung der Waldflächen auf verschiedene Klassen von Critical Loads. Bei den kritischen Eintragsraten für Stickstoff liegen für die Nadelwaldareale der Großteil der Werte in der Klasse von 5 bis 10 kg N/ha/Jahr. Für Laubwaldareale verschieben sich die Schwerpunkte der Häufigkeitsverteilung auf den Bereich um 10 sowie um 15 kg N/ha/Jahr.

Säureeinträge sowie die Aufnahme von basischen Kationen durch die Vegetation führen zur Überschreitung der kritischen Eintragsrate für Säure, wogegen die Deposition basischer Kationen, die Stickstoffaufnahme durch die Vegetation und die Stickstoff-Immobilisierung dem entgegenwirken. In Deutschland sind in 85% der Waldfläche die Critical Loads für Säure überschritten, in mehr als der Hälfte der betrachteten Gebiete beträgt die Überschreitung sogar mehr als 3 keq/ha/Jahr (Abb. 3.14).

Das Institute of Terrestrial Ecology (ITE) in Großbritannien, hat basierend auf den Landnutzungsdaten des Stockholm Environment Institute in York und den von der UN-ECE festgelegten kritischen Eintragsraten für eutrophierenden Stick-

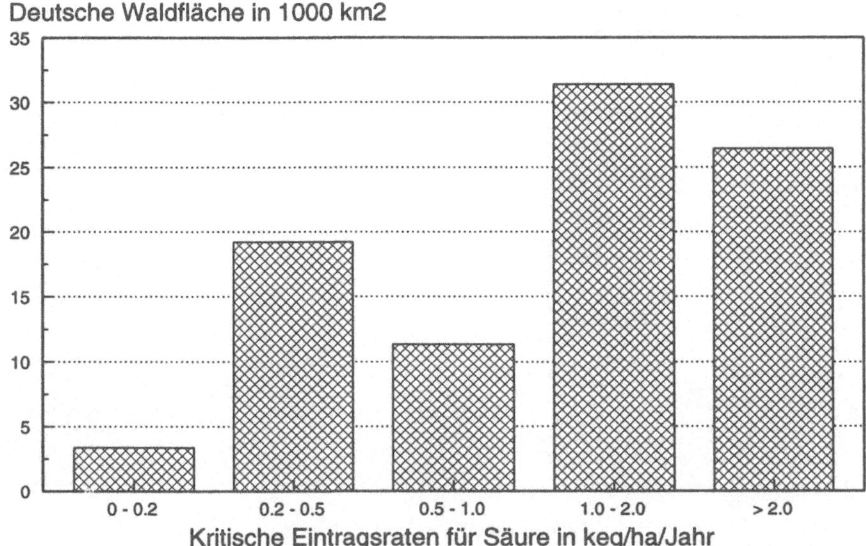

Abb. 3.12. Verteilung der deutschen Waldfläche auf Critical Load-Klassen für Säureeintrag [3.77]

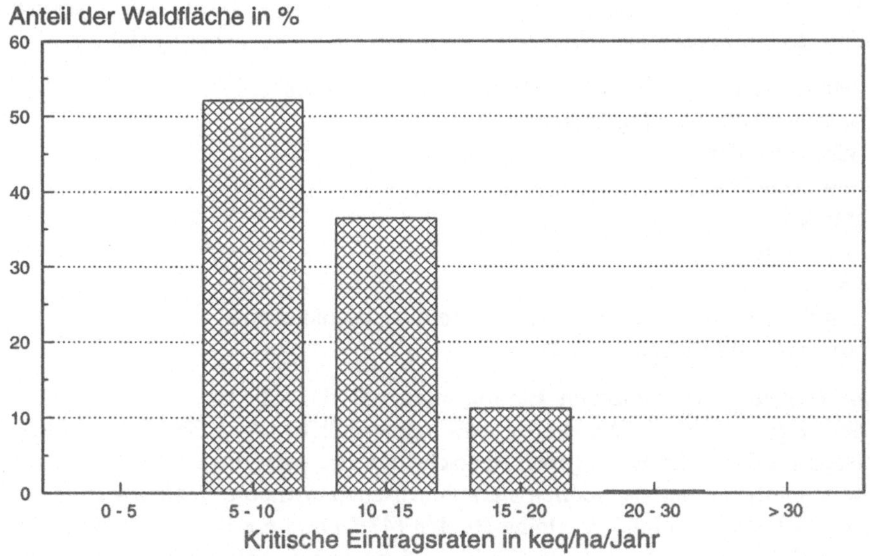

Abb. 3.13. Verteilung der deutschen Waldfläche auf Critical Load-Klassen für Stickstoffeintrag [3.78]

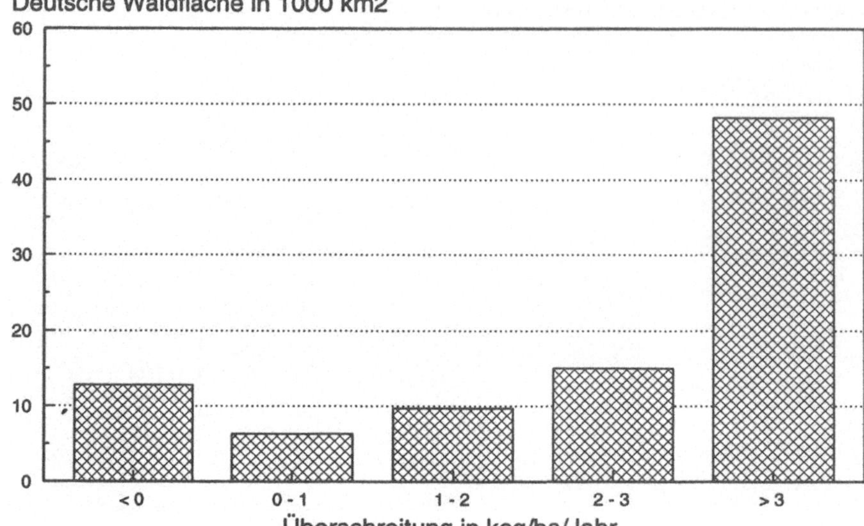

Abb. 3.14. Verteilung der Waldflächen auf Klassen der Überschreitung der kritischen Eintragsraten für Säure [3.77]

stoff europaweite Critical Load-Karten für naturnahe Ökosysteme vorgelegt [3.80]. Dabei werden die folgenden naturnahen Ökosysteme berücksichtigt:

- Magerrasen auf schwach bis stark sauren Standorten,
- artenreiche Kalk-Magerrasen,
- alpine Heiden,
- arktische Heiden,
- Macchia,
- Torfmoor,
- Niedermoore,
- Birken-, Kiefer-, Fichten- und Tannenmischbestände und
- Buchen- und Eichenbestände.

Ein Vergleich der kritischen Eintragsraten mit den Stickstoffeintragsraten von 1990 zeigt (s. Abb. 3.15), daß in 14% der erfaßten naturnahen Ökosysteme in Europa die kritische Eintragsrate überschritten ist. Allerdings sind die einzelnen Ökosystemtypen unterschiedlich stark betroffen. Torfmoore (Überschreitungen in 67% der Ökosystemfläche), alpine Heiden (43%) und die Birken-, Kiefer-, Fichten- und Tannenmischbestände (22%) sind besonders betroffen. Die Überschrei tungsflächen befinden sich zu einem großen Teil in Deutschland und (Süd-) Osteuropa.

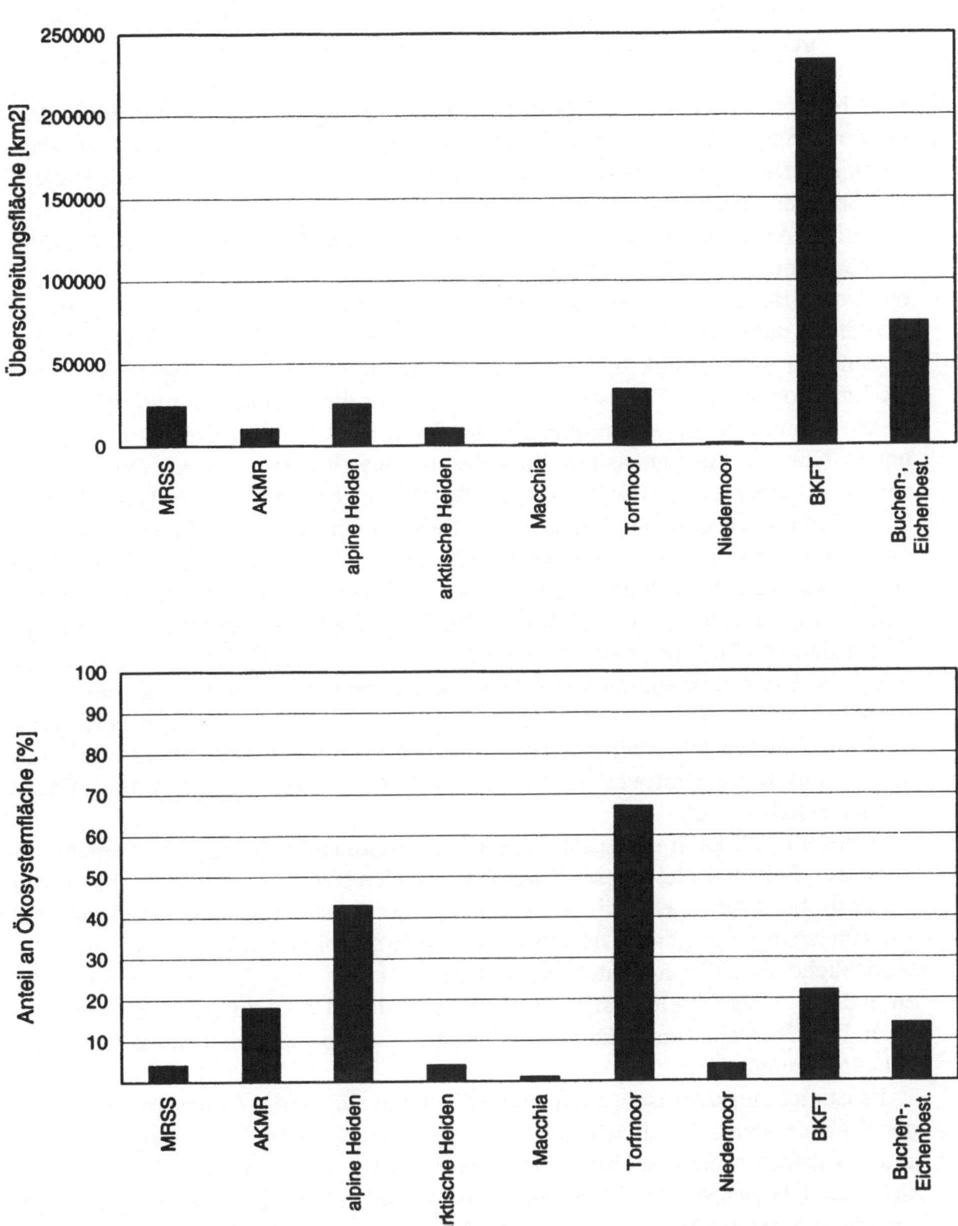

Abb. 3.15. Überschreitung der kritischen Eintragsraten für eutrophierenden Stickstoff in naturnahen Ökosystemen in Europa (MRSS = Magerrasen auf schwach bis stark sauren Standorten, AKMR = artenreiche Kalk-Magerrasen, BKFT = Birken-, Kiefer-, Fichten- und Tannenmischbestände) [3.80]

3.6.3 Verfahren zur Abschätzung der Umwelteinwirkung mit Hilfe von ökosystemaren Belastungsgrenzen

Wie bereits in Abschn. 2.3.3 dargestellt wurde, können bei komplexen Wirkungsmechanismen, wie sie z.B. die neuartigen Waldschäden darstellen, statistisch ermittelte Wirkungsbeziehungen oder andere einfache, quantitative Modelle zur Schadensabschätzung nicht eingesetzt werden. Daher wird hier aufgezeigt, wie eine Abschätzung mittels ökosystemarer Belastungsgrenzen durchgeführt werden kann. Eine solche Abschätzung bezieht sich dabei auf die dritte Managementregel für die dauerhaft-nachhaltige Entwicklung, wonach die Aufnahmekapazität der natürlichen Ökosysteme nicht überschritten werden darf [3.81].

Auf den ersten Blick bietet sich die zusätzliche Überschreitungsfläche durch die Emissionen eines Kraftwerks als Indikator für die Abschätzung an. Allerdings ist die zusätzliche Überschreitungsfläche durch die Emissionen eines Kraftwerks immer Null, da die Immissions- und Depositionserhöhungen durch die Emissionen eines einzelnen Kraftwerks um Größenordnungen kleiner sind als die Critical Levels/Loads-Klasseneinteilungen. Zum Beispiel wird die saure Deposition durch die Emissionen des Braunkohlekraftwerks im Nahbereich um ca. 10 eq/ha/Jahr erhöht, während die kritischen Eintragsraten für Säure auf deutschen Waldflächen in die Klassen <200, 200–500, 500–1000, 1000–2000 und >2000 eq/ha/Jahr eingeteilt sind [3.77]. Eine Analyse, die auf den zusätzlichen Überschreitungsflächen durch die Kraftwerksemissionen beruht, ist also wenig aussagekräftig. Ein weiterer Aspekt in diesem Zusammenhang ist, daß mit der Berechnung oder Festlegung der kritischen Werte Unsicherheiten verbunden sind, die größer sind als die Erhöhungen durch ein Kraftwerk. Andere Indikatoren als die Überschreitungsfläche werden also benötigt.

In jedem Fall kann die zusätzliche Überschreitungsfläche nicht mit einem zusätzlichen Schaden gleichgesetzt werden. Schäden treten weder sofort ein, sobald ein kritischer Wert überschritten ist, noch ist der Schaden unbedingt proportional zur Überschreitungshöhe. Die zusätzliche Überschreitungsfläche kann groß, der tatsächliche Schädigungsunterschied dagegen klein sein. Umgedreht kann die zusätzliche Überschreitungsfläche Null sein, der Schädigungsunterschied aber hoch. Die Überschreitungsfläche selbst ist also nur *ein* möglicher Indikator für ein Schadenspotential.

Es ist nicht unrealistisch, anzunehmen, daß mit steigender Überschreitungshöhe der Schaden wahrscheinlich zunimmt, das Schadens*potential* also steigt. Aufbauend auf dieser Annahme kann ein weiterer Indikator A_{SPG} abgeleitet werden, der sich aus Überschreitungsfläche *und* Überschreitungshöhe zusammensetzt, hier *schadenspotential-gewichtete Überschreitungsfläche (SPGÜF)* genannt:

$$A_{SPG} = \sum_{ij} \begin{cases} A_{E\,\mathrm{cos},ij} \cdot \dfrac{C_{ij} - L_{ij}}{L_{ij}} & C_{ij} > L_{ij} \\ 0 & C_{ij} \le L_{ij} \end{cases} \tag{3.4}$$

mit

- ij Index der EMEP- oder EUROGRID-Gitterzelle
- $A_{Ecos,ij}$ Ökosystemfläche in Gitterzelle ij
- C_{ij} Schadstoffkonzentration oder -deposition in Gitterzelle ij
- L_{ij} Critical Level oder Load in Gitterzelle ij

Die Gewichtung der Überschreitungshöhe mit dem kritischen Wert führt dazu, daß je empfindlicher ein Ökosystem ist, desto stärker eine Überschreitung bewertet wird. Prinzipiell ist auch eine nicht-lineare Gewichtungsfunktion denkbar. Diese sollte aber nur verwendet werden, wenn empirische Erkenntnisse diese stützen oder wenn in einem politischen Prozeß entschieden wurde, höhere Überschreitungen vorrangig zu bewerten.

Es muß unterstrichen werden, daß dieser Indikator (wie auch der Indikator „Überschreitungsfläche") dynamische Prozesse vollständig außer acht läßt. Wenn die kritischen Werte über einen längeren Zeitraum überschritten werden, kann nicht davon ausgegangen werden, daß bei erstmaliger Unterschreitung alle Auswirkungen der vergangenen Überschreitungen sofort überwunden sind.

SPGÜF-Indikatoren ermöglichen es nun, für die einzelnen Referenzkraftwerke Rangfolgen in bezug auf verschiedene Effekte und Rezeptoren zu bilden. Da die europaweiten Critical Load-Karten für Säureeintrag nicht zur Verfügung stehen (s. Abschn. 0), werden hier nur die Karten für die deutschen Wälder herangezogen. Zusammengefaßt werden basierend auf den verfügbaren Karten die SPGÜF-Indikatoren für die folgenden Effekte und Rezeptoren berechnet:

- kritische Eintragsraten für Säure für deutsche Waldökosysteme [3.77];
- kritische Eintragsraten für eutrophierenden Stickstoff für die folgenden naturnahen Ökosysteme in Europa [3.80]
  - Magerrasen auf schwach bis stark sauren Standorten,
  - artenreiche Kalk-Magerrasen,
  - alpine Heiden,
  - arktische Heiden,
  - Macchia,
  - Torfmoor,
  - Niedermoore,
  - Birken-, Kiefer-, Fichten- und Tannenmischbestände und
  - Buchen- und Eichenbestände.

Tabelle 3.18 zeigt für das Hintergrundsszenario von 1990 die schadenspotentialgewichtete Überschreitungsfläche im Vergleich mit der ungewichteten Überschreitungsfläche. Wenn die SPGÜF ähnlich groß ist wie die ungewichtete Überschreitungsfläche, ist die *durchschnittliche* Überschreitungshöhe in der Überschreitungsfläche etwa gleich groß wie die kritische Eintragsrate selbst. Dies ist der Fall für alpine Heiden, Torfmoor und die Birken-, Kiefer-, Fichten- und Tannenmischbestände in Europa. Die durchschnittliche Überschreitungshöhe in den Waldökosystemen in Deutschland beträgt fast das zwölffache der kritischen Eintragsrate für Säure. Für all diese Ökosysteme sind die potentiellen Schäden in den Überschreitungsflächen besonders groß. Für die anderen Ökosysteme sind die durchschnittlichen Überschreitungshöhen eher niedrig, daher werden dort kleinere Effekte erwartet.

Durch den Vergleich von SPGÜF mit ungewichteter Überschreitungsfläche ändert sich in einzelnen Fällen die Einschätzung der Gefährdung der einzelnen Ökosysteme. So ist nur in 4% der Tundrafläche die kritische Eintragsrate überschritten, der Vergleich mit der SPGÜF zeigt jedoch, daß die durchschnittliche Überschreitungshöhe immerhin ungefähr halb so groß ist wie der kritische Wert selbst. Dagegen ist zwar der kritische Wert in 18% des artenreichen Kalk-Magerrasen überschritten, aber der SPGÜF zeigt, daß die durchschnittliche Überschreitungshöhe eher niedrig ist.

Wenn die SPGÜF für die einzelnen Ökosysteme verglichen werden, zeigt sich, daß – aufgrund der größten Ökosystemfläche – das größte *absolute* Schadenspotential für die Birken-, Kiefer-, Fichten- und Tannenmischbestände gegeben ist, gefolgt von den Buchen- und Eichenbeständen, den alpinen Heiden und den Torfmooren.

In Tabelle 3.18 und Abb. 3.16 sind die zusätzlichen SPGÜF für die fossilen Referenzkraftwerke zusammengefaßt. Es zeigt sich, daß für die Kraftwerke am selben Standort (Steinkohle, Öl, Gas) die zusätzliche SPGÜF für eutrophierenden Stickstoff in Europa proportional zum NO_x-Emissionsfaktor ist. Für das Braunkohlekraftwerk, dessen Standort nicht in Süddeutschland sondern im Rheinland liegt, wird dagegen eine deutliche niedrigere SPGÜF berechnet als aufgrund seines NO_x-Emissionsfaktor im Vergleich zu den anderen Kraftwerken erwartet werden würde. Dies liegt darin begründet, daß es aufgrund der Emissionen eines einzelnen Kraftwerkes zu keinen zusätzlichen Überschreitungen kommt, die zusätzliche Überschreitungsfläche also Null ist. Die Gleichung für die zusätzliche SPGÜF ΔA_{SPG} reduziert sich daher auf:

$$\Delta A_{SPG} = \sum_{ij} \begin{cases} A_{Ecos,ij} \cdot \dfrac{\Delta C_{ij}}{L_{ij}} & C_{H,ij} > L_{ij} \\ 0 & C_{H,ij} \le L_{ij} \end{cases} \tag{3.5}$$

mit

$C_{H,ij}$ Schadstoffkonzentration oder -deposition in Gitterzelle *ij* für Hintergrundsszenario

ΔC_{ij} Schadstoffkonzentrations- oder -depositionserhöhung durch Kraftwerksemissionen in Gitterzelle *ij*

Hieraus folgt, daß die Höhe der zusätzlichen SPGÜF von zwei Faktoren bestimmt wird:

- der Verteilung der Überschreitungsfläche für das Hintergrundsszenario, die sich wiederum aus den folgenden zwei Faktoren ergibt:
  - der Verteilung der Ökosystemfläche und

Tabelle 3.18. Zusätzliche schadenspotential-gewichtete Überschreitungsflächen (SPGÜF) durch die Emissionen der fossilen Referenzkraftwerke im Vergleich mit der SPGÜF und der Überschreitungsfläche (ÜF) für das Hintergrundsszenario von 1990

Ökosystem	ÜF[1] [km²]	SPGÜF[1] [km²]	Stein-kohle [km²] pro TWh	Braun-kohle [km²] pro TWh	Öl [km²] pro TWh	Gas-GT [km²] pro TWh	Gas-GuD [km²] pro TWh
Naturnahe Ökosysteme in Europa – Überschreitung der kritischen Eintragsrate für eutrophierenden Stickstoff							
Magerrasen auf schwach bis stark sauren Standorten	23960	3177	1,1	0,9	1,7	1,3	0,4
Artenreiche Kalk-Magerrasen	10390	1810	0,5	0,3	0,7	0,6	0,2
Alpine Heiden	25140	29739	1,9	1,4	3,0	2,1	0,7
Arktische Heiden	10110	5912	0,4	0,6	0,7	0,5	0,2
Macchia	850	81	0,0	0,0	0,0	0,0	0,0
Torfmoor	33810	27113	0,7	2,6	1,1	0,7	0,3
Niedermoor	960	155	0,0	0,0	0,1	0,0	0,0
Birken-, Kiefer-, Fichten- und Tannenmischbestände	233480	237219	18,6	14,6	28,6	21,0	7,4
Buchen- und Eichenbestände	74320	28912	3,4	4,4	5,0	3,9	1,4
Insgesamt	413020	334117	27	25	41	30	11
Waldökosysteme in Deutschland – Überschreitung der kritischen Eintragsrate für Säure							
	79154[2]	936028	41,3	40,7	134,2	16,6	6,0

[1] für Hintergrundsszenario von 1990
[2] aus Köble *et al.* [3.77]

- der Verteilung der Schadstoffkonzentrationen oder -depositionen für das Hintergrundsszenario;
- der Verteilung der Immissions- oder Depositionserhöhungen durch die Kraftwerksemissionen.

Die Kraftwerke in Lauffen sind so gelegen, daß die Gebiete mit den höchsten Stickstoffeintragsinkrementen eher mit den Überschreitungsflächen für das Hintergrundsszenario, die zum großen Teil in (Süd-) Osteuropa und Ostdeutschland zu finden sind, übereinstimmen als dies für das Braunkohlekraftwerk in Grevenbroich der Fall ist.

Basierend auf den europaweiten kritischen Eintragsraten von eutrophierenden Stickstoff wurde für das Ölkraftwerk der höchste SPGÜF-Indikator berechnet, gefolgt vom Gas-Gasturbinenkraftwerk, Steinkohlekraftwerk, Braunkohlekraftwerk und zuletzt Gas-GuD-Kraftwerk.

Für die Kraftwerke am selben Standort ergeben sich ebenfalls Proportionalitäten zwischen SO_2- bzw. NO_x-Emissionsfaktor und den zusätzlichen SPGÜF für Säureeintrag in Wälder in Deutschland. Für das Braunkohlekraftwerk wird ein etwas niedrigeres SPGÜF berechnet, als sich für ein Kraftwerk mit den gleichen SO_2- und NO_x-Emissionsfaktoren am Standort Lauffen ergeben würde. Allerdings darf bei diesem Indikator nicht vergessen werden, daß bei einer europaweiten Analyse sich evtl. eine stark veränderte Standortabhängigkeit ergeben würde.

Die höchste zusätzliche SPGÜF basierend auf den kritischen Eintragsraten für Säure in Waldökosysteme in Deutschland wurde für das Ölkraftwerk berechnet, gefolgt vom Steinkohle- und Braunkohlekraftwerk. Die beiden Gas-Kraftwerke haben die niedrigsten SPGÜF-Zunahmen, weil sie nur NO_x- aber kein SO_2 emittieren.

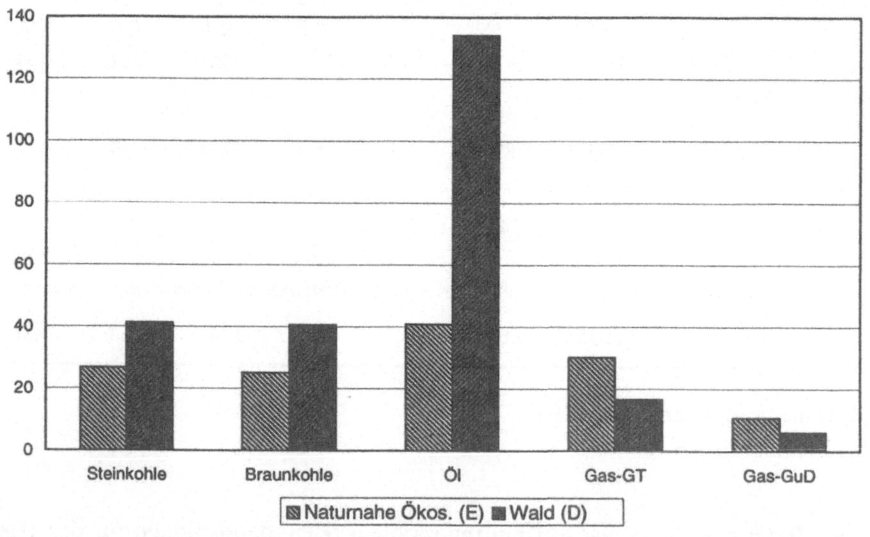

Abb. 3.16. Zusätzliche schadenspotential-gewichtete Überschreitungsfläche (SPGÜF) [km^2/TWh] durch die Emissionen der fossilen Referenzkraftwerke (E = europaweit; Wald (D) = Waldökosysteme in Deutschland)

Zusammengefaßt kann festgehalten werden, daß mittels des Indikators „schadenspotential-gewichtete Überschreitungsfläche“ basierend auf den kritischen Konzentrationen und Eintragsraten Kraftwerke bezüglich verschiedener Effekte und Schadstoffe verglichen werden können. Die Vorteile des Indikators – gegenüber z.B. Ökofaktoren [3.82] oder anderen emissionsbezogenen Wirkungsindizes – sind insbesondere

- daß die Abhängigkeit des Effekts vom Emissionsstandort berücksichtigt wird; und
- daß die Ausgangssituation, d.h. die Hintergrundskonzentrationen und -depositionen, berücksichtigt wird.
- Die Verwendung von physischen Indikatoren basierend auf ökosystemären Belastungsgrenzen kann die Quantifizierung von Schädigungen und eine daran anschließende Monetarisierung wenn notwendig in sinnvoller Weise ergänzen. Eine Aggregierung zu einem „Bewertungsindex“, wie sie praktisch bei den quantifizierten Schäden mittels der Monetarisierung erfolgt, ist allerdings nicht möglich. Es ist daher noch stärker als bei der monetären Bewertung notwendig, die physischen Indikatoren im Kontext darzustellen und einzuordnen.

3.7 Schäden an Sachgütern durch Luftverunreinigungen

3.7.1 Wirkungsprozesse

Alle Materialien, die der Atmosphäre ausgesetzt sind, werden durch natürliche Verwitterungsprozesse und durch Luftverunreinigungen geschädigt. Zur natürlichen Verwitterung tragen Regen, Frost, Meeressalze, aber auch Bakterien bei. Heutzutage überwiegt jedoch die Schädigung durch Luftverunreinigungen die natürliche Verwitterung um einen Faktor zwischen 10 und 100.

Säurebildende und oxidierende Luftverunreinigungen sind bei Materialien die entscheidenden Stoffe, wobei Oxidantien v.a. für organische Materialien (Kunststoffe) wichtig sind. Diese Luftverunreinigungen führen zu Korrosion. Ein anderer, weniger untersuchter Aspekt ist die Verschmutzung von Materialoberflächen, die v.a. von (rußhaltigem) Staub hervorgerufen wird. Neben der ästhethischen Beeinträchtigung wird die Materialoberfläche hier durch den Reinigungsprozeß geschädigt. Die Forschung hat sich auf die Korrosion von Materialien konzentriert, während zur Verschmutzung nur wenig Literatur zu finden ist. Im folgenden wird daher auf die Verschmutzung nicht weiter eingegangen, für Kraftwerksemissionen sind Verschmutzungseffekte auch weniger bedeutend als z.B. für die Emissionen aus dem Verkehr.

Zu den säurebildenden Gasen gehören SO_2, HNO_3, HCL, HF und Formaldehyd (HCHO). Diese Gase müssen mit der Materialoberfläche in Berührung kommen, um ihre Wirkung entfalten zu können (trockene Deposition). Für SO_2 erfolgt die trockene Deposition v.a. dadurch, daß das gasförmige SO_2 in Wasserfilmen auf der Materialoberfläche gelöst wird. Ein weiterer Wirkungsweg sind Niederschläge, deren Azidizität durch säurebildende Luftverunreinigungen erhöht wird (nasse saure Deposition) [3.83].

Oxidierende Gase (O_3, NO_2, H_2O_2, PAN, etc.) können sowohl direkte als auch indirekte Wirkungen auf Materialien haben. Zu den direkten Effekten, die v.a. auf organische Materialien beschränkt sind, gehören Änderungen der Molekularstruktur mit den damit verbundenen Änderungen der physikalischen Eigenschaften (z.B. Versprödung). Beim indirekten Effekt kommt es zur Oxidation in Flüssigkeitsfilmen auf der Oberfläche, z.B. von gelösten SO_2. Die Oxidation von Sulfit zu Sulfat vermindert die Flüchtigkeit des Stoffes und damit wird die Zeit für eine potentielle Schädigung verlängert [3.83].

Es ist wichtig, zu betonen, daß es für die Schädigung von Materialien durch Luftverunreinigungen keine Schwellenwerte gibt. Die kleinste atmosphärische Konzentration führt bereits zu einer Schädigung [3.84], [3.85].

Im folgenden werden die Wirkungsprozesse für die einzelnen Materialien kurz beschrieben. Die Darstellung folgt dabei im wesentlichen der von Lipfert [3.83].

3.7.1.1 Metalle

Metalle werden v.a. durch Korrosion geschädigt. Metalle korrodieren, wenn ihre Korrosionsprodukte (energetisch) stabiler sind als die ursprünglichen Metalle. Potentialdifferenzen in elektrochemischen Zellen verursachen dabei einen Korrosionsstrom. Drei verschiedene Erscheinungsformen gibt es für die Korrosion: direkte Korrosion, elektrochemische Korrosion (galvanische Zelle), Oxidation. Die ersten beiden Korrosionsformen benötigen ein flüssiges Elektrolyt und treten daher nur auf, wenn genügend Feuchtigkeit zur Verfügung steht.

Je nachdem welche Korrosionsform gerade wirkt, gelten für Zink (und galvanisierten Stahl) die folgenden (vereinfachten) Reaktionsgleichungen:

Direkte Korrosion: $Zn + 2\,^{H+} \rightarrow Zn^{2+} + H_2$ (gasförmig)

Elektrochemische Korrosion:

$$Zn + O_2 + H_2O \rightarrow ZnO \text{ und/oder } Zn(OH)_2 + CO_2 \rightarrow ZnCO_3$$

Oxidation: $2\,Zn + O_2 \rightarrow 2\,ZnO$

Ein Teil der Produkte (z.B. ZnO) ist wasserunlöslich und bildet eine Schutzschicht, die die weitere Korrosion und v.a. eine Beeinträchtigung des darunterliegenden Metalls verhindert. Zinkkarbonat ($ZnCO_3$) ist dagegen wasserlöslich, und diese Wasserlöslichkeit steigt mit sinkendem pH-Wert. Durch saure Deposition (trocken und nass) wird der Abbau von Zink also beschleunigt, als weiteres Reaktionsprodukt bildet sich Zinksulfat, das relativ schnell abgewaschen wird [3.86], [3.87], [3.88].

Aluminium und Kupfer werden durch Luftverunreinigungen nur wenig beeinträchtigt, da sich durch Korrosion wasserunlösliche Schutzschichten bilden. Für rostfreien Stahl stellen saure Depositionen kein Problem dar [3.88], soweit anderweitiger Stahl eingesetzt wird, ist er i.allg. verzinkt (galvanisiert).

3.7.1.2 Anorganische, nichtmetallische Werkstoffe

Für anorganische, nichtmetallische Werkstoffe (Natursteine, Beton und Ziegel/-Mörtel-Systeme) ist im wesentlichen der *$CaCO_3$-Schadensmechanismus* von Bedeutung, weshalb sich die Betrachtung hier auf kalkhaltige Werkstoffe beschränkt. Zu den kalkhaltigen Natursteinen gehören u.a. Kalkstein, Sandstein und Marmor.

Die Kalk- und Calzitkomponenten sind leicht wasserlöslich. Dadurch kommt es zur natürlichen Verwitterung. Die Reaktionsprodukte werden von starkem Regen abgewaschen, wodurch der Stein ausgedünnt wird. Mit sinkendem pH-Wert erhöht sich die Wasserlöslichkeit. Außerdem reagieren die säurebildenden Gase (v.a. SO_2) direkt mit dem Calciumkarbonat. Die chemischen Umwandlungsprozesse sind sehr komplex. Einfachheitshalber werden sie oft wie folgt dargestellt:

$$CaCO_3 + SO_4^{2-} + 2\,H^+ + H_2O \rightarrow CaSO_4\ \ 2H_2O + CO_2$$

Das so gebildete Calciumsulfat (Gips) ist noch wasserlöslicher als Calciumkarbonat. Durch die sauren Depositionen wird die Ausdünnung des Steins also beschleunigt. Niederschläge spielen eine große Rolle, da sie zum einen die chemischen Prozesse stark beeinflussen und zum anderen der gebildete Gips erst wieder abgewaschen werden muß, bevor die Steinoberfläche von den Luftverunreinigungen wieder angegriffen werden kann [3.87], [3.88].

Für Beton gibt es neben dem $CaCO_3$-Mechanismus, durch den die kalkhaltigen Komponenten angegriffen werden, drei weitere Formen der Beeinträchtigung durch saure Luftverunreinigungen:

- Auflösung hydrierter und unhydrierter Verbindungen in der Zementpaste;
- physischer Streß durch die Kristallisation von Sulfat- und Nitratsalzen in den Poren;
- Korrosion des verstärkten Stahls.

Die Auswirkungen der Luftverunreinigungen auf Ziegel/Mörtel-Systeme sind noch wenig untersucht, sie können allerdings grob abgeschätzt werden, soweit sie den $CaCO_3$-Mechanismus betreffen. Der Kalk (CaO) stellt die zementierende Komponente des Mörtels dar. Durch natürliche Verwitterung (s.o.) reagiert er zu Calciumkarbonat, das von den sauren Luftverunreinigungen angegriffen wird. Wenn der Kalk auf diese Weise allmählich abgebaut und abgewaschen wird, zerfällt das ganze von ihm zusammengehaltene Mauerwerk.

3.7.1.3 Anstrichsysteme

Anstriche werden aus ästhetischen Gründen und zum Schutz eines anderen Materials – Substrat genannt – eingesetzt. Ein Anstrichsystem besteht aus mehreren

Komponenten: einem (Farb-) Pigment (z.B. Eisenoxidrot, Bleimennige), einem Filmbildner, dessen Aufgabe es ist, die Pigmente auf dem Substrat zu halten, einem Verdickungsmittel oder Füllstoff, um der Farbe Masse zu geben und kleine Oberflächenfehler des Substrats auszugleichen, sowie einem Bindemittel (z.B. Kunstharze), in dem die ganzen Elemente gelöst oder suspendiert sind.

Organische Anstriche können auf vier Arten von Luftverunreinigungen beeinträchtigt werden:

- Molekulare Wechselwirkungen: Oxidantien können die Molekularstruktur penetrieren und zusätzliche Vernetzungen oder Kettenbrüche verursachen. Die mechanischen Eigenschaften des Farbanstrichs werden damit vermindert.
- Beeinflussung beim Auftragen: Hohe SO_2-Konzentrationen können das Trocknen von Ölfarben deutlich verlangsamen, was die Lebensdauer eines Farbanstrichs verringern könnte.
- Permeation durch die Beschichtung: SO_2 kann Öl- und andere Farben permeieren. Welche Auswirkungen eine solche Permeation hat, hängt vom Substrat ab.
- Verlust von Komponenten des Farbanstrichs: Saure Depositionen beschleunigen den Verlust von Komponenten des Farbanstrichs, was die Lebensdauer verringert. Calciumkarbonat ist dabei die anfälligste Farbkomponente.

3.7.2 Verfahren zur Schadensabschätzung

Es gibt im wesentlichen zwei Ansätze zur Abschätzung der ökonomischen Schädigungen durch Luftverunreinigungen an Sachgütern [3.89], [3.87], [3.90]:

- *Die Regionaldifferenzierungsmethode*:
  Die Unterschiede bei den Schadenskosten zwischen zwei oder mehr Regionen werden bestimmt. Diese Kostenunterschiede werden den Unterschieden bei der Luftbelastung zugeordnet. Eine Voraussetzung für diese Methode ist, daß sich die Regionen – abgesehen von der Luftbelastung – nicht oder nur wenig unterscheiden. Diese Methode hat mit verschiedenen Zuordnungsproblemen zu kämpfen. Z.B. setzt diese Methode voraus, daß bereits bekannt ist, welche Luftverunreinigungen überhaupt relevant sind. Im übrigen ist eine europaweite Anwendung der Methode wegen des damit verbundenen Aufwands fast unmöglich.
- Der *Schadensfunktionsansatz*:
  Die Materialschädigungen werden mit Hilfe von Schadensfunktionen aus den gegebenen Luftbelastungen berechnet. Diese Ergebnisse werden mit Daten zum Materialbestand, zu den Instandsetzungskriterien und zu den flächenspezifischen Instandsetzungskosten kombiniert, um den ökonomischen Schaden zu berechnen. Ein solcher Ansatz ist fortschreibbar und auch auf ganz Europa anwendbar. Außerdem entspricht er dem Wirkungspfadansatz. Er wird hier daher verwendet.

Abb. 3.17 zeigt das Flußbild für die Quantifizierung der Instandsetzungskosten an Gebrauchsgütern mittels des Schadensfunktionsansatzes. Die Materialabträge werden mit Hilfe von Schadensfunktionen aus den Ergebnissen der Ausbreitungsrechnung und für gegebene Einflußfaktoren berechnet. Der Materialabtrag geteilt durch den kritischen Materialabtrag ergibt den Anteil der Materialoberfläche, der im Jahr der Analyse aufgrund der Emissionen aus dem Energiesystem zusätzlich, d.h. vorzeitig, instandgesetzt werden muß.

Im folgenden Abschnitt werden die Schadensfunktionen diskutiert. Daran anschließend wird dargestellt, wie die zur Berechnung notwendigen Daten für die Materialoberflächen sowie die Instandsetzungskriterien und -kosten ermittelt wurden. In Abschn. 3.7.3 erfolgt mit diesem Ansatz die Quantifizierung für die einzelnen Referenzenergiesysteme.

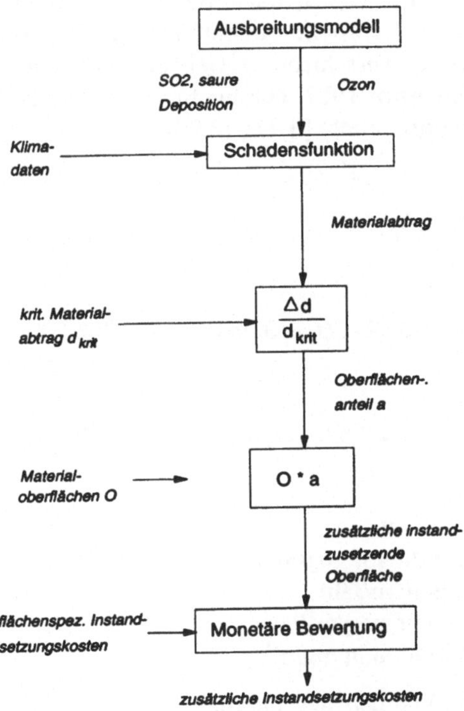

Abb. 3.17. Flußbild für das Verfahren zur Quantifizierung von Instandsetzungskosten an Gebrauchsgütern

3.7.2.1 Schadensfunktionen

Die genaue Korrosionsrate hängt von einer Vielzahl von Faktoren ab: der Benetzungsdauer, der Anwesenheit verschiedener Gase (SO_2, NO_2, HCL, NH_3, O_3, usw.), der im Regenwasser gelösten Schadstoffe (Cl^-, SO_4^{2-}), der Ablagerung von Partikeln, der Temperatur, den Niederschlägen und der Gestaltung der Oberfläche. Im allgemeinen werden Korrelationen zwischen der Korrosionsrate und atmosphärischen Parametern und Luftverunreinigungen untersucht. Bisher wurden aber nur wenige Experimente durchgeführt, die im Hinblick auf die Ableitung quantitativer Expositions-Wirkungsbeziehungen entworfen und bei denen eine Vielzahl von Einflußfaktoren gemessen wurden. Viele der bisher bestimmten Regressionsfunktionen können daher nur einer qualitativen Analyse dienen, aber nicht zur Vorhersage verwendet werden [3.91]. In den letzten Jahren wurden zwei große Forschungsprogramme gestartet, um diese Mängel zu beheben.

In Großbritannien wurde das National Materials Exposure Programme (NMEP) initiiert [3.91]. Dieses Netzwerk besteht aus 29 Standorten, an denen Freiluftversuche mit Proben verschiedener Gebäudematerialien für mindestens vier Jahren, beginnend im April 1987, durchgeführt werden. Bisher wurden nur vorläufige Ergebnisse veröffentlicht [3.92], [3.93]:

Zink:

$$\Delta d = 1{,}72 + 0{,}029 \cdot SO_2 \tag{3.6}$$

Kalkstein:

$$\Delta d = 2{,}56 + 5{,}1 \cdot N + 0{,}32 \cdot SO_2 + 0{,}083 \cdot H^+ - 0{,}0038 \cdot NO_2 \tag{3.7}$$

Sandstein:

$$\Delta d = 11{,}8 + 0{,}0013 \cdot N + 0{,}54 \cdot SO_2 + 0{,}13 \cdot H^+ - 0{,}29 \cdot NO_2 \tag{3.8}$$

mit

Δd Dickeverlust in mm
SO_2 SO_2-Konzentration in mg/m^3
N Niederschläge in m/Jahr
H^+ H^+-Deposition in meq/m^2/Jahr
NO_2 NO_2-Konzentration in mg/m^3

Weiterhin wurde im Rahmen des International Cooperative Programme (ICP)-Forschungsprogramms der UN-ECE ein Netzwerk aus 39 Meßstandorten in 14 UN-ECE-Ländern aufgebaut, die ein weites geographisches Gebiet in Europa abdecken [3.85]. Das Ziel des Programms ist es, die Auswirkungen von schwefelhaltigen Luftverunreinigungen im Zusammenspiel mit Stickoxiden, weiteren Schadstoffen und Klimafaktoren auf die Materialkorrosion zu untersuchen. Die Materialien wurden von September 1987 an acht Jahre exponiert. Nach einem, zwei und vier Jahren wurden Messungen durchgeführt. Die Vier-Jahres-Daten wurden einer einheitlichen statistischen Analyse unterworfen. Mittels einer schrittweisen linearen Regression wurden die wichtigsten Einflußfaktoren aus den gemessenen Faktoren (Benetzungsdauer, SO_2, O_3, Niederschlag, Niederschlagsleitfähigkeit, H^+-, NH_4^+-, Cl^--Konzentration im Niederschlag) bestimmt. Zusätzlich wurden verschiedene Kombinationen dieser Terme untersucht. Generell wurde festgestellt, daß die nasse saure Deposition zwar korrodierend auf die Materialien wirkt, i.allg. der Einfluß der trockenen sauren Deposition aber wesentlich größer ist.

Im ICP-Programm wurde zwischen Proben, die Regen ausgesetzt, und Proben, die vor Regen geschützt waren, unterschieden. Dies ist v.a. für Natursteine wichtig, da hier der einmal gebildete Gips erst wieder abgewaschen werden muß, bevor die Steinoberfläche von Luftverunreinigungen erneut angegriffen werden kann. Dementsprechend ergeben sich bei den geschützten Proben Massezunahmen, da hier die sauren Schadstoffe als Gips auf der Oberfläche gebunden werden. Bei den ungeschützten Proben wird der Gips abgewaschen und es kommt zu einem Masseverlust. Die folgenden Regressionsgleichungen ergaben sich für die ungeschützten Proben:

Zink:

$$\Delta d = \frac{1}{\rho_{Zink}} \cdot \left(14{,}5 + 0{,}043 \cdot t_{BD} \cdot O_3 \cdot SO_2 + 0{,}08 \cdot H^+\right) \tag{3.9}$$

Kalkstein:

$$\Delta d = \frac{1}{\rho_{Stein}} \cdot \left(34{,}4 + 5{,}96 \cdot t_{BD} \cdot SO_2 + 0{,}338 \cdot H^+\right) \tag{3.10}$$

Sandstein:

$$\Delta d = \frac{1}{\rho_{Stein}} \cdot \left(29{,}2 + 6{,}24 \cdot t_{BD} \cdot SO_2 + 0{,}480 \cdot H^+\right) \tag{3.11}$$

mit

- O_3 — O_3-Konzentration in µg/m³
- ρ_{Zink} — Dichte von Zink (= 7,14 kg/dm³)
- ρ_{Stein} — Dichte von Naturstein (= 2 kg/dm³)
- t_{BD} — Benetzungsdauer (hier die Zeit, wenn relative Feuchte über 80% und die Temperatur über 0 °C)

Zum Vergleich wird noch eine dritte Quelle herangezogen. Lipfert [3.94] hat im Rahmen einer Meta-Analyse der Ergebnisse verschiedenster Meßprogramme Schadensfunktionen für verschiedene Materialien hergeleitet. 1989 veröffentlichte er außerdem eine theoretische Schadensfunktion für kalkhaltige Natursteine [3.95].

Generell wird den im Rahmen des ICP-Programms bestimmten Gleichungen der Vorzug gegeben, da sie

- mittels eines einheitlichen Meßverfahrens,
- für eine große (europäische) Region,
- unter Berücksichtigung verschiedenster Einflußfaktoren
- und für die längste Expositionszeit (vier Jahre)

ermittelt wurden. Schadensfunktionen aus anderen Quellen werden verwendet, um mögliche Bandbreiten aufzuzeigen.

Die Gleichungen für kalkhaltige Natursteine werden auch auf andere kalkhaltige, nichtmetallische, anorganische Werkstoffe angewandt. Lipfert [3.94] argumentiert, daß für Ziegel/Mörtel-Systeme ein Multiplikationseffekt eintritt, wenn das Calzit im Mörtel abgebaut wird, da dann die ganze Struktur zusammenbricht. Er schlägt daher vor, Natursteingleichungen mit 3 multipliziert auf Ziegel/Mörtel-Systeme anzuwenden. Short [3.88] lehnte diesen Ansatz als zu spekulativ ab. Statt dessen schlägt er vor, die Sandstein-Gleichungen ohne Modifikationen anzuwenden, da die Wirkungsprozesse ähnlich seien.

Eine Übertragung der Naturstein-Gleichungen auf Beton wird von Short [3.88] dagegen nicht befürwortet. Für Beton steht damit keine Expositions-Wirkungsbeziehung zur Verfügung.

Es wird davon ausgegangen, daß Farbanstriche, die auf unterschiedlichen Bindemitteln und Füllstoffen beruhen, unterschiedlich auf Luftverunreinigungen reagieren. Die experimentellen Ergebnisse widersprechen sich teilweise [3.91]. Short [3.88] schlägt dennoch vor, die von Haynie [3.96] in einer Laborstudie ermittelten Expositions-Wirkungsbeziehungen zu verwenden.

3.7.2.2 Quantitative Erfassung des gefährdeten Bestands

In Deutschland wurden bisher zwei Projekte zur Erfassung der (Material-) Oberflächen von Wohngebäuden durchgeführt. Roth *et al.* [3.97] identifizierten neun verschiedene Siedlungstypen, aus denen alle (west-) deutschen Siedlungen bestehen sollen. Mittels Feldbegehungen ermittelten sie Alter, Wand- und Fensterflächenanteile und weitere Attribute von 500 Wohngebäuden in Freiburg. Die verwendeten Materialien wurden nicht bestimmt, da es in diesem Projekt nicht um die Auswirkungen von Luftverunreinigungen sondern um den Raumwärmebedarf ging. Eine weitere deutsche Studie verwendete das Siedlungstypmodell von Roth *et al.* und ermittelte die Materialoberflächen von 232 repräsentativen Wohngebäuden in Dortmund und Köln [3.98]. In ähnlicher Weise ermittelte ECOTEC für Birmingham in Großbritannien die Materialoberflächen für typische Gebäude und leitete so „building identikits" ab [3.99].

In einer Studie für Stockholm (Schweden), Sarpsborg (Norwegen) und Prag (Tschechien) wurden alle Wohngebäude in neun Erhebungsgruppen eingeteilt, die wiederum in Baujahrklassen unterteilt wurden [3.100]. Repräsentative Stichproben von 455 Gebäuden in Stockholm und 191 Gebäuden in Sarpsborg wurden anhand von Checklisten untersucht. In Prag wurden mit einer modifizierten Systematik 60 Gebäude inspiziert.

Weitere europäische Erhebungen sind nicht bekannt. Dies ist ein Problem, da davon ausgegangen werden kann, daß kulturelle, klimatische und ökonomische Faktoren den Baustil und die Wahl der Materialien für die Gebäude entscheidend beeinflussen [3.90]. Bereits innerhalb Deutschlands unterscheiden sich die Baustile in den einzelnen Regionen stark. Dennoch werden diese Erhebungen hier verwendet, um ein europaweites Materialoberflächeninventar herzuleiten, da angenommen wird, daß so eine erste Näherung erreicht werden kann.

In erster Näherung können die repräsentativen Baukörper direkt extrapoliert werden. Diese Extrapolation beruht auf den Bevölkerungszahlen oder auf der Gebäudeverteilung. Eine derartige direkte Extrapolation hat aber offensichtliche Fehler. So wird so z.B. für jedes Dorf der gleiche Hochhausanteil wie in den Großstädten angenommen.

3.7.2.3 Instandsetzungskriterien und -kosten

Um die Instandhaltungs- und Instandsetzungskosten zu bestimmen, werden natürlich die flächenspezifischen Instandsetzungskosten und die Instandsetzungskriterien für die Eigentümer und Eigentümerinnen der Sachgüter benötigt. Gerade zu den Instandsetzungskriterien sind nur wenige empirische Daten bekannt. Z.B. wurden 1970 in drei US-amerikanischen Städten die tatsächlichen Instandhaltungsintervalle zwischen zwei Hausanstrichen erhoben und – anhand der Staubbelastung – in Bezug zu den wahrscheinlichen Verschmutzungsgraden gesetzt [3.96]. Solche Erhebungen sind aber die Ausnahme. Im allgemeinen werden bei ökonomischen Schadensabschätzungen von Fachleuten ihrer Ansicht nach wahrscheinliche oder notwendige kritische Materialabträge vorgegeben. In manchen Fällen wird noch ein Abgleich durchgeführt, ob mit der verwendeten Schadensfunktion und den gegebenen Luftbelastungen für den gewählten kritischen Materialabtrag sich allgemein übliche Instandsetzungsintervalle ergeben (s. z.B. McCarthy *et al.* [3.101]). Dieses Vorgehen wird immer wieder als unzureichend bezeichnet, da diese "idealen" kritischen Materialabträge nicht unbedingt mit den "realen" kritischen Materialabträgen übereinstimmen, die sich aus den Präferenzen der Individuen ergeben. Nur mittels der realen kritischen Materialabträge lassen sich aber die von den Betroffenen tatsächlich aufgewendeten Instandhaltungskosten bestimmen [3.102]. Sozio-ökonomische Erhebungen, die den Zusammenhang zwischen Zustand der Materialoberfläche und Instandhaltung untersuchen, wären wünschenswert. Da Ergebnisse solcher Erhebungen aber nicht zur Verfügung stehen, werden hier die kritischen Materialabträge in ähnlicher Weise aus bisher veröffentlichten Studien und Aussagen von Fachleuten übernommen.

Basierend auf Angaben von Haynie [3.96] und Short [3.88] sowie Ergebnissen einer Studie in drei Städten (Stockholm, Sarpsborg, Prag) [3.100] wurden kritische Materialabträge je Materialkategorie abgeleitet. Für die verschiedenen Anwendungen für galvanisierten Stahl ergaben sich kritische Materialabträge zwischen 25 und 200 μm und für Farbanstriche 20 bis 250 μm. Für Natursteine und Putz würden sich aus diesen Angaben kritische Abtragsdicken von ca. 70 μm ergeben. Hier wird allerdings angenommen, daß sich diese geringe Dicke eher aus der Verschmutzung der Oberflächen ergibt. Da hier aber Korrosionsschäden untersucht werden, werden konservativere Werte von 3 bis 5 mm angenommen.

Die flächenspezifischen Instandsetzungskosten variieren stark, je nachdem welches Material für welche Anwendung in welchem Land eingesetzt wird. Hier können nur allgemeine Durchschnittswerte verwendet werden. Auch die flächenspezifischen Kosten basieren auf Angaben von Fachleuten sowie anderen Veröffentlichungen [3.88], [3.100]. Soweit möglich wurden länderspezifische Kosten verwendet.

3.7.2.4 Kulturgüter

Die Erfassung der Schäden an Sachgütern mit besonderen kulturellen Wert (Kulturgütern) gestaltet sich schwierig. Die Probleme werden seit Jahrzehnten immer wieder thematisiert, ohne daß es zu Fortschritten auf diesem Gebiet kommt. Eines der Probleme ist die unzureichende Erfassung der Kulturgüter. In Deutschland wird zwar inzwischen eine Denkmaltopographie aufgebaut, diese Arbeiten werden sich aber noch Jahre, wenn nicht gar Jahrzehnte hinziehen. Die Denkmaltopographie wird vermutlich auch nach Fertigstellung kaum Hilfestellung bei der Erfassung der Schäden geben, da in ihr Punkte erfaßt werden, die für die kunsthistorische Bedeutungsanalyse von Belang sind [3.103]. Nicht erfaßt werden aber die genaue Größe des Objektes, die genauen Materialien, die Exponiertheit gegenüber Luftverunreinigungen, momentane Schäden und ihre voraussichtlichen Ursachen, etc. Gerade Kulturgüter stellen einen sehr heterogenen Sachgutbestand dar. Sie reichen von einzelnen Statuen über Burgen bis zu städtischen Gründerzeithäusern. Als Materialien wurden Natursteine unterschiedlichster Herkunft, Bronze, Kupfer, Holz, aber auch Beton und Stahl verwendet.

Außerdem gehören nicht alle Sachgüter, denen die verschiedenen Individuen kulturellen Wert zuschreiben, zu den Denkmälern. Umgekehrt wird nicht jedes von der Denkmalpflege als Denkmal klassifiziertes Sachgut von der Öffentlichkeit als schützenswert empfunden. Gerade die Denkmalpflege selbst problematisiert immer wieder, daß die Öffentlichkeit ihre Auffassung vom Denkmalbegriff nicht teilt [3.104], [3.105], [3.106].

Auch die „objekt- oder flächenspezifischen Instandsetzungskosten" können nicht pauschal benannt werden. Im allgemeinen ist eine sorgfältige Restauration notwendig, deren Kosten sich von Objekt zu Objekt stark unterscheiden, da unterschiedliche Materialien für unterschiedlichste Gestaltungsformen verwendet wurden und Objekte von unterschiedlichsten Faktoren im Laufe ihrer Geschichte geschädigt worden sind.

Die Gesamtsumme der Restaurationskosten eignet sich ebenfalls nicht zur Erfassung der Schäden. Zum einen ist sie schwer zu ermitteln, da allein schon die öffentlichen Ausgaben nicht zentral erfaßt werden und die privaten Ausgaben praktisch nie vollständig ermittelt werden können. Zum anderen können sie auch nur schwer den Luftverunreinigungen zugeordnet werden. Die zu behebenden

Schäden können von ganz anderen Faktoren (natürliche Verwitterung, nicht fachgerechte Behandlung, Kriegszerstörungen, etc.) verursacht worden sein. Auch der Zeitraum, der notwendig war, um ein Objekt soweit zu schädigen, daß eine Restauration notwendig wurde, ist nicht bekannt. Und – noch bedeutsamer – die Ausgaben für Restaurierungen hängen weniger vom Bedarf ab, der sich aus den Bedürfnissen und Bewertungen der Bürger und Bürgerinnen ableitet, sondern werden vielmehr von politischen und finanziellen Gesichtspunkte, von den Präferenzen staatlicher Organe bestimmt [3.87], [3.107]. Dies bedeutet allerdings nicht, daß hier die großen Schädigungen von Kulturgütern durch Luftverunreinigungen in Abrede gestellt werden sollen. Gerade wenn Fotos von Kulturgütern von Anfang des Jahrhunderts mit dem heutigen Zustand dieser Kulturgüter verglichen werden, werden die Auswirkungen der hohen Luftbelastung deutlich [3.108], [3.109].

In der Vergangenheit wurden drei Versuche zur Erfassung der Restaurationskosten gemacht. Im Rahmen der italienischen ENI-ISVET-Studie von 1969/70 zur ökonomischen Abschätzung der Umweltschäden in Italien wurden die vollständigen Kosten ermittelt, die bei der gegebenen Luftbelastung theoretisch notwendig wären, um die italienischen Kulturgüter zu restaurieren und zu schützen [3.110]. Die Kosten in Höhe von 36 Mrd. Lire (1968) übersteigen die tatsächlichen Ausgaben um ein Vielfaches. Feenstra kritisierte diese Studie wegen Zuordnungsproblemen und der groben Abschätzung des Inventars [3.108]. Schreiber präsentierte auf einem NATO-CCMS-Kolloquium 1982 Zahlen für die (alte) Bundesrepublik (s. Tabelle 3.19), ohne sie allerdings näher zu erläutern [3.111]. Feenstra quantifizierte – ebenfalls auf der Basis grober Annahmen – für die niederländischen Kulturgüter jährliche Kosten von 800 bis 900 Mio. Gulden für Restaurations- und Präventivmaßnahmen [3.108].

Abgesehen von den Problemen, die Restaurationskosten zu bestimmen, ist es bei Kulturgütern zweifelhaft, ob sie „instandgesetzt", d.h. in den ursprünglichen Zustand zurückgeführt, werden können. Mit jeder Restauration gehen Teile der Originalität und Authentizität des Kulturgutes verloren [3.87], [3.112]. Es gibt zwar Hinweise darauf, daß Nichtfachleute der Originalität keinen entscheidenden Wert beimessen und Reproduktionen für ausreichend halten (s. z.B. eine Studie von Navrud *et al.* [3.113]), aber aufgrund der Heterogenität des Bestandes an Kulturgütern können solche Untersuchungen kaum pauschalisiert werden. Weitere Untersuchungen sind notwendig, um zu ermitteln, welche Bedeutung der Originalitätsverlust für eine repräsentative Öffentlichkeit hat und worin der kulturelle Wert überhaupt besteht.

Aus den genannten Punkten kann geschlossen werden, daß der Schadensfunktionsansatz bei Kulturgütern z.Z. nicht anwendbar ist, da der Bestand nicht erfaßt ist und die flächenspezifischen Instandsetzungskosten nicht benannt werden können. Bei den Schadensfunktionen stellt sich auch die Frage, ob sie die eintretenden Schäden adäquat abbilden. Die Regionaldifferenzierung ist nicht anwendbar, weil die Restaurationskosten kaum zusammengestellt werden können, und, wenn doch erfaßt, doch nicht den Luftverunreinigungen zugeordnet werden können, da die Kosten im wesentlichen von anderen Faktoren bestimmt werden. Für beide Verfahren gilt, daß der kulturelle Wertverlust nicht erfaßt werden kann. Im folgenden beschränkt sich die Schadensabschätzung daher auf Gebrauchsgüter.

Tabelle 3.19. Abschätzung der Restaurationskosten für Kulturgüter in der Bundesrepublik (alte Bundesländer) von 1982 [3.111]

Region/Ort	Sachgüter	Maßnahmen	Instandsetzungs-periode	Kosten [Mio. DM]
Gesamte Bundesrepublik	Alle städtischen Bronzedenkmäler und -skulpturen	Reinigung wünschenswert	Jährlich	4
	Alle Skulpturen aus Metall (Freiluft und Museen)	Reinigung und Schutzmaßnahmen wünschenswert	Jährlich	1
	Alle mittelalterlichen Glasfenster	Schutzmaßnahmen wünschenswert	10 Jahre	2–3
	Museumsartefakte	Klimatisierung	Während des Baus	15% der Baukosten
Münster	Schloßfassade	Reinigende Restauration und Schutzmaßnahmen	1965–1973	1
Köln	Kirchenfenster in der Kathedrale	Schutzmaßnahmen	1978	0,448
	Fassade der Kathedrale	Reinigung, Restauration, Schutzmaßnahmen	Jährlich 1977–1997	3 60–80 (Schätzwert)
Freiburg	Kirchenfenster im Münster	Restauration, Schutzmaßnahmen	1978	0,150
Ulm	Kirchenfenster im Münster	Restauration wünschenswert	Gesamtkosten	3

Tabelle 3.20. Europaweit quantifizierte Materialoberflächen [m²/TWh], die wegen der Emissionen der fossilen Referenzenergiesysteme zusätzlich instandgesetzt werden müssen

	Steinkohle	Braun-kohle	Öl	Gas-GT	Gas-GuD
Kraftwerksbetrieb					
Naturstein	5	10	17	2	1
Zink und galvanisierter Stahl	610	886	1962	257	89
Putz, Ziegel/Mörtel-Systeme	179	307	604	63	22
Farbanstriche	9483	12230	26550	5664	1951
vorgelagerte Prozeßstufen					
alle	1163	849	8839	1390	885
Summe	11439	14281	37972	7375	2947

Tabelle 3.21. Europaweit quantifizierte Materialschäden in Pf(1995)/kWh (Ergebnisse für ICP-Gleichungen und die Haynie-Gleichung)

Material	Steinkohle	Braunkohle	Öl	Gas-GT	Gas-GuD
Kraftwerksbetrieb					
Naturstein	0,0003	0,0005	0,0009	0,0001	0,00003
Zink und galvanisierter Stahl	0,0034	0,0056	0,011	0,0014	0,0005
Putz, Ziegel/Mörtel-Systeme	0,0010	0,0018	0,0035	0,0004	0,0001
Farbanstriche	0,023	0,028	0,063	0,013	0,0046
vorgelagerte Prozeßstufen					
alle	0,0029	0,0028	0,024	0,0034	0,0021
Summe	0,030	0,039	0,10	0,019	0,007

3.7.3 Quantifizierung für die Referenzenergiesysteme

Mit der beschriebenen Methodik werden die Auswirkungen der Emissionen der fossilen Referenzkraftwerke bestimmt. Tabelle 3.20 faßt die Materialoberflächen zusammen, die jährlich europaweit wegen der Emissionen der Referenzkraftwerke instandgesetzt werden müssen, wie sie mit den ICP-Funktionen und der Haynie-Funktion für Farbanstriche berechnet wurden.. Die Anstriche und der galvanisierte Stahl sind die am meisten betroffenen Materialien, u.a. weil sie europaweit am weitesten verbreitet sind. Gerade die Haynie-Funktion für die Anstriche ist aber unter den hier verwendeten die unzuverlässigste Material-Dosis-Wirkungsbeziehung.

Tabelle 3.21 zeigt die europaweit entstehenden, quantifizierten Schadenskosten für die ICP-Funktionen und die Haynie-Funktion für Farbanstriche. Die gesamten Materialschadenskosten für die Kraftwerke liegen für diese Gleichungen liegen zwischen 0,007 und 0,10 Pf/kWh. Wieder verursacht das Ölkraftwerk die höchsten Schäden, da es auch am meisten SO_2 und NO_x emittiert. Die geringsten Schäden wurden für die beiden Gaskraftwerke quantifiziert. Der Anteil der Emissionen aus den vorgelagerten Prozeßstufen an den quantifizierten Schadenskosten ist nur gering.

Mit der Lipfert-Gleichung für Zink und galvanisierten Stahl ergeben sich im Vergleich mit der ICP-Gleichung die vierfachen Schadenskosten, während die Ergebnisse für die NMEP-Zink-Gleichung eine Größenordnung kleiner sind. Insgesamt kann festgehalten werden, daß für die verschiedenen Materialien die Ergebnisse der verschiedenen Dosis-Wirkungsbeziehungen sich um Faktoren zwischen 5 und 10 unterscheiden.

Da das Materialinventar nur als erste Näherung gesehen werden kann, sind die Unsicherheiten bei den quantifizierten Schadenskosten aber sicherlich größer. Gerade bei den Anstrichen, die einen großen Anteil am betrachteten Materialinventar haben, liegt die unzuverlässigste Material-Dosis-Wirkungsbeziehung den Ergebnissen zugrunde. Da es mehrere nicht quantifizierte Effekte gibt (z.B. Verschmutzung, kultureller Wertverlust, Schäden an Beton), ist das hier vorgelegte Ergebnis wohl als Untergrenze der insgesamt durch die Emissionen der fossilen Referenzenergiesysteme verursachten Materialschäden aufzufassen.

3.8 Schäden durch den anthropogenen Treibhauseffekt

3.8.1 Wirkungsprozesse

Treibhausgase wie z.B. CO_2, CH_4, N_2O absorbieren die von der Erde absorbierte und wieder emittierte Solarstrahlung in für sie jeweils charakteristischen Wellenlängenbereichen. Wenn sich die atmosphärischen Treibhausgaskonzentrationen erhöhen, wird die Strahlung verstärkt absorbiert, und das Gesamtsystem strebt eine neue (höhere) Temperatur an, um ein neues Strahlungsgleichgewicht zu erreichen. Dieses Gleichgewicht wird nur allmählich erreicht, da erst die einzelnen Komponenten des Klimasystems erwärmt werden müssen. Insbesondere die hohe Wärmekapazität der Ozeane führt dabei zu einer großen Verzögerung. Daher wird zwischen *Gleichgewichtstemperatur* und *realisierter Temperatur* unterschieden [3.114].

Aerosole wirken ebenfalls auf das Klima ein, ihre Wirkungsprozesse unterscheiden sich allerdings von denen anderer Treibhausgase. Aerosole absorbieren und reflektieren die kurzwellige (d.h. sichtbare) solare und terrestrische Strahlung. Außerdem wirken sie sich auf das Reflexionsvermögen der Wolken aus. Sowohl der direkte als auch der indirekte Effekt verringern die insgesamt absorbierte Energie des Gesamtsystems und führen daher zu einer Klimaabkühlung [3.115], [3.116].

Seit der vorindustriellen Zeit sind die Treibhausgasemissionen, und damit auch die atmosphärischen Treibhausgaskonzentrationen, immer weiter angestiegen. Das wichtigste Treibhausgas hierbei ist CO_2, gefolgt von CH_4 [3.115]. Beide Treibhausgase werden u.a. von fossilen Kraftwerken und ihren vorgelagerten Prozeßstufen emittiert, des weiteren die Treibhausgase N_2O, CO, NO_x und das als Aerosol-Vorläufer wirkende SO_2. CO und NO_x sind dabei nur sehr schwache Treibhausgase, sie wirken aber indirekt auf die Konzentrationen anderer Treibhausgase (CH_4, O_3) ein.

CO_2 wird nicht durch chemische Abbauprozesse, sondern nur durch Aufnahme durch andere Reservoire (Ozeane, Biosphäre, etc.) wieder aus der Atmosphäre entfernt. CH_4 hingegen wird durch chemische Reaktionen mit OH-Radikalen abgebaut, wobei zum Teil andere Treibhausgase entstehen. N_2O wird durch Photolyse aus der Stratosphäre entfernt. Diese Prozesse laufen unterschiedlich schnell ab, dementsprechend unterscheiden sich die Aufenthaltszeiten der einmal emittierten Treibhausgase in der Atmosphäre, die durch die atmosphärischen Lebensdauern charakterisiert werden. Für CH_4 ist die atmosphärische Lebensdauer relativ kurz (12,2 ± 3 Jahre), für N_2O und CO_2 sehr lang (über 100 Jahre), wobei ca. 15% des einmal emittierten CO_2 nach heutigem Stand des Wissens nicht mehr aus der Atmosphäre entfernt wird [3.114], [3.115], [3.116].

Mit Hilfe von komplexen Modellen, den General Circulation Models (GCM), wurden die Temperaturänderungen für den sogenannten „*Benchmark Case*“, die Verdopplung der vorindustriellen CO_2-Atmosphärenkonzentration, berechnet. Die ermittelte globale Temperaturerhöhung für diesen Fall, *Klimasensitivität* genannt, beträgt 2,5 K, mit einer Bandbreite von 1,5 bis 4,5 K. Während von den GCMs für die Klimasensitivität relativ übereinstimmende Ergebnisse berechnet werden, weichen die regionalisierten Temperaturerhöhungen sowie die Niederschläge stark voneinander ab [3.115], [3.117].

Eine globale Klimaänderung kann eine Vielzahl von Auswirkungen haben. Die Hydrologie und Wasserverfügbarkeit ändern sich, d.h. neue Wüsten könnten sich bilden oder bestehende sich ausbreiten. Es kommt zu Änderungen der Standortbedingungen für Pflanzen und Tiere und damit zu Verschiebungen der Verbreitungsgebiete von Arten. Dies betrifft auch die Landwirtschaft. Es ergeben sich Ertragsänderungen, was die Ernährungsprobleme bei einer wachsenden Weltbevölkerung verschärfen könnte. Durch den Anstieg des Meeresspiegels wird Land überschwemmt, küstennahe Feuchtgebiete gehen verloren und die Kosten für

Küstenschutzmaßnahmen steigen. Durch die höheren Temperaturen könnte es bei Hitzewellen verstärkt zu Todesfällen kommen, außerdem könnten sich die Überträger ansteckender Krankheiten in neue (nicht-tropische) Regionen ausbreiten. Auch Anzahl und Stärke der tropischen Wirbelstürme werden vermutlich zunehmen. Zudem sind Völkerwanderungen denkbar, wenn ganze Inseln oder Flußdeltas überflutet werden und die Menschen sich eine neue Heimat suchen müssen. Es können noch viele zusätzliche Auswirkungen aufgezählt werden. Auch positive Auswirkungen wie z.B. ein verringerter Energiebedarf für die Raumwärmebereitstellung oder die Zunahme der Nahrungsmittelproduktion in bestimmten Gebieten sind möglich [3.117].

3.8.2 Die Schadenskosten für den „Benchmark Case"

Da bis zu Beginn der 90er Jahre die Klimamodellierung sich auf den „Benchmark Case" konzentrierte, beschränkten sich auch die Studien zu den Auswirkungen der Klimaänderung und dementsprechend zusammenfassende Wirkungsstudien auf diesen Fall. Das heißt, es liegen relativ viele Wirkungsstudien für die jährlichen Schäden um das Jahr 2060 vor, für das eine (realisierte) globale Temperaturerhöhung von 2,5 K angenommen wird.

1990/91 hat Nordhaus eine erste zusammenfassende Klimafolgenstudie präsentiert [3.118]. Seine Grundthese war, daß nur 3% des US-amerikanischen Bruttosozialproduktes (BSP) in klimasensitiven Wirtschaftssektoren erwirtschaftet wird und deshalb eine Klimaänderung – zumindest auf die Industrieländer – kaum Auswirkungen haben würde. Dementsprechend konzentrierte er sich auf Schäden an marktfähigen Gütern. 1992 extrapolierte er seine Ergebnisse auf die Welt, wobei er die Höhe der Schäden in den einzelnen Kategorien entsprechend der Bedeutung der verschiedenen Wirtschaftssektoren in den einzelnen Ländern anpaßte [3.135].

Nordhaus' Veröffentlichung löste eine lebhafte Debatte aus und führte zu etlichen weiteren Schadensabschätzungen. Ayres und Walter modifizierten Nordhaus' Ergebnisse und übertrugen sie überschlägig auf die ganze Welt [3.119]. Cline führte im Auftrag der OECD eine detaillierte Literaturrecherche durch und legte eine umfassende Abschätzung für die USA vor [3.120]. Unabhängig davon schätzte auch Titus die Gesamtkosten der USA ab und kam teilweise zu höheren Ergebnissen [3.121]. Aufbauend auf Cline führte Fankhauser 1992 die erste regional differenzierte weltweite Abschätzung durch, die er 1995 überarbeitet hat [3.122], [3.123]. Im Auftrag der Europäischen Kommission schätzten Hohmeyer und Gärtner 1992/93 die weltweiten Folgekosten der Klimaänderung ab, die sich über einen Zeitraum von 40 Jahren (1990 bis 2300) ergeben würden [3.124]. Tol legte 1993 eine regional differenzierte weltweite Studie vor [3.125]. Er erläutert seine Abschätzungen kaum, scheint sie aber in weiten Teilen auf Cline und Fankhauser aufzubauen. 1995 legte er überarbeitete Ergebnisse vor [3.126].

Tabelle 3.22. Quantifizierte jährliche Schadenskosten in US-$ und in % des BSP für eine globale Temperaturerhöhung von 2,5 bis 3 K

Autoren	Abschätzung für die USA US-$	% BSP	Globale Abschätzung US-$	% BSP
Nordhaus 1991, 1992 [3.118], [3.135]	6,23 Mrd. (16,38 bis -3,92 Mrd.)	0,26		1,33%
Ayres, Walter 1991 [3.119]				2,1–2,4
Cline 1992 [3.120]	61,6 Mrd.	1,1 (2[d])		
Titus 1992 [3.121]	37–351 Mrd.	0,7–6,7[a]		
Fankhauser 1995 [3.123]	61 Mrd.	1,3	269,6 Mrd.	1,4
Tol 1995 [3.126]	74,2 Mrd.[c]	1,5[c]	15,7 Mrd.	1,9
Hohmeyer, Gärtner 1992 [3.124]			907 Bill.[b] (44 Bill.[a])	112[a]

[a] Eigenberechnungen
[b] Gesamtschadenskosten für Zeitraum von 1990 bis 2030. Diese wurden mittels eines linearen Ansatzes auf jährliche Kosten umgerechnet.
[c] Nordamerika
[d] einschließlich weniger belegter Effekte

Tabelle 3.22 faßt die Ergebnisse der Studien zusammen. Sie betragen – abgesehen von Hohmeyer, Gärtner – für die USA 0,26 (Nordhaus) bis 6,7% (Titus) des US-amerikanischen BSP und weltweit 1,4 (Fankhauser) bis 1,9% (Tol) des globalen BSP.

Fankhauser und Tol haben die differenziertesten und vollständigsten zusammenfassenden Klimafolgenstudien für den „Benchmark Case" vorgelegt. Auf ihre Ergebnisse wird hier daher näher eingegangen. Tabelle 3.23 zeigt, wie sich die Schadenskosten bei Fankhauser und Tol auf die einzelnen Regionen aufteilen. Es zeigt sich, daß die vergleichsweise niedrigen, weltweit aggregierten Schäden regionale Härten verdecken. Während für die OECD-Länder die Schäden im Bereich von 1–3% des BSP liegen, können sie für Nicht-OECD-Länder 2-9% des BSP betragen. Auch wenn die Ergebnisse entsprechend der Kaufkraft in den einzelnen Ländern angepaßt werden, verändern sich die wesentlichen Zahlen nur wenig.

Tabelle 3.24 zeigt wie sich die Schadenskosten bei Fankhauser auf die einzelnen Schadenskategorien verteilen. Da es bisher kaum möglich ist, regional und saisonal differenzierte quantitative Aussagen zur Klimaänderung (Temperatur, Niederschläge, etc.) selbst zu machen, können diese Ergebnisse bisher nur als erste Annäherungen aufgefaßt werden. Schäden an nicht marktfähigen Gütern werden bisher nur unzureichend berücksichtigt, das betrifft v.a. Schäden an Ökosystemen und Artenverluste. Direkte ökonomische Schäden werden nur über

Tabelle 3.23. Quantifizierte jährliche Schadenskosten in US-$ und in % des BSP für eine globale Temperaturerhöhung von 2,5 K nach Regionen (kursive Angaben sind kaufkraftbereinigte Ergebnisse (nur bei Abweichung angegeben)) [3.123], [3.126], [3.127], [3.128]

	Fankhauser		Tol	
	US-$	% BSP	US-$	% BSP
EU	63,6	1,4		
USA	61,0	1,3		
Rest OECD	55,9	1,2		
OECD Amerika			74,2	1,5
			74,5	
OECD Europa			56,5	1,3
			57,4	*1,6*
OECD Pazifik			59,0	2,8
			60,7	*3,8*
OECD gesamt	180,5	1,3	189,5	1,6
			192,7	*1,9*
Osteuropa/GUS	18,2[a]	0,7[a]	-7,9	-0,3
	29,8[a]	*0,4*[a]	*-14,8*	*-0,4*
Planwirtschaft-liches Asien	16,7[b]	4,7[b]	18,0	5,2
	50,7[b]	*2,9*[b]	*-4,0*	*-0,1*
Süd-/Südostasien			53,5	8,6
			92,2	*5,3*
Afrika			30,3	8,7
			46,4	*6,9*
Lateinamerika			31,0	4,3
			40,3	*3,1*
Mittlerer osten			1,3	4,1
			11,5	*5,5*
Nicht-OECD gesamt	89,1	1,6	126,2	2,7
	141,6	*0,9*	*171,7*	*1,7*
Welt	269,6	1,4	315,7	1,9
	322,0	*1,1*	*364,4*	*1,8*

[a] nur GUS
[b] nur China

Marktpreise quantifiziert, die sich bei größeren physischen Änderungen drastisch ändern wür den. Für einige wichtige Schadenskategorien (die potentielle Nahrungsmittelknappheit, ansteckende Krankheiten, etc.) wurden keine Ergebnisse vorgelegt. Die durch Meeresspiegelanstieg, Verschiebung von Anbaugebieten, Wüstenbildung, etc. verursachte Migration von Menschen wurde nicht belastbar abgeschätzt. Die psychischen und sozialen Folgen der Migration wurden nicht

Tabelle 3.24. Quantifizierte jährliche Schadenskosten in Mio. US-$ (1990) für den „Benchmark Case“ (negative Werte sind positive Effekte (Gewinne)) (n.q. = nicht quantifiziert) [3.123]

Schadenskategorie	Fankhauser 1995
Landwirtschaft	39100
Nahrungsversorgung (inkl. Sterblichkeit)	n.q.
Tropische Wirbelstürme	2700
Auswirkungen des Meeresspiegelanstiegs:	
• Küstenschutz	900
• Verlust von Trockengebieten	14000
• Verlust von Feuchtgebieten	31600
Migration (auch durch Meeresspiegelanstieg)	4300
Hitzebedingte Sterblichkeit	49200
Ansteckende Krankheiten	n.q.
Wasserversorgung	46700
Waldwirtschaft	2000
Verlust von Arten und Ökosystemen	40500
Veränderung des Energiebedarfs	23100
Luftverschmutzung	15400
Summe	
Mio. US-$	269500
% BSP	1,4

berücksichtigt. Die Schäden für die USA sind oft relativ detailliert, die weltweiten Schäden jedoch nur grob und überschlägig abgeschätzt.

Hohmeyer und Gärtner kommen zu weit höheren Ergebnissen als Fankhauser und Tol. Der größte Teil ihrer quantifizierten Kosten (> 99%) ergibt sich aber aus der grob-überschlägigen Quantifizierung einer Schadenskategorie, der Todesfälle durch Unterernährung. Eine inzwischen abgeschlossene, differenzierte Studie zu den Auswirkungen der Klimaänderung auf die weltweite Nahrungsversorgung kommt zu eher geringeren Ergebnissen [3.129], [3.130]. Die Abschätzung von Hohmeyer und Gärtner stellt daher eher eine Obergrenze für diese Schadenskategorie dar. Die anderen Autoren von Gesamtabschätzungen haben diese Schadenskategorie nicht berücksichtigt.

In einem ihrer neuen Berichte zog das Intergovernmental Panel on Climate Change (IPCC) ähnliche Schlußfolgerungen [3.117]. Die sozio-ökonomischen Abschätzungen seien noch recht grob. Die Schadensabschätzungen seien daher nur vorläufig und beruhten auf einer Reihe von vereinfachenden und oft umstrittenen Annahmen. Im einzelnen stellte das Gremium die folgenden Ursachen für Unsicherheiten heraus:

- die Unsicherheit über den Verlauf der Klimaänderung;
- begrenzte Kenntnisse zu regionalen und lokalen Auswirkungen;
- Schwierigkeiten bei der ökonomischen Bewertung von physischen Effekten, selbst wenn diese quantifiziert werden könnten; dies trifft v.a. bei Schäden an nicht marktfähigen Gütern und Schäden in Entwicklungsländern zu;
- Schwierigkeiten bei der Vorhersage der zukünftigen technologischen und sozioökonomischen Entwicklung; sowie
- das Potential für katastrophale Ereignisse oder unerwartete Effekte.

Das IPCC betonte, daß die Bandbreite der Ergebnisse nicht mit einem Konfidenzintervall verwechselt werden dürfe. Die Landwirtschaft, Küstenzonen, naturnahe Ökosysteme und die menschliche Gesundheit werden als besonders gefährdet angesehen. Das Gremium betonte weiterhin, daß mit der globalen Aggregierung von Verlusten an Menschenleben schwierige ethische Entscheidungen verbunden sind, die nur in einem politischen Prozeß getroffen werden können. Dies betrifft die Bewertung eines statistischen Menschenlebens, die in den Studien abhängig vom Einkommen für die verschiedenen Regionen unterschiedlich hoch gewählt wurden.

Ausführlichere Darstellungen der Klimafolgenstudien finden sich bei Mayerhofer und Friedrich [3.131], [3.132] sowie im Bericht des IPCC [3.117]. Insgesamt kann festgehalten werden, daß in den meisten Fällen Annahmen getroffen werden, die weder empirisch fundiert sind, noch wenigstens als besonders plausibel gelten können. Die Ergebnisse sind daher allenfalls denkbare Schadenskosten – sie können auch der Größenordnung nach falsch sein.

3.8.3 Verfahren zur Schadensabschätzung

3.8.3.1 Einleitung

Bei der Klimaänderung und ihren Folgen handelt es sich um dynamische Prozesse. Es reicht daher nicht aus, nur einen Zeitpunkt dieser dynamischen Entwicklung zu untersuchen. Außerdem wäre es wünschenswert, die Kosten zur Minderung der Treibhausgasemissionen mit den Schadenskosten zu vergleichen. Etliche Autoren haben daher mittels sogenannter integrierter Modelle der Klimaänderung die kumulierten Schadenskosten für die Emission 1 t Treibhausgas, umgerechnet auf den Gegenwartswert, ermittelt. Im folgenden wird dargestellt, wie in diesen Modellen die Klimaänderung und ihre Schadenskosten berechnet werden. Diese Ansätze wurden modifiziert und eigene Abschätzungen für die Schadenskosten durch 1 t co2, CH_4 und N_2O vorgelegt.

3.8.3.2 Modellierung der globalen Temperaturerhöhung

Es wurden einige vereinfachte Modellierungsansätze für die globale Temperaturerhöhung vorgelegt, die anhand der Ergebnisse der GCMs kalibriert wurden.

Diese Modelle reichen von "Black Box"-Modellen bis zu Prozessmodellen, die ähnlich wie die GCMs aufgebaut sind, die aber – z.B. durch eine geringere Anzahl von Schichten für Ozean bzw. Atmosphäre – weniger komplex und damit datentechnisch besser zu handhaben sind. Beispiele hierfür sind IMAGE [3.133] oder ESCAPE [3.134]. Andere Modelle arbeiten nur mit einigen "Black-Box"-Gleichungen (bspw. DICE [3.135], CETA [3.136], Climate FUND [3.137]). Für die hier durchgeführten Rechnungen wird ein Prozeßmodell mit einem Black-Box-Modell kombiniert, um ein nutzungsfreundliches, flexibles und transparentes Werkzeug zur Modellierung der zusätzlichen globalen Temperaturerhöhung durch die Emissionen der Energiesysteme zu erhalten.

Beim Black-Box-Modell, *Antwortfunktionsansatz* genannt, wird der zeitliche Verlauf des Übergangs von einmal emittierten CO_2 aus der Atmosphäre in andere Reservoirs durch eine Funktion modelliert, die Maier-Reimer und Hasselmann [3.138] auf der Basis der Ergebnisse ihres GCMs entwickelt haben und die inzwischen allgemein angewandt wird (z.B. CETA [3.139], Fankhauser-Modell [3. 140], MERGE [3.141]). Auf diese Weise wird die atmosphärische CO_2-Konzentration modelliert. Mittels der von der IPCC beschriebenen vereinfachten Gleichungen für den Strahlungsantrieb wird aus den atmosphärischen Treibhausgaskonzentrationen die globale Erhöhung der Gleichgewichtstemperatur berechnet werden [3.169] (eine ausführliche Darstellung des Ansatzes findet sich in [3.142]).

Alternativ können mit dem Prozeßmodell IMAGE die Gleichgewichtstemperaturerhöhung und die Erhöhung der realisierten Temperatur bis zum Jahr 2100 berechnet werden. Die beiden Ansätze werden kombiniert, indem für die Jahre nach 2100 die IMAGE-Ergebnisse mittels der Ergebnisse des Antwortfunktionsansatzes extrapoliert werden. Abb. 3.18 zeigt die zusätzlichen Temperaturerhöhungen aufgrund der Emission eines Kilogramms CO_2, wie sie von IMAGE bzw. vom Antwortfunktionsansatz simuliert werden. Die realisierte Temperaturerhöhung hinkt der Erhöhung der Gleichgewichtstemperatur hinterher, da hier die Erwärmung der einzelnen Komponenten des Klimasystems, z.B. der Ozeane, einfließt.

3.8.3.3 Berechnung der treibhausgasspezifischen Schadenskosten durch die Klimaänderung

Während der zeitliche Verlauf der marginalen globalen Temperaturerhöhung grob berechnet werden kann, ist es im Moment noch nicht möglich, die marginalen Schäden oder Schadenskosten abzuschätzen, d.h. welche Kosten durch die zusätzliche Emission einer Einheit Treibhausgas entstehen. Statt dessen werden die Ergebnisse der „Benchmark Case"-Studien (s. Abschn. 3.8.2) herangezogen. Diese Ergebnisse werden mit den berechneten marginalen Temperaturerhöhungen kombiniert.

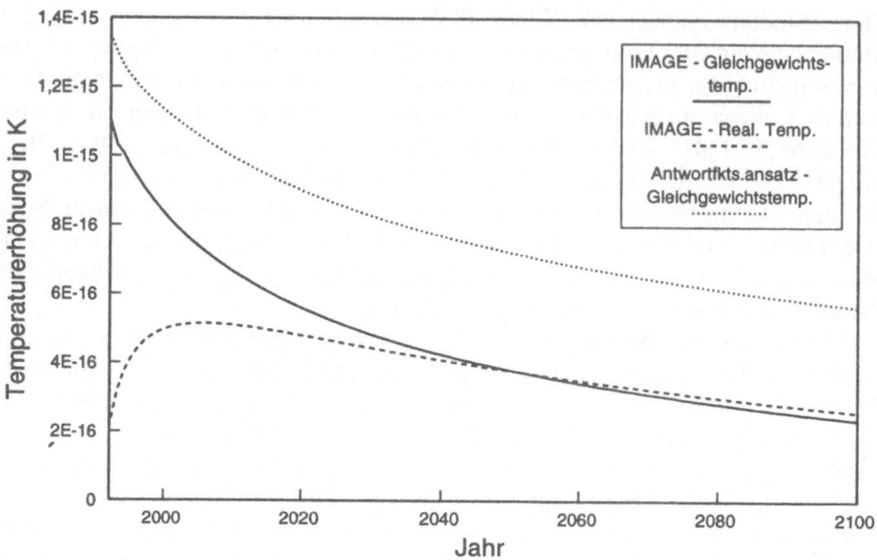

Abb. 3.18. Zeitlicher Verlauf der zusätzlichen globalen Temperaturerhöhung durch die Emission von 1 kg CO_2 im Jahr 1990, wie mit dem Antwortfunktionsansatz bzw. mit IMAGE berechnet

Für eine dynamische Analyse der Schadenskosten durch die Treibhausgasemissionen wird ein Modell benötigt, daß die zeitliche Entwicklung der Schäden in Abhängigkeit von der Entwicklung der Klimaänderung abschätzt. Von den Ökonomen, die sogenannte integrierte Modelle der Klimaänderung entwickeln, wird im Rahmen eines pragmatischen Vorgehens eine dynamische Schadensfunktion in Form einer temperaturabhängigen Potenzfunktion mit Exponenten zwischen $\gamma = 1$ (linear) und 3 unterstellt, die entsprechend den Ergebnissen im Benchmark Case skaliert wird:

$$S = S_{BC} \cdot \left(\frac{\Delta T}{\Delta T_{BC}} \right)^{\gamma} \tag{3.12}$$

mit

- S Schadensausmaß [% BSP]
- ΔT Temperaturerhöhung bezogen auf vorindustrielle Zeit [K]
- S_{BC} Schadensausmaß im Benchmark Case [% BSP]
- ΔT_{BC} Temperaturerhöhung im Benchmark Case [K] (hier meist globale Temperaturerhöhung von 2,5 bis 3 K)

Einer dynamischen Schadensfunktion dieser Form ist allerdings mit Skepsis zu begegnen. Sie vernachlässigt, daß die physischen Schäden zum größten Teil auch von anderen Klimavariablen und Einflußfaktoren abhängen und teilweise eher von der saisonalen und regionalen Variation als vom globalen Mittel bestimmt werden. Ein weiterer wichtiger Aspekt ist, daß das Ausmaß vieler Schäden eher von der Änderungsrate als von der absoluten Erhöhung der Temperatur abhängt.

Mittels der dargestellten dynamischen Schadensfunktion werden in den integrierten Modellen der Klimaänderung u.a. die kumulierten Schadenskosten S_{gesamt} für die Emission einer Tonne Treibhausgas, abdiskontiert auf den Gegenwartswert, ermittelt:

$$S_{gesamt} = \frac{S_{BC}}{\Delta T_{BC}} \cdot \int_0^{\infty} \Delta T(t) \cdot \exp(-\delta t) dt \qquad (3.13)$$

mit

δ Diskontrate.

Zu nennen sind hier v.a. die Arbeiten von Nordhaus [3.135] ("DICE"-Modell), Peck und Teisberg [3.136], [3.139], [3.143] („CETA"-Modell) und Fankhauser [3.171]. Der Gesamtschaden kann nur für eine begrenzte Integrationsperiode berechnet werden. Im allgemeinen wird eine Integrationsperiode von 200 bis 300 Jahren gewählt. Es kann gezeigt werden, daß für Diskontraten über 1% mit einer Integrationsperiode von 300 Jahren mehr als 99% des Gesamtschadens erfaßt wird [3.144]. Für eine Diskontrate von 0% ist der Gesamtschaden für eine Masseneinheit CO_2 nach Gleichung (3.13) aber unendlich groß, da ca. 15% des einmal emittierten CO_2 in der Atmosphäre verbleiben und entsprechend Gleichung (3.12) einen irreversiblen und anhaltenden Schaden ergeben. Dies widerspricht aber der Vorstellung, daß die Schäden eher durch die Temperaturänderungs*rate* als durch eine andauernde Temperaturerhöhung verursacht wird. Ein Abbruch der Abschätzung nach 300 Jahren erscheint daher als gerechtfertigt.

Mittels der Ergebnisse der Temperaturmodellierung in Abschn. 3.8.3.2 wurden die Schadenskosten für jeweils eine Tonne Treibhausgas berechnet, wobei lineare Schadensfunktionen entsprechend Gleichung (3.12) zugrundegelegt werden. In Die Ergebnisse für ein Schadensausmaß im Benchmark Case von 2% und einer Klimasensitivität von 2,5 K sind in Tabelle 3.25 den Ergebnissen der integrierten Modelle gegenübergestellt. Aus den Ergebnissen der integrierten Modelle hat die IPCC eine Bandbreite von 1,4–34 \$ je t CO_2 ($\cong$ 2,2–54 DM/t CO_2) abgeleitet [3.117]. Die große Bandbreite ergibt sich aus den unterschiedlichen Annahmen in den Modellen, aber v.a. aus der Wahl der Diskontrate.

Allerdings ist die Bandbreite der eigenen Berechnungen sehr viel größer, wenn die Bandbreiten der Eingangsparameter berücksichtigt werden (in Tabelle 3.25 nicht aufgeführt):

- Für die untere Grenze der Bandbreite der Klimasensitivität (1,5 K) betragen die Ergebnisse ca. 60% des in der Tabelle gegebenen Falls, für die obere Grenze (4,5 K) ca. 180%.

Tabelle 3.25. Marginale Schadenskosten von Treibhausgasemissionen in DM/t Treibhausgas (alle ca.-Angaben sind aus Grafiken abgelesen) (zur Erklärung der Parameter siehe Gleichungen (3.12) und (3.13), k.A. = keine Angabe)

	CO_2	CH_4	N_2O	S_{BC} in %	T_{BC} [K]	γ	δ in %
Nord-haus 1991 [3.118]	3,6–28,8 0,8–6,4 0,1–1,1	/ / /	/ / /	0,25–2 0,25–2 0,25–2	3 3 3	1 1 1	3 4 7
DICE [3.135]	ca. 2,2	/	/	1,33	3	2	3
DICE (modifiziert durch Cline) [3.117]	2,5–54	/	/	k.A.	k.A.	k.A.	0
CETA 1 [3.136]	ca. 3,5	/	/	2	3	1	3
	ca. 3,5	/	/	2	3	3	3
CETA 2 [3.139]	ca. 5,2	/	/	2	3	2	3
CETA 3 [3.143]	ca. 6,1	/	/	2	3	3	3
Fankhauser [3.140][a]	8,9[b] (2,7–19,7)[c]	172,8[b] (92,8–329,6)[c]	2947,6[b] (819,6–7384,9)[c]	1,5[b] (1,0–2,0)[d]	3[b] (1,5–4,5)	1,3[b] (1,0–2,0)	0,5[b] (0,0–3,0)
Eigene Berechnungen[e]	20,5[f]	650	7490	2	2,5	1	0
	3,8	275,4	1251	2	2,5	1	3

[a] Die Ergebnisverteilungen sind asymmetrische Wahrscheinlichkeitsverteilungen; die Parameter sind als Dreiecksverteilungen definiert

[b] Erwartungswert

[c] 5-Perzentil–95 Perzentil

[d] zeitabhängig

[e] Nur Ergebnisse für einen Fall angegeben (Schadensausmaß im Benchmark Case 2%, Klimasensitivität 2,5 K).

[f] Da ca. 15% des einmal emittierten CO_2 in der Atmosphäre verbleibt, ergibt sich mit der gewählten Schadensfunktion eigentlich ein infiniter Gesamtschaden. Hier wurde die Berechnung nach 300 Jahren abgebrochen (s. Text).

- Mit der Bandbreite des Schadensausmaßes im Benchmark Case (1–3%) variieren die Ergebnisse zwischen 50 und 150% des in der Tabelle gegebenen Falls.
- Summarisch ergibt sich daher eine Bandbreite von 30–270% der in der Tabelle angegebenen Ergebnisse.

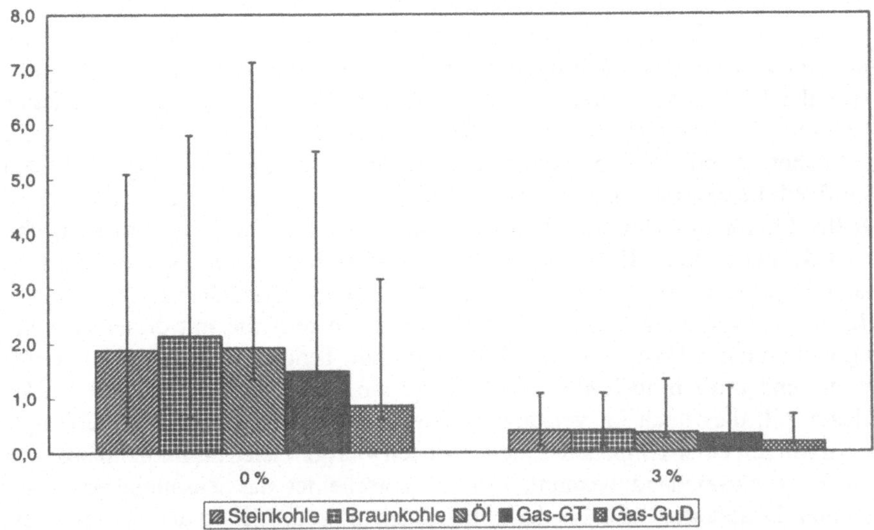

Abb. 3.19. Schadenskosten in Pf/kWh der fossilen Referenzenergiesysteme zur Stromerzeugung in Abhängigkeit von der Diskontrate (Annahmen im zentralen Fall: Schadenskosten im Benchmark Case 2% BSP, Klimasensitivität 2,5 K)

Für CO_2 beträgt die maximale Bandbreite der Schadenskosten also 1,1 und 55 DM pro t CO_2. Diese Bandbreite entspricht recht gut der von der IPCC angegebenen Bandbreite. Die Wahl der Diskontrate ist für die Höhe der Ergebnisse am entscheidensten.

Bei diesen Ergebnissen muß bedacht werden, daß nur die erfaßten Effekte berücksichtigt sind. Insbesondere die Auswirkungen auf Ökosysteme, katastrophale Ereignisse sowie die Migration von Menschen gehen nicht in diese Schadenskosten ein.

3.8.4 Quantifizierung für die fossilen Referenzenergiesysteme

Die treibhausgasspezifischen Schadenskosten werden mit den Emissionsfaktoren für die einzelnen Energiesysteme multipliziert, um die Schadenskosten für die Energiesysteme zu erhalten. Abb. 3.19 zeigt die Schadenskosten für die fossilen Referenzenergiesysteme zur Stromerzeugung. Diesen Ergebnissen liegen die treibhausgasspezifischen Schadenskosten für den in Tabelle 3.25 aufgeführten zentralen Fall (Schadensausmaß im Benchmark Case 2%, Klimasensitivität 2,5 K) zugrunde. Wie im letzten Abschnitt dargestellt, liegt die untere Grenze der Bandbreite bei 30% dieser Ergebnisse, die obere Grenze bei 270%. Ein weiterer entscheidender Faktor für die Höhe der Schadenskosten ist die Wahl der Diskontrate.

Für die beiden Gas-Referenzenergiesysteme wurden bei den ausgewiesenen Ergebnissen die CH_4-Emissionsfaktoren zugrundegelegt, die sich ergeben, wenn hohe Leckagen bei der Gasförderung und -aufbereitung und beim Pipelinetransport in der GUS angenommen werden (s. Abschn. 0). Wenn geringere Leckagen angenommen werden, sind die quantifizierten Schadenskosten aber nur geringfügig kleiner, nämlich – bei einer Diskontrate von 0% – 1,4 Pf/kWh statt 1,5 Pf/kWh im zentralen Fall für das Gas-GT-Referenzenergiesystem (0,8 Pf/kWh statt 0,9 Pf/ für das Gas-GuD-Referenzenergiesystem). Die Unsicherheiten über die tatsächliche Höhe der Leckagen der Gaswirtschaft in der GUS wirken sich also praktisch nicht auf die quantifizierten Treibhausgas-Schadenskosten aus.

In den vorangegangenen Abschnitten wurden bereits die mit dieser Abschätzung verbundenen Unsicherheiten dargestellt. Die Temperaturänderungen können regional und zeitlich noch nicht ausreichend modelliert werden. Bei den Niederschlägen gilt dies noch im verstärktem Maße. Die Abschätzung der vielfältigen Auswirkungen einer Klimaänderung bleibt schwierig. Viele Zusammenhänge sind noch nicht ausreichend bekannt, oftmals entscheidet das Zusammenspiel von täglichen Temperatur- und Niederschlagsdaten über die Höhe der Schäden, und für viele Effekte sind Prognosen der Rahmenbedingungen über mehrere Jahrhunderte notwendig. Die zusammenfassenden monetären Studien, die bisher vorgelegt wurden, ergaben eine große Bandbreite bei den Ergebnissen. Viele Effekte wurden dabei nicht berücksichtigt, insbesondere nicht die Auswirkungen auf Ökosysteme sowie mögliche katastrophale Ereignisse. Auch über den Zusammenhang zwischen Temperaturerhöhung und Schadenskosten kann nur spekuliert werden. Aus all diesen Gründen werden die hier dargestellten Ergebnisse als nicht für ausreichend belastbar gehalten, um in die Ergebnistabelle in Kap. 6 aufgenommen zu werden.

3.8.5 Verwendung von Vermeidungskosten statt der externen Kosten für die Klimaänderung

Wegen der großen Unsicherheiten bei der Quantifizierung der Schadenskosten, sowie der möglichen irreversiblen Schäden des globalen Ökosystems und den möglichen langfristigen Belastungen für künftige Generationen wurde bereits in Abschn. 2.4.6 vorgeschlagen, Vermeidungskosten als Substitut für die Schadenskosten zu verwenden.

Damit Vermeidungskosten als Substitut verwendet werden können, muß zuerst ein Minderungsziel festgelegt werden, das dann unter den gegebenen Randbedingungen am kosteneffizientesten erreicht werden kann. Es ist dabei günstig, parlamentarisch oder anders legitimierte Reduktionsziele heranzuziehen.

Anläßlich der Konferenz der Vereinten Nationen für Umwelt und Entwicklung (UNCED), die im Juni 1992 in Rio de Janeiro stattfand, wurde ein Rahmenübereinkommen der Vereinten Nationen über Klimaänderungen (*Klimarahmenkonvention*) vereinbart, das inzwischen von 165 Staaten ratifiziert wurde (Stand Januar

1997). Das Rahmenübereinkommen ist die erste völkerrechtlich verbindliche Grundlage im Bereich des globalen Klimaschutzes. Es regelt die internationale Zusammenarbeit zur Verhinderung gefährlicher Klimaänderungen und deren möglichen Auswirkungen. Ziel der Konvention ist eine Stabilisierung der Treibhausgaskonzentrationen in der Atmosphäre auf einem Niveau, das eine gefährliche, von Menschen verursachte Störung des Klimasystems verhindert.

Auf der ersten Vertragsstaatenkonferenz zur Konkretisierung der Klimarahmenkonvention, die Ende März 1995 in Berlin stattfand, wurde das Berliner Mandat verabschiedet, in dem u.a. die Industrieländer aufgefordert werden, konkrete Begrenzungs- und Reduktionsziele für Treibhausgasemissionen hinsichtlich bestimmter Zeithorizonte wie 2005, 2010 und 2020 festzulegen. Einige der Industrieländer haben bereits reagiert und Ziele zur Verminderung der CO_2-Emissionen festgelegt (s. Tabelle 3.26). Auf europäischer Ebene wurde Ende Oktober 1990 bei einer Tagung der EU-Energie- und Umweltminister die Stabilisierung der CO_2-Emissionen auf dem Niveau von 1990 beschlossen. Dieses Ziel soll bis zum Jahr 2000 erreicht werden.

Die Bundesregierung hat in drei Kabinettsbeschlüssen 1990/91 ein CO_2-Minderungsprogramm beschlossen und in der Regierungserklärung vom 31. Januar 1994 nochmals formuliert. Dabei setzt sich die Bundesrepublik Deutschland zum Ziel, die CO_2-Emissionen bis zum Jahr 2005 um 25 bis 30% bezogen auf 1987 zu reduzieren. Auf der ersten Vertragsstaatenkonferenz in Berlin erhöhte die Bundesregierung die Selbstverpflichtung indirekt, da nun 1990 (mit höheren CO_2-Emissionen) als Bezugsjahr für eine CO_2-Reduktion von 25% festgesetzt wurde. Dies entspricht einer Verminderung um 251 Mio. t CO_2/Jahr auf 753 Mio. t CO_2/Jahr im Jahr 2005. Im April 1996 bekräftigte die Bundesumweltministerin in einer Presseerklärung nochmals [3.145], daß die Bundesregierung auch nach der Selbstverpflichtung der deutschen Industrie an diesem Reduktionsziel festhält. Seitens der Bundesregierung gibt es bislang keine Äußerung, wie ein mögliches CO_2-Reduktionsziel für das Jahr 2020 für die Bundesrepublik aussehen könnte. Die Enquete-Kommission „Vorsorge zum Schutz der Erdatmosphäre“ hatte ein Reduktionsziel von 50% gegenüber 1990 vorgeschlagen [3.146].

Die Minderungskosten zur Erreichung des CO_2-Reduktionsziels von 25% bis 2005 wurden in einer Studie des Instituts für Energiewirtschaft und Rationelle Energieanwendung für die Stiftung Energieforschung Baden-Württemberg berechnet [3.147]. Ziel der Studie war es, kosteneffiziente Wege und Strategien zur Minderung der energiebedingten Treibhausgasemissionen in Deutschland bis zum Jahr 2020 zu bestimmen. Dafür wurden verschiedene Szenarien mittels des Energiesystemmodells E3Net [3.148] analysiert. Dieses Modell bildet das gesamte Energiesystem in Abhängigkeit von vorzugebenden Energiedienstleistungen bzw. Nutzenergien ab. Die Möglichkeiten zur Erreichung der von der Bundesregierung gesetzten Reduktionsziele mit möglichst geringem ökonomischen Aufwand sind sehr stark von der Setzung energiepolitischer Rahmenbedingungen abhängig. Zur Verdeutlichung wurden in der Studie drei Klimaschutzszenarien betrachtet:

Tabelle 3.26. Emissions-Reduzierungsbeschlüsse ausgewählter Länder [3.149]

Land	Zielvorgabe Reduktionsziel	Bezugsjahr	Anteil an globalen CO_2-Emissionen 1990 [%]
Deutschland	CO_2-Reduktion um 25% bis 2005	1990	4,5
Australien	Stabilisierung aller Treibhausgase bis 2000, Reduzierung um 20% bis 2005	1988	1,2
Belgien	CO_2-Reduktion um 5% bis 2000	1990	0,5
Dänemark	CO_2-Reduktion um 20% bis 2005	1988	0,2
Luxemburg	Stablisierung von CO_2 bis 2000, Reduktion um 20% bis 2005	1990	0,05
Niederlande	Stabilisierung von CO_2 bis 1994/5, CO_2-Reduktion um 3-5% bis 2000; Reduktion der anderen Treibhausgase um 20-25% bis 2000	1989/90	0,7
Österreich	CO_2-Reduktion um 20% bis 2000	1988	0,3

Tabelle 3.27. Charakterisierung der Klimaschutzszenarien in der Studie von Fahl *et al.* [3.147]

		Referenz-szenario	Klimaschutzszenarien K1	K2	K3
Mindesteinsatz dt. Steinkohle (1990: 2230 PJ) [PJ]	2005 2020	1465 879	1319 733	1319 733	keine Vorgabe
Mindesteinsatz ostdt. Braunkohle (1990: 2276 PJ) [PJ]	2005 2020	680 680	612 340	612 340	keine Vorgabe
Mindesteinsatz westdt. Braunkohle (1990: 903 PJ) [PJ]	2005 2020	900 900	810 450	810 450	keine Vorgabe
Kernenergie (Westdeutschland)		Konstante Kapazität: 22,5 GW_{net}	Konstante Kapazität: 22,5 GW_{net}	Ausstieg bis 2005	Zubau möglich

- *Klimaschutz und Kohleschutzpolitik (K1)*: Förderung bestimmter Mindestmengen an heimischer Stein- und Braunkohle, konstante Nutzung der Kernenergie;
- *Klimaschutz unter energiepolitischen Barrieren (K2)*: neben Kohleschutzpolitik (wie K1) Ausstieg aus der Kernenergie bis 2005;

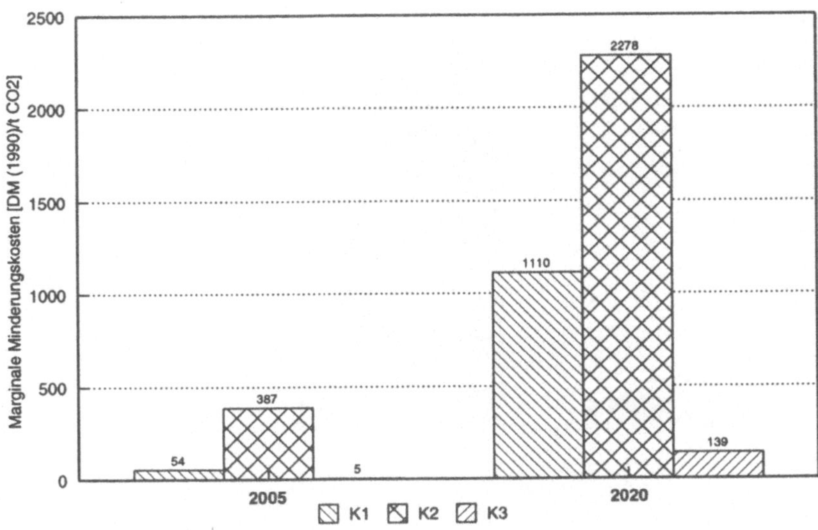

Abb. 3.20. Marginale CO_2-Minderungskosten in Deutschland für die drei Klimaschutzszenarien, wenn Reduktionsziele für CO_2 von 25% bis 2005 und von 50% bis 2020 (bezogen auf 1990) erreicht werden sollen [3.147]

- *Klimaschutz bei Hemnisabbau (K3)*: keine Vorgaben zum Kohleabbau und zur Kernenergienutzung (Zubau möglich).

Den zu untersuchenden Klimaschutzszenarien wurde ein gemeinsamer Satz von demographischen und ökonomischen Rahmendaten vorgegeben. Tabelle 3.27 faßt die Unterschiede zwischen den Szenarien zusammen.

Der unterschiedliche Grad, mit dem die einzelnen CO_2-Minderungsoptionen in den jeweiligen Klimaschutzszenarien ausgeschöpft werden müssen, um die Reduktionsziele zu erreichen, schlägt sich u.a. in den für die CO_2-Minderung aufzuwendenden Kosten nieder. Es wurden die Unterschiede in den Kosten zwischen den Klimaschutzszenarien und der sogenannten No-Regret-Entwicklung berechnet. In der No-Regret-Entwicklung werden gegenüber dem Referenzszenario alle diejenigen Maßnahmen auf der Energieangebots- und Energienachfrageseite durchgeführt, die *ohne ein Reduktionsziel* zu minimalen Kosten der Bereitstellung der Energiedienstleistungen über den gesamten Betrachtungszeitraum führen. Unter diesen Annahmen ergibt sich für die No-Regret-Entwicklung eine Reduktion der energiebedingten CO_2-Emissionen gegenüber 1990 von gut 21% bis zum Jahr 2020.

Abb. 3.20 zeigt die berechneten marginalen CO_2-Minderungskosten für das von der Bundesregierung festgesetzte Reduktionsziel von 25% bis 2005 und für ein angenommes Reduktionsziel von 50% bis 2020. Dabei bezeichnen die marginalen

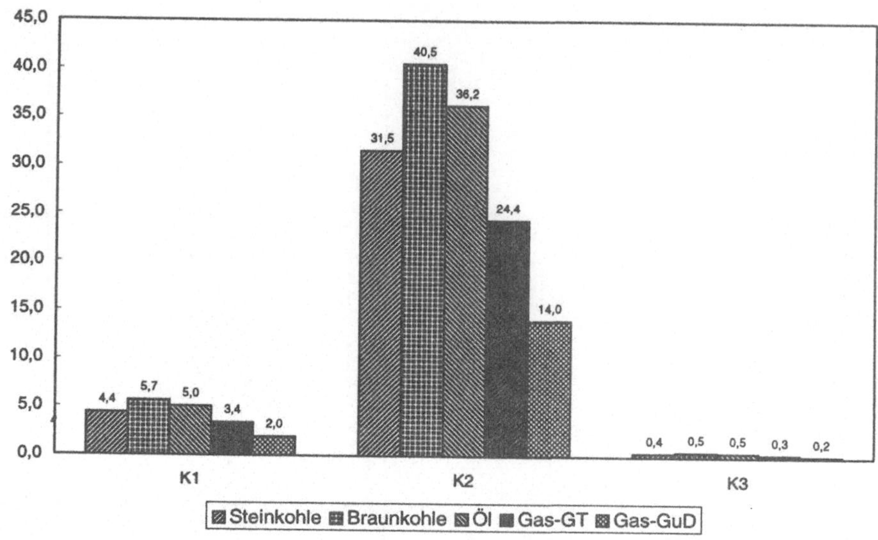

Abb. 3.21. Aus marginalen CO_2-Minderungskosten für die drei Klimaschutzszenarien abgeleitete Vermeidungskosten der Referenzenergiesysteme (nur CO_2-Emissionen berücksichtigt)

CO_2-Minderungskosten diejenigen Kosten, die zur Minderung der letzten Tonne CO_2 aufgewendet werden müssen. Der Einfluß der Rahmenbedingungen (Kohleschutzpolitik, Ausstieg oder Abbau der Kernenergie) zeigt sich deutlich in der Bandbreite der Ergebnisse.

Aus den berechneten marginalen CO_2-Minderungskosten und den CO_2-Emissionen der fossilen Referenzenergiesysteme (Tabelle 3.3) lassen sich nun auf das nationale CO_2-Reduktionsziel von 25% bis 2005 bezogene Vermeidungskosten berechnen (s. Abb. 3.21). Je nach gewählten energiepolitischen Rahmenbedingungen ergeben sich unterschiedlich hohe Vermeidungskosten. Zum Beispiel betragen die Vermeidungskosten des Steinkohle-Referenzenergiesystem ca. 4 Pf/kWh, wenn sich die Kohleschutzpolitik und die Kapazität der Kernenergie in Deutschland nicht verändert. Bei einem Kernenergieausstieg bis 2005 erhöhen sich die Vermeidungskosten auf ca. 31 Pf/kWh, wogegen sie auf 0,4 Pf/kWh absinken, wenn die Förderung der deutschen Kohle aufgegeben wird und ein Ausbau der Kernenergie bis 2005 zugelassen wird. Den derzeitigen Rahmenbedingungen entspricht am ehesten das K1-Szenario.

Für CH_4 und N_2O wurden noch keine verbindlichen nationalen Reduktionsziele formuliert, allerdings hatte die Enquete-Kommission „Vorsorge zum Schutz der Erdatmosphäre“ Vorschläge hierzu vorgelegt. Bisher liegen keine Studien vor, in denen auf bestimmte (deutsche) Reduktionsziele bezogene Vermeidungskosten berechnet wurden. Daher ist im Moment die einzige Möglichkeit, die CH_4- und N_2O-Emissionen zu berücksichtigen, sie in CO_2-Äquivalent-Emissionen

Tabelle 3.28. Global Warming Potentials nach IPCC [3.116]

Treibhausgas	Integrationszeitraum		
	20 Jahre	100 Jahre	500 Jahre
CH_4	56	21	6,5
N_2O	280	310	170

umzurechnen. Hierfür bieten sich die Global Warming Potentials an, die vom Intergovernmental Panel on Climate Change (IPCC) ermittelt werden. Das *Global Warming Potential* (GWP) eines Treibhausgases gibt – bezogen auf CO_2 – die kumulative Klimawirksamkeit über einen bestimmten Integrationszeitraum an. 1996 wurden die derzeit aktuellsten Werte für die GWPs für drei Integrationszeiträume (20, 100 und 500 Jahre) vom IPCC vorgelegt (s. Tabelle 3.28). Ein Nachteil der GWPs ist, daß mit den drei Integrationszeiten implizit eine zeitliche Wichtungsfunktion gewählt wird: während alle Effekte bis zum Integrationszeitende gleiches Gewicht haben, werden alle späteren Effekte vernachlässigt [3.150], [3.151].

Die CH_4- und N_2O-Emissionen der fossilen Referenzenergiesysteme (s. Tabelle 3.3) werden mit den GWPs für einen Integrationszeitraum multipliziert und zu den CO_2-Emissionen addiert. Für die so berechneten CO_2-Äquivalent-Emissionen können dann aus den marginalen CO_2-Minderungskosten auf das nationale CO_2-Reduktionsziel von 25% bis 2005 bezogene Vermeidungskosten berechnet werden (s. Abb. 3.22). In Abb. 3.22 werden nur die Ergebnisse für das Klimaschutzszenario K1 gezeigt, da dieses am ehesten den heutigen Rahmenbedingungen entspricht. Für die Szenarien K2 und K3 verschieben sich die Ergebnisse analog.

Es zeigt sich, daß es v.a. durch die hohen CH_4-Emissionen bei der Steinkohleförderung zu Verschiebungen bei den Vermeidungskosten kommt. Die Vermeidungskosten für Steinkohle erhöhen sich deutlich von 4,3 Pf/kWh, wenn nur die CO_2-Emissionen berücksichtigt werden, auf 5,4 Pf/kWh, wenn die CH_4-Emissionen über das GWP für 20 Jahre hinzugerechnet werden. Da CH_4 relativ schnell wieder abgebaut wird (atmosphärische Lebensdauer von nur ca. 12 Jahre), sinken die über die CO_2-Äquivalent-Emissionen berechneten Vermeidungskosten wieder ab, wenn für das GWP längere Integrationsperioden zugrundegelegt werden. Bei Gas spielen die CH_4-Emissionen aus den vorgelagerten Prozeßstufen noch eine kleine Rolle, bei Öl und Braunkohle wirken sie sich praktisch nicht auf das Ergebnis aus. Der Einfluß der N_2O-Emissionen ist bei allen fossilen Energieträgern nur gering.

Die höchsten Vermeidungskosten mit 5,7 Pf/kWh werden unabhängig vom gewählten Integrationszeitraum für die GWPs für das Braunkohle-Referenzenergiesystem berechnet, gefolgt von Öl, Steinkohle und Gas – mit einer Ausnahme: Wenn die GWPs für einen Integrationszeitraum von 20 Jahren ver-

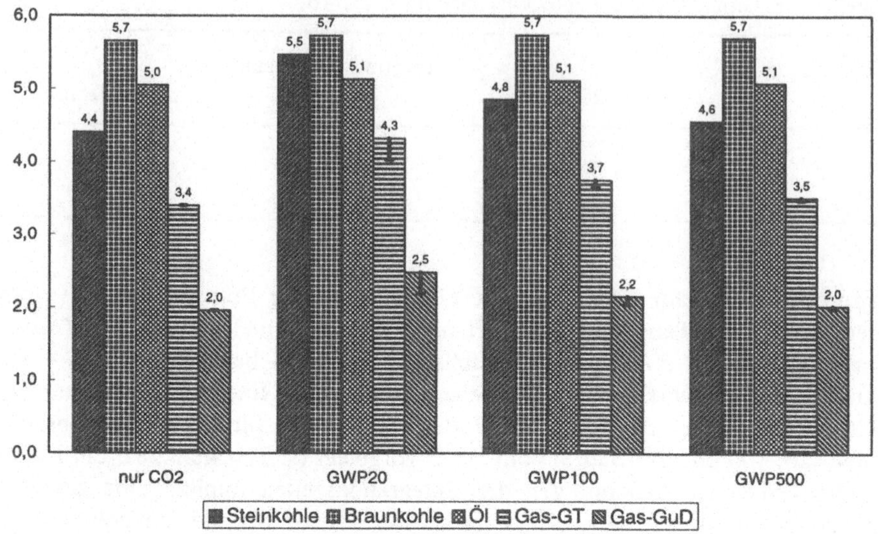

Abb. 3.22. Aus marginalen CO_2-Minderungskosten für Klimaschutzszenario K1 abgeleitete Vermeidungskosten für die Referenzenergiesysteme (Nur CO2: nur CO_2-Emissionen berücksichtigt; GWP20/100/500: CH_4- und N_2O-Emissionen mit GWP über 20/100/500 Jahre in CO_2-Äquivalent-Emissionen umgerechnet; die Fehlerbalken bei den beiden Gas-Referenzenergiesystemen zeigen die Ergebnisse unter Annahme niedrigerer Leckagen in der GUS-Gaswirtschaft)

wendet werden, also eher kurzfristige Effekte im Vordergrund stehen, steht Steinkohle statt Öl an zweiter Stelle in der Rangfolge bzgl. der Vermeidungskosten. Insgesamt sind die Unterschiede zwischen Stein- und Braunkohle und Öl eher gering, während für Gas, v.a. mit einer modernen Technologie (GuD), doch deutlich geringere Vermeidungskosten berechnet werden.

Die berechneten Vermeidungskosten für das K1-Szenario befinden sich im oberen Bereich der im Abschn. 3.8.4 mit dem Schadenskostenansatz berechneten Bandbreite. Insbesondere für das K2-Szenario (Kernenergieausstieg) sind die Vermeidungskosten aber deutlich höher.

Die marginalen Treibhausgas-Minderungskosten können also bei gegebenen Reduktionszielen zur Bewertung der Referenzenergiesysteme im Hinblick auf die Klimaänderung hinzugezogen werden. Allerdings ergeben sich – wie beim Schadenskostenansatz auch – in Abhängigkeit von den Annahmen stark voneinander abweichende Ergebnisse. Während die Ursache hierfür beim Schadenskostenansatz eher bei den Unsicherheiten bei der Quantifizierung der Wirkungsprozesse selbst liegt, rühren die Bandbreiten beim Vermeidungskostenansatz von den energiepolitischen Rahmenbedingungen her.

3.9 Auswirkungen von Ölaustritten auf marine Ökosysteme

Kohlenwasserstoffe, die durch Unfälle oder Entsorgungen der Tankschiffahrt und von Ölplattformen ins Meer gelangen, durchlaufen bei ihrer "Alterung" eine Vielzahl physikalisch-chemischer Veränderungen. Sie werden induziert durch die Ausbreitung und Dispersion des Öls, durch Verdampfungs- und Emulgierungsvorgänge, durch Pyrolyse (Photo-Oxidation), mikrobielle Abbauprozesse sowie durch Zerfall und Sedimentation von Abbauprodukten. Runte hat die relevanten Prozesse sowie die Auswirkungen auf Ökosysteme ausführlich beschrieben [3.152].

3.9.1 Auswirkungen von Öleinträgen auf Organismen

Die Auswirkungen von Ölaustritten in die Umwelt werden in entscheidendem Maße von der Ölmenge, dem Öltyp und den begleitenden Randbedingungen gesteuert. Gegenüber Rohölen sind Raffinate, wie Bunkeröl, Diesel oder Kerosin (hoher Aromatanteil) um ein Vielfaches toxischer.

Sturminduzierter Wellengang und Verdriftung tragen zu einer raschen Verdampfung leichtflüchtiger Kohlenwasserstoffe, zu einer Auflockerung des Ölteppichs und zu einer verstärkten Öl-Dispersion im Wasser bei. Anders als in offenen Ozeanen kann sich das Öl im Bereich von Buchten, Lagunen, geschützten Watten und Salzwiesen konzentrieren und zu langanhaltenden Schäden an den vertretenen Lebensgemeinschaften führen. Tierarten wie Säuger, Fische oder Vögel sind während der Reproduktion oder der Mauser zu bestimmten Jahreszeiten besonders verletzlich.

3.9.2 Wirkung auf Biota

3.9.2.1 Phytoplankton

Wenngleich Wachstum und Photosyntheseleistung beim Phytoplankton durch gelöste oder dispergierte Kohlenwasserstoffe herabgesetzt werden können, sind in Spill-Gebieten, d.h. in Gebieten mit größeren Ölaustritten, bisher keine Bestandseinbrüche beobachtet worden. Die Verluste werden schnell durch Zufuhr aus benachbarten Gewässern aufgefangen. Eine zeitweise Zunahme der Primärproduktion wird auf eine Abnahme des Freßdrucks durch Zooplankton zurückgeführt, das auf Kohlenwasserstoffe empfindlicher reagiert.

3.9.2.2 Fische

Im Bereich von Ölplattformen sind z.T. Erhöhungen der Fischvorkommen registriert worden, wahrscheinlich aufgrund eines höheren Nahrungsangebotes und durch das Befischungsverbot innerhalb der Sicherheitszone im Umkreis von 500 Metern. Auch Kontaminationen durch Bohrschlämme wurden in der Umgebung norwegischer Plattformen beobachtet [3.153], [3.154]. Für die Fischerei sind besonders Fälle relevant, in denen marktfähiger Fisch durch Ölaufnahme oder Kontakt mit verölten Gerätschaften im Geschmack beeinträchtigt wird ("tainting") und nicht mehr verkäuflich ist. In einigen Fällen konnte nachgewiesen werden, daß emulgierende Zusatzstoffe in Bohrschlämmen für das tainting verantwortlich waren. Nach Laborversuchen sollen Fische geringe Ölkontaminationen aber auch wahrnehmen und solche Gewässer wahrscheinlich meiden.

Gelöste oder dispergierte KW werden bei Fischen hauptsächlich durch die Kiemen aufgenommen. Khan stellte bei chronischen Verölungen hier einen Anstieg des Parasitenbefalls fest [3.155]. Akute Öleffekte prägen sich aus in Schädigung von Kiemen, Magen, Leber, Darm, Hirn, Rückenwirbel und Geruchssinn.

3.9.2.3 Vögel

Seevögel sind weniger in der Lage, Öle auf dem Wasser auszumachen und ihnen auszuweichen. Die akuteste Gefährdung besteht in der Kontamination des Gefieders durch driftendes Öl, wobei die Fähigkeit zur Wasserabweisung und zur Wärmeisolation verlorengeht. Um die Körpertemperatur zu halten, bleibt der Stoffwechsel bis zur Erschöpfung der Energiereserven aktiviert.

Beim Reinigen des Gefieders gelangt das Öl ins Verdauungssystem, reichert sich als Einlagerung im Fett- und Muskelgewebe an oder wirkt akut toxisch. Eine Reinigung des Gefieders einzelner Vögel nach Ölunfällen hat nach realistischen Maßstäben keinen Einfluß auf eine Erholung der betroffenen Population. Ein kleiner Unfall zur falschen Zeit am falschen Ort hat das Potential, eine sehr hohe Anzahl von Vögeln zu töten, d.h. die Sterblichkeitsrate bei einem Ölunfall ist nicht allein vom Umfang des Spills, sondern auch von der Ansammlungsdichte und einer zeitlichen Überschneidung mit Brut- und Mauseraktivitäten abhängig.

3.9.2.4 Meeressäuger

Marine Säuger sind besonders verletzlich durch Ölkontakt, weil sie Luftsauerstoff benötigen und sich deshalb im Bereich der Meeresoberfläche bewegen. Wie von Engelhardt *et al.* [3.156] an Seehunden nachgewiesen wurde, finden Kohlenwasserstoffe über eingeatmete flüchtige Bestandteile, über Hautkontakte oder über die Nahrung Zugang zum Körpergewebe. Studien an Seehunden, Seeottern und Polarbären belegen, daß sich Schweröle schneller an Tierfellen anlagern. Reinigung von anhaftenden Öl und dessen Verzehr können zu akuter Vergiftung mit Todesfolge führen. Obwohl es bei Robben in ölkontaminiertem Wasser zur Aufnahme und Anreicherung von Kohlenwasserstoffen im Fettgewebe kam, fanden Geraci u. Smith [3.157] keine Hinweise auf pathologische Gewebeveränderungen.

3.9.2.5 Ölunfall AMOCO CADIZ – Bretagne

Am 16. März 1978 lief der Supertanker AMOCO CADIZ vor Portsall/Bretagne auf Grund, brach auseinander und verlor in den folgenden 15 Tagen insgesamt 223.000 t Rohöl sowie 4.000 t Bunkeröl. Hiervon verdampften 67.000 t, 26.000 t verblieben im Wasser, 23.000 t sanken zum Meeresgrund und 62.000 t erreichten die Strände [3.158]. Die Öl-Wasser-Emulsion führte an der Bretonischen Küste auf einer Länge von 140 km zu einer schweren Ölverschmutzung, die sich später noch auf 393 km ausdehnte.

Von französischer Seite wurden Untersuchungen zu den Verlusten und Umsatzeinbußen angestellt, die der Bretagne durch die Havarie entstanden sind. Allein im Fremdenverkehrssektor betrug der Rückgang von Übernachtungen im Jahr 1978 gegenüber dem Vorjahr rund 16,5% – umgerechnet rund 503 Mio. Francs. In der Fischereiwirtschaft betrug der Ertragsrückgang für Fisch und Krebs-/Krustentiere im Vergleich zum Vorjahr rund 3 Mio. Francs. Nachdem von Derek [3.159] der Gesamtschaden des spills noch mit 85.2 Mio. $ (Stand 11.1.1988) angegeben wurde, wurde der französischen Regierung 1992 vom Federal Appeals Court in Chicago für Verluste im Hotelgewerbe, in der Fischereiwirtschaft und für Reinigungsaufwendungen eine Summe von 204 Mio. $ zuerkannt [3.160].

3.9.2.6 Ölunfall EXXON VALDEZ – Alaska

Am 24. März 1989 lief der Tanker EXXON VALDEZ im Prince William Sound/Alaska auf das Bligh Riff, wobei aus 10 der 15 Öltanks 260.000 Barrel Rohöl (ca. 41 Mio. l) ausliefen [3.161]. Über mehrere Wochen lag ein Ölteppich im südwestlichen Sund. Etwa 35% des Öls verdampften oder lösten sich im Wasser, 40% verschmutzten die Küsten und rund 25% verließen den Sund als Treiböl.

Im Rechtsstreit um das Ausmaß der Schäden wurde der US-Regierung von der Exxon-Ölgesellschaft eine Summe von 1 Mrd. US $ angeboten. 900 Mio. $ waren für Restaurationsprogramme und Forschung geplant, 100 Mio. $ als Strafmaß für den Verstoß gegen 4 US-Gesetze. Die Regierung hat das Angebot als unzureichend abgelehnt. Die Kosten der laufenden Reinigungsmaßnahmen belaufen sich bisher auf 2,2 Mrd. $.

3.9.2.7 Abschätzung externer Kosten

Da z.Z. keine Modelle zur Durchführung einer vollständigen Wirkungspfadanalyse zur Abschätzung externer Effekte durch den Eintrag von Öl in marine Ökosysteme zur Verfügung stehen, werden in einer sehr einfachen Abschätzung die durch den AMOCO CADIZ und den EXXON VALDEZ Unfall entstandenen

Kosten auf eine Einheit Strom umgerechnet, um wenigstens eine Vorstellung der Größenordnung möglicher Schäden zu bekommen. In der Zeit zwischen 1987 und 1993 kam es weltweit zu 16 Tankerunfällen mit einer Freisetzung von jeweils mehr als 30000 Tonnen Öl, dies entspricht einer Wahrscheinlichkeit von ca. einem Unfall pro Jahr. Bei einem weltweiten Transportaufkommen von 1525 Mill. Tonnen Öl pro Jahr [3.162] und dem Rohölbedarf des Referenzkraftwerks von 0,284 Mill. t/TWh entspricht dies einer Wahrscheinlichkeit von $1{,}9 \cdot 10^{-4}$ großen Unfällen je TWh. Durch Mulitplikation der Kosten in Höhe von 329 Mill. DM (AMOCO CADIZ) bzw. 3,55 Mrd. DM (EXXON VALDEZ) mit dieser Wahrscheinlichkeit lassen sich Schadenskosten in Höhe von 0,0063 Pf/kWh bzw. 0,067 Pf/kWh berechnen. Es sei darauf hingewiesen, daß die für den EXXON VALDEZ Unfall berücksichtigten Kosten nur die Reinigungskosten abdecken. Ansätze zur Bewertung des Verlustes von z.B. 100 000–300 000 Seevögeln stehen nicht zur Verfügung. Es wird auch deutlich, daß der in Bezug auf die freigesetzte Ölmenge verglichsweise kleine Unfall der EXXON VALDEZ zu sehr viel höheren Schadenskosten als der AMOCO CADIZ Unfall führte.

3.10 Sonstige Effekte

Neben den bisher behandelten Auswirkungen auf die menschliche Gesundheit und die Umwelt kommt es zu weiteren Umwelteffekten, die bisher nicht behandelt wurden, da eine Quantifizierung nicht möglich ist oder sie als zu unbedeutend angesehen werden. Eine ausführliche Behandlung einiger dieser Umwelteffekte findet sich z.B. in [3.165], [3.171], [3.163].

So konnten nicht alle Auswirkungen der sauren Deposition und des Stickstoffeintrags quantifiziert werden. Die wichtigsten Lücken sind wohl die Auswirkungen dieser Einträge auf naturnahe Ökosysteme (s. Abschn. 3.6.1) und auf aquatische Ökosysteme. Saure Depositionen auf Oberflächengewässer wirken sich auf die Fischpopulationen aus, wobei die Wasserchemie, die Nahrungsverfügbarkeit, die Wassertemperatur und das Vorhandensein von Raubfischen wichtige Einflußfaktoren sind. Mangels geeigneter Modelle kann dieser Effekt nicht quantifiziert werden.

Der Steinkohlebergbau hat ebenfalls noch weitere negative Auswirkungen, die bisher noch nicht behandelt wurden. Dazu gehören Auswaschungen aus Abraumhalden, Auswirkungen des Grubenwassers auf Oberflächengewässer sowie sogenannte Bergschäden.

Wenn Eisensulfid in den Abraumhalden oxidiert wird, kann sich daraus Schwefelsäure bilden, wodurch Spurenelemente ausgewaschen werden könnten. Auch der pH-Wert in den Auswaschungen aus den Abraumhalden könnte absinken. Dies hätte langfristige Auswirkungen. Bisher werden diese Auswirkungen nicht vom deutschen Bergbaurecht berücksichtigt, vermutlich da die Grundwasservorräte im Ruhrgebiet nicht als Trinkwasserreserven angesehen werden.

Im Bergbaugebiet des Ruhrgebiets werden jährlich 150 Mio. m^3/Jahr Grubenwasser in die verschiedenen Oberflächengewässer eingeleitet, 50% davon aus Gruben, die bereits geschlossen sind. Die Ruhr erhält davon 50 Mio. m^3/Jahr, wobei die Sulfat- und Chlorid-Konzentrationen in diesem Grubenwasseranteil im Schnitt jeweils 900 g/m^3 beträgt. Die Grubenwassereinleitungen sind für 67% des Chloridgehalts und für 42% des Sulfatgehalts der Ruhr in der Nähe von Essen verantwortlich. Da dieses Flußwasser als Trinkwasser verwendet wird, das die strengen Auflagen der Trinkwasserverordnung erfüllen muß, ist eine kostenintensive Aufbereitung notwendig.

Die Steinkohle wird im Untertagebau abgebaut. Dieser verursacht Bodenabsenkungen, die zu sogenannten Bergschäden bei Gebäuden und bei der Infrastruktur sowie zu Störungen des Flußsystems führen können. Das deutsche Bergrecht verpflichtet die Bergbauunternehmen zu Entschädigungszahlungen. Für die Regulierung des Flußsystems müssen sie ebenfalls Beiträge entrichten. Es bleibt jedoch offen, ob mit den Entschädigungen die Bergschäden vollständig ausgeglichen werden.

Im Unterschied zu Steinkohle wird Braunkohle in Deutschland im Tagebau abgebaut. Für den Tagebau ist eine großflächige Grundwasserabsenkung um einige hundert Meter notwendig. Diese Grundwasserabsenkung erfordert ein großangelegtes Entwässerungssystem, das im Hinblick auf Betriebskosten und Umweltauswirkungen optimiert wird. Mit numerischen, zweidimensionalen Mehrschicht-Grundwassermodellen können Pumprate und Wasserspiegelverlauf unter der Oberfläche für die Zeit des Abbaus und danach prognostiziert werden. Für den Referenztagebau Garzweiler II sollen die Umweltauswirkungen auf Feuchtgebiete durch ein Infiltrationssystem gemindert werden, das ebenfalls mittels numerischer Modelle optimiert wird. Dennoch wird erst viele Jahre nach Beendigung des Braunkohleabbaus das große Wasserdefizit in der Region ausgeglichen sein und werden auch keine weiteren Kosten für Rehabilitationsmaßnahmen mehr entstehen. Auch hier sind die Bergbauunternehmen bereits in der Pflicht, so daß unsicher ist, inwieweit noch nicht internalisierte Kosten für die Allgemeinheit entstehen.

Im Braunkohlentagebau wird der Abraum vom Abbaubereich zu bereits geräumten Bereichen des Tagebaus umgeschichtet. Der Abraum enthält größere Anteile an Eisensulfiden (Pyrit), das durch mikrobiologisch regulierte Verwitterung angegriffen wird, sobald es in Kontakt mit atmosphärischen Sauerstoff kommt, wie z.B. bei der Umschichtung des Abraums. Die Oxidation des Sulfidminerals führt zur Abgabe von großen Mengen an Schwefelsäure in das Sickerwasser. Diese Säure wird – abhängig von den hydraulischen Bedingungen – an das darunterliegende Grundwasser weitergegeben, was die Qualität des Grundwassers beeinträchtigt. So kann schon während des Abbaus das Wasser, das durch die Entwässerungsbrunnen entnommen wird, beeinträchtigt werden. Aber auch nach Beendigung des Abbaus und der Entwässerungsmaßnahmen können noch Effekte auftreten.

Der zukünftige Braunkohlenabbau im ausgewiesenen Gebiet *Garzweiler II* wird nach dem aktuellen Stand der Planung [3.164] im Laufe der nächsten 40 Jahre die Umsiedlung von 7600 Personen erforderlich machen. Infolge der weiteren Ausweitung des Abbaugebietes nach Westen werden in Zukunft in noch stärkerem Maße als vorher auch Personen von der Umsiedlung betroffen sein, die beruflich nicht im Braunkohlentagebau oder in damit in Zusammenhang stehenden Branchen tätig sind. Die Sozialverträglichkeit von Umsiedlungen im Rheinischen Braunkohlenrevier wurde in einer umfangreichen Studie von Decker *et al.* [3.165] untersucht. Schwächen des augenblicklichen Verfahrens sind mangelnde Transparenz und Möglichkeiten der Partizipation der Betroffenen sowie die mangelnde Einbeziehung der Mieter. In wirtschaftlicher Hinsicht führt eine Umsiedlung sicherlich zu (unerwünschten) Verteilungseffekten. Sie bestehen darin, daß die ohnehin benachteiligten einkommens- und vermögensschwachen Bevölkerungsteile tendenziell eher negativ betroffen werden, während Personen mit solider finanzieller Situation und hohem Mobilitäts- und Handlungsspielraum eher die Umsiedlungssituation zu ihrem Vorteil nutzen können. Solche Verteilungseffekte sind allerdings – zumindest im Rahmen einer herkömmlichen Kosten-Nutzen-Analyse – schwer zu bewerten [3.166].

Weitere Umweltauswirkungen von Energiesystemen werden immer wieder genannt. Einige davon haben nur eine geringe Bedeutung, andere sind noch wenig wissenschaftlich untersucht oder oft auch sehr umstritten, daher wurden sie in dieser Studie nicht weiter berücksichtigt, wie z.B. die möglichen Gesundheitsauswirkungen von elektromagnetischen Feldern.

4 Schäden durch Stromerzeugung aus Kernenergie

(W. Krewitt)

4.1 Einleitung

Wie kaum eine andere Technik hat die Nutzung der Kernenergie zu einer Polarisierung der Öffentlichkeit bei der Bewertung einer technischen Entwicklung geführt. In den sechziger und frühen siebziger Jahren wurden zunächst fast uneingeschränkt große Hoffnungen in die Kernenergie gesetzt, mit deren Hilfe die Energieprobleme zukünftiger Generationen trotz der knappen fossilen Rohstoffe lösbar schienen. Später wurde die Kerntechnik in der Öffentlichkeit zunehmend als *das* Symbol einer Großtechnologie angesehen, die wegen ihres Gefahrenpotentials von Teilen der Bevölkerung abgelehnt wurde. Durch den Unfall von Tschernobyl schienen die schlimmsten Befürchtungen bestätigt zu sein. Die Frage „Kernenergie - ja oder nein?" wurde zu einem Politikum, bei dem die Diskussion um die Kernenergie zunehmend auch die Rolle eines Stellvertreters für den Konflikt unterschiedlicher Weltanschauungen übernahm. Auf der Basis demokratischer Entscheidungen wurden in verschiedenen europäischen Ländern Moratorien für den Bau neuer Kernkraftwerke verhängt (z. B. Schweiz) oder der Ausstieg aus der Kernenergienutzung beschlossen (z. B. Schweden). Vor dem Hintergrund internationaler Konventionen zur Reduzierung von CO_2-Emissionen, deren Wirkungen auf das Klima der Erdatmosphäre als eines der zur Zeit wichtigsten Umweltprobleme angesehen wird, wird die Bedeutung der praktisch CO_2-freien Stromerzeugung aus Kernenergie heute zum Teil neu überdacht. Die jüngsten Auseinandersetzungen um die Kastor-Transporte haben jedoch deutlich gezeigt, daß sich in Deutschland ein Teil der Bevölkerung weiterhin „mit Händen und Füßen" gegen die Nutzung der Kernenergie wehrt.

In den folgenden Abschnitten wird versucht, die durch die Stromerzeugung aus Kernenergie verursachten Risiken für den Menschen und die daraus resultierenden externen Kosten so weit wie möglich zu quantifizieren. Da bei der Bewertung der Kernenergie in der Öffentlichkeit vor allem die Ängste vor den Folgen eines auslegungsüberschreitenden Störfalls eine wichtige Rolle spielen, wird hier auf die Darstellung der Unfallfolgenabschätzung ein besonderes Gewicht gelegt.

In Deutschland hat der Gesetzgeber mit den im zweiten Atomgesetz geforderten höheren Anforderungen an die Sicherheit von Kernkraftwerken auf die Diskussionen um die Risiken eines „Super-GAU" reagiert. Neue Kernkraftwerke werden nur noch genehmigt, wenn sie den neuen Sicherheitsanforderungen entsprechen. Obwohl zur Zeit der sogenannte European Pressurized Reactor (EPR) in deutsch-französischer Zusammenarbeit als nächste Reaktorgeneration entwickelt wird, sind die möglichen Auswirkungen der neuen Technik auf die Umwelt noch nicht bekannt. Dementsprechend wird hier eine „alte“ Technik bewertet, mit der zwar der heutige Strom produziert wird, die aber heute als Neuanlage nicht mehr genehmigt würde.

4.2 Beschreibung des nuklearen Stromerzeugungssystems

Im Gegensatz zu den fossilen Energiesystemen, bei denen die Emissionen aus dem Kraftwerk dominieren, tragen bei der Kernenergie die Emissionen einiger vor- und nachgelagerter Prozeßstufen wesentlich zu den Gesamtemissionen des Energiesystems bei, diese müssen bei der Wirkungsabschätzung natürlich berücksichtigt werden. Die Prozeßstufen des betrachteten „Brennstoffkreislaufs“ sind in Abb. 4.1 dargestellt.

Die Uranerzförderung der westlichen Welt entfällt zu ca. 60 % auf die USA und Kanada. Für die vorliegende Abschätzung wird angenommen, daß das Uranerz im Tagebau in Kanada gewonnen wird. Die Herstellung des Urankonzentrats erfolgt üblicherweise in unmittelbarer Nachbarschaft der Mine, da der geringe Erzgehalt des Gesteins weite Transportwege verbietet. Das Endprodukt der Uranaufbereitung ist mehrwertiges Uranoxid (U_3O_8). Eine erhöhte Strahlenbelastung der Umwelt resultiert in erster Linie aus der Freisetzung von Radon-222 bei der Uranerzgewinnung und vor allem aus den Abraumhalden. Je nach Uranerzgehalt und Extrationsprozeß enthalten die Rückstände der Konzentratherstellung noch zwischen 0,001 % und 0,01 % Uran. Vor allem die beim radioaktiven Zerfall des Uran-234 entstehenden Zwischenprodukte Radium-226 mit einer Halbwertszeit von 1 600 Jahren und Thorium-230 mit einer Halbwertszeit von 80 000 Jahren führen zur Bildung und Freisetzung von Radon-222 über sehr lange Zeiträume auch nach Stillegung der Anlage. In /9/ wurde die Freisetzungsrate von sinnvoll abgedichteten Abraumhalden mit ca. 3 Bq m^{-2} s^{-1} abgeschätzt und über einen Zeitraum von 10 000 Jahren als konstant angesehen. Aus Tabelle 4.1 wird deutlich, daß die über einen Zeitraum von 10 000 Jahren kumulierten Radonemissionen aus Abraumhalden zu der mit Abstand größten Aktivitätsfreisetzung des gesamten Brennstoffkreislaufs führt

Die Reinigung des Natururankonzentrats und die Umwandlung in nuklearreines Uranhexafluorid (UF_6) werden unter dem Begriff Konversion zusammengefaßt. Das Uranhexafluorid wird angereichert und bei der Brennelementherstellung zu Urandioxid umgewandelt. Während in Deutschland keine Anlagen zur Konversion von Natururan vorhanden sind, werden Anreicherung und Brennelementherstellung in Deutschland durchgeführt. Da die für eine Schadensabschätzung erforderlichen Daten für deutsche Anlagen nicht zur Ver-

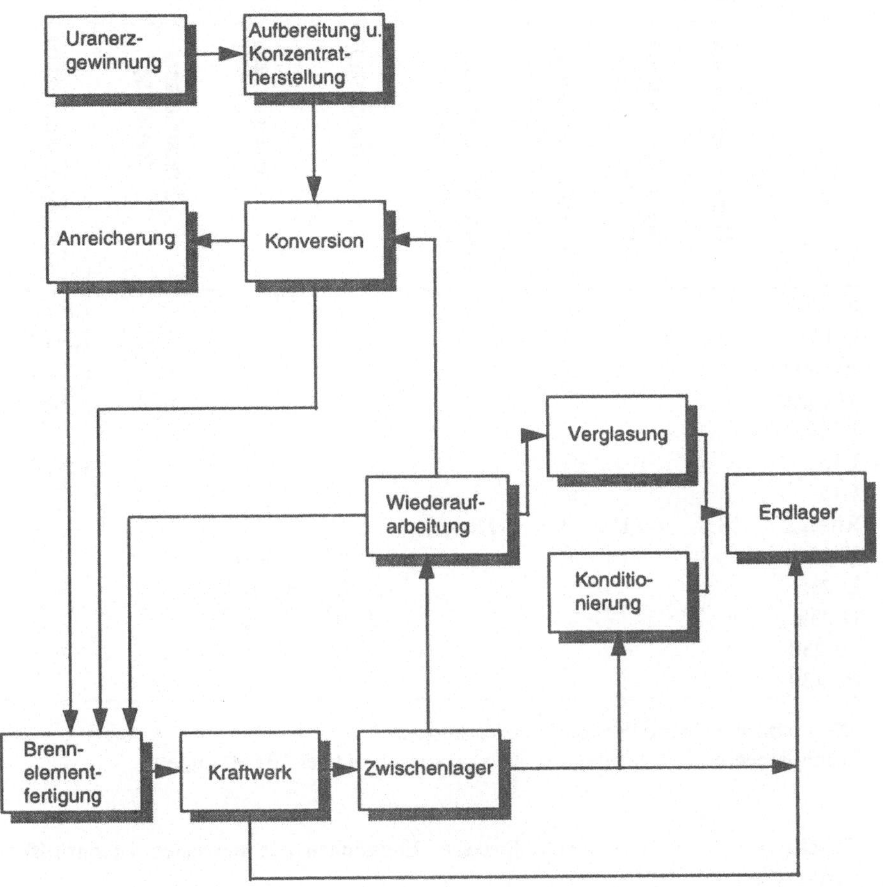

Abb. 4.1. Prozeßstufen des nuklearen Brennstoffkreislaufs

fügung stehen, jedoch detaillierte Untersuchungen für französische Standorte vorliegen /1/, wird hier - unter Berücksichtigung des unterschiedlichen Brennstoffbedarfs - auf die französischen Ergebnisse zurückgegriffen. Dieses Vorgehen erscheint vertretbar, da der Beitrag der Prozeßstufen Konversion, Anreicherung und Brennelementfertigung zu den Gesamtschäden klein ist, so daß die Unterschiede zwischen französischen und deutschen Anlagen kaum Einfluß auf das Gesamtergebnis haben.

Als hypothetisches Referenzkraftwerk wird ein moderner Druckwasserreaktor mit einer Leistung von 1375 MW an einem hypothetischen süddeutschen Standort betrachtet. Die jährliche Stromerzeugung beträgt 10,725 TWh während einer Lebensdauer von 40 Jahren, es wird ein Zielabbrand von

Tabelle 4.1. Emissionen der wichtigsten Radionuklide in die Luft (in TBq/TWh)

	Uranerzgewinnung	Konzentratherstellung Betrieb der Anlage	Konzentratherstellung Abraumhalden a	Konzentratherstellung Abraumhalden b	Konversion	Anreicherung	Brennelement-fertigung	Krafterksbetrieb	Wiederaufarbeitung
H-3								$7{,}9 \cdot 10^{-2}$	$2{,}4 \cdot 10^{-2}$
C-14							$1{,}8 \cdot 10^{-9}$	$7{,}3 \cdot 10^{-3}$	$3{,}8 \cdot 10^{-2}$
Aerosole							$1{,}3 \cdot 10^{-10}$	$3{,}5 \cdot 10^{-7}$	
Edelgase							$4{,}4 \cdot 10^{-10}$	1,5	$3{,}8 \cdot 10^{+2}$
I-129									$2{,}7 \cdot 10^{-5}$
I-131								$9{,}5 \cdot 10^{-7}$	$3{,}8 \cdot 10^{-7}$
I-133									$1{,}7 \cdot 10^{-7}$
Rn-222	18,8	0,11	1,1	$1{,}1 \cdot 10^{+3}$					
U-234					$3{,}4 \cdot 10^{-7}$	$1{,}7 \cdot 10^{-7}$			
U-235					$1{,}5 \cdot 10^{-8}$	$8{,}9 \cdot 10^{-9}$			
U-238					$3{,}2 \cdot 10^{-7}$	$1{,}3 \cdot 10^{-10}$			
Pu-238									$5{,}4 \cdot 10^{-12}$
Pu-239									$1{,}2 \cdot 10^{-11}$

[a] Emissionen während des Betriebs der Anlage;
[b] Emissionen nach Stillegung der Anlage, kumuliert über 10 000 Jahre

Tabelle 4.2. Kumulierte nichtradioaktive Emissionen des nuklearen Brennstoffkreislaufs in g/MWh /4/

SO_2	NO_x	Staub	CO_2
32	70	7	19 700

50 MWd/kg_{Uran} angenommen /2/. Zur Abschätzung der Gesundheitsschäden durch radioaktive Emissionen während des Normalbetriebs werden die in /3/ veröffentlichten Emissionen des Kraftwerks Neckarwestheim verwendet.

Für die Entsorgung der bei der nuklearen Stromerzeugung entstehenden radioaktiven Rückstände werden in Deutschland zwei unterschiedliche Konzepte verfolgt: die direkte Endlagerung und die Endlagerung mit Wiederaufarbeitung. Für die hier durchgeführte Schadensabschätzung wird zunächst von einer Endlagerung mit Wiederaufarbeitung ausgegangen, entsprechende Änderungen bei einer direkten Endlagerung werden ergänzend in Kapitel 4.3.3.2 dargestellt. Zur

Zeit wird ein großer Anteil der radioaktiven Rückstände aus deutschen Kernkraftwerken in der französischen Wiederaufarbeitungsanlage La Hague verwertet. Dementsprechend werden zur Schadensabschätzung Daten für La Hague aus /1/ verwendet.

Die Emissionen radioaktiver Stoffe in die Luft aus den verschiedenen Prozeßstufen des Brennstoffkreislaufs sind in Tabelle 4.1 zusammengefaßt. Zur Ermittlung der Auswirkungen eines auslegungsüberschreitenden Unfalls werden die in der deutschen Risikostudie Kernkraftwerke Phase B /5/ für verschiedene Unfallkategorien ermittelten Freisetzungsraten verwendet (Tabelle 4.8, Seite 177). Zwar werden durch den Betrieb eines Kernkraftwerks fast keine konventionellen Luftschadstoffe und Treibhausgase emittiert - wohl jedoch in den vor- und nachgelagerten Prozeßstufen. In Tabelle 4.2 sind daher ergänzend die über alle Prozeßstufen kumulierten Emissionen der „konventionellen" Schadstoffe angegeben, deren Höhe in der Regel eine Größenordnung unter den Emissionen der fossilen Stromerzeugungssysteme liegen.

4.3 Öffentliche Gesundheitsschäden durch ionisierende Strahlung

4.3.1 Wirkungsprozesse

Bei radioaktivem Zerfall eines Atomkerns können drei Arten von Strahlung entstehen: α-, β- und γ-Strahlung. α- und β-Strahlung bestehen aus Teilchen, γ-Strahlung aus Photonen, d. h. Energiequanten. α-Teilchen bestehen aus je zwei Protonen und Neutronen, β-Teilchen sind Elektronen. α-, β- und γ-Strahlen haben bezüglich ihrer biologischen Wirksamkeit sehr unterschiedliche Eigenschaften. α-Teilchen geben ihre Energie beim Durchgang durch Materie auf einer sehr kurzen Wegstrecke ab, so daß ihre biologische Wirksamkeit bei gleicher Energiedosis größer als die der anderen Strahlenarten ist.

Durch die Energieabsorption in exponiertem biologischen Material kommt es zur Radikalbildung und zu Ionisationsereignissen in der bestrahlten Materie. Die Ionisationsdichte wird durch die Strahlenart und die Energie der Strahlung bestimmt. An der Entwicklung der Schadenskette sind strahlenbedingte, molekulare Veränderungen der Desoxyrhibonukleinsäure (DNA) entscheidend beteiligt, obwohl der überwiegende Teil dieser Strahlenschäden durch sehr effiziente Reparatursysteme wieder beseitigt wird. In den bestrahlten Zellen treten aufgrund der strahlenbedingten DNA-Schäden Veränderungen der Chromosomen (Chromosomenaberration) auf, die zum Zelltod führen. Die Zahl der Chromosomenaberrationen nimmt mit steigender Strahlendosis zu. Ein wichtiger Parameter für die Abtötung der Zellen nach der Bestrahlung ist die Zellvermehrung (Zellproliferation), die in verschiedenen Geweben und Organen sehr unterschiedlich ist. Es hat sich gezeigt, daß stark proliferierende Zellsysteme

(z. B. Knochenmark und Dünndarm) im allgemeinen strahlenempfindlicher sind als weniger stark proliferierende (z.B. Nerven und Muskel). Bei geringen Dosen kann die Strahlenwirkung durch Erholungsvorgänge reduziert werden, wobei die Erholungseffekte bei dicht ionisierenden Strahlen (Alpha- oder Neutronenstrahlen) stark reduziert sind.

Durch die Strahlenexposition können Zellen aller Gewebe, d. h. somatische Zellen und Keimzellen, betroffen sein. Bei der Schädigung somatischer Zellen kommt es zu sogenannten somatischen Strahleneffekten, die bei dem exponierten Individuum selbst auftreten. Bei einer Exposition von Keimzellen können Veränderungen am genetischen Material einer Keimzelle hervorgerufen werden, so daß es zu genetischen Effekten bei den Nachkommen eines exponierten Individuums kommen kann.

Bei somatischen Strahlenschäden wird wiederum zwischen stochastischen und nicht-stochastischen Effekten unterschieden. Bei nicht-stochastischen Effekten liegt ein multizellulärer Mechanismus vor, d. h. es müssen viele Zellen geschädigt werden, damit es zu einer Manifestierung des Schadens kommt. Bevor ein Effekt auftritt, muß eine Schwellendosis überschritten werden. Nach Überschreiten der Schwellendosis - die in der Regel viel höher als die durch Umweltradioaktivität zu erwartenden Expositionen liegt - nimmt der Schweregrad des Effektes mit steigender Dosis zu.

Bei stochastischen Effekten handelt es sich um unizelluläre Prozesse, also um Prozesse, die von einer einzelnen geschädigten Zelle ihren Ausgang nehmen. Mangels experimenteller und epidemiologischer Daten im unteren Dosisbereich wird oft angenommen, daß keine Schwellendosis besteht. Bei steigender Strahlendosis nimmt nicht der Schweregrad, sondern die Wahrscheinlichkeit des Eintretens der Effekte zu. Zu der Kategorie der stochastischen Effekte gehört die Induktion von malignen Erkrankungen (Leukäme und solide Krebse) und von genetischen Effekten. Eine statistisch signifikante Erhöhung genetischer Defekte durch ionisierende Strahlung konnte in epidemiologischen Studien bisher nicht beobachtet werden, so daß die quantitative Abschätzung des strahlengenetischen Risikos auf tierexperimentellen Untersuchungen beruht. Zur Abschätzung des Leukämie- und Krebsrisikos wird auf epidemiologische Untersuchungen zurückgegriffen, die vor allem an Überlebenden der Atombomenabwürfe in Hiroshima und Nagasaki, an Personen mit hohen beruflichen Expositionen sowie an Patienten mit hohen medizinischen Expositionen durchgeführt wurden.

4.3.2 Verfahren zur Schadensabschätzung

Im Vergleich zu anderen gesundheitsgefährdenden Stoffen ist die Wirkung ionisierender Strahlung auf den Menschen relativ gut erforscht. Von internationalen Institutionen wie z. B. der internationalen Strahlenschutzkommission (International Commission on Radiological Protection - ICRP) oder dem UN-

Komitee zur Wirkung von Kernstrahlen (United Nations Scientific Committee on the Effects of Atomic Radiation - UNSCEAR) wurden Modelle entwickelt, mit denen die durch ionisierende Strahlung verursachten Wirkungen beschrieben werden können. Obwohl diese Modelle international anerkannt sind und im Bereich des Strahlenschutzes verwendet werden, bestehen trotzdem noch große Unsicherheiten, vor allem im Bereich der Wirkung kleiner Dosen auf den Menschen. Die den bestehenden Modellen zugrunde liegenden epidemiologischen Daten wurden in Bevölkerungsgruppen ermittelt, die hohen Strahlendosen ausgesetzt waren. Wegen der hohen und in einem weiten Wertebereich schwankenden spontanen Krebsrate ist es mit statistischen Methoden bisher nicht gelungen, eine Erhöhung der Krebsrate durch niedrige Strahlendosen nachzuweisen. Um trotzdem Aussagen über das Risiko kleiner Dosen machen zu können, wird die bei hoher Dosis und hoher Dosisleistung gefundene annähernd lineare Abhängigkeit des Risikos von der Dosis auf den niedrigen Dosisbereich extrapoliert. In der Vergangenheit wurde im unteren Dosisbereich von der gleichen Wirksamkeit je Dosiseinheit wie bei hohen Dosen ausgegangen, d. h. es wurde linear extrapoliert. Dabei wird jeder noch so kleinen Dosis ein Risiko zugeordnet, eine mögliche Reparaturfähigkeit der Zellen oder Gegenreaktionen des Immunsystems bleiben unberücksichtigt. Verschiedene Studien weisen darauf hin, daß im unteren Dosisbereich eine linear-quadratische oder quadratische Extrapolation den Zusammenhang zwischen Risiko und Dosis besser beschreiben als die lineare Extrapolation, durch die das gesamte Krebsrisiko eher überschätzt wird (siehe z. B. /6/). Neben der Höhe der Dosis hat auch die Dosisleistung - also die je Zeiteinheit empfangene Dosis - einen Einfluß auf die Wirkung. Es wird angenommen, daß die Wirksamkeit einer Strahlendosis bei einer Verteilung über einen langen Zeitraum vermindert wird. Um die gegenüber der linearen Extrapolation geringere Wirkung bei niedriger Dosis und Dosisleistung zu berücksichtigen, wird ein Reduktionsfaktor (Low Dose and Dose Rate Effectiveness Factor - DDREF) eingeführt. Die ICRP rechnet in ihren neuen Empfehlungen von 1990 (ICRP 60) /7/ für die Wirkung von Strahlung mit Dosen kleiner als 0,2 Gy und mit einer Dosisleistung kleiner als 0,1 Gy/h mit einem Reduktionsfaktor von 2 (Abb. 4.2).

Um die zeitliche Entwicklung des Risikos innerhalb einer exponierten Personengruppe darzustellen, werden zwei unterschiedliche Modelle verwendet. Das Modell des relativen Risikos geht davon aus, daß nach der Exposition das Krebsrisiko um einen bestimmten Prozentsatz der Spontanrate erhöht wird. Die spontane Krebsrate hängt stark von der Altersstruktur in der betrachteten Bevölkerungsgruppe ab. Das Modell des absoluten Risikos geht von einer bestimmten Gesamtzahl zusätzlicher Krebsfälle innerhalb eines Zeitraums nach der Exposition aus /8/. Das Modell des relativen Risikos ist vor allem zur Beschreibung des Risikos durch solide Tumore geeignet, während das Auftreten von Knochenkrebs und Leukämien eher mit dem Modell des absoluten Risikos beschrieben werden kann.

Verschiedene Autoren weisen darauf hin, daß geringe Dosen ionisierender Strahlen möglicherweise eine allgemeine Steigerung der körpereigenen Abwehrkräfte auslösen und somit positiv auf den Gesundheitszustand wirken können /6/. In den Empfehlungen der internationalen Kommissionen werden solche Ansätze bisher nicht berücksichtigt.

In Tabelle 4.3 sind die zur Abschätzung der stochastischen Effekte verwendeten Risikofaktoren nach ICRP 60 /7/ dargestellt. Das niedrigere Risiko je Dosiseinheit für Arbeiter wird vor allem durch die im Vergleich zur gesamten Bevölkerung unterschiedliche Altersstruktur erklärt.

Tabelle 4.3. Risikofaktoren für stochastische Effekte nach ICRP 60 /7/

	Fälle je Personen-Sievert		
	tödlicher Krebs	nicht tödlicher Krebs	schwere genetische Effekte
Gesamtbevölkerung	0,05	0,12	0,01
Arbeiter	0,04	0,12	0,006

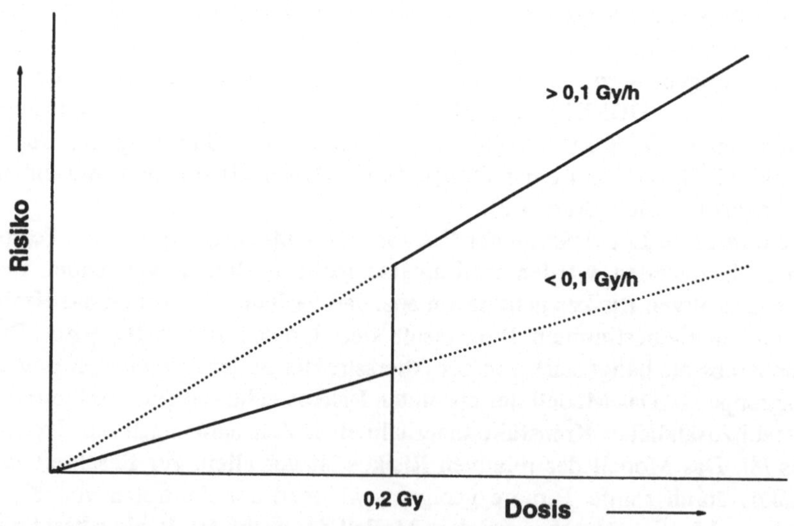

Abb. 4.2. „Low Dose and Dose Rate Effectiveness Factor“ (DDREF) nach ICRP 60

4.3.3 Quantifizierung der Gesundheitsschäden

Zur Berechnung der externen Kosten durch den Normalbetrieb der Anlagen auf den verschiedenen Prozeßstufen des Energiesystems werden so weit wie möglich Ergebnisse aus vorliegenden Studien verwendet. Die Folgen eines Kernkraftwerksunfalls werden durch eigene Modellrechnungen abgeschätzt. Die Schäden durch Normalbetrieb und durch einen schweren Unfall werden in den beiden folgenden Abschnitten getrennt voneinander behandelt.

4.3.3.1 Normalbetrieb

Im Gegensatz zu den fossilen Energiesystemen, bei denen die Schadstoffemissionen vor allem durch den Kraftwerksbetrieb verursacht werden, tragen bei der Kernenergie die Emissionen einiger vor- und nachgelagerter Prozeßstufen wesentlich zu den Gesamtemissionen des Energiesystems bei und müssen bei der Abschätzung der externen Kosten berücksichtigt werden.

Uranerzgewinnung und Urankonzentratherstellung. Es wird davon ausgegangen, daß das Uranerz im Tagebau in Kanada gewonnen und am Standort der Mine aufgearbeitet wird. Bei der Wirkungsabschätzung spielt sowohl für die Erzgewinnung als auch für die Konzentratherstellung vor allem die Freisetzung von Radon (Tochterprodukt des Natururans) aus freien Erzflächen und aus Abraumhalden eine wichtige Rolle. Angaben über die emittierte Menge Rn-222 je geförderter Tonne Uranerz wurden vom United Nations Scientific Committee on the Effects of Atomic Radiation (UNSCEAR) abgeschätzt /9/, so daß die Emissionen je TWh unter Berücksichtigung des Brennstoffbedarfs des Referenzkraftwerks berechnet werden können. Mit Hilfe eines Umrechnungsfaktors von 0,015 Pers.Sv/TBq /9/ kann die resultierende Kollektivdosis je Einheit freigesetzter Radioaktivität abgeschätzt werden (Tabelle 4.5). Der Umrechnungsfaktor wurde aus Rechnungen für eine Modellmine abgeleitet, in deren Umgebung eine Bevölkerungsdichte von 3 Personen je km^2 bis zu einer Entfernung von 100 km von der Mine und von 25 Personen je km^2 bis zu einer Entfernung von 2 000 km angenommen wird. Die resultierenden Gesundheitsschäden werden mit den Risikofaktoren nach ICRP 60 berechnet und sind in Tabelle 4.6 dargestellt.

Konversion, Anreicherung und Brennelementfertigung. Zur Abschätzung der Gesundheitsschäden durch die Prozeßstufen Konversion, Anreicherung und Brennelementfertigung wird auf die Ergebnisse der Studie von Dreicer et al. /1/ zurückgegriffen, da keine entsprechend detaillierten Daten für deutsche Anlagen zur Verfügung stehen. Von allen drei Prozeßstufen werden im wesentlichen die Uranisotope U-234, U-235 und U-238 mit der Abluft und dem Abwasser emittiert. Die Kollektivdosis durch Ingestion, Inhalation und externe Exposition wird in /1/ jeweils für einen Bereich von 0 bis 100 km (lokaler Bereich), 100 bis

1 000 km (regionaler Bereich) und als globale Dosis abgeschätzt. Die Ergebnisse der französischen Studie werden hier durch die Berücksichtigung des niedrigeren Brennstoffbedarfs des deutschen Referenzkraftwerks modifiziert. Tabelle 4.6 zeigt, daß der Beitrag der Prozeßstufen Konversion, Anreicherung und Brennelementfertigung zum Gesamtrisiko klein ist, so daß der Einfluß einer unterschiedlichen Bevölkerungsverteilung an einem deutschen Standort oder der Einfluß anderer Technologien vernachlässigbar ist.

Kraftwerksbetrieb. Die Schäden durch den Normalbetrieb des Referenzkraftwerks werden auf der Grundlage der von UNSCEAR veröffentlichten Emissionsdaten für das Kraftwerk Neckarwestheim abgeschätzt. Die aus den Emissionen resultierende effektive Kollektivdosis wird mit Umrechnungsfaktoren berechnet, die für verschiedene Nuklide die Kollektivdosis je emittierter Einheit Aktivität angeben (Tabelle 4.4). Die Umrechnungsfaktoren wurden von UNSCEAR aus Rechnungen für ein Modellkraftwerk an einem für nordeuropäische Verhältnisse typischen Standort mit einer Bevölkerungsdichte von 400 Personen je km^2 in einer Entfernung bis 50 km vom Kraftwerk und einer Bevölkerungsdichte von 20 Personen je km^2 in einer Entfernung von 50 bis 2 000 km abgeleitet. Der weitaus größte Teil der Kollektivdosis wird durch die globale Belastung durch eine erhöhte H-3 und C-14 Konzentration verursacht, wobei auch hier über einen Zeitraum von 10 000 Jahren integriert wird.

Tabelle 4.4. Faktoren zur Berechnung der Kollektivdosis je emittierter Einheit Radioaktivität aus einem Druckwasserreaktor /9/

	Radionuklid	Kollektivdosis je Einheit freigesetzter Aktivität (Pers.Sv/PBq)
Freisetzung mit der Abluft	Edelgase	0,12
	H-3	
	lokal u. regional	11
	global	1,2
	C-14	
	lokal u. regional	1800
	global	85000
	Jod	340
	Aerosole	5400
Freisetzung mit dem Abwasser	H-3	0,81
	sonstige Nuklide (außer H-3)	20

Wiederaufarbeitung. Da zur Zeit ein großer Teil der Brennelemente aus deutschen Kernkraftwerken in der französischen Wiederaufarbeitungsanlage La Hague wiederaufgearbeitet wird, werden zur Abschätzung der externen Kosten Daten aus der französischen Studie von Dreicer et al. /1/ verwendet und unter Berücksichtigung des niedrigeren Brennstoffeinsatzes im deutschen Referenzkraftwerk angepaßt. In Dreicer et al. wurde die aus Emissionen mit der Abluft und dem Abwasser resultierende Kollektivdosis durch Ingestion, Inhalation und externe Exposition jeweils für einen Bereich von 0 bis 100 km, 100 bis 1 000 km Entfernung und als globale Dosis über einen Zeitraum von 10 000 Jahren abgeschätzt. Der größte Teil der Kollektivdosis wird durch die globale Exposition gegenüber C-14, I-129 und Kr-85 verursacht. Die mit den Risikofaktoren nach ICRP 60 berechneten resultierenden Gesundheitsschäden sind in Tabelle 4.6 dargestellt.

Endlagerung. Als geplanter Standort für ein Endlager für alle Arten von radioaktiven Abfällen in Deutschland ist Gorleben vorgesehen. Durch den Transport von aus dem Endlager freigesetzten Radionukliden mit dem Grundwasser kann es zu einer Gefährdung der Bevölkerung kommen. Zur Abschätzung der resultierenden Strahlenbelastung müssen komplexe Modelle herangezogen werden, die u. a. die Mobilisierung von Radionukliden aus dem Abfallgebinde sowie das Verhalten des Deckgebirges und der Biosphäre beschreiben.

In einer Studie von Hirsekorn et al. /10/ wurden die Auswirkungen eines Endlagers für schwach (LAW) und mittelaktiven (MAW) Abfall (heute als Abfälle mit vernachlässigbarer bzw. geringer Wärmeentwicklung bezeichnet) am Standort Gorleben untersucht. Die Kapazität des Referenzendlagers entspricht dem Abfallaufkommen einer Wiederaufarbeitungsanlage mit einer Kapazität von 1 400 t Uran pro Jahr während einer Betriebszeit von 50 Jahren. Unter Berücksichtigung des Brennstoffbedarfs des Referenzkraftwerks entspricht dies einer Stromerzeugung von ca. 28 000 TWh. Zur Berechnung der Strahlenbelastung wird über einen Zeiraum von einer Millionen Jahren integriert, die Freisetzung aller Radionuklide ist dann auf wenige Prozent des Maximalwertes abgesunken. Die als konstant angenommene Bevölkerung wird mit dem Oberflächenwasser aus dem kontaminierten Gebiet versorgt.

Neben dem Fall des „Normalbetriebs", für den unterstellt wird, daß es zu keinem Laugenzutritt in das Endlager kommt, werden auch Szenarien mit Laugenzutritt und mit menschlicher Einwirkung untersucht. Bei dem Szenario mit menschlicher Einwirkung wird davon ausgegangen, daß die Existenz des Endlagers nach mehreren Generationen in Vergessenheit gerät und daß ca. 1 000 Jahre nach der Einlagerung das Lager beschädigt wird (z. B. durch Salzbergwerk, Brunnen, etc.). Resultierende Kollektivdosen werden in der Studie von Hireskorn et al. nur für die Szenarien mit Laugenzutritt (6,3 Pers.Sv) und mit menschlicher Einwirkung (5 750 Pers.Sv) angegeben. Da für diese Szenarien keine Eintrittswahrscheinlichkeiten vorliegen, ist im Prinzip eine Abschätzung des Risikos je erzeugter Stromeinheit nicht möglich. Wird jedoch die aus dem

Szenario mit Laugenzutritt resultierende Dosis auf eine erzeugte Stromeinheit bezogen, ergibt sich ein Wert von $2{,}3 \cdot 10^{-4}$ Pers.Sv/TWh. Obwohl die Belastung durch dieses Szenario größer ist als durch den „Normalbetrieb", ist sie klein im Vergleich zu den meisten anderen Prozeßstufen des Energiesystems. Wird der Fall der menschlichen Einwirkung als Normalfall angesehen und auf die der Kapazität des Endlagers entsprechenden Strommenge bezogen, ergibt sich eine Kollektivdosis von 0,21 Pers.Sv/TWh, die etwas kleiner als die Belastung durch die Uranmine ist. Aussagen über die Wahrscheinlichkeit eines menschlichen Einwirkens liegen nicht vor, sie wird jedoch eher als klein angesehen. Zur Abschätzung der Schadenskosten wird hier mit dem Wert von $2{,}3 \cdot 10^{-4}$ Pers.Sv/TWh durch die Endlagerung schwach- und mittelaktiver Abfälle gerechnet.

Die radiologischen Auswirkungen durch die Endlagerung hochaktiver Abfälle (HAW) (heute als Abfall mit starker Wärmeentwicklung bezeichnet) im Salzstock bei Gorleben wurden in einer Studie von Storck et al. /11/ abgeschätzt. Im Gegensatz zu den Untersuchungen zur Endlagerung schwach- und mittelaktiver Abfälle wurden jedoch keine resultierende Kollektivdosen berechnet. Zur Abschätzung einer Größenordnung möglicher Gesundheitsschäden durch die Endlagerung hochaktiver Abfälle werden daher Ergebnisse aus der Studie von Dreicer et al. /1/ verwendet, obwohl in Frankreich das Konzept der Endlagerung in Granit verfolgt wird. In der französischen Studie wird für eine als konstant angenommene Bevölkerung von 7 000 Personen am Standort des Endlagers über einen Zeitraum von 100 000 Jahren eine Kollektivdosis von 0,14 Pers.Sv/TWh berechnet. Eine maximale Dosisrate von $6 \cdot 10^{-6}$ Sv pro Jahr wird jedoch erst nach ca. 3 Millionen Jahren erwartet, die Integrationszeit von 100 000 Jahren ist also zu kurz und erfaßt nicht die gesamte Strahlenbelastung, das resultierende Risiko wird eher unterschätzt. Durch menschliche Einwirkung kann die Belastung erheblich größer werden, es können jedoch keine Aussagen über die Wahrscheinlichkeit eines solchen Falles gemacht werden. Wird bei der Bewertung der möglichen Schäden eine positive Diskontrate zugrunde gelegt, so wird der Gegenwartswert der abdiskontierten Schäden wegen der sehr großen Zeiträume praktisch irrelevant.

Tabelle 4.6 zeigt die mit den angegebenen Kollektivdosen berechneten Gesundheitsschäden. Es muß darauf hingewiesen werden, daß hier nur grobe Schätzwerte der möglichen Strahlenbelastung verwendet werden, und daß die Quantifizierung der zukünftigen Strahlenbelastung durch die Endlagerung mit großen Unsicherheiten verbunden ist. Mögliche Schäden treten in Zeiträumen von bis zu mehreren Millionen Jahren auf.

Transport. In der Studie von Dreicer et al. /1/ wurde die Kollektivdosis durch verschiedene Transportvorgänge innerhalb des Energiesystems unter Berücksichtigung schwerer Transportunfälle für französische Verhältnisse abgeschätzt. Da keine entsprechenden deutschen Daten vorliegen, werden hier die französischen Ergebnisse verwendet, um einen Eindruck über die möglichen Risiken zu vermitteln. Entsprechende Rechnungen für deutsche Verhältnisse könnten z. B. wegen unterschiedlicher Transportentfernungen zu leicht abweichenden Ergebnissen führen.

Wegen der chemischen Toxizität von Uranhexafluorid werden auch die möglichen nicht-radiologischen Effekte nach einem Transportunfall abgeschätzt, sie liegen jedoch um mehrere Größenordnungen unter den radiologischen Effekten und können vernachlässigt werden. Insgesamt tragen die Effekte durch Transportvorgänge nur unwesentlich zum Gesamtrisiko des Brennstoffkreislaufs bei.

4.3.3.2 „Brennstoffkreislauf" mit direkter Endlagerung

Wie bereits oben erwähnt, gibt es in Deutschland zwei unterschiedliche Konzepte zur Entsorgung radioaktiver Rückstände. Während in der Vergangenheit zunächst die Rezyklierung von Plutonium aus der Wiederaufarbeitung, durch die der Verbrauch von Natururan gesenkt werden kann, verfolgt wurde, wird heute auf Grund der in den letzten Jahren veränderten Situation (Rahmenbedingungen für die Wiederaufarbeitung, weiterentwickelte technische Konzeption und Stand der Entsorgungsdiskussion) die direkte Endlagerung als gleichrangige Entsorgungsmöglichkeit anerkannt. Für die Höhe der Strahlenbelastung relevante Änderungen gegenüber dem geschlossenen Brennstoffkreislauf ergeben sich vor allem auf den folgenden Prozeßstufen:

- Uranerzgewinnung und Konzentratherstellung (erhöhter Uranbedarf),
- Wiederaufarbeitung (entfällt), und
- Endlagerung (geänderte Zusammensetzung der Rückstände).

Da wegen der zu betrachtenden Zeiträume von vielen tausend Jahren gerade bei der Abschätzung der Schäden durch Uranerzgewinnung und Endlagerung die Unsicherheiten besonders groß sind, werden hier die durch eine direkte Endlagerung verursachten Änderungen gegenüber den in den vorangehenden Abschnitten dargestellten Ergebnisse nur qualitativ dargestellt.

Beide Entsorgungskonzepte unterscheiden sich bezüglich der Struktur der zu entsorgenden radioaktiven Abfälle. Während beim Brennstoffkreislauf mit Wiederaufarbeitung durch die Brennelemententsorgung große Volumen von radioaktiven Abfällen mit vernachlässigbarer Wärmeerzeugung anfallen, sind diese im Fall der direkten Endlagerung vernachlässigbar klein. Dagegen ist das Volumen an wärmeerzeugenden Abfällen bei der direkten Endlagerung ungefähr doppelt so groß wie bei der Wiederaufarbeitung. Der radioaktive Inhalt der verglasten Spaltprodukte im Fall der Wiederaufarbeitung entspricht allerdings näherungsweise dem der konditionierten Brennelemente im Fall der direkten Endlagerung. Auch bei der radiotoxischen Bewertung gibt es keine wesentlichen Unterschiede, bis auf das fehlende Plutonium im Fall der Wiederaufarbeitung ist das Aktivitätsinventar vergleichbar. Mit Blick auf die ohnehin großen Unsicherheiten kann davon ausgegangen werden, daß die mögliche Strahlenbelastung durch die Entsorgung radioaktiver Abfälle für beide Varianten ungefähr gleich groß ist.

Nach /12/ führt die direkte Endlagerung theoretisch zu einem gegenüber einem geschlossenen Brennstoffkreislauf um ca. 60 % erhöhten Bedarf an Natururan. Bei der heute durchgeführten einmaligen Rezyklierung und unter Berücksichtigung eines in der Zukunft erwarteten erhöhten Abbrands werden durch die Wiederaufarbeitung in der Praxis allerdings nur ca. 15 % Natururan eingespart /13/. Wird vereinfachend ein linearer Zusammenhang zwischen der geförderten Uranmenge, den Radon-Emissionen und den resultierenden Schäden angenommen, so erhöhen sich dementsprechend die Schadenskosten je erzeugter kWh durch die Uranerzgewinnung und Aufbereitung um 15 %. Gleichzeitig führt der Verzicht auf die Wiederaufarbeitung zu einer Reduzierung der Strahlenbelastung. Wegen der unterschiedlichen zeitlichen Verteilung lassen sich die beiden gegenläufigen Effekte nicht direkt vergleichen. Bei einer Diskontrate von 0 % heben sich die Änderungen durch den erhöhten Uranbedarf und durch den Wegfall der Wiederaufarbeitung in etwa gegenseitig auf. Da bei der Uranerzgewinnung Radon-Emissionen aus Abraumhalden über einen Zeitraum von 10 000 Jahren berücksichtigt werden und Schäden dementsprechend weit in der Zukunft auftreten, überwiegen bei einer positiven Diskontrate die vermiedenen Schadenskosten durch den Wegfall der Wiederaufarbeitung und führen somit zu insgesamt niedrigeren externen Kosten des gesamten Brennstoffkreislaufs.

4.3.3.3 Schäden durch nichtradioaktive Emissionen

Die Emissionen nichtradioaktiver Schadstoffe aus den verschiedenen Prozeßstufen des Brennstoffkreislaufs führen zu Schäden bei den in Kapitel 3 ausführlich beschriebenen Schadenskategorien. Da die Emissionen vergleichsweise niedrig und die Standorte der Emittenten nicht im einzelnen bekannt sind, wird hier auf detaillierte Ausbreitungsrechnungen verzichtet. Vereinfachend werden die in Tabelle 4.2 angegebenen Emissionen mit Schadenskosten pro Tonne emittiertem Schadstoff multipliziert. Die Schadenskosten je Tonne Schadstoff wurden aus den Modellrechnungen für das Photovoltaik-Energiesystem (siehe Kapitel 5) abgeleitet. Da es sich bei den Prozeßstufen der Photovoltaik auch um mehrere räumlich verteilte Emittenten mit eher niedriger Freisetzungshöhe handelt, sind diese Ergebnisse besser auf die Randbedingungen des Kernenergiebrennstoffkreislaufs übertragbar als etwa die für fossile Kraftwerke ermittelten Ergebnisse. Die resultierenden Schadenskosten sind in Tabelle 4.16 dargestellt. Wird bei der Bewertung eine Diskontrate von 0 % zugrunde gelegt, so sind die Schäden durch die klassischen Schadstoffe im Vergleich mit den radiologischen Schäden klein. Bei einer Diskontrate von 3 % dominieren sie allerdings das Ergebnis, weil die abdiskontierten Schadenskosten durch radiologischen Effekte vernachlässigbar klein werden.

Tabelle 4.5. Kollektivdosis in (Pers.Sv/TWh) durch den Normalbetrieb

	lokal	regional	global	Summe
Uranerzgewinnung	$2,8\cdot10^{-1}$		n. q.	$2,8\cdot10^{-1}$
Konzentratherstellung				
Betrieb der Anlage	$1,7\cdot10^{-3}$		n. q.	$1,7\cdot10^{-3}$
Abraumhalde - Betrieb	$1,6\cdot10^{-2}$		n. q.	$1,6\cdot10^{-2}$
Abraumhalde - nach Betrieb	$1,6\cdot10^{+1}$		n. q.	$1,6\cdot10^{+1}$
Konversion	$1,9\cdot10^{-5}$	$8,7\cdot10^{-6}$	$8,0\cdot10^{-7}$	$2,9\cdot10^{-5}$
Anreicherung	$2,0\cdot10^{-5}$	$3,9\cdot10^{-6}$	$3,6\cdot10^{-7}$	$2,4\cdot10^{-5}$
Brennelementfertigung	$2,2\cdot10^{-7}$	$5,5\cdot10^{-6}$	$3,2\cdot10^{-9}$	$5,7\cdot10^{-6}$
Kraftwerksbetrieb	$1,4\cdot10^{-2}$		$6,2\cdot10^{-1}$	$6,3\cdot10^{-1}$
Wiederaufarbeitung	$1,9\cdot10^{-2}$		3,3	3,3
Endlagerung				
LAW u. MAW	$2,3\cdot10^{-4}$	n. q.	n. q.	$2,3\cdot10^{-4}$
HAW	$1,4\cdot10^{-1}$	n. q.	n. q.	$1,4\cdot10^{-1}$
Transport	$1,3\cdot10^{-3}$	n. q.	n. q.	$1,3\cdot10^{-3}$
Summe				20,4

Tabelle 4.6. Gesundheitseffekte je TWh (Normalbetrieb)

	tödliche Krebsfälle	nicht-tödliche Krebsfälle	genetische Effekte
Uranerzgewinnung	$1,4\cdot10^{-2}$	$3,4\cdot10^{-2}$	$2,8\cdot10^{-3}$
Konzentratherstellung			
Betrieb der Anlage	$8,6\cdot10^{-5}$	$2,1\cdot10^{-4}$	$1,7\cdot10^{-5}$
Abraumhalde - Betrieb	$8,1\cdot10^{-4}$	$1,9\cdot10^{-3}$	$1,6\cdot10^{-4}$
Abraumhalde - nach Betrieb	$8,1\cdot10^{-1}$	1,9	$1,6\cdot10^{-1}$
Konversion	$1,5\cdot10^{-6}$	$3,5\cdot10^{-6}$	$2,9\cdot10^{-7}$
Anreicherung	$1,2\cdot10^{-6}$	$2,9\cdot10^{-6}$	$2,4\cdot10^{-7}$
Brennelementfertigung	$2,9\cdot10^{-7}$	$6,8\cdot10^{-7}$	$5,7\cdot10^{-8}$
Kraftwerksbetrieb	$3,2\cdot10^{-2}$	$7,6\cdot10^{-2}$	$6,4\cdot10^{-3}$
Wiederaufarbeitung	$1,6\cdot10^{-1}$	$4,0\cdot10^{-1}$	$3,3\cdot10^{-2}$
Endlagerung	$7,0\cdot10^{-3}$	$1,7\cdot10^{-2}$	$1,4\cdot10^{-3}$
Transport	$6,5\cdot10^{-5}$	$1,6\cdot10^{-4}$	$1,3\cdot10^{-5}$
Summe	1,0	2,4	0,20

4.3.3.4 Folgen eines auslegungsüberschreitenden Unfalls

Trotz weitreichender Sicherheitsvorkehrungen können bis heute auslegungsüberschreitende Unfälle in einem Kernkraftwerk nicht mit Sicherheit ausgeschlossen werden. Bei solchen Unfällen können größere Anteile der im Kraftwerk vorhandenen radioaktiven Stoffe freigesetzt werden und unter Umständen zu erheblichen Schäden auch außerhalb der Anlage führen. Um die Folgen durch einen schweren Unfall abschätzen zu können, muß die Eintrittshäufigkeit des Unfalls sowie die Menge der jeweils freigesetzten radioaktiven Stoffe bekannt sein. Wegen der niedrigen Eintrittswahrscheinlichkeit können diese Angaben nicht aus den bisherigen Betriebserfahrungen abgeleitet werden. Stattdessen wird versucht, durch probabilistische Risikoanalysen zu Aussagen über die Eintrittshäufigkeit verschiedener Unfallkategorien und der jeweiligen Freisetzung zu kommen. Zur Risikoabschätzung werden hier die in der deutschen Risikostudie Kernkraftwerke Phase B /14/ für verschiedene Unfallkategorien ermittelten Freisetzungsraten verwendet (Tabelle 4.8). Leider sind keine allgemein anerkannten Angaben zur Eintrittshäufigkeit der in der Risikostudie untersuchten Unfallkategorien verfügbar. Um trotzdem eine Abschätzung externer Kosten eines auslegungsüberschreitenden Unfalls durchführen zu können, die über den Ansatz von bisher in Deutschland veröffentlichten Studien (z. B. /15/; Schadensabschätzung auf der Basis des Tschernobylunfalls) hinausgeht, werden hier Schätzwerte zur Eintrittshäufigkeit aus /16/ verwendet (Tabelle 4.7). Ein Vergleich mit den Ergebnissen aus zwei europäischen PSA Level-2 Studien in der Schweiz /17/ und in England /18/ zeigt, daß diese Schätzwerte zwar in einer plausiblen Größenordnung, jedoch über den für einen englischen Druckwasserreaktor ermittelten Eintrittshäufigkeiten liegen. Da den hier verwendeten Schätzwerten keine probabilistische Analyse zu Grunde liegt, können auch keine sinnvollen Angaben zur Bandbreite der Unsicherheiten gemacht werden. Da die Eintrittshäufigkeit linear in die Berechnung der resultierenden Schadenskosten eingeht, ist der Einfluß einer Änderung der Eintrittshäufigkeit auf die Endergebnisse leicht nachzuvollziehen.

Die durch einen großen Unfall verursachten Schäden wurden mit Hilfe des Programmsystems COSYMA (PC-Version) berechnet. COSYMA ist ein Programm zur Unfallfolgenabschätzung und wurde im Auftrag der Europäischen Kommission vom National Radiological Protection Board in England und vom Kernforschungszentrum Karlsruhe entwickelt /19/. Die Vorgehensweise bei der Schadensabschätzung ist in Abb. 4.3 schematisch dargestellt.

Im Gegensatz zum Normalbetrieb ist ein Unfall durch eine kurzzeitige Freisetzungsphase gekennzeichnet. Da der Zeitpunkt des Unfalls und damit auch die meteorologischen Bedingungen während des Unfalls unbekannt sind, werden Rechnungen für viele verschiedene Wettersequenzen durchgeführt, deren Ergebnisse statistisch ausgewertet werden. Ausgehend von den Daten zur Freisetzung von Radionukliden werden mit dem COSYMA-Teilmodell MUSEMET Ausbreitungsrechnungen durchgeführt. Mit den berechneten Konzentrationen und Depositionen wird unter Berücksichtigung der Expositionspfade externe Exposition, Inhalation und Ingestion die resultierende Dosis berechnet. Mit COSYMA können Gegenmaßnahmen wie Evakuierung oder Umsiedlung simuliert werden, durch die die Bevölkerung nach einem schweren Unfall geschützt werden sollen. Für die hier durchgeführten Modelläufen wurden Dosisrichtwerte für Evakuierung und Umsiedlung nach den Rahmenempfehlungen für den Katastrophenschutz in der Umgebung kerntechnischer Anlagen verwendet.

Tabelle 4.7. Geschätzte Eintrittshäufigkeiten für verschiedene Unfallkategorien /16/

Unfallkategorie		Eintrittshäufigkeit pro Jahr
DRSB 1	Großflächiges Sicherheitsbehälterversagen	10^{-7}
DRSB 2	Primärkreisleck im Ringraum	10^{-7}
DRSB 3	Dampferzeuger-Heizrohrleck ohne Wasservorlage im defekten Dampferzeuger	10^{-8}
DRSB 4	Dampferzeuger-Heizrohrleck mit Wasservorlage im defekten Dampferzeuger	10^{-8}
DRSB 5	Erhöhte Leckage des Sicherheitsbehälters über Ringraum und Hilfsanlagengebäude	10^{-6}
DRSB 6	Gezielte Druckentlastung bei 0,6 MPa und Freitsetzung über Kamin	10^{-6}

Tabelle 4.8. Kumulative Freisetzungsanteile für verschiedene Unfallkategorien, bezogen auf das Kerninventar /14/ (z.B. bedeutet 1, daß 100% des vorhandenen Inventars freigesetzt wird)

Unfall-kategorie	Freigesetzter Anteil des Kerninventars						
	Edelgase	Iod	Alkalische Metalle	Tellur-Gruppe	Seltene Erden	Edel-metalle	Metall-oxide
DRSB 1	1		(0,5 bis 0,9)		$3,6 \cdot 10^{-1}$	$1,0 \cdot 10^{-5}$	$3,4 \cdot 10^{-2}$
DRSB 2	1	$3,7 \cdot 10^{-1}$	$3,7 \cdot 10^{-1}$	$2,3 \cdot 10^{-1}$	$1,4 \cdot 10^{-1}$	$2,5 \cdot 10^{-6}$	$1,2 \cdot 10^{-2}$
DRSB 3	$1,7 \cdot 10^{-1}$	$1,5 \cdot 10^{-1}$	$1,5 \cdot 10^{-1}$	$5,0 \cdot 10^{-2}$	$6,4 \cdot 10^{-4}$	$8,8 \cdot 10^{-8}$	$2,1 \cdot 10^{-9}$
DRSB 4	$1,7 \cdot 10^{-1}$	$2,5 \cdot 10^{-2}$	$2,5 \cdot 10^{-2}$	$1,5 \cdot 10^{-2}$	$1,2 \cdot 10^{-4}$	$1,7 \cdot 10^{-8}$	$3,8 \cdot 10^{-10}$
DRSB 5	1	$7,8 \cdot 10^{-3}$	$3,5 \cdot 10^{-4}$	$2,1 \cdot 10^{-3}$	$1,4 \cdot 10^{-4}$	$3,6 \cdot 10^{-7}$	$1,1 \cdot 10^{-5}$
DRSB 6	$9 \cdot 10^{-1}$	$2,0 \cdot 10^{-3}$	$3,3 \cdot 10^{-7}$	$3,5 \cdot 10^{-6}$	$1,9 \cdot 10^{-7}$	$6,4 \cdot 10^{-10}$	$3,3 \cdot 10^{-8}$

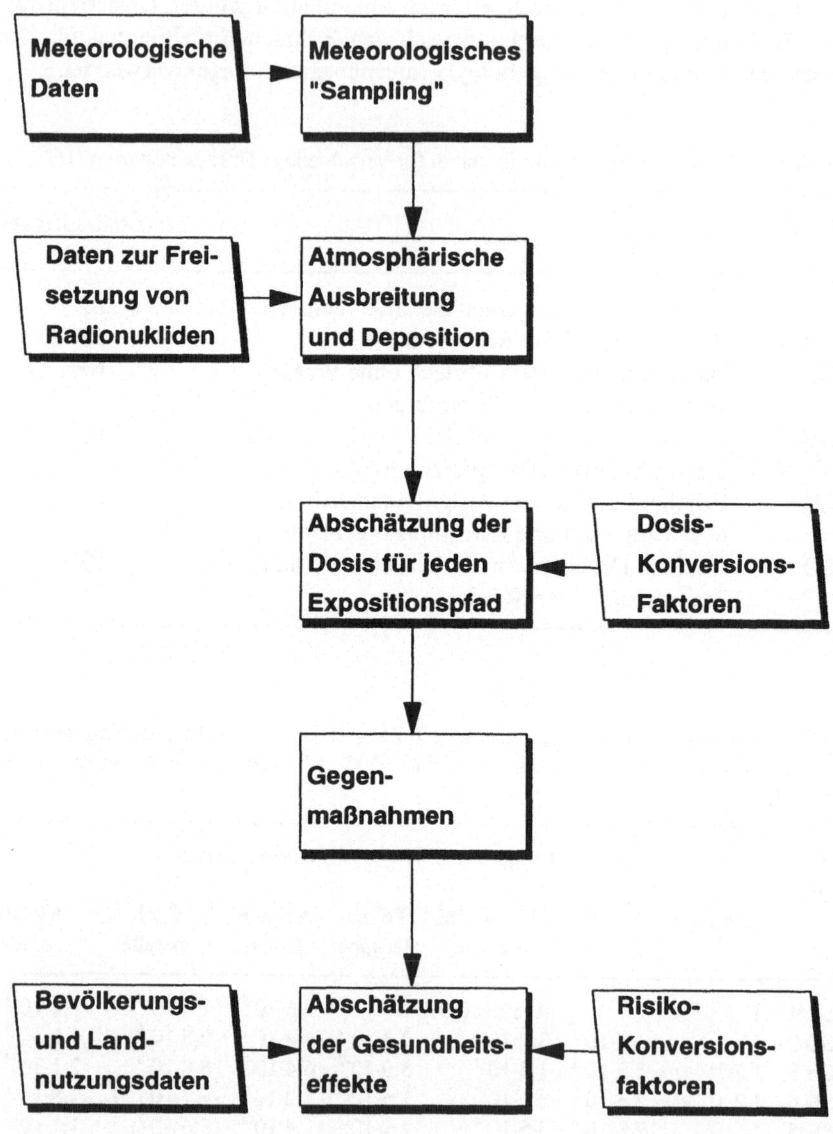

Abb. 4.3. Vorgehensweise bei der Unfallfolgenabschätzung

Tabelle 4.9 zeigt die für die betrachteten Unfallkategorien berechneten Kollektivdosen und die mit den Risikofaktoren nach ICRP 60 berechneten resultierenden Gesundheitsschäden. Unter Verwendung der in Tabelle 4.7 angegebenen Eintrittshäufigkeiten zeigt Tabelle 4.11 die auf eine TWh bezogenen Gesundheitsschäden.

Bei der Interpretation der dargestellten Ergebnisse sind Informationen über die räumliche und zeitliche Verteilung der Gesundheitsrisiken von Bedeutung. Bei den Modellrechnungen zur Unfallfolgenabschätzung wurden Entfernungen von bis zu 1000 km vom Standort des Referenzkraftwerks berücksichtigt, dabei wurde eine Bevölkerung von 335,2 Mill. Personen erfaßt. Um die Auswirkungen eines auslegungsüberschreitenden Störfalls mit der 'Hintergrund'-Krebshäufigkeit zu vergleichen, wird vereinfachend die in Deutschland beobachtete Häufigkeit von ca. 260,5 tödlichen Krebserkrankungen je 100 000 Einwohner und Jahr auf die gesamte betrachtete Bevölkerung übertragen, dies entspricht 873 200 tödlichen Krebserkrankungen pro Jahr im Betrachtungsgebiet. Unter Berücksichtigung der zeitlichen Verteilung der durch den Kraftwerksunfall verursachten Krebsfälle ist in Tabelle 4.10 für die Unfallkategorie DRSB1 die prozentuale Zunahme der tödlichen Krebserkrankungen für verschiedene Zeiträume nach dem Kraftwerksunfall dargestellt. Es wird deutlich, daß trotz der sehr hohen Zahlen von einigen zehntausend Krebstoten ein großer Teil der Fälle statistisch nicht erkenn- oder erfaßbar sein wird. Es sei auch noch einmal erwähnt, daß die hier verwendeten ICRP-Risikofaktoren im Niedrigdosisbereich nicht empirisch gestützt sind.

Tabelle 4.9. Folgen von auslegungsüberschreitenden Unfällen bei Verwendung der ICRP-Risikofaktoren, berechnet mit dem Programmsystem COSYMA

Unfall-kategorie	Früh-schäden	Spätschäden (stochastisch)			
	Todesfälle	Kollektivdosis [Pers.Sv]	tödliche Krebsfälle	nicht-tödliche Krebsfälle	genetische Effekte
DRSB 1	164	$1{,}15 \cdot 10^6$	57500	138000	11500
DRSB 2	63	$7{,}7 \cdot 10^5$	38500	92400	7700
DRSB 3	-	$3{,}1 \cdot 10^5$	15500	37200	3100
DRSB 4		$9{,}0 \cdot 10^4$	4490	10776	898
DRSB 5	-	$6{,}4 \cdot 10^3$	320	768	64
DRSB 6	-	$6{,}3 \cdot 10^2$	32	76	6

Tabelle 4.10. Zeiliche Verteilung von Gesundheitsschäden durch die Unfallkategorie DRSB 1

Jahre nach dem Unfall	0 - 5	5 - 10	10 - 20	20 - 30	30 - 40	40 - 50	50 - 70	70 - 90	90 - 150	150 - 200
Bis zu einer Entfernung von 100 km vom Kraftwerk										
zusätzliche tödl. Krebser-krankungen durch den Unfall	37	259	639	778	1033	1395	3465	2338	1469	143
tödl. Krebser-krankungen („Hintergrund“)	0,15 Mill.	0,15 Mill.	0,30 Mill	0,30 Mill	0,30 Mill.	0,30 Mill	0,59 Mill.	0,59 Mill.	1,8 Mill.	1,5 Mill.
Zunahme der tödl. Krebser-krankungen in %	0,025	0,17	0,22	0,26	0,35	0,47	0,59	0,40	0,083	0,010
Zwischen 100 km und 1000 km Entfernung vom Kraftwerk										
zusätzliche tödl. Krebser-krankungen durch den Unfall	147	1029	2541	3097	4108	5551	13785	9300	5845	570
tödl. Krebser-krankungen („Hintergrund“)	4,4 Mill.	4,4 Mill.	8,7 Mill.	8,7 Mill.	8,7 Mill.	8,7 Mill.	17,4 Mill.	17,4 Mill.	52 Mill.	44. Mill.
Zunahme der tödl. Krebser-krankungen in %	0,0034	0,024	0,029	0,035	0,047	0,064	0,079	0,053	0,011	0,0013

Tabelle 4.11. Gesundheitsrisiken je TWh durch auslegungsüberschreitende Unfälle

	Frühschäden	Spätschäden		
	Todesfälle	tödliche Krebsfälle	nicht-tödliche Krebsfälle	genetische Effekte
DRSB 1	$1{,}5 \cdot 10^{-6}$	$5{,}4 \cdot 10^{-4}$	$1{,}3 \cdot 10^{-3}$	$1{,}1 \cdot 10^{-4}$
DRSB 2	$5{,}9 \cdot 10^{-7}$	$3{,}6 \cdot 10^{-4}$	$8{,}6 \cdot 10^{-4}$	$7{,}2 \cdot 10^{-5}$
DRSB 3	-	$1{,}4 \cdot 10^{-5}$	$3{,}5 \cdot 10^{-5}$	$2{,}9 \cdot 10^{-6}$
DRSB 4	-	$4{,}2 \cdot 10^{-6}$	$1{,}0 \cdot 10^{-5}$	$8{,}4 \cdot 10^{-7}$
DRSB 5	-	$3{,}0 \cdot 10^{-5}$	$7{,}2 \cdot 10^{-5}$	$6{,}0 \cdot 10^{-6}$
DRSB 6	-	$2{,}9 \cdot 10^{-6}$	$7{,}0 \cdot 10^{-6}$	$5{,}9 \cdot 10^{-7}$
Summe	$2{,}1 \cdot 10^{-6}$	$9{,}5 \cdot 10^{-4}$	$2{,}3 \cdot 10^{-3}$	$1{,}9 \cdot 10^{-4}$

Tabelle 4.12. Gegenmaßnahmen nach auslegungsüberschreitenden Kernkraftwerksunfällen

	DRSB 1	DRSB 6
Evakuierung [a]		
Personen	13 200	23 080
Umsiedlung		
Personen	3 386 800	22 960
betroffene Fläche (km^2)	15 459 km^2	46 km^2
Verlust an landwirtschaftlichen Produkten		
Milch	10,5 Mill. t	40 630 t
Rindfleisch	0,8 Mill. t	406 t
Gemüse	2,2 Mill. t	3 090 t
Kartoffeln	7,5 Mill. t	128 t
Getreide	16,3 Mill. t	192 t

[a] Da die Abluft im Fall der Unfallkategorie DRSB 6 ohne thermische Energie freigesetzt wird, steigt sie nicht in die Höhe und führt zunächst zu einer hohen Strahlenbelastung im Nahbereich des Kraftwerks. Die Anzahl der evakuierten Personen ist daher im Fall der Unfallkategorie DRSB 6 größer als bei Unfallkategorie DRSB 1, bei der die Abluft mit hoher thermischer Energie abgegeben wird.

Neben den bisher berechneten Gesundheitseffekten führt ein auslegungsüberschreitender Kernkraftwerksunfall zu unter Umständen erheblichen sozioökonomischen Störungen, deren Auswirkungen schwierig zu quantifizieren und zu bewerten sind. Studien, die sich mit den Folgen des Tschernobyl Unfalls beschäftigen, weisen besonders auf ernstzunehmende psychologische Störungen wie Angst, Depressionen und psychosomatischen Effekte in der betroffenen Bevölkerung hin /20/. Solche Schäden können mit den vorliegenden Modellen nicht erfaßt und bewertet werden. In Tabelle 4.12 werden beispielhaft für die Unfallkategorien DRSB 1 und DRSB 6 quantifizierbare Effekte wie Anzahl der evakuierten und umgesiedelten Personen und Verluste an landwirtschaftlichen Produkten dargestellt. Schneider *et al.* /21/ haben mit Hilfe von Input/Output Modellen für einen Standort in Frankreich indirekte Kosten durch Produktionsausfälle in der Industrie der betroffenen Region in Höhe von ca. 10 % des regionalen Bruttoinlandprodukts berechnet. Für diese Rechnungen wurde allerdings nur ein Zeitraum von 2 Jahren berücksichtigt, der eventuell zu kurz ist, um alle Folgeschäden zu erfassen.

Es ist darauf hinzuweisen, daß nach dem zweiten Atomgesetz für neu zu genehmigende Anlagen

"...die Genehmigung nur erteilt werden darf, wenn auf Grund der Beschaffenheit und des Betriebs der Anlage auch Ereignisse, deren Eintritt durch die zu treffende Vorsorge gegen Schäden praktisch ausgeschlossen ist, einschneidende Maßnahmen zum Schutz vor der schädlichen Wirkung ionisierender Strahlen außerhalb des abgeschlossenen Geländes der Anlage nicht erforderlich machen würden; ..."

Dementsprechend kann auch für zukünftige Kernkraftwerke ein Unfall, der zu einer erhöhten Strahlenexposition der Bevölkerung führt, nicht vollkommen ausgeschlossen werden, die Auswirkungen werden jedoch um ein vielfaches kleiner sein als die hier für ein heutiges Kraftwerk berechneten Schäden.

4.4 Berufliche Gesundheitsschäden

Die beruflichen Gesundheitsschäden werden nach der in Kapitel 3.4 für fossile Kraftwerke beschreibenen Methode berechnet. Tabelle 4.13 zeigt für die relevanten Industriesektoren die beruflichen Risiken sowie den erforderlichen Personaleinsatz je TWh, der aus den Aktivitäten auf allen Prozeßstufen resultiert. Die radiologischen Effekte der verschiedenen Prozeßstufen wurden mit Angaben aus /9/ und /1/ unter Berücksichtigung des jeweiliegen Personaleinsatzes berechnet und sind in Tabelle 4.14 dargestellt. Es wird angenommen, daß die

Tabelle 4.13. Risiken je Personen-Jahr durch verschiedene gewerbliche Aktivitäten; Personaleinsatz je TWh (AU = Arbeitsunfälle; BK = Berufskrankheiten)

	Todesfälle je Personen-jahr	schwere AU und BK je Personenjahr	leichte AU und BK je Personenjahr	Personal-einsatz je TWh
Uranerzgewinnung	0,000044	0,0014	0,024	3,3
Maschinenbau	0,000060	0,0027	0,081	20,3
Stahlbau	0,000060	0,0012	0,080	8,7
Elektrotechnik	0,000027	0,00072	0,027	24,7
Chem. Industrie	0,000091	0,0012	0,036	11,9
Baugewerbe	0,00013	0,0030	0,11	17,3
Verwaltung	0,000012	0,00036	0,023	16,0
Dienstleistungen	0,000013	0,00036	0,022	57,0
Durchschnittliche gewerbliche Tätigkeit	$5,46 \cdot 10^{-5}$	0,0013	0,053	

zusätzliche Strahlenbelastung bei einer durchschnittlichen industriellen Aktivität vernachlässigbar klein ist, so daß die radiologischen Effekte als Nettorisiken anzusehen sind. Während für die nicht-radiologischen Effekte für alle Schadenskategorien ein kleines negatives Nettorisiko berechnet wurde, bekommt das Nettorisiko nach Berücksichtigung der radiologischen Effekte für die Todesfälle sowie für die schweren Arbeitsunfälle und Berufskrankheiten ein positives Vorzeichen, bleibt aber betragsmäßig klein (Tabelle 4.15). Die beruflichen Gesundheitsschäden werden durch die Strahlenbelastung des Betriebspersonals des Kraftwerks dominiert.

Tabelle 4.14. Radiologische berufliche Risiken je TWh

	Kollektivdosis [Pers.Sv]	tödl. Krebsfälle	nicht-tödl. Krebsfälle	schwere genetische Effekte
Uranerzgewinnung	$3{,}0 \cdot 10^{-3}$	$1{,}2 \cdot 10^{-4}$	$3{,}6 \cdot 10^{-4}$	$1{,}8 \cdot 10^{-5}$
Konzentratherstellung	$2{,}8 \cdot 10^{-3}$	$1{,}1 \cdot 10^{-4}$	$3{,}4 \cdot 10^{-4}$	$1{,}7 \cdot 10^{-5}$
Konversion	$1{,}9 \cdot 10^{-3}$	$7{,}5 \cdot 10^{-5}$	$2{,}2 \cdot 10^{-4}$	$1{,}1 \cdot 10^{-5}$
Anreicherung	$7{,}6 \cdot 10^{-6}$	$3{,}0 \cdot 10^{-7}$	$9{,}1 \cdot 10^{-7}$	$4{,}6 \cdot 10^{-9}$
Brennelementfertigung	$4{,}4 \cdot 10^{-3}$	$1{,}8 \cdot 10^{-4}$	$5{,}3 \cdot 10^{-4}$	$2{,}6 \cdot 10^{-5}$
Kraftwerksbetrieb	$3{,}9 \cdot 10^{-1}$	$1{,}6 \cdot 10^{-2}$	$4{,}7 \cdot 10^{-2}$	$2{,}3 \cdot 10^{-3}$
Wiederaufarbeitung	$9{,}3 \cdot 10^{-4}$	$3{,}7 \cdot 10^{-5}$	$1{,}1 \cdot 10^{-4}$	$5{,}6 \cdot 10^{-6}$
Endlagerung	$1{,}2 \cdot 10^{-2}$	$4{,}8 \cdot 10^{-4}$	$1{,}4 \cdot 10^{-3}$	$7{,}2 \cdot 10^{-5}$
Transportprozesse	$1{,}2 \cdot 10^{-3}$	$4{,}8 \cdot 10^{-5}$	$1{,}4 \cdot 10^{-4}$	$7{,}2 \cdot 10^{-6}$
Abriß des Kraftwerks	$2{,}2 \cdot 10^{-2}$	$8{,}6 \cdot 10^{-4}$	$2{,}6 \cdot 10^{-3}$	$1{,}3 \cdot 10^{-4}$
Summe	0,44	0,018	0,052	0,0027

Tabelle 4.15. Berufliche Risiken durch Stromerzeugung aus Kernenergie

	Brutto	Netto
Todesfälle je TWh	0,025	0,016
Schwere Arbeitsunfälle und Berufskrankheiten je TWh	0,23	0,039
Leichte Arbeitsunfälle und Berufskrankheiten je TWh	7,1	- 1,2

4.5 Bewertung der Gesundheitsrisiken

4.5.1 Berechnung externer Kosten

Mit den in den vorangegangenen Abschnitten berechneten physischen Schäden und den in Kapitel 2.4 abgeleiteten monetären Werten für tödliche Krebsfälle, nicht-tödliche Krebsfälle und genetische Effekte werden die in Tabelle 4.16 dargestellten Schadenskosten berechnet. Auch hier werden alternativ der *Value of Life year Lost*-Ansatz zur Bewertung verlorener Lebensjahre sowie der *Wert eines statistischen Lebens* zur Bewertung der Anzahl der tödlichen Krebserkrankungen verwendet. Wegen der relativ hohen Anzahl verlorener Lebensjahre je tödlichem Krebsfall ist der Unterschied zwischen den beiden Bewertungsansätzen bei den radiologischen Effekten weniger gravierend als bei den Gesundheitsschäden durch Luftschadstoffe. Bei einer Bewertung mit dem VSL-Ansatz bekommen jedoch die Gesundheitsschäden durch die Emission nicht-radioaktiver Schadstoffe ein relativ großes Gewicht und tragen bei einer Diskontrate von 0 % zu mehr als einem Drittel der gesamten Schadenskoaten bei.

Aus Tabelle 4.16 wird deutlich, daß bei einer Diskontrate von 0 % durch die Radon-Emissionen aus den Abraumhalden der Uranmine die mit Abstand größten Schäden entstehen. Wird der Bewertung allerdings eine Diskontrate von 3 % zu Grunde gelegt, so werden die durch Schäden weit in der Zukunft verursachten abdiskontierten Schadenskosten sehr klein, in diesem Fall werden die externen Kosten des nuklearen Brennstoffkreislaufs von den Schäden durch nichtradioaktive Emissionen dominiert. Bei einer Diskontrate von 3 % sind die durch einen Kraftwerksunfall verursachten Schadenskosten größer als die durch den Normalbetrieb des Kraftwerks.

Da der größte Teil der quantifizierten Schäden aus einer globalen Kollektivdosis mit sehr niedrigen Individualdosen resultiert, kann die Verwendung der ICRP-Risikofaktoren zu einer Überschätzung der tatsächlichen Effekte führen. Die externen Kosten durch die Prozeßstufen Konversion, Anreicherung und Brennelementfertigung können als vernachlässigbar angesehen werden. Es sei darauf hingewiesen, daß zur Berechnung der durch einen schweren Kraftwerksunfall verursachten Schadenskosten hier der Erwartungswert des Risikos verwendet wird. Wird bei der Bewertung eine mögliche Risikoaversion berücksichtigt, so würde ein Kernkraftwerksunfall unter Umständen anders bewertet (siehe folgenden Abschnitt 4.5.2).

4.5.2 Ansätze zur Berücksichtigung von Risikoaversion

Den in Tabelle 4.16 dargestellten Schadenskosten durch einen auslegungsüberschreitenden Kraftwerksunfall liegt der Erwartungswert des Risikos (Eintrittshäufigkeit · Schaden) zu Grunde. In verschiedenen empirischen Studien konnte jedoch gezeigt werden, daß sich die Bewertung eines Risikos mit dem

Tabelle 4.16. Externe Kosten durch Stromerzeugung aus Kernenergie in Pf/kWh

	VSL-Ansatz		*VLYL*-Ansatz	
	DR=0 %	DR=3 %	DR=0 %	DR=3 %
radiologische Effekte				
Uranerzgewinnung u. Konzentratherstellung	$7{,}4\cdot10^{-1}$	$2{,}5\cdot10^{-3}$	$5{,}4\cdot10^{-1}$	$1{,}6\cdot10^{-3}$
Konversion	$1{,}3\cdot10^{-6}$	$4{,}5\cdot10^{-9}$	$9{,}8\cdot10^{-7}$	$2{,}9\cdot10^{-9}$
Anreicherung	$1{,}1\cdot10^{-6}$	$3{,}8\cdot10^{-9}$	$8{,}0\cdot10^{-7}$	$2{,}4\cdot10^{-9}$
Brennelementfertigung	$2{,}6\cdot10^{-7}$	$8{,}9\cdot10^{-10}$	$1{,}9\cdot10^{-7}$	$5{,}8\cdot10^{-10}$
Kraftwerksbetrieb				
Normalbetrieb	$2{,}9\cdot10^{-2}$	$9{,}9\cdot10^{-5}$	$2{,}1\cdot10^{-2}$	$6{,}2\cdot10^{-5}$
Unfall	$8{,}6\cdot10^{-4}$	$1{,}5\cdot10^{-4}$	$6{,}3\cdot10^{-4}$	$9{,}4\cdot10^{-5}$
Wiederaufarbeitung	$1{,}5\cdot10^{-1}$	$5{,}2\cdot10^{-4}$	$1{,}1\cdot10^{-1}$	$3{,}2\cdot10^{-4}$
Endlagerung	$6{,}4\cdot10^{-3}$	$2{,}2\cdot10^{-5}$	$4{,}7\cdot10^{-3}$	$1{,}4\cdot10^{-5}$
Transportprozesse	$5{,}9\cdot10^{-5}$	$2{,}0\cdot10^{-7}$	$4{,}4\cdot10^{-5}$	$1{,}3\cdot10^{-7}$
Summe radiologische Effekte	0,92	0,0033	0,68	0,0021
nicht-radiologische Effekte				
öffentl. Gesundheitsschäden	$5{,}2\cdot10^{-1}$	$4{,}0\cdot10^{-1}$	$1{,}1\cdot10^{-1}$	$8{,}4\cdot10^{-2}$
berufl. Gesundheitsschäden	$8{,}9\cdot10^{-3}$			
Schäden an Feldpflanzen	$3{,}1\cdot10^{-5}$			
Materialschäden	$1{,}5\cdot10^{-3}$			
Summe nicht-radiolog. Effekte	0,53	0,41	0,12	0,094
Summe	1,5	0,41	0,80	0,096

Erwartungswert nicht unbedingt mit der von Individuen auf der Grundlage subjektiver Risikowahrnehmung durchgeführten Bewertung deckt. Verschiedene Autoren weisen auf die Notwendigkeit einer risikoaversen Bewertung von Risiken hin, bei der bei gleichem Erwartungswert ein einzelnes, seltenes Ereignis mit großem Schadensausmaß stärker bewertet wird als viele Ereignisse mit jeweils kleinem Schaden. Risikoaversion läßt sich z. B. auch beim Verhalten von Unternehmen beobachten, wenn sie wirtschaftlich riskante Entscheidungen zu treffen haben. Vor allem wenn der mögliche Schaden zum Versagen eines Systems (Unternehmen, gesellschaftliches System) führen kann, ist der Erwartungswert des Risikos im Entscheidungsprozeß nicht allein ausschlaggebend. Mit der in der Ökonomie gängigen Annahme eines bei zunehmender Konsum- oder Ausstattungsmenge abnehmenden Grenznutzens läßt sich zeigen, daß das Verhalten der Risikoaversion teilweise durchaus der Vorstellung der indiviuellen Rationalität entspricht, da ein Verlust in der Nutzenfunktion stärker zu gewichten ist als ein Gewinn in entsprechender Höhe /22/.

Während in der Literatur die Forderung nach der Berücksichtigung von Risikoaversion bei der Risikobewertung erhoben, stehen bis jetzt keine konsistenten Ansätze zur praktischen Anwendung zur Verfügung. Es gibt verschiedene Vorschläge zur Modifikation der Produktformel zur Berechnung des Erwartungswertes, allerdings fehlen bisher entsprechende empirische Untersuchungen. In seiner Studie über externe Kosten von Energiesystemen stellt Pearce /23/ einige Ansätze zur Beschreibung der Risikoaversion vergleichend gegenüber, darunter den Ansatz von Ferguson, der eine quadratische Wichtung des Schadens vorschlägt, und den Ansatz von Rocard und Smets, bei dem der Erwartungswert mit dem konstanten Faktor 300 multipliziert wird. Pearce selbst ergänzt - eher zum Zweck der Illustration - eine Funktion, in der der Schaden mit dem Exponent 1,5 potenziert wird. Ein Aversionsexponent in der Größenordnung von 1,5 wurde auch schon von anderen Autoren vorgeschlagen (siehe z. B. /24/).

In einer Studie von Ott und Masuhr /25/ wurde versucht, eine mögliche Risikoaversion durch die gleichzeitige Berücksichtigung des Erwartungswertes des Risikos und der Standardabweichung der Wahrscheinlichkeitsverteilung für verschiedene Unfallverläufe zu beschreiben. Durch eine unterschiedliche Wichtung der Kriterien Standardabweichung und Erwartungswert ist es mit dem sogenannten "Erwartungswert-Standardabweichungs-Prinzip" möglich, die Risikotoleranz bzw. die Risikoscheu eines Entscheidungsträgers abzubilden. Auch für diesen Ansatz liegen keine empirischen Daten zur Ableitung von Wichtungsfaktoren vor, so daß eine praktische Anwendung zur Zeit nicht möglich ist.

In den in den Niederlanden geltenden Schutzzielen für den Menschen wird bei der Festlegung des akzeptablen Risikos für Gruppen eine hohe Risikoaversion unterstellt (quadratische Wichtung des Schadens)/26/. Obwohl es keine theoretische oder empirische Grundlage für diese Festlegung gibt, verlangt ihre Umsetzung in eine gesetzliche Richtlinie zumindest den für die Risikobewertung notwendigen gesellschaftlichen Konsens. Allerdings wird die Anwendung der Schutzziele für Gruppen im Fall von stochastischen Effekten explizit ausgeschlossen, die Frage nach der Bewertung stochastischer Risiken bleibt offen. Dementsprechend können die festgelegten Schutzziele nicht für die Bewertung von großen Kernkraftwerksunfällen herangezogen werden.

Wird eine Bewertung von Umweltschäden auf der Grundlage individueller Präferenzen durchgeführt, so sollte im Sinne der ökonomischen Theorie die in empirischen Studien beobachtete Risikoaversion bei der Berechnung externer Kosten berücksichtigt werden. Technologien mit großem Schadenspotential tendenziell werden dann schlechter bewertet, so daß für die Verhinderung von Großunfällen mehr aufgewendet wird als für die Vermeidung von vielen Kleinunfällen mit der gleichen Anzahl möglicher Todesfälle. Dies führt allerdings nicht zu einer kosteneffizienten Minimierung der Anzahl der Todesfälle des Gesamtsystems. Die Verwendung des Erwartungswertes bei der Berechnung externer Kosten kann unter Umständen dazu beitragen, Entscheidungen transparenter und effizienter zu machen.

5 Schäden durch Stromerzeugung mit erneuerbaren Energieträgern

(F. Raptis, F. Kaspar, J. Sachau)

Vorrangiges Ziel dieses Kapitels ist die Abschätzung der externen Kosten der Stromerzeugung mit Photovoltaik und Windenergie für deutsche Referenzumgebungen. Dabei wurden im wesentlichen die Methoden angewendet, die auch bei der Untersuchung der fossilen Energieträger zum Einsatz kamen.

5.1 Photovoltaik

Dieser Abschnitt analysiert und quantifiziert Ursachen und Auswirkungen von Belastungen, die durch die Photovoltaik auftreten. Produktions- und Betriebsphase wurden berücksichtigt. Luftschadstoffemissionen der Produktionsphase wurden bestimmt und die zugehörigen Schäden an öffentlicher Gesundheit, Getreide, Wäldern, Materialoberflächen und dem globalen Klimasystem abgeschätzt. Berufliche Gesundheitsrisiken wurden auf Basis von Statistiken bestimmt. Für all diese Schäden werden, basierend auf den Ergebnissen der gesamten Studie, monetäre Werte angegeben.

5.1.1 Eigenschaften der photovoltaischen Energieversorgung

5.1.1.1 Allgemeines

Bei der Betrachtung erneuerbarer Energien sind einige Besonderheiten zu berücksichtigen, die einen direkten Vergleich mit konventionellen, zentralen Kraftwerken erschweren. Aufgrund der dezentralen Struktur der photovoltaischen Energieversorgung gibt es einige konzeptionelle Schwierigkeiten bei der Anwendung der allgemein akzeptierten Grenzschadensmethode auf einzelne kleine Systeme an einem festgelegten Referenzstandort. Da sich die Photovoltaik in der Entwicklungsphase befindet, sind bei verschiedenen Anlagen relativ große Abweichungen festzustellen. Um derartige Schwierigkeiten zu bewältigen, werden zusätzlich zur Untersuchung der Referenzstandorte Vergleiche mit dem deutschen „1000-Dächer-Programm" durchgeführt. Die dort verfügbaren Daten werden zum Ausgleich extremer Abweichungen der Einzelanlagen genutzt, so daß die Ergebnisse eine allgemeine Gültigkeit für PV-Anlagen in Deutschland haben.

5.1.1.2 Stand der Technik und Entwicklungstendenzen

Die Photovoltaik befindet sich im Vergleich mit konventionellen Energien derzeit noch in der Anfangssphase. Viele wichtige Verbesserungen im Hinblick auf Material- und Energieeinsatz, Arbeitsaufwand, Wirkungsgrade und Lebensdauer sind zu erwarten. Diese Entwicklungen werden zu einer deutlichen Senkung interner und externer Kosten beitragen. Die in dieser Studie verwendeten Daten beziehen sich auf den Stand der Technik im Jahr 1991. Die als Referenzanwendungen ausgewählten PV-Systeme sind technisch auf einem guten Stand und stellen eine repräsentative Sicht auf den Entwicklungsstand der Photovoltaik in Deutschland dar.

Die vielen Nachteile zentraler PV-Systeme mit hohen Nennleistungen und von PV-Feld-Anwendungen, wie:

- großer Flächenverbrauch,
- hoher Materialaufwand für Fundamente und den Feldaufbau sowie Glas und Modulrahmen (im Vergleich zu Fassadenanwendungen),
- Netzbeeinflussung durch große zentrale PV- Anlagen und
- optische Beeinträchtigungen etc.,

sind bei der hier zugrundegelegten Integration in Gebäude minimal oder völlig eliminiert.

Darüberhinaus verringert der multifunktionale Einsatz von PV-Modulen als Konstruktionselement in Gebäuden (z.B. zum Wetter-, Lärm und Lichtschutz) den Material- und Energieeinsatz, der der Photovoltaik zuzurechnen ist. Einige Hersteller entwickeln derzeit PV-Zellen in unterschiedlichen Farben. Solche zusätzlichen Funktionen der Module neben der Energieerzeugung, sollten als positive Aspekte angesehen werden, durch die Belastungen reduziert werden. Die dadurch vermiedenen internen und externen Kosten können im vorgegebenen Berechnungsrahmen als „negative Kosten“ behandelt werden.

In dieser Untersuchung werden die überwiegend eingesetzten poly- und monokristallinen Siliziumtechnologien betrachtet. Andere Materialien befinden sich in der Entwicklung. Eine vielversprechende Technologien scheinen Cadmium-Tellurid (CdTe) Zellen zu sein. Photovoltaische Zellen auf der Basis von CdTe und Cadmium-Selenid (CdS) zeigen gegenüber der Silizium-Technologie eine Reihe von Vorteilen [5.21]:

- Extrem dünne Schichten mit sehr geringem Materialbedarf können produziert werden.
- Zusätzliches Dotieren ist nicht erforderlich.
- Aufgrund der relativ einfachen Abscheidetechnik wird wenig Energie verbraucht.
- Hohe Wirkungsgrade werden erreicht.
- Eine deutliche Senkung der Produktionskosten werden aufgrund des, im Vergleich zur Siliziumtechnik, einfacheren Produktionsverfahrens erwartet.

5.1.1.3 Besonderheiten der Photovoltaik

Um einen vollständigen Rahmen für die Untersuchung der externen Kosten zu erhalten, müssen folgende Besonderheiten berücksichtigt werden:

- Die photovoltaische Energie wird dezentral bereitgestellt; dies bedeutet geringe Entfernung zum Verbraucher. Bei geeigneten Konzepten können die Kosten für die Energieübertragung wesentlich kleiner gehalten werden als dies bei zentralen Kraftwerken der Fall ist (z.B. geringe Energiebeträge und Nennleistungen, Vermeidung aufwendiger Netzerweiterungen in Städten und abgelegenen Gebieten, usw.).
- Die modulare Systemstruktur bis hinab zur Modulebene erlaubt eine optimale Anpassung der bereitgestellten Energie an die lokalen Bedürfnisse.
- Die betrachteten Konzepte erlauben nur Parallelbetrieb mit dem bestehenden Netz. Aufgrund der direkten Abhängigkeit von der Sonneneinstrahlung treten bei Systemen ohne Speicherelemente Schwankungen in der Leistungsabgabe auf. Bei einem Betrieb von photovoltaischen Systemen als Grundlast- oder Regelkraftwerke, sind darüber hinaus die erforderlichen Speicherelemente zu berücksichtigen. Gemäß dem gegenwärtigen Stand und den Planungen für die nächsten 20 Jahre in Deutschland wird die installierte Leistung allerdings so gering bleiben, daß Leistungsschwankungen nicht störend sind.
- Im Vergleich zu konventionellen Energieversorgungssystemen bestehen aufgrund des dezentralen Charakters entscheidende Unterscheide hinsichtlich der Versorgungsstrukturen, der Eigentums- und Betreiberverhältnisse sowie des multifunktionallen Betriebs bei Gebäudeintegration.

Derartige Besonderheiten wurden vereinbarungsgemäß in dieser Studie nicht berücksichtigt. Die Untersuchung des PV-Referenzstandortes endet am Netzanschlußpunkt.

5.1.2 Referenzstandorte und -technologien

5.1.2.1 Standorte

Die Untersuchung des 1000-Dächer Photovoltaik-Programms beruht auf den verfügbaren Daten und groben Abschätzungen. Da eine detailierte Untersuchung des Gesamtprogramms lohnenswert wäre, werden in diesem Bericht die grundsätzlichen Vorgehensweisen hierzu beschrieben. Abbildung 5.1 zeigt die ausgewählten Referenzstandorte in Emstal-Riede und Bielefeld, sowie die PV-Anlagen, die im Intensiv-Meß-und-Auswerteprogramm (I-MAP) des 1000-Dächer-Programms untersucht und hier für Vergleiche verwendet werden [5.22].

Abb. 5.1. Referenzstandorte in Emstal-Riede und Bielefeld sowie der Anlagen im I-MAP Programm [5.22]

Auswertungen aus dem deutschen 1000-Dächer-Programm. Das deutsche 1000-Dächer-Programm wurde bis auf 2250 PV Anlagen ausgedehnt. Die PV-Kleinanlagen des 1000-Dächer-Programms könnten als eine einzelne PV Anwendung wie z. B. ein großes dezentrales PV-Kraftwerk mit einer Nennleistung von 4,77 MW [5.23] betrachtet werden, wodurch generelle Aussagen über die photovoltaische Energieversorgung möglich werden. Dies läßt sich mit der Tatsache begründen, daß sowohl Technologie als auch Standorte der einzelnen PV-Anlagen im 1000-Dächer-Programm sehr ähnlich sind:

- Nennleistung zwischen 1 und 5 kW_p (mittlerer Wert etwa 2,5 kW_p),
- gleiches Konzept der Netzintegration (Netzparallelbetrieb ohne Speicherelemente),
- ähnliche Konzepte für die mechanische Integration auf bzw. in Dächer,
- Besitzer und Nutzer der PV-Systeme sind überwiegend Privatpersonen und
- extrem geringe externe Kosten während der Betriebsphase und keine relevanten Effekte der speziellen Standorte.

Die produzierte Energie wird direkt genutzt, um einen Teil des elektrischen Verbrauchs der Häuser zu decken. Energieüberschüsse werden in das Netz eingespeist. Das Netz wird zur Energiespeicherung genutzt, wobei die Energieversorgungsbetriebe mehr als 90% ihres kWh-Verkaufspreises erstatten. Die Verwendung mono- oder multikristalliner Module kann als ein wichtiger Unterschied zwischen einzelnen PV-Anlagen angesehen werden.

Berechnungen des Materialeinsatzes oder Arbeitsaufwandes auf der Basis ei-

Abb. 5.2. Photovoltaische Pilot-Anlage auf einem Niedrigenergiehaus in Felsberg bei Kassel mit Möglichkeit der Netzeinspeisung und der Inselnetzbildung - Vorbild für das 1000-Dächer-Programm (Entwicklung, Umsetzung: P. Funtan, F. Raptis; ISET e.V.)

ner einzelnen privaten PV-Anlage (2-3 kW_p) können zu falschen Abschätzungen führen und sollten nicht zum Vergleich mit großen Kraftwerken genutzt werden. Gegenwärtig sind die Daten aus dem 1000-Dächer-Programm noch nicht komplett und die Meß- und Evaluierungsprogramme noch nicht abgeschlossen. Daher wurde folgende Vorgehensweise gewählt: Eine typische 1000-Dächer-Anlage wird als Referenzstandort untersucht. Vorhandene Daten des 1000-Dächer-Programms werden für Vergleiche und Korrekturen genutzt, um eine interpolierende Berechnung auf große Nennleistungen zu ermöglichen.

PV-Dachanlage in Emstal-Riede. Die ausgewählte PV-Anlage ist eine typische Anwendung im Rahmen des 1000-Dächer-Programms. Sie ist auf der nach Süden ausgerichteten Dachfläche eines Haushaltes im Dorf Emstal-Riede installiert. Die Anlage wurde im Oktober 1991 in Betrieb genommen und entspricht dem technischen Stand des Jahres 1990. Die Akzeptanz der Anlage am Standort ist sehr gut und es sind keine Beschwerden bekannt. Abbildung 5.2 zeigt exemplarisch eine PV-Anlage in Auf-Dach-Montage.

PV-Fassade in Bielefeld. Neuere Entwicklungen zur Integration der Photovoltaik in Gebäude bringen eine umfassendere Betrachtungsweise mit sich. Photovol-

Abb. 5.3. Außenansicht auf die 13 kW_{-}-PV-Fassade in Bielefeld

taische Module können als multifunktionale Konstruktionselemente z. B. zum Wetter-, Lärm- und Sonnenschutz eingesetzt werden. Der Material- und Energiebedarf wird dadurch deutlich reduziert und es werden keine Freiflächen für die PV-Anlage benötigt. Die als Referenz ausgewählte Fassade der Firma SCHÜCO International ist in die Südseite des Hauptgebäudes der Firmenverwaltung in Bielefeld, Deutschland integriert und wurde im Oktober 1993 in Betrieb genommen. Abbildung 5.3 zeigt die Außenansicht. Die Beschattungseffekte durch benachbarte Gebäuden sind sehr gering. Die Umgebung besteht aus Industrie- und Wohngebieten.

5.1.2.2 Systemtechnik

1000-Dächer-Programm und die PV-Dachanlage. Die typische Struktur der im 1000-Dächer-Programm verwendeten Systemtechnik ist in Abbildung 5.4 dargestellt. Die PV-Generatoren sind üblicherweise auf das Dach montiert und in wenigen Fällen in die Dachhaut integriert. Die Spannung beträgt üblicherweise 100-120 V (5-6 PV Module in Reihe). Die Energie wird in Gleichspannungs-Sammelkästen zusammengeführt. Die Wechselrichter sind in einer zentralen Position in der Nähe des Netzanschlußpunktes installiert. Wie in Abbildung 5.4 ersichtlich ist, werden keine beweglichen Teile verwendet, die mit hohem Wartungsaufwand verbunden wären.

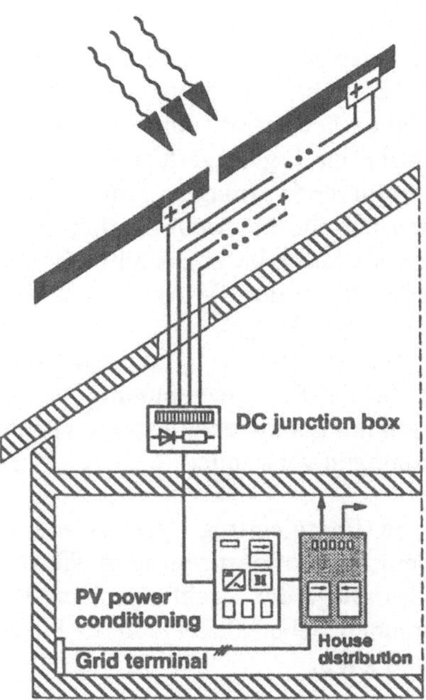

Abb. 5.4. Aufbau der PV-Anlagen und Integrationsweise in Häuser

In der Emstal-Riede Anlage besteht der PV-Generator aus 96 PV-Modulen der Firma DASA/AEG mit einer gesamten Nennleistung von 4,8 kW_p. Ein Meßsystem wurde zur Analyse der Energieerträge und des Betriebsverhaltens installiert.

PV-Fassade in Bielefeld. Der PV-Generator besteht aus 200 Modulen mit gesamten Nennleistung von 13 kW_p. Rahmenlose, polykristalline Module der Firma Deutsche Aerospace (DASA) wurden für die Integration in die Fassade benutzt. Der mechanische Aufbau der PV Fassade ist identisch mit den Standard-Fassaden der Firma SCHÜCO. Zur Integration der PV-Module mußten keine technischen Korrekturen vorgenommen werden. Aus diesem Grund wurde der mechanische Aufbau der Fassade (z.B. Material- und Arbeitsaufwand) nicht in die Berechnung der externen Kosten einbezogen. Der vermiedene Einsatz von konventionellem Glas wird von den tatsächlich eingesetzten Materialmengen subtrahiert.

Der Materialaufwand für die PV-Anlage besteht hauptsächlich aus den Modulen und der elektrischen Energieaufbereitung. Die Vorschriften zum Fassaden-Aufbau und der elektrischen Ausführung sind in DIN 18615 und DIN/VDE 0100 beschrieben. Derzeit befindet sich die elektrische Systemtechnik für Fassadenanwendungen noch in der Entwicklungsphase.

5.1.2.3 Energieerzeugung

1000-Dächer-Programm. Erste Betriebsauswertungen im Rahmen des Meßprogramms wurden [5.19, 5.22] publiziert. Der durchschnittliche Energieertrag der 625 vermessenen PV-Anlagen beträgt pro Jahr 690 kWh je kW_p [5.3]. Diese Daten enthalten Energieverluste durch geringe technische Verfügbarkeit einiger Anlagen, nur teilweise funktionierende Anlagen, Anlaufphasen, usw. Für die Energiebilanz einer 4-Personen-Familie kann das Verhältnis direkt verbrauchter PV-Energie zur gesamten photovoltaisch bereitgestellten Energie als 1:3 angenommen werden. Die erwartete Lebensdauer der PV-Anlagen beträgt etwa 25 Jahre.

Emstal-Riede PV-Anlage. Im Jahr 1993 wurden 3494 kWh erzeugt. Für die erwartete Lebensdauer beträgt die PV-Energieerzeugung 87375 kWh. Da diese Daten den im 1000-Dächer Programm gemessenen Erträgen entsprechen, werden sie als Grundlage für die Berechnungen verwendet.

PV-Fassade. Der erwartete Energieertrag der Fassade beträgt 8200 kWh/Jahr. Dieser Wert wurde mit dem Simulationsprogramm TRANSIS an der Technischen Universität Aachen auf Grundlage der Strahlungsdaten des Jahres 1990 vorhergesagt. Mit einer angenommenen Lebensdauer von 25 Jahren beträgt der zu erwartende Energieertrag 205000 kWh.

5.1.2.4 Betriebsphase

Eine wichtige Besonderheit der PV-Energieversorgungssysteme ohne Speicherelemente ist ihr im Prinzip wartungsfreier Betrieb. Die einfache Struktur, ohne bewegliche Teile, Brennstoffe oder Wartungsmaterialien charakterisiert den Betrieb von PV-Systemen. Die elektrische Installation der PV-Anlage entspricht typischen elektrischen Hausinstallationen. Industrielle Leistungselektronik und Elekrtoinstallationen sind über die gesamte Lebensdauer weitgehend wartungsfrei.

Der aktuelle Stand der Anlagen im 1000-Dächer-Programm weicht von den beschriebenen technischen Merkmale ab. Trotz der einfachen Systemstruktur treten während des Betriebs unterschiedlichste Fehler auf. Der Hauptgrund ist die Systemtechnik, die sich derzeit noch im Pilot-Status befindet. Fehlanpassung und technische Mängel sind typisch bei Produkten, die noch nicht in Serie produziert werden. Aus diesem Grund werden in den Berechnungen serien-gefertigte wartungsfreie PV-Anlagen ohne Betriebskosten betrachtet. In der Betriebsphase werden keine nennenswerten Materialien verbraucht.

Aufgrund des relativ willkürlichen Charakters dieser Fehler bei Betrachtung einer Einzelanlage, sollte für die Betriebsphase das gesamte 1000-Dächer-Programm berücksichtigt werden. Vorbeugende Wartungen und Reinigung der Module von Staub sind im 1000-Dächer-Programm nicht vorgesehen. Gemäß erster Ergebnisse [5.3] beträgt die technische Verfügbarkeit 96,5 %. Die meisten Fehler wurden mit 64% durch den Wechselrichter, mit 8% durch die Solargeneratoren und 28 % durch Überwachungskomponenten verursacht.

5.1.2.5 Abfallbeseitigung

Derzeit werden photovoltaische Module aufgrund der geringen Mengen nicht wiederverwertet. Beim Recycling von Siliziumzellen sind keine speziellen Belastungen zu erwarten. Die Module bestehen im wesentlichen aus Silizium, Glas und Stahlrahmen. Die Module können am Ende der Lebensdauer als wertvolle Materialien mit hoher Reinheit zur Wiederverwendung angesehen werden. Während des Betriebes sind sie harten Umweltbedingungen ausgesetzt und benötigen daher einen sehr kompakten Aufbau. Dies erschwert allerdings eine Trennung der Materialien. In Zukunft werden Recycling-Konzepte und Techniken weiterentwickelt werden.

5.1.3 Schadstoffabgabe in die Umwelt

5.1.3.1 Modulproduktion

Für den Energieaufwand und die Stoffbilanzen bei der Produktion von photovoltaischen Modulen wird die Studie des Forschungszentrums Jülich (KFA) und der Forschungsstelle für Energiewirtschaft, München zugrundegelegt [5.11, 5.17, 5.18]. Auf Basis einer Prozeßkettenanalyse wurde dort in Zusammenarbeit mit den Herstellern der Stofffluß sämtlicher Einsatzstoffe bis zu ihrem Verbleib in den Umweltkompartimenten (Atmosphäre, Hydrosphäre und Pedosphäre) analysiert. Außerdem erfolgen detailierte Angaben zum spezifischen und kumulierten Energieverbrauch der Herstellung. Die Angaben beziehen sich auf den Stand der Technik zum Beginn des 1000-Dächer-Programms (etwa 1990) und auf eine Produktionskapazität bis ca. 2 MW_p/a. Die Produktionstechnik wurde seitdem verbessert und befindet sich auch weiterhin in Entwicklung. Da jedoch zum derzeitigen Stand keine entsprechend detailierten Studien existieren, werden zunächst die Daten aus den oben genannten Untersuchungen verwendet. In Abschnitt 5.1.3.5 folgt eine grobe Abschätzung zum aktuellen Stand.

Abbildung 5.5 zeigt die Prozeßschritte für die Produktion mono- und polykristalliner Module, die bis zum halbleiterreinen multikristallinen Silizium identisch verläuft: Im Elektro-Niederschachtofen wird Quarz zu technischem Silizium reduziert. Aus diesem wird halbleiterreines multikristallines Silizium durch Reinigung erzeugt.

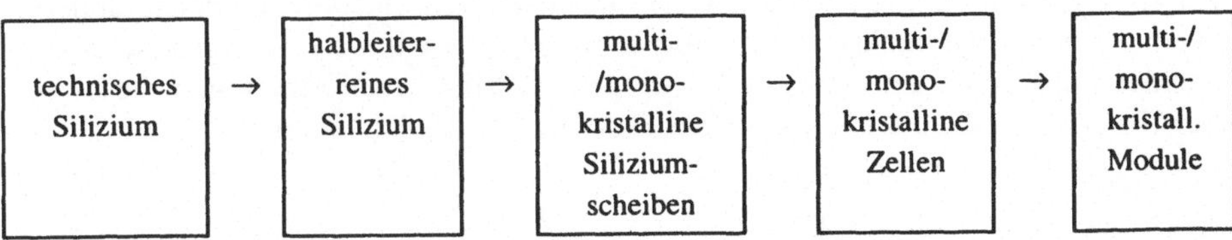

Abb. 5.5. Überblick über die wichtigsten Prozeßschritte bei der Herstellung von poly- und monokristallinen PV Modulen [5.11]

Polykristalline Module. Halbleiterreines multikristallines Silizium wird aufgeschmolzen und zum Erreichen des gewünschten Zielwiderstandes dotiert. Die multikristallinen Gußblöcke werden in 350 μm dicke Scheiben gesägt und gereinigt. In die Scheiben werden Phosphor-Fremdatome zur Herstellung des pn-Übergangs eingebracht. Anschließend werden Front- und Rückseitenkontakte sowie eine dünne Antireflexschicht aufgebracht. Die fertiggestellten Solarzellen werden elektrisch leitend verbunden. Diese Matrix wird in zwei EVA-Folien eingebettet und zusammen mit Glasscheiben zum Verbund gebracht. Der Verbund wird mit einem Edelstahlrahmen versehen und abgedichtet. Zum Schluß wird eine Anschlußdose aus glasfaserverstärkter Polyestermasse aufgeklebt.

Monokristalline Module. Das halbleiterreine multikristalline Silizium wird im Quarztiegel geschmolzen und nach dem Tiegelziehverfahren werden monokristalline Stäbe mit 130 mm Durchmesser gezogen. Säulen mit etwa quadratischer Fläche mit Kantenlänge von 100 mm werden angefertigt. Diese werden in monokristalline Silizium-Roh-Scheiben mit 450 μm Stärke zersägt. Zur Vermeidung von Reflexionen wird die Oberfläche strukturiert. Die Scheiben werden zur Herstellung eines pn-Übergangs durch Eindiffundieren von Phosphorfremdatomen dotiert. Anschließend werden Kontakte aufgedruckt. Die fertiggestellten Zellen werden leitend verbunden. Diese Matrix wird in zwei EVA-Folien eingebettet und zum Verbund gebracht. Der Verbund wird mit einem Aluminiumrahmen versehen und abgedichtet. Zum Schluß wird eine Anschlußdose aus Aluminium aufgeschraubt.

5.1.3.2 Schadstoffabgabe während der Modulproduktion

Die Tabellen 5.1 und 5.2 zeigen die Substanzen und Materialien, welche während der Produktion multi- und monokristalliner PV Module an die Umwelt abgegeben werden [5.11]. Gegenwärtig sind die Wirkungen der meisten dieser Substanzen nicht eindeutig quantifizierbar. In der KFA-Studie wurde eine Methode entwickelt, um eine Substanz als umwelterheblich einzustufen [5.18] und auf die meisten dieser Substanzen angewandt [5.17]. Diese Methode berücksichtigt, wie sich die Substanzen in der Umwelt verteilen und akkumulieren, ob sie toxisch sind und ob sie biologisch oder chemisch abbaubar sind. Für die dort als umweltschädlich beurteilten Substanzen sind die entsprechenden Angaben in die Tabellen 5.1 und 5.2 aufgenommen. Die externen Kosten für die umweltschädlichen Substanzen, die in den größten Mengen auftreten, sind in Kapitel 5.1.3.6 bestimmt. Da zu den anderen Substanzen keine weiteren Informationen verfügbar sind, können keine externen Kosten berechnet werden. Die Berufsrisiken entsprechen denen anderer chemischer Industrieanlagen, in denen toxische oder explosive Gasgemische verwendet werden. Aus diesem Grund werden statistische Informationen dieses Industriesektors in Kapitel 5.1.4 zur Bestimmung der Risiken genutzt.

Tabelle 5.1. Liste der Substanzen, die während der Produktion multikristalliner PV-Module an die Umwelt abgegeben werden [5.11]

Multikristalline Module	kg / kW_p	Bemerkungen
Nebenprodukte:		
Siliziumtetrachlorid (STC)	447,2	an externe / interne Abnehmer
SiO_2-Staub (amorphe Kieselsäure)	93,4	an Feuerfest- und Bauindustrie
Trichlorsilan (TCS)	57,3	an externe / interne Abnehmer
H_2	16,7	an externe / interne Abnehmer
Si-haltige Schlacke	4,1	an metallerzeugende Industrie
Abgabe in die Atmosphäre:		
N_2	930,1	natürlicher Bestandteil der Luft
CO_2	747,5	siehe Kapitel 5.1.3.6
H_2O	211,8	nicht umwelterheblich
O_2	38,7	natürlicher Bestandteil der Luft
Ar	16,2	nicht umwelterheblich
H_2	10,3	nicht umwelterheblich
SO_2	3,5	siehe Kapitel 5.1.3.6
No_x	2,5	siehe Kapitel 5.1.3.6
SiO_2 Feinststaub	1,0	hohe Toxizität
Methylenchlorid	0,3	
CO	0,2	nicht umwelterheblich
Isopropylalkohol	0,1	
Terpineol, Dibutylphthalat	0,1	
H_2S	<< 0,1	nicht umwelterheblich
F	<< 0,09	sehr hohe Toxizität
CO_2, H_2O, (CO, C_nH_m, NO_x)	0,03	siehe Kapitel 5.1.3.6
Vernetzungsprodukte	unbekannt	
Direkte Abgaben in die Hydrosphäre:		
H_2O (incl. Kühlwasser)	311885	nicht umwelterheblich
HCl	36,2	schwer abbaubar, mittlere Toxizität
KCl	6,1	nicht umwelterheblich
K_2SiO_3	3,2	nicht umwelterheblich
NaOH	1,1	schwer abbaubar, mittlere Toxizität
$NaNO_3$	0,4	nicht umwelterheblich
NaF	0,2	schwer abbaubar, mittlere Toxizität
NaOCl	0,05	nicht umwelterheblich
NaH_2PO_4	0,04	nicht umwelterheblich
SiO_2	0,004	nicht umwelterheblich
TiO_x	0,003	nicht umwelterheblich
Abgaben in die Abwasserreinigung:		
Abwasser	3284	
Kieselsäure	8,6	nicht umwelterheblich
Metallchloride	4,8	
Waschmittel, Tenside, Ameisensäure	3,0	
Sandstein	0,004	
Abgaben in die Pedosphäre: -in Sondermüll:		
SiC	11,3	
Mineral-/Siliconöl	8,8	
Papier	1,9	nicht umwelterheblich
$Ca(OH)_2$	1,8	nicht umwelterheblich
CaF_2	1,7	Deponie / nicht umwelterheblich

Multikristalline Module	kg / kW_p	Bemerkungen
PU/PVC/PV	1,0	
Isopropylalkohol; Pastenreste	0,4	
Polysulfidelastomer mit Metylenchloridresten	0,4	
$C_2H_6O_2$	0,3	nicht umwelterheblich
Ölbinder	0,06	
PE	0,05	Verbrennung / nicht umwelterhebl.
PTFE/IT	0,03	Verbrennung
fluorierte Altöle	0,01	
-in Industriemüll:		
Si, SiC	15,5	schwer abbaubar, geringe Toxizität
Glas	1,7	
defekte PV-Module	1,5	siehe Kapitel 5.1.2.5
Dichtmassenreste	0,7	
EVA-Folienreste	0,5	
defekte Wafer	0,4	
Trennfolie (HD-PE)	0,4	
Graphit	0,08	nicht umwelterheblich
TiO_x	0,04	nicht umwelterheblich
Siliconkleber	0,02	
Baumwolle	0,005	nicht umwelterheblich
SiO_x	0,004	
Cyanacrylatklebstoff	0,002	
-zur Wiederaufbereitung:		
Metylchlorid mit Polysulfidelastomerresten	2,0	
-in Sekundärrohstoffgewinnung:		
Stahlschrott	1,2	
Messing	0,002	

Tabelle 5.2. Liste der Substanzen, die während der Produktion monokristalliner PV-Module in die Umwelt abgegeben werden [5.11]

Monokristalline Module	kg/kW_p	Bemerkungen
Nebenprodukte:		
Siliziumtetrachlorid (STC)	330,3	an externe / interne Abnehmer
SiO_2-Staub (amorphe Kieselsäure)	69,0	an Feuerfest- und Bauindustrie
Trichlorsilan (TCS)	42,3	an externe / interne Abnehmer
H_2	13,5	an externe / interne Abnehmer
Si-haltige Schlacke	3,1	an metallerzeugende Industrie
Abgaben in die Atmosphäre:		
CO_2	552,1	siehe Kapitel 5.1.3.6
H_2O	156,4	nicht umwelterheblich
Ar	40,6	nicht umwelterheblich
H_2	13,7	nicht umwelterheblich
N_2	9,1	natürlicher Bestandteil der Luft
SO_2	2,6	siehe Kapitel 5.1.3.6
NO_x	1,8	siehe Kapitel 5.1.3.6

Monokristalline Module	kg/kW_p	Bemerkungen
SiO_2-Feinststaub	0,7	hohe Toxizität
CO	0,2	nicht umwelterheblich
Freon	0,2	schwer abbaubar, geringe Toxizität
Lösemitteldämpfe	0,1	(Ethanol, Etylacetat)
H_2S	0,09	nicht umwelterheblich
F	0,09	sehr hohe Toxizität
CH_3COCH_3	0,08	bei Abgabe in die Atmosphäre nicht umwelterheblich
HF	0,07	sehr hohe Toxizität
Lösemitteldämpfe	0,04	(Terpineol, Ethylenglycolmonoethylether)
CO_2, H_2O, (CO, C_nH_m)	0,04	siehe Kapitel 5.1.3.6
O_2	0,03	natürlicher Bestandteil der Luft
Vernetzungsprodukte	?	
Direkte Abgaben in die Hydrosphäre:		
H_2O (incl. Kühlwasser)	228048	nicht umwelterheblich
HCl	26,6	schwer abbaubar, mittlere Toxizität
CH_3COOH	5,1	nicht umwelterheblich
KOH	4,9	schwer abbaubar, geringe Toxizität
K_2SiO_3	4,1	nicht umwelterheblich
$C_2H_6O_2$	4,1	nicht umwelterheblich
$Ca(NO_3)_2$	2,0	nicht umwelterheblich
CH_3COCH_3	0,7	schwer abbaubar, mittlere Toxizität
Zitronensäure	0,7	
NaOH	0,5	schwer abbaubar, mittlere Toxizität
AC-Waschmittel	0,5	
Reinigungsmittel	0,2	
$NaNO_3$	0,1	nicht umwelterheblich
NaF	0,1	schwer abbaubar, mittlere Toxizität
CH_3COONa	0,1	nicht umwelterheblich
SiO_2	0,03	nicht umwelterheblich
Abgaben in Abwasserreinigung:		
Abwasser	2425	
Kieselsäure	6,4	nicht umwelterheblich
Metallchloride	3,8	
Abgaben in die Pedosphäre: -in Sondermüll:		
Si-Abrieb	8,2	Deponie
CaF_2	4,0	Deponie / nicht umwelterheblich
Epoxid-Kleber	0,1	Deponie
PE	0,04	Verbrennung / nicht umwelterheblich
PTFE/IT	0,02	Verbrennung
$Ca_3(PO_4)_2$	0,002	Deponie
Pastenreste	0,004	nicht umwelterheblich
Vakuum-Pumpenöl	0,00002	Verbrennung
-Industriemüll:		
Quarztiegel	6,9	nicht umwelterheblich
defekte PV-Module	1,5	siehe Kapitel 5.1.2.5
Si-Reste	0,8	schwer abbaubar, geringe Toxizität
Graphittiegel und -träger	0,6	nicht umwelterheblich
EVA-Folienreste	0,5	
defekte Wafer	0,4	

Monokristalline Module	kg/kW$_p$	Bemerkungen
Trennfolie	0,4	
Profilgummireste	0,3	
Rückseitenfolienreste	0,1	
Baumwolle	0,01	nicht umwelterheblich
- zur Wiederaufbereitung:		
Freon	1,1	

Tabelle 5.3 zeigt den Energieverbrauch in den Produktionsschritten multi- und monokristalliner PV-Module. Der spezifische Energieverbrauch (spez.) berücksichtigt Prozeß- und Hilfsenergien der jeweiligen Schritte. Der kumulierte Energieverbrauch (kum.) enthält zusätzlich alle Vorleistungen, und ist aufgeschlüsselt nach elektrischer Energie, Brennstoffenergie und nicht-energetischem Verbrauch (NEV). Schließlich wird daraus der kumulierte Primärenergieverbrauch (PEV) bestimmt, der als aggregierte Kenngröße über sämtliche Vorleistungen aufaddiert wird. Eine höhere Produktionskapazität könnte den Energieeinsatz weiter senken.

5.1.3.3 Material- und Energiebedarf für Systemkomponenten

Im 1000-Dächer-Programm sind bis jetzt keine Daten über die eingesetzten Materialmengen der Systemkomponenten verfügbar. Aufgrund der typischen Systemstruktur kann der Materialbedarf jedoch relativ gut abgeschätzt werden. Für

Tabelle 5.3. Energieverbrauch in den Hauptprozeßschritten der Herstellung von poly- und monokristallinen PV-Modulen [5.11]

Prozeßschritt	Einheit	Elektr. Energie		Brennstoffe		NEV	PEV
		spez.	kum.	spez.	kum.	kum.	
Technisches Si	kWh/kg	13,89	14,56	-	11,40	-	51,34
Halbleiter-Si	kWh/kg	?	114,3	?	-29,8	0,0	250,7
multikristalline	kWh/Scheibe	1,7	2,7	-0,7	0,02	0,5	7,4
Si-Scheiben	kWh/kW$_p$	1462	2392	-620	19	416	6521
multikristalline	kWh/Zelle	1,5	4,7	-	1,1	0,6	13,7
Si-Solarzellen	kWh/kW$_p$	1263	3956	-	926	505	11532
multikristalline	kWh/Modul	10	201,6	-	76,5	30,3	632
PV- Module	kWh/kW$_p$	208	4200	-	1594	631	13167
monokristalline	kWh/Scheibe	2,2	4,9	-	-0,7	-	11,5
Si- Scheiben	kWh/kW$_p$	1684	3771	-	-513	-	8827
monokristalline	kWh/Zelle	1,3	7,0	-	0,5	0,1	18,3
Si- Solarzellen	kWh/kW$_p$	945	5091	-	364	73	13309
monokristalline	kWh/Modul	10	309,4	-	73,8	13,9	877
PV-Module	kWh/kW$_p$	200	6188	-	1476	278	17540

Tabelle 5.4. Primärenergieverbrauch und Emissionen für die Bereitstellung von 1 MWh elektrischer Energie und Brennstoffenergie in Deutschland [5.9]

	Primär-energie	Wirkungs-grad	CO_2 [kg]	SO_2 [g]	NO_x [g]	Staub [g]	CH_4 [g]	N_2O [g]
Brennstoffe	1291 kWh	0,775	313	949	422	39	457	7,2
Strommix	2927 kWh	0,342	561	369	478	52	868	1,4

die Emstal-Riede Anlage wird mit folgenden Materialmengen (bezogen auf 4,8 kW_p) gerechnet:

- Tragekonstruktion für Aufdachmontage: 300 kg Stahl
- Verkabelung: 10,6 kg Kupfer; 14,6 kg PVC

Die Materialzusammensetzung des Energieaufbereitungssystems wird aus [5.11] übernommen: 10,9 kg/kW_p Stahl, 2,8 kg/kW_p Kupfer, 2,8 kg/kW_p einfache elektrische Komponenten, 1,6 kg/kW_p Polypropylen und 0,9 kg/kW_p Elektronik. Bei der Produktion dieses Systems werden folgende Energien verbraucht: 60,7 kWh/kW_p elektrische Energie, 145,1 kWh/kW_p Brennstoffe und 23,8 kWh/kW_p nicht-energetischer Verbrauch.

Für die PV-Fassade wurden folgende Materialmengen ermittelt:

- Verkabelung: 195 kg Kupfer; 176,8 kg PVC
- Energieaufbereitung : wie oben
- Vermiedener Glasbedarf: 156,2 kg je kW_p
- Vermiedener Stahlbedarf: 8,9 kg je kW_p

Ohne den Einsatz der PV-Module als Fassadenelemente wäre konventionelles Fensterglas verwendet worden. Daher wurden die Emissionen für die Produktion dieser Fensterscheiben vermieden und müssen subtrahiert werden. Außerdem haben die hier eingesetzten Module keinen Stahlrahmen (der in den Daten in Tabelle 5.1 allerdings enthalten ist).

5.1.3.4 Spezifische Emissionsfaktoren

Die Emissionen durch Verbrauch elektrischer Energie werden auf Basis des deutschen Kraftwerksmix bestimmt. Die erforderlichen Daten aus dem GEMIS-Programm [5.9] sind in Tabelle 5.4 aufgeführt.

Für die Emissionen durch Brennstoffverbrauch (CO_2, SO_2, NO_x, etc.) in der Produktion der PV-Module werden die Zahlen aus Tabelle 5.1 verwendet. Für die Wärmeprozesse bei der Herstellung der anderen Systemkomponenten liegen keine entsprechenden Daten vor, daher werden Durchschnittsdaten über industrielle Wärmeprozesse in Deutschland eingesetzt. Kohlendioxidemissionen durch die Nutzung von Holz als Brennstoff werden nicht berücksichtigt, da sie Teil eines geschlossenen natürlichen Kreislaufs sind. Die Kohlendioxidemissionen durch

Tabelle 5.5. Energieeinsatz und Emissionen bei der Produktion von 1 Tonne Materialien [5.9]

	Primärenerg.	CO_2	SO_2	NO_x	Staub	CH_4	N_2O
Glas	3005 kWh	940 kg	229 g	2614 g	1123 g	1103 g	5 g
Kupfer	10084 kWh	2463 kg	19452 g	20893 g	1470 g	2400 g	31 g
Kunststoff	19002 kWh	1369 kg	2669 g	2495 g	204 g	3013 g	13 g
Stahl	5566 kWh	1512 kg	3976 g	5387 g	556 g	6624 g	7 g

Verbrennung von Holzkohle und Holzschnitzel betragen 344,1 kg/kW_p. CO_2-Emissionen durch die Nutzung fossiler Brennstoffe betragen 403,0 kg/kW_p.

Das GEMIS-Programm liefert weiterhin Zahlen zum Primärenergieverbrauch und den Emissionen bei der Herstellung der Materialien für die PV-Systemkomponenten (Tabelle 5.5).

Emissionen durch Transporte wurden mit folgenden Annahmen bestimmt: Eine Entfernung von 250 km wird als repräsentativer Wert für den Transport der Module in Deutschland verwendet. Ein Lkw mit 25 Tonnen Nutzlast wird verwendet. Emissionenfaktoren je Tonnen-Kilometer für vollbeladene Transporte betragen außerorts: 46,9 g CO_2, 0,89 g NO_x, 0,044 g SO_2 [5.6]. Das Gewicht eines 50 W_p Moduls beträgt 6,8 kg. Für die anderen Materialien werden keine Transportwege berücksichtigt, da sie aus der näheren Umgebung angeliefert werden. Auch der Transport der Module für die Fassade wird nicht berücksichtigt, da sie anstelle des konventionellen Fensterglases angeliefert werden.

5.1.3.5 Gesamte atmosphärische Emissionen

Mit Hilfe der Daten aus den vorhergehenden Abschnitten können die gesamten Emissionen je kW_p ermittelt werden (Tabelle 5.6 und 5.7). Um die Emissionen auf eine Einheit erzeugter Energie zu normieren, werden sie auf die, für die Lebensdauer erwartete Energieproduktion bezogen (vgl. Kapitel 5.1.2.3).

Diese Daten entsprechen dem technischen Stand zu Beginn des 1000-Dächer-Programms. Inzwischen wurden technologische Verbesserungen erreicht, die schon eine deutliche Verringerung des Material- und Energieeinsatzes während der Produktion bewirken. Da hierzu noch keine detailierten Untersuchungen vorliegen, wurden, auf Basis der folgenden Verbesserungen und technologischen Fortschritte, aktuelle Werte approximiert („aktuell" in den Tabellen 5.6 und 5.7):

- Die Dicke der Silizium-Scheiben beträgt 200 µm statt 350 µm [5.34].
- Statt des energieintensiven Halbleitersiliziums kann Solarsilizium eingesetzt werden, welches nur ca. 25% der Produktionsenergie erfordert [5.34].
- Höhere Produktionskapazität (um das 10-fache) steigert die Effizienz [5.33].
- Der Wirkungsgrad beträgt 15% statt 12%.

Tabelle 5.6. Atmosphärische Emissionen im Lebenszyklus der Dach-Anlage

	CO_2	SO_2	NO_x	Staub	CH_4	N_2O
Modulprod.: elekt. En.	2356,2kg	1549,8 g	2007,6 g	218,4 g	3645,6 g	5,9 g
Modulprod.: Brennst.	403,0 kg	3500 g	2500 g	?	?	?
Energieaufb.: elek. En.	34,1 kg	22,4 g	29 g	3,2 g	52,7 g	0,1 g
Energieaufb.: Brennst.	45,4 kg	137,7 g	61,2 g	5,6 g	66,3 g	1,0 g
Stahl 83.33 kg	126 kg	331,3 g	448.9 g	46,4 g	552 g	0,5 g
Kupfer 2,21 kg	5,4 kg	43,0 g	46,2 g	3,2 g	5,3 g	0,1 g
PVC 3,04 kg	4,2 kg	8,1 g	7,6 g	0,6 g	9,2 g	0,0 g
Modultransport	1,6 kg	1,5 g	30,3 g	?	?	?
Gesamt je kW_p	2975,9kg	5593,8 g	5130,8 g	277,4 g	4331,1 g	7,6 g
Gesamt je MWh	163,5 kg	307,3 g	281,9 g	15,2 g	237,9 g	0,4 g
Ges. je kW_p, aktuell	970,8 kg	1894,6 g	1801,3 g	110,3 g	1602,0 g	3,1 g
Ges. je MWh, aktuell	53,3 kg	104,1 g	99,0 g	6,1 g	88,0 g	0,2 g

Tabelle 5.7. Atmosphärische Emissionen im Lebenszyklus der Fassaden-Anlage

	CO_2	SO_2	NO_x	Staub	CH_4	N_2O
Modulproduktion und Energieaufbereitungssysteme wie in Tabelle 5.6						
Kupfer 15 kg	36,9 kg	291,8 g	313,4 g	22,1 g	36 g	0,5 g
PVC 13,6 kg	18,6 kg	36,3 g	33,9 g	2,7 g	41,0 g	0,2 g
Stahlrahmen -8,9 kg	- 13,4 kg	- 35,4 g	- 47,9 g	- 4,9 g	- 59,0 g	-0,1 g
Glas -156,2 kg	-146,8 kg	- 35,8 g	-408,3 g	-175,4 g	-172,3 g	-0,8 g
Gesamt je kW_p	2734 kg	5466,8g	4488,9g	71,7 g	3607,3 g	6,8 g
Gesamt je MWh	173,4 kg	346,7 g	284,7 g	4,5 g	228,8 g	0,4 g
Ges. je kW_p, aktuell	777,2 kg	1793,0g	1287,7g	-	1025,3 g	2,4 g
Ges. je MWh, aktuell	49,3 kg	113,7 g	81,7 g	-	65,0 g	0,15g

5.1.3.6 Wirkungen und Kosten der Emissionen

Schäden durch Luftschadstoffe. Wirkungen atmosphärischer Emissionen wurden bei der Untersuchung der fossilen Energiesystemen sehr detailiert betrachtet (vgl. Kapitel 3 oder [5.4, 5.5]). Dabei wurde das Modell EcoSense entwickelt, mit dem die Schadenskosten in den wichtigsten Kategorien ermittelt werden können: Öffentliche Gesundheit (Mortalität und Erkrankungen durch Staub und Aerosole), Schäden an Getreide, Wäldern und Materialoberflächen. Das Modell berücksichtigt explizit die Umgebung der Referenzstandorte und benötigt daher die Positionen der Emissionsfreisetzung als Eingabeparameter. Im Falle der Photovoltaik werden die Emissionen nicht am Standort der PV-Anlagen freigesetzt, sondern durch Energieverbrauch in den Herstellungsschritten der Komponenten. Da verschiedene Materialien zum Einsatz kommen, treten auch an entsprechend vielen Standorten Emissionen auf. Emissionen durch Verbrauch elektrischer Energie können nicht genau lokalisiert werden. Unter Berücksichtigung dieser Tatsachen wird deutlich, daß die Wahl eines Standortes für die Emissionen relativ willkürlich ist. Es wird daher angenommen, daß die Emissionen an den Standorten der Produktionsstätten der Systemkomponenten freigesetzt werden: Die Module werden in Wedel in der Nähe von Hamburg hergestellt. Der Wechselrichter wird in Berlin produziert, Metalle und Kabel im Ruhrgebiet.

Die monetären Ergebnisse, die mit Hilfe des EcoSense-Modells (Version 2.0) ermittelt wurden, sowie deren Analyse sind in der Zusammenfassung dieses Abschnitts aufgeführt (Tabelle 5.14).

Schäden durch Treibhausgase. Derzeitig können Wirkungen auf das globale klimatische System nicht zufriedenstellend quantifiziert werden. In den Untersuchungen zu den fossilen Energiesystemen (Kapitel 3.8) wurden zwei Ansätze verfolgt: Schadenskosten durch einen globalen Temperaturanstieg, sowie CO_2-Vermeidungskosten für vorgegebene Reduktionsziele. Als Schadenskosten im Falle der Photovoltaik ergeben sich bei 0% Diskontrate 0,12 Pf je kWh für die Dachanlage, sowie 0,11 Pf je kWh für die Fassade. Weitere Angaben sind in Tabelle 6.1 zu finden.

5.1.4 Berufliche Gesundheitsrisiken

5.1.4.1 Methode

Die Gesundheit von Arbeitern kann in allen Stufen des Lebenszyklus durch Unfälle und Krankheiten beeinträchtigt werden. Zu den beruflichen Gesundheitsrisiken des photovoltaischen Lebenszyklus sind keine speziellen Daten verfügbar. Es wird daher mit durchschnittlichen Werten der beteiligten Industriezweige gerechnet und gemäß der Methode vorgegangen, die auch für die fossilen Energiesysteme verwendet wurde. Die beruflichen Gesundheitsrisiken wurden dort in folgende Kategorien eingeteilt:

- Todesfälle durch Berufsunfälle, sowie durch Berufskrankheiten,
- Schwere, sowie leichte nicht-tödliche Berufsunfälle und -krankheiten.

Das absolute berufsbedingte Gesundheitsrisiko einer Aktivität wird mit „Brutto-Risiko" bezeichnet. Das „Netto-Risiko" der Aktivitäten bezeichnet die Differenz zwischen dem Risiko der betrachteten Aktivität und dem durchschnittlichen Risiko von Arbeitern in allen Industriezweigen.

5.1.4.2 Quantifizierung der Gesundheitsrisiken

Produktion und Installation. Die beruflichen Gesundheitsrisiken werden auf Basis von Investitionen abgeschätzt. Diese werden den Sektoren: chemische Industrie, Maschinenbau, Elektrotechnik, Baugewerbe und Dienstleistungen zugeordnet.

Die durchschnittlichen Kosten von PV-Anlagen in Baden-Württemberg [5.25] werden in Tabelle 5.9 verwendet, um eine Aufteilung der Investitionskosten für typische 2 kW_p-Dachanlagen zu ermitteln. Diese Werte werden den Industriezweigen zugeordnet, und mit Hilfe der Angabe „Umsatz je Arbeitszeit" wird der gesamte Arbeitsaufwand je kW_p bestimmt. Die Modulproduktion wird aufgrund der Ergebnisse der Untersuchungen im Forschungszentrum Jülich (vgl. Kapitel 5.1.3) teilweise der chemischen Industrie zugeordnet: „Die ermittelten Stoffströme und ihre Mengen bei der Produktion von photovoltaischen Elementen unterscheiden sich nicht von denen üblicher Chemieproduktionen. Bei ordnungsgemäßem Betrieb der Anlagen werden alle vorgegebenen Grenzwerte eingehalten und unterschritten, daran gemessen ist die Herstellung von photovoltaischen Anlagen von der Umwelt her gesehen unerheblich." [5.31]

Um das Risiko für die Herstellung je kW_p zu ermitteln, werden in Tabelle 5.8 Statistiken der Entschädigungsgesellschaften über Berufrisiken verwendet. Tabelle 5.11 zeigt die Ergebnisse für Todesfälle, schwere und leichte Verletzungen. Das Gesamtrisiko für die Dachanlage ist die Summe aller Risiken der in Tabelle 5.8 aufgeführten Industriezweige. Für die Fassade entfallen Maschinenbau und Baugewerbe, da diese Aktivitäten nicht zur Installation des PV-Systems erforderlich sind, sondern für die Fassade selbst. Da für die Integration der PV-Module keine technischen Korrekturen vorgenommen werden mußten, ist das Gesamtrisiko für die Fassade gleich der Summe der Risiken aus chemischer Industrie, Elektrotechnik und Dienstleistungen.

Transport. Mit den Zahlen aus Kapitel 5.1.3.4 werden in Tabelle 5.10 die beruflichen Gesundheitsrisiken des Modultransports bestimmt. Die Ergebnisse werden nur für die Dachanlage berücksichtigt.

Betriebsphase. Derzeit resultiert der Arbeitsaufwand während des Betriebs von Photovoltaikanlagen aus dem Prototypcharakter der Systeme. Da hier jedoch seriengefertigte wartungsfreie Systeme betrachtet werden, ergeben sich keine externen Kosten durch berufliche Gesundheitsrisiken in der Betriebsphase.

Tabelle 5.8. Berufliche Gesundheitsrisiken bei Herstellung der PV-Anlagen (PJ=Personenjahr)

Industriesektor	chem. Industrie	Masch.-bau	Elektrotechnik	Baugewerbe	Dienstleistungen	Indust.-mittelwert
Arbeitszeit [PJ/kW$_p$]	0,02	8,5227E-3	0,076	0,01134	5,56E-3	
			tödliche Unfälle			
brutto je PJ	34,0E-6	47,7E-6	26,5E-6	0,14E-3	11,8E-6	42,5E-6
brutto je kWp	680E-9	407E-9	2,01E-6	1,59E-6	65,6E-9	
netto je PJ	-8,5E-6	5,2E-6	-16,0E-6	97,5E-6	-30,7E-6	
netto je kWp	-170E-9	44,3E-9	-1,22E-6	1,11E-6	-171E-9	
			tödliche Krankheiten			
brutto je PJ	56,7E-6	16,3E-6	8,56E-6	12,0E-6	261E-9	12,1E-6
brutto je kWp	1,34E-6	139E-9	651E-9	136E-9	1,45E-9	
netto je PJ	44,6E-6	4,2E-6	-3,54E-6	-0,1E-6	-11,9E-6	
netto je kWp	892E-9	35,8E-9	-269,1E-9	-1,13E-9	-66,1E-9	
			schwere Unfälle und Krankheiten			
br. Unf./PJ	927E-6	2,91E-3	620E-6	3,43E-3	363E-6	1,13E-3
br. Kran./PJ	306E-6	142E-6	98,0E-6	212E-6	10,2E-6	148E-6
br. U&K/kWp	24,7E-6	26,0E-6	54,6E-6	41,3E-6	2,07E-6	
net. U&K/PJ	-45E-6	1,77E-3	-560E-6	2,36E-3	-905E-6	
net. U&K/kWp	-900E-9	15,1E-6	-42,6E-6	26,8E-6	-5,03E-6	
			leichte Unfälle und Krankheiten			
br. Unf. / PJ	0,033	0,083	0,026	0,115	0,020	0,051
br. Kran. / PJ	2,54E-3	1,34E-3	1,25E-3	2,56E-3	183E-6	1,94E-3
br. U&K / kWp	711E-6	0,719E-3	2,07E-3	1,33E-3	112E-6	
net. U&K / PJ	-17,4E-3	31,4E-3	-25,7E-3	64,6E-3	-32,8E-3	
net. U&K /kWp	-348E-6	268E-6	-1,95E-3	733E-6	-182E-6	

Tabelle 5.9. Berechnung des Arbeitsaufwandes in den beteiligten Industriezweigen

Komponente	Kosten [DM]	Industriesektor	Umsatz [DM] je Pers.-Jahr	Arbeitszeit je kW_p [P.-J.]
Module	11800	Chemi. Ind. (30%)	177000	0,02
		Elektrotech. (70%)	174000	0,04747
Modulverkabelung	200	Elektrotechnik	174000	0,02149
Sammelboxen	600			
Hauptverkabelung	100			
Leistungsschalter	150			
Wechselrichter	2400			
Weitere Kompon.	290			
Montagegestelle	1500	Maschinenbau	176000	8,5227E-3
Installationskosten	2450	Baugewerbe (50%)	108000	0,01134
		Elektrotech. (50%)	174000	0,00704
Planung und Dokum.	150	Dienstleistung	27000	5,5556E-3

Tabelle 5.10. Berufliche Gesundheitsrisiken durch Transport der Module

Modulgewicht je kW_p	147,5 kg	Transportstrecke	250 km
Energieertrag je kW_p	18203 kWh	Transportaufwand je TWh	2025765 tkm
Arbeitszeit je 10^9 tkm		5657,669 Personen-Jahre	
	tödliche Unfälle		
brutto je 10^9 tkm	0,837	netto je 10^9 tkm	0,592
brutto Todesfälle je TWh	1,70E-3	netto je TWh	1,20E-3
	tödliche Erkrankungen		
brutto je 10^9 tkm	0,015	netto je 10^9 tkm	-0,055
brutto je TWh	30,4E-6	netto je TWh	-111E-6
	schwere Unfälle und Erkrankungen		
brutto je 10^9 tkm	10,9	netto je 10^9 tkm	3,54
brutto je TWh	22,1E-3	netto je TWh	7,17E-3
	leichte Unfälle und Erkrankungen		
brutto je 10^9tkm	343,7	netto je 10^9 tkm	39,0
brutto je TWh	0,696	netto je TWh	79,0E-3

5.1.4.3 Ökonomische Bewertung.

In Tabelle 5.11 sind die gesamten Risiken für beide Anlagen summiert. Todesfälle und Verletzungen werden mit Hilfe der in Tabelle 5.12 angegebenen monetären Werte (vgl. Kapitel 3.3) in Kosten umgerechnet. Die externen Kosten für berufliche Gesundheitsrisiken, die während der Herstellungsphase der photovoltaischen Anlagen verursacht werden, sind in Tabelle 5.13 zusammengestellt.

Tabelle 5.11. Gesamte berufliche Gesundheitsrisiken der ausgewählten PV-Anlagen

	Todesfälle	schwere Erkrank.	leichte Erkrank.
Dach-Anlage je kWp (brutto)	6,84E-6	149E-6	4,96E-3
Dach-Anlage je TWh (brutto)	0,376	8,21	273
Dach-Anlage je kWp (netto)	205E-9	-20,1E-6	-1,48E-6
Dach-Anlage je TWh (netto)	11,3E-3	-1,10	-81,3
Fassaden-Anlage je kWp (brutto)	4,55E-6	81,3E-6	2,89E-3
Fassaden-Anlage je TWh (brutto)	0,288	5,16	183
Fassaden-Anlage je kWp (netto)	-1,00E-6	-48,5E-6	-2,48E-3
Fassaden-Anlage je TWh (netto)	-63,4E-3	-3,08	-157

Tabelle 5.12. Monetäre Werte für berufliche Todes- und Krankheitsfälle

	Wert [DM]
Todesfall (Statistischer Wert des Lebens)	5840000
Schwere Erkrankung / Verletzung	73600
Leichte Erkrankung / Verletzung	6470

Tabelle 5.13. Kosten durch Gesundheitsschäden im Lebenszyklus der PV-Anlagen

Schadenskategorie	Wertabschätzung (Pf/kWh)			
Herstellungs- und Installationsphase	Emstal-Riede Dach-Anl.		Fassade Bielefeld	
	brutto	netto	brutto	netto
Todesfälle	0,22	0,0066	0,17	-0,037
Schwere Erkrank.	0,060	-0,0081	0,038	-0,023
Leichte Erkrank.	0,18	-0,053	0,12	-0,10

5.1.5 Flächenverbrauch und optische Belastungen

Im Zusammenhang mit Photovoltaik werden häufig Schäden durch Flächenverbrauch diskutiert. Die geringe Energiedichte von PV-Systemen führt bei zentralen, auf Freiflächen montierten PV-Systemen zu großem Flächenverbrauch. Als Folge können auch Schäden an natürlichen Ökosystemen auftreten. Aufgrund zahlreicher weiterer Nachteile, hat diese Art von Anlagen keine vielversprechende Zukunft. Im Gegensatz dazu benötigen die hier ausgewählten Referenzanlagen keine natürliche Standfläche, so daß mit diesen Anlagen auch keine externen Kosten durch Landnutzung verbunden sind.

Als optische Belastung könnte es z. B. empfunden werden, wenn freistehende PV-Systeme in Gebieten mit hohem szenarischem Wert errichtet werden. Auch Module, die in Gebäude von kulturellem Wert integriert werden, können störend wirken. Die Errichtung von PV-Anwendungen auf den Dächern derartiger Gebäude werden in Deutschland allerdings durch Denkmalschutzgesetze untersagt.

Keiner der oben erwähnten Punkte trifft für die hier untersuchten Anlagen zu. Die Module der Dach-Anlage können von den Anwohnern in der Umgebung nicht gesehen werden, da sie durch andere Gebäudeteile vor der direkten Ansicht verborgen sind. Die Module der Fassade sind so integriert, daß keine relevanten Unterschiede im Vergleich zum Rest der Fassade zu erkennen sind. Da keine negativen optischen Effekte existieren, sind mit dem Erscheinungsbild der PV-Anlagen keine externen Kosten verbunden.

5.1.6 Zusammenfassung

In dieser Studie wurde versucht, die externen Kosten der Stromerzeugung mit Photovoltaik abzuschätzen. Die in der Gesamtstudie entwickelten Leitlinien und Methoden, besonders die für die fossilen Energiesysteme, wurden für die Quantifizierung der Wirkungen und Kosten verwendet. Für ausführlichere Beschreibungen sollten die Kapitel zu diesen Energiesystemen herangezogen werden. Hier wurde eine Analyse des Lebenszyklus durchgeführt, wobei Produktions- und Betriebsphase im Mittelpunkt standen.

Eine 4,8 kW_p Dachanlage sowie eine 13 kW_p Fassadenanlage wurden als Referenzstandorte ausgewählt. Für Modultechnik und Produktionsdaten wurde das Jahr 1997 zugrundegelegt. In beiden Anlagen werden polykristalline Module verwendet und sie werden ohne Speicherelemente parallel zum Netz betrieben.

Die folgenden Wirkungen wurden detailiert untersucht:

- Schäden durch atmosphärische Emissionen der Produktionsphase,
- berufliche Gesundheitsrisiken während der Produktion der Module und der Systemkomponenten, sowie der Installation der Anlagen

Beide Anlagen sind in Gebäude integriert und verbrauchen daher keine freien Landflächen und verursachen keine optischen Belastungen. Es wurden seriengefertigte wartungsfreie Systeme betrachtet. Die Nutzung der Module als Konstruktionselemente reduziert den Materialbedarf und den Arbeitsaufwand, die der

Photovoltaik zuzurechen sind, da die Fassade ohnehin errichtet worden wäre und die Module an Stelle von Fensterscheiben eingesetzt wurden.

Die Recyclingphase wurde nicht betrachtet, da derzeit keine ausgereiften Konzepte existieren. Die damit verbundenen externen Kosten sind vermutlich deutlich geringer als die der Produktionsphase. Derzeit werden Module auf Siliziumbasis als Abfall ohne besondere Belastungen behandelt.

Die Menge der Luftschadstoffe und Treibhausgase aus der Produktionsphase wurde ermittelt (SO_2, NO_x, Staub, CO_2, CH_4, N_2O). Die daraus resultierenden externen Kosten wurden mit Hilfe der Erkenntnisse aus den Untersuchungen zu den fossilen Energiesystemen bestimmt. Schädigungen der öffentlichen Gesundheit, Getreide, Wälder, Materialoberflächen und des globalen Klimasystems wurden betrachtet. Die Wirkungen der anderen, in die Umwelt abgegebenen Substanzen können derzeit nicht quantifiziert werden. Da die Mengen dieser Substanzen gering sind, wurden sie zunächst vernachlässigt.

Berufliche Gesundheitschäden, die durch Unfälle und Erkrankungen entstehen, wurden mit Hilfe statistischer Informationen über die beteiligten Industriebereiche abgeschätzt. Relevante externe Kosten treten nur in der Herstellungsphase der Anlagen auf. Es wurden Netto-Risiken berechnet, d. h. die Differenz zwischen dem durchschnittlichen Risiko industrieller Aktivität und dem Risiko der betrachteten Aktivität innerhalb des Lebenszyklus. Im Falle der Photovoltaik führt dies in einigen Bereichen zu negativen Schadenskosten.

Diese Ergebnisse beziehen sich nur auf den gegenwärtigen Stand der PV-Technologie, deutliche Verminderungen der internen und externen Kosten sind für die Zukunft aus folgenden Gründen zu erwarten:

- Wirkungsgrade der Zellen werden verbessert.
- Technologien mit geringerem Aufwand während der Produktion werden in die Massenproduktion übergehen.
- Höhere Produktionskapazitäten werden den Arbeitsaufwand und den Energiebedarf reduzieren.
- Die Lebensdauer der Module wird aufgrund technischer Weiterentwicklungen ansteigen.

Monetären Ergebnisse sind in Tabelle 5.14 aufgeführt. Aufgrund fehlender Informationen und Unsicherheiten mußten in einigen Punkten grobe Abschätzungen durchgeführt werden. Die Ergebnisse sollten daher mit Vorsicht betrachtet werden. Die volkswirtschaftlichen Aussagen zur Monetarisierung, die in dieser Studie verwendet wurden, basieren auf den Ergebnissen des Kapitel 2.4.

Die in Abschnitt 1.1a der Tabelle 5.14 gezeigten externen Kosten wurden auf Basis der Annahme berechnet, daß in der Produktionsphase fossile Brennstoffe genutzt werden und die elektrische Energie dem öffentlichen Netz entnommen wird. Die Emissionsdaten repräsentieren daher Durchschnittswerte für industrielle Wärmeprozesse und den Kraftwerkspark in Deutschland. Diese Annahmen entsprechen den Richtlinien der Gesamtstudie, müssen aber als Kompromiß angesehen werden, der nur den derzeitigen Stand berücksichtigt. Während des Betriebs der PV-Anlagen treten Emissionen nur in geringfügigen Mengen auf. Der größte Anteil der gesamten Emissionen wird durch Energieverbrauch während der Produktionsphase verursacht. Im Gegensatz zu konventionellen Technologien, bei denen Emissionen direkt freigesetzt werden, ist die Belastung des photovoltaischen Lebenszyklus mit indirekten Emissionen (durch den Einsatz fossiler Brennstoffe in vorgelagerten Prozeßstufen) für eine Bewertung der Technologie nicht sinnvoll. Aus diesen Gründen können derartige Angaben (Tabelle 5.14 Abschnitt 1.1 a) bei der Quantifizierung externer Kosten im photovoltaischen Lebenszyklus nicht ohne weiteres Verwendung finden. Um einen fairen Vergleich der Technologien zu ermöglichen, sollte angenommen werden, daß die erforderliche Energie durch Photovoltaik selbst oder andere regenerative Techniken bereitgestellt wird. Es ergeben sich dann durch atmosphärische Emissionen nur sehr geringe Schadenskosten. Dies kann beispielsweise durch Betrachtung des folgenden Szenarios gerechtfertigt werden: der Energiebedarf zur Produktion von PV-Anlagen wird durch einen Teil der hergestellten Module und Systemkomponenten oder durch andere regenerative Energiequellen gedeckt. Die Ermittlung der externen Kosten bei Betrachtung derartiger Szenarien war nicht Aufgabe der Studie, sollte aber bei zukünftigen Untersuchungen regenerativer Energien grundsätzlich verwendet werden.

Tabelle 5.14. Abschätzung der externen Kosten im Lebenszyklus der PV-Anlagen

Schadenskategorie	Wertabschätzung (Pf/kWh)	
	Dach-Anlage	Fassaden-Anlage
1. Schadenskosten der Produktions- und Installationsphase		
1.1 a Schadenskosten bei Einsatz fossiler Energien zur Produktion der PV-Anlagen		
Berechnungen unter Verwendung des EcoSense-Modells (IER) und monetärer Angaben gemäß Kapitel 2.4		
Öffentliche Gesundheit		
- Sterblichkeit		
VSL-Ansatz	1,0 [a]	0,96 [a]
VLYL-Ansatz	0,22 [a]	0,21 [a]
- Erkrankungen	0,028 [a]	0,026 [a]
Getreide	0,0001 [a]	0,00008 [a]
Materialoberflächen	0,0044 [a]	0,0045 [a]
1.1 b Schadenskosten bei Einsatz regenerativer Energie zur Produktion		
entsprechende Kosten zu 1.1 a	Schadenskosten durch Schadstoffemissionen entfallen weitgehend (10^{-1}... 0)	
1.2 Berufliche Gesundheit (netto)		
Todesfälle	0,0066	-0,037
Erkrankungen & Verletzungen	-0,061	-0,12
2. Schadenskosten der Betriebsphase		
Vernachlässigbare Schadenskosten, einige Größenordnungen geringer als in der Produktionsphase: - keine Flächenverbrauch (Gebäudeintegrierte Systeme) - keine optischen Störungen - vernachlässigbare Wartungs- und Reparaturkosten bei Nutzung von Serienprodukten.		

[a] Die Zuverlässigkeit zur Quantifizierung externer Kosten der regenerativen Systeme ist nicht ausreichend, da die Schadenskosten vor allem durch die Nutzung fossiler Energieträger für die Produktion der regenerativen Energieversorgungssysteme verursacht werden. Bei entsprechender Nutzung regenerativer Energieträger liegen die erwarteten externen Kosten um mindestens eine Größenordnung niedriger.

5.2 Windenergie

Dieser Abschnitt analysiert und quantifiziert Ursachen und Auswirkungen von Belastungen, die durch die Nutzung der Windenergie auftreten. Luftschadstoffemissionen der Produktionsphase wurden bestimmt und die zugehörigen Schäden an öffentlicher Gesundheit, Getreide, Wäldern, Materialoberflächen und dem globalen Klimasystem abgeschätzt. Die Zunahme des Lärmniveaus durch den Betrieb von Windkraftanlagen an den Positionen der Anwohner wurde berechnet. Störungen des Landschaftsbildes durch die Anwesenheit von Windkraftanlagen werden diskutiert. Berufliche Gesundheitsrisiken in allen Stufen des Lebenszyklus wurden auf Basis von Statistiken bestimmt. Für all diese Schäden werden, basierend auf den Ergebnissen der gesamten Studie, monetäre Werte angegeben.

5.2.1 Eigenschaften der Stromerzeugung mit Windenergie

5.2.1.1 Allgemeines

Bei der Betrachtung erneuerbarer Energien sind einige Besonderheiten zu berücksichtigen, die einen direkten Vergleich mit konventionellen, zentralen Kraftwerken schwierig machen. So kann die Untersuchung einer einzelnen Windkraftanlage oder eines Windparks nicht ohne Weiteres für eine generelle Betrachtung der Windenergie herangezogen werden. Da sich die Windenergie in der Einführungssphase befindet, haben die Systeme technische Eigenheiten, so daß eine Berechnung des Materialeinsatzes und Arbeitsaufwandes für eine Einzelanlage nicht ausreichend erscheint. Um derartige Schwierigkeiten zu bewältigen, werden zusätzlich zur Untersuchung des Referenzstandortes Vergleiche mit dem deutschen „250-MW-Wind-Programm" durchgeführt.

5.2.1.2 Stand der Technik und Entwicklungstendenzen

Die Nutzung der Windenergie in Deutschland hat in den letzten Jahren beträchtliche Fortschritte gemacht. Diese Entwicklung ist zurückzuführen auf die verbesserten Bedingungen zur Netzeinspeisung, die Förderung durch die Bundesregierung sowie die besondere steuerliche Behandlung.

Die deutschen Hersteller beliefern heute zusammen mit anderen europäischen Firmen (vorwiegend dänischen) einen nationalen Markt mit über 310 MW jährlich installierter Leistung [5.20]. Die verwendete Technik hat sich von Experimenten in der 100 kW Klasse bis zur 1 MW-Klasse entwickelt

Das Bundesministerium für Forschung und Technologie hat 1989 das sogenannte „250-MW-Wind"-Programm gestartet. Das Programm ist kombiniert mit einer Verpflichtung des Besitzers am sogenannten Wissenschaftlichen Meß- und Evaluierungsprogramm (WMEP) teilzunehmen. Abbildung 5.6 zeigt die Nennleistung der jährlichen WKA-Neuinstallationen mit und ohne „250-MW-Wind"-Förderung.

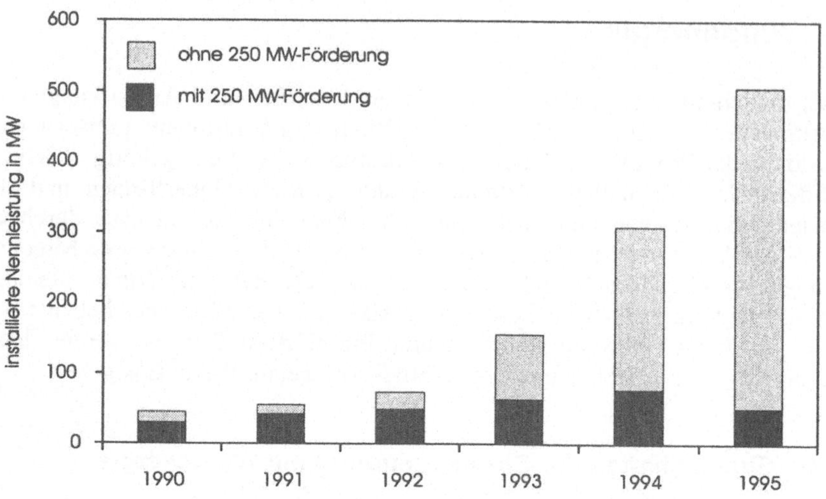

Abb. 5.6. Nennleistung der WKA-Neuinstallationen 1990-1995 [5.20]

Derzeitig werden die geringsten Stromgestehungskosten mit Anlagen im 500 kW-Bereich mit horizontaler Achse, Dreiblattrotor und mit oder ohne Getriebe [5.16] erreicht. Die WKA der 1 MW Klasse, die sich momentan in der Einführungsphase befinden, basieren auf bewährten Konzepten und Komponenten kleinerer Vorgängertypen. Große Konverter im MW-Bereich werden als vielversprechende Lösung für die Zukunft angesehen.

5.2.1.3 *Besonderheiten der Windenergie*

Um einen vollständigen Rahmen für die Untersuchung der externen Kosten zu erreichen, müssen die folgenden Besonderheiten der Windenergie in Betracht gezogen werden:

- Die Windenergietechnik ist momentan in der ersten Kommerzialisierungs- und Verbreitungsphase. Weitere Verbesserungen bezüglich Materialaufwand und Arbeitseinsatz sowie Effizienz und Lebensdauer sind zu erwarten.
- Einzelne WKA und Windparks sind hauptsächlich an der Küste und in abgelegenen Gebieten installiert und speisen ihre Energie dezentral in das Netz ein.
- Die WKA arbeiten ohne Speicherelemente und speisen ihren Strom direkt in das Netz. Aufgrund der direkten Abhängigkeit von den Windverhältnissen treten bei Systemen ohne Speicherelemente Schwankungen in der Leistungsabgabe auf. Gemäß dem aktuellen Stand und der Planung für die nächsten 10 Jahre in Deutschland wird die installierte Nennleistung allerdings gering bleiben, so daß Leistungsschwankungen in den meisten Fällen vernachlässigt werden können.

- Im Vergleich zu konventionellen Energieversorgungssystemen bestehen aufgrund des dezentralen Charakters entscheidende Unterschiede hinsichtlich der Versorgungsstrukturen sowie der Eigentums- und Betreiberverhältnisse.

Der Einfluß dieser Besonderheiten wurden vereinbarungsgemäß in dieser Studie nicht berücksichtigt.

5.2.2 Referenzstandort und -technologie

5.2.2.1 Standorte

Die Standorte der WKA und Windparks des „250-MW-Wind"-Programms sind vorwiegend im nördlichen Teil Deutschlands, in Niedersachsen und mit wachsendem Anteil in Binnenlandgebieten mit günstigen Windbedingungen vorzufinden. In Abbildung 5.7 ist die Verteilung der im WMEP enthaltenen Anlagen auf die Bundesländer dargestellt. Abbildung 5.8 zeigt die Aufteilung nach Leistungsklassen. Der „Nordfriesland Windpark" befindet sich im Küstengebiet des Friedrich-Wilhelm-Lübke-Koog in Schleswig-Holstein. Alle unten genutzten Daten beziehen sich auf die 45 WKA, die im WMEP gemessen werden. Tabelle 5.15 zeigt weitere Einzelheiten über den Standort und die Charakteristiken des Windparks. Abbildung 5.9 zeigt eine Ansicht auf einen Teil des Windparks.

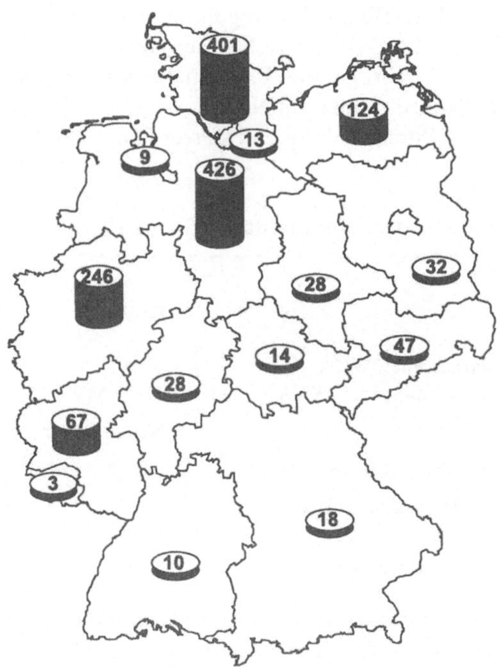

Abb. 5.7. Anzahl der WKA des „250-MW-Wind"-Programm in den Bundesländern [5.20]

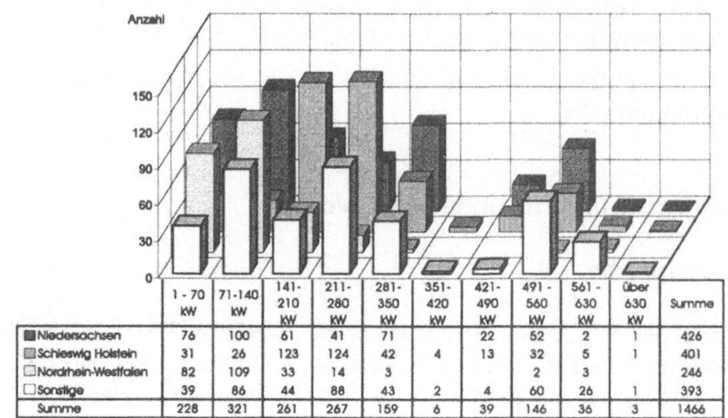

	1 - 70 kW	71-140 kW	141-210 kW	211-280 kW	281-350 kW	351-420 kW	421-490 kW	491 - 560 kW	561 - 630 kW	über 630 kW	Summe
Niedersachsen	76	100	61	41	71		22	52	2	1	426
Schleswig Holstein	31	26	123	124	42	4	13	32	5	1	401
Nordrhein-Westfalen	82	109	33	14	3			2	3		246
Sonstige	39	86	44	88	43	2	4	60	26	1	393
Summe	228	321	261	267	159	6	39	146	36	3	1466

Abb. 5.8. WKA-Anzahl des „250-MW-Wind"-Programm nach Leistungsklassen [5.20]

5.2.2.2 Systemtechnik

Derzeitig werden überwiegend die folgenden technischen Konzepte für die Nutzung der Windenergie eingesetzt [6.15]:

- Dreiblattrotor mit Stall- oder Pitchregelung direkt am Netz
- Dreiblattrotor mit Einzelblatt-Pitchregelung, getriebelosem Generator und variabler Drehzahl über Wechselrichter am Netz
- Zweiblattrotor mit Pitchregelung, Pendelnabe oder starrer Nabe und variabler Drehzahl über Wechselrichter am Netz
- Zweiblattrotor mit Pitchregelung und starrer Nabe, direkt am Netz

Tabelle 5.15. Überblick über den „Nordfriesland Windpark"

Windkraftanlage	
Typ	HSW 250
Gesamtzahl	51
Zahl der im WMEP vermessenen WKA	45
Gesamtnennleistung der vermessenen WKA	11,25 MW
Konzept	Netzparallelbetrieb
Mittlere Windgeschwindigkeit in 28 m Höhe	7,29 m/s (1992); 7,30 m/s (1993)
Energieerträge der vermessenen WKA	
Ertrag in 1992 / 1993	25,5 GWh/a; 23,8 GWh/a
Schätzung über gesamte Lebensdauer	24,3 GWh/a * 20a = 486 GWh
Umgebung: landwirtschaftliches Gebiet mit einigen Häusern; Naturschutzgebiet 'Nordfriesisches Wattenmeer' liegt in der Nähe; Entfernungen: WKA zum Meer: 100 m; WKA zu den Häusern: 200 m	

Abb. 5.9. Ansicht auf einen Teil des „Nordfriesland Windpark“

- Vertikalachsenrotor in H-Form mit getriebelosem Generator und variabler Drehzahl über Wechselrichter am Netz.

Konzept und Gestaltung der WKA „HSW-250“ stammen aus dem Jahr 1986. Die Anlagen wurden 1991 von der Husumer Schiffswerft GmbH gebaut und errichtet. Technische Daten der HSW-250 sind in Tabelle 5.16 zusammengestellt.

Tabelle 5.16. Technische Daten der „HSW 250“

Rotor	
Durchmesser	25 m
Zahl der Blätter	3
Höhe der Nabe	28,5 m
Rotorblätter	glasfaserverstärkter Kunststoff (GFK)
Turm	
Material	Stahl (verschraubte Rohrsegmente)
Höhe / Durchmesser	27,3 m / 1,2 m bis 2,4 m
Leistungscharakteristik	
Nennleistung	250 kW
Mindest-, Nenn-, Abschaltwindgeschwindigkeit	4 / 14 / 23 m/s
Lebensdauer	20 a

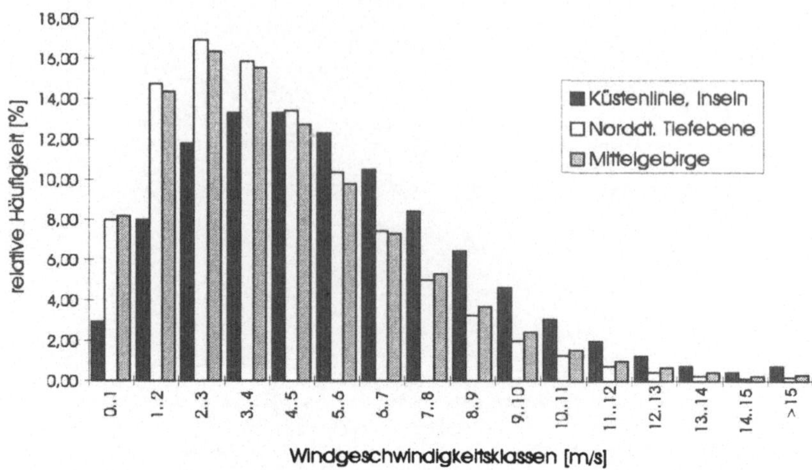

Abb. 5.10. Relative Häufigkeiten der Windgeschwindigkeit an unterschiedlich klassifizierten Standorten

5.2.2.3 Betriebsphase

Im Laufe des Jahres 1993 produzierten die im WMEP vermessenen WKA insgesamt 300 GWh elektrische Arbeit, die überwiegend in das Netz eingespeist wurden. Bezogen auf die gesamte installierte Leistung des Jahres 1993 ergibt sich ein Betrieb mit jährlich 1700 Vollaststunden. Hinsichtlich der Windgeschwindigkeit können die WKA-Standorte in Deutschland in folgende Gruppen eingeteilt werden: Küstengebiete und Inseln, Niedergebirge und Binnenlandgebiete in Schleswig-Holstein. Abbildung 5.10 zeigt die Häufigkeitsverteilung der Windgeschwindigkeit für diese Standortkategorien.

Der erwartete jährliche Energieertrag für den „Nordfriesland Windpark“ (45 WKA) beträgt 24,3 GWh, dies entspricht insgesamt 486 GWh für eine Lebensdauer von 20 Jahren.

Die technische Verfügbarkeit der Windenergietechnik und speziell der Anlagen im Nordfriesland Windpark stellt sich im Vergleich zu anderen konventionellen Technologien als befriedigend heraus. Insgesamt liegt die durchschnittliche Verfügbarkeit sowohl der Gesamtzahl der Anlagen im WMEP als auch der WKA des Nordfriesland Windpark bei 98% (WMEP-Daten für 1993 [5.20]). Bezüglich der Energiebilanz können die Ausfälle bereits vernachlässigt werden.

5.2.3 Luftschadstoffe und Treibhausgase

5.2.3.1 Materialeinsatz

Atmosphärische Emissionen treten hauptsächlich während der Produktions- und Installationsphase auf. Diese Emissionen resultieren aus der Nutzung fossiler Energie in den Herstellungsstufen der Materialien, die in der WKA zum Einsatz kommen. Daten zu den eingesetzten Materialmengen können technischen Informationen des Herstellers entnommen werden. Darüber hinaus waren Detailanalysen bzw. die Verwendung typischer Werte erforderlich. Tabelle 5.17 zeigt die Materialmengen der WKA-Komponenten.

Um aus diesen Materialmengen die zugehörigen Emissionen zu ermitteln ist außerdem eine Analyse der Zusammensetzung erforderlich:

- Energieaufbereitung (integriert im Turm der WKA): 300 kg Stahl, 75 kg Kupfer, 25 kg Polypropylen, 75 kg einfache elektrische Einheiten, 25 kg Elektronik
- Transformator: 240 kg Öl, 450 kg Eisen, 300 kg Kupfer, 50 kg Isoliermaterialien und 150 kg sonstige Materialien.
- Generator: 1480 kg Stahl und 170 kg Kupfer
- Verkabelung: 150 kg Kupfer, 230 kg Aluminium, 620 kg PVC und andere Isoliermaterialien
- Fundament: 10000 kg Zement und 20000 kg Füllmaterialien

Materialbedarf in der Betriebsphase. Materialien, die in der Betriebsphase benötigt werden, können gegenüber den Materialien der Produktionsphase vernachlässigt werden. Es handelt sich hauptsächlich um kleine Komponenten mit sehr geringem Materialeinsatz, beispielsweise Ventile, Dichtungen oder Schalter (WMEP-Angaben für 1992, 1993 [5.20]).

Tabelle 5.17. Gewichte der WKA-Komponenten einer HSW-250 Windkraftanlage. Werte in Klammern kennzeichnen typische Werte oder Schätzungen

Komponente der WKA	Gewicht/WKA	Hauptmaterialien
3 Rotorblätter	2250 kg	Glasfaserverstärkter Kunststoff (GFK)
Gondel (incl. Nabe)	7600 kg	Stahl
Generator	(1650) kg	Stahl / Kupfer
Turm	16000 kg	Stahl
Energieaufbereitungssystem	(500) kg	Stahl / Kupfer / Polypropylen / elektr. Ausstattung
Transformator (315 kVA)	1200 kg	Öl / Eisen / Kupfer
Mittelspannungsschalteinheit	300 kg	Stahl/Kupfer/Aluminium/elektr. Ausstattung./SF_6-Gas
Verkabelung	(1000) kg	Aluminium / Kupfer / PVC
Fundament	(30000) kg	Beton

5.2.3.2 Spezifische Emissionsfaktoren

Tabelle 5.18 zeigt Ergebnisse über Primärenergieeinsatz und Emissionen für die Produktion der WKA-Materialien wie sie mit Hilfe des GEMIS-Programm ermittelt wurden [5.9].

Daten über glasfaserverstärkten Kunststoff sind in GEMIS nicht verfügbar. Der Bedarf an Primärenergie, der benötigt wird, um 1 kg verschiedener Arten von GFK (Epoxid / Polyester) zu produzieren, beträgt zwischen 28 und 62 kWh [5.13]. Im folgenden wird ein Wert von 45 kWh/kg angenommen. Dieser Wert setzt sich zusammen aus 11,4 kWh Brennstoffenergie, 5,6 kWh elektrische Energie und 12,6 kWh nicht-energetischem Verbrauch. Atmosphärische Emissionen werden nur durch den Verbrauch von Brennstoffen und elektrischer Energie verursacht. Mit den Emissionsfaktoren aus Tabelle 5.4 können die Emissionen bestimmt werden, die aus der Produktion einer Tonne GFK resultieren. Diese Ergebnisse sind ebenfalls in Tabelle 5.18 dargestellt.

Zur Ermittlung der Emissionen, die durch den Transport verursacht werden, wird angenommen, daß die Entfernung zwischen Hersteller und Windpark 65 km beträgt und der Transport mit einem Lkw mit 25 Tonnen Nutzlast erfolgt. Der Treibstoffverbrauch liegt bei 26,9 l Diesel je 100 km unbeladen und bei 44,4 l je 100 km bei voller Zuladung. Emissionsfaktoren je Kilogramm Diesel (Dichte von Diesel: 0,835 kg/l) betragen bei Transport außerorts: 3,16 kg CO_2, 60 g NO_x, 3g SO_2 [5.6]. Der gleiche Aufwand wird für den Abriß der WKA angenommen.

5.2.3.3 Gesamte atmosphärische Emissionen

Mit Hilfe der Daten aus den vorhergehenden Abschnitten können die gesamten Emissionen je WKA ermittelt werden (Tabelle 5.19). Um die Emissionen auf eine Einheit erzeugter Energie zu normieren, wurden sie auf die für die Lebensdauer erwartete Energieproduktion bezogen. Diese beträgt gemäß Tabelle 5.15 je WKA 10,8 GWh.

Tabelle 5.18. Primärenergieverbrauch und Emissionen zur Herstellung von einer Tonne Material [5.9]

	Primär-energie	CO_2 [kg]	SO_2 [g]	NO_x [g]	Staub [g]	CH_4 [g]	N_2O [g]
Füllstoffe	11 kWh	2,2	7,1	8,7	1001	4,4	0
Aluminium	69305 kWh	14630	45319	40923	6551	18038	102
Zement	1235 kWh	859	362	2472	1068	1653	29
Kupfer	10084 kWh	2463	19452	20893	1470	2400	31
GFK	45000 kWh	6587	12639	7147	696	9649	89
Kunststoff	19002 kWh	1369	2669	2495	204	3013	13
Stahl	5566 kWh	1512	3976	5387	556	6624	7

Tabelle 5.19. Atmosphärische Emissionen im Lebenszyklus einer HSW-250

	Gewicht/WKA	Primärenergie / WKA	CO_2	SO_2
Füllstoffe	20000 kg	220 kWh	44 kg	142 g
Aluminium	230 kg	15940 kWh	3365 kg	10423 g
Zement	10000 kg	12350 kWh	8590 kg	3620 g
Kupfer	694 kg	6993 kWh	1707 kg	13490 g
GFK	2250 kg	101250 kWh	14821 kg	28438 g
Kunststoff	692 kg	13140 kWh	947 kg	1846 g
Stahl	26130 kg	145440 kWh	39509 kg	103893 g
Transport	(232 kg Diesel)	3008 kWh	641 kg	609 g
Gesamt je WKA	59996 kg	298341 kWh	69716 kg	162548 g
Gesamt je MWh	5,56 kg	27,6 kWh	6,46 kg	15 g

	NO_x	Staub	CH_4	N_2O
Füllstoffe	174 g	20020 g	88 g	0 g
Aluminium	9412 g	1507 g	4149 g	23 g
Zement	24720 g	10680 g	16530 g	290 g
Kupfer	14489 g	1019 g	1664 g	21 g
GFK	16081 g	1566 g	21710 g	200 g
Kunststoff	1725 g	141 g	2083 g	9 g
Stahl	140762 g	14528 g	173085 g	183 g
Transport	13920 g	?	?	?
Gesamt je WKA	221283 g	49461 g	219309 g	726 g
Gesamt je MWh	20 g	4.6 g	20 g	0,07 g

5.2.3.4 Wirkungen und Kosten der Emissionen

Um die aus der Emission von Luftschadstoffen resultierenden Schäden abzuschätzen, wurde auch hier das Modell EcoSense eingesetzt. Es wurde angenommen, daß die Emissionen im Gebiet um Hamburg freigesetzt werden. Es wurden Schadenskosten für folgende Kategorien ermittelt: Öffentliche Gesundheit, Getreide, Materialoberflächen. Die Ergebnisse, sowie deren Analyse sind in der Zusammenfassung dieses Abschnitts aufgeführt (Tabelle 5.26).

Zur Ermittlung der Schäden durch Treibhausgasemissionen wurde ebenfalls analog zur Photovoltaik vorgegangen. Dabei wurden Schadenkosten in Höhe von 0,015 Pf je kWh ermittelt (bei einer Diskontierungsrate von 0%).

5.2.4 Lärmbelastungen

Während der Betriebsphase produzieren Windkraftanlagen Lärm, der zur Störung von Anwohner führen kann. Zur Zeit versuchen die Hersteller Anlagen mit reduzierten Lärmemissionen zu entwickeln, beispielsweise ohne Getriebe. Die damit verbundenen Kosten, bzw. der Energieverlust stellen bereits eine teilweise Internalisierung dar. Dennoch ist Lärm eine der wichtigsten Umweltwirkungen der Windenergie.

5.2.4.1 Berechnung der Schallausbreitung

Schall wird auf der deziBel-Skala gemessen, welche durch den Schalldruck definiert wird. Unterschiedliche Frequenzen werden vom menschlichen Ohr mit unterschiedlicher Intensität wahrgenommen. Die dB(A)-Skala berücksichtigt solche Empfindlichkeiten. Alle folgenden Gleichungen beziehen sich auf diese Skala.

Für die Berechnung der Schallausbreitung im Freien wird in der VDI-Richtlinie 2714 [5.30] folgende Gleichung angegeben, hier dargestellt in der Form, wie sie für WKA erforderlich ist:

$$\underset{\text{Empfänger}}{L_S} = \underset{\text{Schallquelle}}{[L_W + K_O]} - \underset{\text{Schallausbreitung}}{[D_S + D_L + D_{BM}]}$$

Die Symbole haben folgende Bedeutung:

L_S ist der Schalldruckpegel, den eine einzelne Schallquelle an einem Punkt im Abstand s_m erzeugt. Dabei wird die Immissionspunkthöhe auf 5 m über dem Boden festgelegt.

L_W ist der Schalleistungspegel der WKA. Für die HSW-250 beträgt dieser 100,5 dB(A) [5.29] und wird in einer Höhe von 28,5 m emitiert. Dies ist der Schallpegel, den die WKA bei einer Windgeschwindigkeit von 8 m/s erzeugt. Bei dieser Windgeschwindigkeit ist die Differenz zwischen Schallpegel der WKA und dem Hintergrundgeräusch maximal und wird daher als die Situation mit der größten Störung angesehen.

K_0 ist das Richtungswirkungsmaß und beschreibt reflektierende Flächen in der Nähe der Geräuschquelle. Sein Wert hängt von der Geometrie ab. Er beträgt 3 dB für Reflexionen am Boden.

D_S ist das Abstandsmaß, welches die Schallpegelabnahme durch kugelförmige Ausbreitung der Schallwellen beschreibt. Die Umrechnung ergibt sich aus der Kugelwellenbetrachtung:

$$D_S = 10\log_{10}\left(4\pi\frac{s_m^2}{s_0^2}\right)\text{dB} = [10\log_{10}|s_m|^2 + 11]\text{ dB}, \quad \text{mit } s_0 = 1\,\text{m}.$$

s_m ist die Entfernung zwischen Emissionsort (Gondel der WKA) und Empfänger.

D_L ist das Luftabsorptionsmaß. Es ist der Länge des Schallweges proportional:

$D_L = \alpha_L \cdot s_m$.

α_L ist der Absorptionskoeffizient für Luft. Er ist abhängig von Frequenz, Temperatur und Luftfeuchtigkeit. In dem Koeffizient wird die ungünstigste Windsituation berücksichtigt. In unseren Berechnungen wird α_L=0,002 dB/m verwendet [5.29].

D_{BM} ist das Boden- und Meteorologiedämpfungsmaß. In den VDI-Richtlinien ist die Gleichung

$$D_{BM} = \left[4{,}8 - \frac{2h_m}{s_m}\left(17 + \frac{300}{|s_m|}\right)\right]\mathrm{dB} > 0\,\mathrm{dB}$$

angegeben, wobei h_m die mittlere Höhe über dem Grund darstellt (16,75 m). Negative Werte werden gleich Null gesetzt.

Zusammengefaßt ergibt sich die Gleichung für die Berechnung des Schallpegels in einer Entfernung s_m von der Gondel einer einzelnen WKA:

$$L_S = L_W - 10\log_{10}(|s_m|^2)\mathrm{dB} - 8\,\mathrm{dB} - \alpha_L \cdot s_m - D_{BM}.$$

Bei Anwendung auf einen kompletten Windpark müssen die Schallpegel für jede Schallquelle einzeln berechnet werden und anschließend die Energien addiert werden. Unter Berücksichtigung der logarithmischen Skalierung ergibt sich:

$$L_{total} = 10\log_{10}\sum_{i=1}^{N} 10^{0,1L_i}$$

mit dem Schallpegel L_i, den die i-te WKA am Immissionsort verursacht. L_{total} ist der gesamte Schallpegel und N die Zahl der WKA. Der Hintergrundpegel L_{back} wird auf dieselbe Art addiert und schließlich ergibt sich der observierte Schallpegel L_{obs}:

$$L_{obs} = 10\log_{10}\left(10^{0.1\cdot L_{total}} + 10^{0.1\cdot L_{back}}\right)$$

als tatsächlich meßbarer Schallpegel am Immissionsort. Bei der Zunahme des Schallpegels handelt es sich um die Differenz zwischen observiertem Schallpegel und dem Hintergrundgeräusch ohne Windpark:

$$\Delta L = L_{obs} - L_{back}$$

Diese Gleichungen werden benutzt, um den Anstieg des Schallpegels an den Positionen der Einwohner zu bestimmen. Die Ergebnisse stellen aus drei Gründen eine obere Grenze des tatsächlich wahrgenommenen Anstiegs dar:

- Es wird angenommen, daß die WKA durchgehend Lärm erzeugen, tatsächlich ist dies aber nur oberhalb der „cut-in"-Windgeschwindigkeit von 4 m/s der Fall.
- Es wird angenommen, daß sie durchgehend den maximalen Schallpegel

erzeugen. Dies stimmt aber nur bei einer Windgeschwindigkeit von 8 m/s.

- Für die Berechnung der Schallausbreitung wird die ungünstigste Windsituation für jede Einzelschallquelle angenommen. Dies entspricht der Vorgabe aus den VDI-Richtlinien, kann allerdings real nicht auftreten, da dies unterschiedliche Windrichtungen an jeder WKA-Position bedeuten würde.

5.2.4.2 Hintergrund-Geräuschpegel

Hintergrundgeräusche werden durch Luftströmungen über die Erdoberfläche, Pflanzen, Bäume, Gebäude und andere Objekte, z. B. Zäune oder Stromleitungen verursacht, und daher ist es problematisch, einen konkreten Wert anzugeben. Untersuchungen in einer ähnlichen Umgebung (Deichvorland an der niedersächsischen Nordseeküste, gemäht, leichter Wassergraben-Randbewuchs) ergaben den Hintergrund-Geräuschpegel L_{95} [5.28]:

$$L_{95} = (- 14 + 66 \log_{10} v) \text{ dB} ,$$

mit v als Windgeschwindigkeit bezogen auf 1 m/s. L_{95} ist der Pegel, der während 95% der Zeit überschritten wird. Dieser Wert wird üblicherweise als Hintergrundpegel angesehen. Im Vergleich zu anderen verwendeten Pegeln liefert dieser die geringsten Werte und stellt daher sicher, daß Schäden nicht unterschätzt werden. Für eine Windgeschwindigkeit von 8 m/s ergibt sich L_{95} =46 dB.

5.2.4.3 Betroffene Bevölkerung

Nach Angaben des Einwohnermeldeamts lebten im Jahr 1994 im „Friedrich-Wilhelm-Lübke-Koog“ 219 Einwohnern in 70 Haushalten. Die Gebäude in diesem Gebiet sind überwiegend so angelegt, daß die bewohnten Bereiche durch große landwirtschaftliche Betriebsgebäude vor Wind geschützt sind, wodurch gleichzeitig eine Reduktion des Lärms aus Küstenrichtung bewirkt wird. Weiterhin sind sie von Bäumen oder Büschen umgeben.

Mit Hilfe der oben angegebenen Gleichungen ergeben sich für die Anwohner folgende Belastungen:

- 57 Haushalte sind mit einer Zunahme zwischen 0,5 und 1,5 dB belastet.
- 6 Haushalte sind mit einer Zunahme zwischen 1,5 und 2,5 dB belastet.
- 7 Haushalte sind mit einer Zunahme zwischen 2,5 und 3,5 dB belastet.

5.2.4.4 Ökonomische Bewertung

Für eine Reduktion von 1 dB(A) L_{eq} wird von Rennings (vgl. Kapitel 2.4) eine Zahlungsbereitschaft (WTP) von 1,97 DM je Monat angegeben. Dieser Wert bezieht sich auf typische Lärmpegel des Verkehrsbereichs und entspricht einer Wertminderung von Immobilien von etwa 1% je dB(A) Lärmzunahme. Für geringere Lärmpegel sollte mit einer Verringerung der Immobilienpreise um 0,45% je dB(A) Lärmzunahme gerechnet werden. Nach Rennings repräsentiert dies eine

Obergrenze für die Belastungen. Als Zahlungsbereitschaft ausgedrückt sind dies 0,89 DM je dB(A), Monat und Person.

Der Gesamtbetrag der externen Kosten durch Lärmbelastung ist dann:

$$ECN = \frac{1}{W} \sum_{\text{alle Häuser}} NI \cdot NH \cdot PPH \cdot WTP,$$

mit *NI* als Lärmzunahme für eine Anzahl *NH* von Haushalten. *PPH* ist die durchschnittliche Personenzahl je Haushalt (= 3,13) und W die Energie, die vom Windpark im entsprechenden Zeitraum produziert wurde (24,3 GWh/a = 2,025 GWh pro Monat). Dies ergibt 0,012 Pfennig je kWh. Dieser Wert repräsentiert aufgrund der ungünstigen Annahmen in den genannten VDI-Richtlinien sowie den speziellen Standortcharakteristiken eine Obergrenze für die Schadenskosten. Die Ermittlung einer „besten Schätzung" ist nicht möglich, würde aber zu deutlich geringeren Schäden führen.

5.2.5 Visuelle Störungen

5.2.5.1 Visuelle Effekte von Windparks

Zusammen mit Lärmwirkungen werden optische Störungen als wichtigster Umwelteffekt von Windkraftanlagen angesehen. Windkraftanlagen müssen in Gebieten mit hoher Windgeschwindigkeit errichtet werden. Dies bedeutet, daß zumindest die Hauptwindrichtung frei von Hindernissen sein muß. Aus diesem Grund können WKA nicht vor der Ansicht eines Betrachters verborgen werden. Allerdings sind Naturschutzgebiete, Nationalparks, Naturdenkmäler und spezielle Biotope durch Gesetze vor jeder Art von Bebauung geschützt.

Viele Faktoren beeinflussen die visuellen Effekte eines Windparks. Die wichtigsten sind das Design der WKA und des gesamten Windparks, die Eigenschaften der umliegenden Landschaft, Wetterbedingungen, die Distanz zum Betrachter, sowie dessen subjektive Empfindungen. Die Erfassung dieser Faktoren in objektiver Weise ist äußerst schwierig. Es gibt weder eine allgemein akzeptierte Methode für die Beschreibung visueller Störungen noch Bewertungsstudien, welche sich direkt auf typische Windparkgebiete beziehen. Das Fehlen all dieser Informationen macht die Angabe konkreter Werte nahezu unmöglich.

Die Höhe der WKA ist vermutlich der wichtigste Faktor, da der Bereich der visuellen Vorherrschaft und der Sichtbarkeitsbereich direkt von ihr abhängen. Sogar für die Quantifizierung dieser Bereiche findet man in der existierenden Literatur keine Übereinstimmung. Eyre [5.8] gibt für Windparks auf Bergen eine Entfernung von 2 km an, in welcher die WKA ein dominierendes Merkmal der Landschaft darstellt. Nach [5.1] kann der Sichtbarkeitsbereich in Zonen mit abnehmenden visuellen Effekt eingeteilt werden. Die Zone der visuellen Vorherrschaft erstreckt sich bis zu einer Entfernung vom Zehnfachen der WKA-Höhe. Für die HSW-250 sind dies 410 m (28,5 m Höhe der Rotornabe; 25 m Rotordurchmesser). Außerhalb dieses Gebiets ist die WKA sichtbar, wird aber als einer fernen Landschaft zugehörig empfunden.

Der Eindruck einer WKA hängt wesentlich stärker von der subjektiven Einstellung des Betrachters ab als von direkt meßbaren Faktoren. Das Wissen, daß die Nutzung der Windenergie Umweltschäden zu vermeiden hilft, führt zu einer positiven Beurteilung.

5.2.5.2 Visuelle Wirkungen des „Nordfriesland Windpark"

Das Gebiet, in welchem der „Nordfriesland-Windpark" errichtet wurde, ist weder Teil eines Naturschutzgebiets oder Nationalparks noch eines Urlaubsgebietes, auch befinden sich keine Kurorte in der Nähe. Wirkungen auf Tourismus werden daher hier vernachlässigt. Die 219 Einwohner des Friedrich-Wilhelm-Lübke-Koog können als Hauptbetroffene angesehen werden. Der Koog erstreckt sich bis zu einer Entfernung von 2 km von den WKA. Es werden daher hier gegenüber der oben definierten „Zone der visuellen Vorherrschaft" weitere Personen berücksichtigt, da sich auch einige über diese Zone hinaus belästigt fühlen könnten. Aus noch größerer Entfernung werden die WKA als kleine Objekte am Horizont wahrgenommen. Die visuelle Störung ist minimal oder überhaupt nicht signifikant.

5.2.5.3 Ökonomische Bewertung

Eine durchschnittliche Zahlungsbereitschaft für den Besuch intakter Landschaften von 2,89 DM pro Person und Tag wird von Rennings für Deutschland angegeben (vgl. Kapitel 2.4). Dieser Wert gilt für Ein-Tages-Ausflüge und kann nicht auf ein ganzes Jahr hochgerechnet werden. Die mittlere Zahlungsbereitschaft für dén Besuch intakter Landschaften während der gesamten Ferienzeit beträgt 145 DM. Dies ist vermutlich der gesamte Betrag, den die Personen im Laufe eines Jahres bereit sind, für unberührte Landschaften zu zahlen. Für Ortsansässige ist kein Wert verfügbar. Die Zahlen, die in [5.8] für Großbritannien ermittelt hat, sind etwa gleich für Anwohner und Touristen, so daß auch hier ebenfalls 145 DM pro Jahr für Ansässige verwendet wird.

Die Energieproduktion pro Jahr beträgt 27,54 GWh (51 WKA und 0,54 GWh je WKA). Dies ergibt Kosten von 0,12 Pf. je kWh für Veränderung einer unberührten Landschaft. Dieser Wert muß aus folgenden Gründen als obere Grenze angesehen werden:

- Windparks werden nicht in den wertvollsten Gebieten errichtet,
- die Mehrheit der Personen fühlt sich durch WKA in der Landschaft nicht gestört [5.24],
- die visuellen Störungen sind völlig reversibel.

Eyre [5.8] nimmt an, daß die Zahlungsbereitschaft außerhalb besonders wertvoller Gebiete um eine Größenordnung geringer ist. Die hier betrachtete Landschaft wird landwirtschaftlich genutzt und daher nicht als besonders wertvoll angesehen. Es ergeben sich also Kosten von 0,012 Pfennig je kWh. Die oben geführte Diskussion verdeutlicht, daß diese Werte von äußerst geringer Zuverlässigkeit sind.

Es gibt keinen Beleg dafür, daß Menschen überhaupt bereit sind Geld auszugeben, um WKA in der umliegenden Landschaft zu vermeiden. Daher ist die untere Grenze der Kosten null. Touristen halten Windkraftanlagen für eine sinnvolle Maßnahme, um Umweltschäden zu vermeiden und befürworten daher einen weiteren Ausbau der Windenergie [5.24].
In einigen Fällen wurden Kompensationsmaßnahmen durchgeführt, z.B. mußten Überlandleitungen entfernt oder Feuchtbiotope eingerichtet werden. In diesen Fällen sind die Kosten bereits internalisiert.

5.2.6 Berufliche Gesundheitsrisiken

5.2.6.1 Quantifizierung der Gesundheitsrisiken

Die Vorgehensweise entspricht derjenigen, die bereits in Abschnitt 5.1.4 für die Photovoltaik beschrieben wurde.

Herstellung und Aufbau der Anlagen. Die beruflichen Gesundheitsrisiken werden auf der Basis von Investitionen abgeschätzt. Die Investitionen werden den Sektoren Stahl- und Maschinenbau, Elektrotechnik, Baugewerbe und Planung zugeordnet.

Tabelle 5.20. Aufteilung der gesamten Installationskosten für eine typische 250 kW Windkraftanlage und Zuordnung zu Industriezweigen

WKA-Komponente:	Anteil an Ab-Werk-Kosten	Industrialzweig
Rotorblätter	14,4 %	Maschinenbau
Nabe und Getriebe	39,1 %	Maschinenbau
Gondel	2,9 %	Maschinenbau
Generator	13,3 %	Elektrotechnik
Elekt. Komponenten & Betriebsführung	23,4 %	Elektrotechnik
Turm	6,9 %	Stahlbau
Installationsschritt:		
Planung	1 %	Planung
Grundvorbereitung	3 %	Baugewerbe
Fundament	7 %	Baugewerbe
Errichtung	1,5 %	Baugewerbe
Netzankopplung	11 %	Elektrotechnik

Tabelle 5.20 zeigt die Aufteilung der Gesamtkosten einer Windkraftanlage der Nennleistungskategorie 250 kW und eine Zuordnung der unterschiedlichen Aktivitäten zu Industriesektoren. Die Aufteilung der Ab-Werk-Kosten stammt aus [5.26], diese Werte entsprechen den Aussagen des Herstellers. Weiterhin fallen für die Errichtung der Anlage Kosten in Höhe von 25% der Ab-Werk-Kosten an (darin enthalten 1,5% für Transport, die im nächsten Abschnitt separat betrachtet werden). Typische Zahlen sind in der Tabelle aufgeführt [5.14, 5.26]. Diese Werte

Tabelle 5.21. Berufliche Gesundheitsrisiken durch Herstellung des Windparks (PJ=Personenjahre)

Industrie-sektor	Stahlbau	Maschi-nenbau	Elektro-technik	Bau-gewerbe	Planung	ind. Mit-telwert
Arbeitszeit je TWh [PJ]	17,704	170,444	96,269	47,814	16,630	
			tödliche Unfälle			
brutto je PJ	39,4E-6	47,7E-6	26,5E-6	140E-3	11,8E-6	42,5E-6
brutto je TWh	697E-6	8,13E-3	2,55E-3	6,69E-3	196E-6	
netto je PJ	-3,1E-6	5,2E-6	-16,0E-6	97,5E-6	-30,7E-6	
netto je TWh	-54,9E-6	886E-6	-1,54E-3	4,66E-3	-511E-6	
			tödliche Krankheiten			
brutto je PJ	24,2E-6	16,3E-6	8,56E-6	12,0E-6	261E-9	12,1E-6
brutto je TWh	428E-6	2,78E-3	824E-6	574E-6	4,34E-6	
netto je PJ	12,1E-6	4,2E-6	-3,54E-6	-0,1E-6	-11,9E-6	
netto je TWh	214E-6	716E-6	-341E-3	-4,78E-6	-197E-6	
			schwere Unfälle und Krankheiten			
brutto Unf./PJ	11,1E-3	2,91E-3	620E-6	3,43E-3	363E-6	1,13E-3
brutto Kra./PJ	188E-6	142E-6	98E-6	212E-6	10,2E-6	148E-6
b. U&K/TWh	23E-3	0,520	69,1E-3	0,174	6,20E-3	
n. U&K/PJ	21E-6	1,78E-3	-560E-6	2,37E-3	-904E-6	
n. U&K/TWh	372E-6	0,303	-53,9E-3	0,113	-15,0E-3	
			leichte Unfälle und Krankheiten			
brutto Unf./PJ	0,076	0,083	0,026	0,115	0,020	0,051
brutto Kra./PJ	2,20E-3	1,34E-3	1,25E-3	2,56E-3	183E-6	1,94E-3
b. U&K/TWh	13,8	14,4	2,62	5,62	0,363	
n. U&K/PJ	0,025	0,031	-0,026	0,065	-0,033	
n. U&K/TWh	0,443	5,28	-2,50	3,11	-0,55	

beziehen sich auf Ab-Werk-Kosten von 485 000 DM. Ausgehend von diesen Zahlen wird in Tabelle 5.22 mit Hilfe der Angabe „Umsatz je Arbeitzeit" der Arbeitsaufwand in den jeweiligen Industriezweigen bestimmt. Um den Arbeitsaufwand je TWh zu erhalten, werden die Ergebnisse auf die Energieprognose von 10,8 GWh bezogen (gemäß Tabelle 5.15). Statistiken der Entschädigungsgesellschaften werden in Tabelle 5.21 genutzt, um das zu erwartende Risiko je TWh Elekrizitätserzeugung abzuschätzen.

Transport. Komplett montierte WKA-Komponenten (Gondel, Rotorblätter, Turmelemente) werden von der Herstellerfirma zum Aufstellungsort mit überlangen Lkw transportiert. Durchschnittsdaten für Lkw-Transport gehen in Tabelle 5.23 ein, um die Gesundheitsrisiken je Transporteinheit und TWh zu bestimmen.

Betriebsphase. Mit Hilfe der WMEP-Datenbank kann die Kostenzusammenstellung für Wartung und Reparaturen während der Betriebsphase ermittelt werden: Im Betriebsjahr 1993 fielen für die 45 vermessenen WKA im Nordfriesland Windpark Kosten in Höhe von 167 000 DM an, die sich etwa folgendermaßen auf Industriesektoren verteilen: Maschinenbau 40%, Elektrotechnik 40%, Dienstleistungen 20%. Es wird angenommen, daß diese Kosten über die gesamte Lebensdauer des Windparks konstant bleiben. Die resultierenden Gesundheitsrisiken werden in Tabelle 5.24 abgeschätzt.

Abriß. Über den Abriß von Windparks sind keine Daten verfügbar. Die Kosten liegen schätzungsweise bei etwa 2% der gesamten Herstellungskosten (Tabelle 5.21) und entfallen im wesentlichen auf den Industriebereich „Baugewerbe". Der entsprechende Anteil der Werte aus Tabelle 5.22 wird verwendet.

Tabelle 5.22. Berechnung des Arbeitsaufwandes in den Industriesektoren

Industrie-sektor	Anteil an Ab-Werk-Kosten	Kosten [DM]	Umsatz [DM] je Personen-Jahr	Arbeitszeit je WKA [Pers.-J.]	Arbeitszeit je TWh [Pers.-J.]
Stahlbau	6,9 %	33 465	175 000	0,1912	17,70
Masch. bau	66,8 %	323 980	176 000	1,8408	170,44
Elektrotech.	37,3 %	180 905	174 000	1,0397	96,27
Baugewerbe	11,5 %	55 775	108 000	0,5164	47,81
Planung	1 %	4 850	27 000	0,1796	16,63
Gesamt	123,5 %	598 975		3,7677	348,86

Tabelle 5.23. Berufliche Gesundheitsrisiken durch Materialtransport

Gewicht einer WKA	60,5 t	Transportstrecke	65 km
Energieertrag je WKA	10,8 GWh	Transportaufwand je TWh	364120 tkm
Arbeitszeit je 10^9 tkm		5657,669 Personen-Jahre	
	tödliche Unfälle		
brutto je 10^9 tkm	0,837	netto je 10^9 tkm	0,592
brutto je TWh	305E-6	netto je TWh	216E-6
	tödliche Krankheiten		
brutto je 10^9 tkm	0,015	netto je 10^9 tkm	-0,055
brutto je TWh	5,32E-6	netto je TWh	-20,1E-6
	schwere Unfälle und Krankheiten		
brutto je 10^9 tkm	10,9	netto je 10^9 tkm	3,54
brutto je TWh	3,97E-3	netto je TWh	1,29E-3
	leichte Unfälle und Krankheiten		
brutto je 10^9 tkm	343,7	netto je 10^9 tkm	39,0
brutto je TWh	0,125	netto je TWh	14,2E-3

Tabelle 5.24. Berufliche Gesundheitsrisiken der Betriebsphase des Windparks

Betriebskosten für 45 WKA	167000 DM pro Jahr
Energieproduktion von 45 WKA	0,0243 TWh pro Jahr

Industriesektor	Maschinenbau	Elektrotechnik	Dienstleistung	Gesamt
Anteil an den Betriebskosten	40%	40%	20%	
Arbeitszeit je TWh [Pers.-Jahre]	15,68	15,84	50,21	81,73
brutto tödliche Unfälle jeTWh	749E-6	420E-6	593E-6	1,76E-3
netto tödliche Unfälle je TWh	81,5E-6	-253E-6	-1,54E-3	-1,71E-3
brutto tödl. Krankheiten je TWh	0,255E-3	136E-6	13,1E-6	404E-6
netto tödl. Krankheiten je TWh	65,9E-6	-56,1E-6	-598E-6	-588E-6
brut. schwere Unf. & Kran. / TWh	47,7E-3	11,4E-3	18,7E-3	77,8E-3
netto schwere Unf. & Kran. /TWh	27,9E-3	-8,87E-3	-45,4E-3	-26,4E-3
brutto leichte Unf. & Kran. / TWh	1,32	0,432	1,01	2,76
netto leichte Unf. & Krank. / TWh	0,486	-0,412	-1,66	-1,01

5.2.6.2 Ökonomische Bewertung

Todesfälle und Verletzungen werden mit Hilfe der in Tabelle 5.12 angegebenen monetären Werte in Kosten umgerechnet. Die externen Kosten für berufliche Gesundheitsrisiken, die während des gesamten Lebenszyklus des „Nordfriesland Windparks" verursacht werden, sind in Tabelle 5.25 zusammengestellt.

Tabelle 5.25. Kosten durch Gesundheitsschäden im Lebenszyklus des Windpark

Schadenskategorie	Wertabschätzung (Pf/kWh)	
Berufliche Gesundheitsrisiken	Bruttorisiko	Nettorisiko
Herstellung - Todesfälle	0,013	0,0023
Herstellung - Schwere Verletz. & Krankh.	0,0058	0,0026
Herstellung - Leichte Verletz. & Krankh.	0,015	0,0038
Transport - Todesfälle	0,00018	0,00013
Transport - Schwere Verletz. & Krankh.	0,000030	0,0000095
Transport - Leichte Verletz. & Krankh.	0,000080	0,0000092
Betrieb - Todesfälle	0,0012	-0,0013
Betrieb - Schwere Verletz. & Krankh.	0,00057	-0,00019
Betrieb - Leichte Verletz. & Krankh.	0,0017	-0,00064
Abriß - Todesfälle	0,00091	0,00058
Abriß - Schwere Verletz. & Krankh.	0,00028	0,00017
Abriß - Leichte Verletz. & Krankh.	0,00077	0,00043

5.2.7 Direkte Wirkungen auf Flora und Fauna

Die Umgebungen, in denen Windparks errichtet werden, sind Lebensraum zahlreicher Tiere und Pflanzen. Aus diesem Grund sollte betrachtet werden, inwieweit negative Auswirkungen existieren. In den meisten Fällen werden WKA und Windparks in Gebieten intensiver landwirtschaftlicher Nutzung errichtet. Dies trifft auch für den Nordfriesland-Windpark zu. In diesen Gebieten wird nur eine sehr geringe Zahl verschiedener Pflanzenarten gezählt [5.27]. Aus einer botanischen Sichtweise kann nicht die Rede davon sein, daß durch die Errichtung des Windparks wertvolle Flächen zerstört wurden. Als Ausgleichsmaßnahme für die Errichtung des Windparks wurde eine Extensivierung der Landwirtschaft gefordert. Die Kosten sind daher internalisiert und eine Verschlechterung der Situation kann nicht festgestellt werden.

Beeinträchtigungen von Vögeln scheinen wichtiger zu sein. Zu dieser Frage wurden einige Untersuchungen in Deutschland [5.27], Dänemark [5.2] und den Niederlanden [5.32] durchgeführt. An Standorten von WKA, die seit mehreren Jahren in Betrieb waren, konnte allerdings keine ernstzunehmende Veränderung in der Zahl der Arten und Individuen von Brutvögeln festgestellt werden. Weder für die Errichtung noch den Betrieb des Windparks „Krummshörn" konnte ein Artenverlust festgestellt werden, auch nicht bei geschützten und empfindlichen Arten. Brutvögeln nähern sich WKA oder Windparks ohne sichtbare Unruhe. Sie fliegen unter- oder oberhalb der rotierenden Blätter oder durchqueren den Windpark. Verhaltensänderung bezüglich ihres Rastverhaltens und der Nahrungssuche konnte für keine der sehr verschiedenen Arten festgestellt werden.

In einer Untersuchung für 7 Standorte mit 69 WKA wurde 32 Vögel gezählt, die in einem Beobachtungszeitraum von einem Jahr (1989/90) durch Kollision getötet wurden. Diese sowie weitere Untersuchungen in benachbarten Staaten zeigen, daß weder einzelne WKA noch Windparks in Niedersachsen oder Schleswig-Holstein ein ernstzunehmendes Risiko für Vögel darstellen. Dies stimmt besonders dann, wenn das Risiko mit anderen Risiken wie z. B. Verkehr, Leitungsmasten oder Sendemasten verglichen wird.

5.2.8 Zusammenfassung

In diesem Abschnitt wurde versucht, die externen Kosten der Stromerzeugung mit Windkraftanlagen abzuschätzen. Die in der Gesamtstudie entwickelten Leitlinien und Methoden, besonders die für die fossilen Energiesysteme, wurden für die Quantifizierung der Wirkungen und Kosten verwendet.

Statistiken des WMEP (ISET) wurden verwendet, um einen Überblick über die Windenergienutzung in Deutschland zu geben. Der „Nordfriesland Windpark" wurde als Referenzstandort betrachtet.

Die folgenden Wirkungen wurden detailiert untersucht:

- Schäden durch atmosphärische Emissionen der Produktionsphase,
- Beeinträchtigungen der Anwohner durch Lärm,
- visuelle Störungen des Landschaftsbildes und
- berufliche Gesundheitsrisiken im gesamten Lebenszyklus.

Hierfür wurden folgenden Vorgehensweisen eingesetzt:

- Die Menge der atmosphärischen Emissionen aus der Produktionsphase wurde ermittelt. Schädigungen der öffentlichen Gesundheit, Getreide, Wälder, Materialoberflächen und des globalen Klimasystems wurden daraus abgeschätzt.
- Die Schallausbreitung wurde gemäß der VDI-Richtlinie 2714 berechnet. Eine Obergrenze der externen Kosten konnte bestimmt werden.
- Methoden zur Bewertung der optischen Störungen wurden diskutiert. Eine zufriedenstellende Ermittlung von Schadenskosten ist derzeit nicht erreichbar.

- Berufliche Gesundheitsrisiken verursacht durch Unfälle und Erkrankungen wurden mit Hilfe statistischer Informationen über die beteiligten Industriebereiche abgeschätzt.
- Wirkungen auf Flora und Fauna werden diskutiert, scheinen aber nicht von Bedeutung zu sein.

Die Ergebnisse beziehen sich auf den gegenwärtigen Stand der Windenergie-Technologie. Bedeutsame Reduktionen der internen und externen Kosten sind zu erwarten. Monetäre Ergebnisse sind in Tabelle 5.26 aufgeführt. Die volkswirtschaftlichen Aussagen zur Monetarisierung, die in dieser Studie verwendet werden, basieren auf Ergebnissen des Kapitel 2.4.

Die in Abschnitt 1.1a der Tabelle 5.26 gezeigten externen Kosten wurden auf Basis der Annahme berechnet, daß in der Produktionsphase fossile Brennstoffe genutzt werden und elektrische Energie dem öffentlichen Netz entnommen wird. Die Emissionsdaten repräsentieren daher Durchschnittswerte für industrielle Wärmeprozesse und den Kraftwerkspark in Deutschland. Diese Annahmen entsprechen den Richtlinien der Gesamtstudie, müssen aber als Kompromiß angesehen werden, der nur den derzeitigen Stand berücksichtigt. Während des Betriebs der Windenergieanlagen treten Emissionen nur in geringfügigen Mengen auf. Der größte Anteil der gesamten Emissionen wird durch Energieverbrauch während der Produktionsphase verursacht. Im Gegensatz zu konventionellen Technologien, bei denen Emissionen direkt freigesetzt werden, ist die Belastung des Windenergie Lebenszyklus mit indirekten Emissionen (durch den Einsatz fossiler Brennstoffe in vorgelagerten Prozeßstufen) für eine Bewertung der Technologie nicht sinnvoll. Aus diesen Gründen können derartige Angaben (Tabelle 5.14 Abschnitt 1.1 a) bei der Quantifizierung externer Kosten im Windenergie-Lebenszyklus nicht ohne weiteres Verwendung finden.

Um einen fairen Vergleich der Technologien zu ermöglichen, sollte angenommen werden, daß die erforderliche Energie durch Windenergie selbst oder andere regenerative Techniken bereitgestellt wird. Es ergeben sich dann durch atmosphärische Emissionen nur sehr geringe Schadenskosten. Dies kann beispielsweise durch Betrachtung des folgenden Szenarios gerechtfertigt werden: ein Teil der Windenergieanlagen wird eingesetzt, um den Energiebedarf der Produktion selbst zu decken. Die Ermittlung der externen Kosten bei Betrachtung dieses Szenarios war nicht Aufgabe der Studie, sollte aber bei zukünftigen Untersuchungen regenerativer Energien berücksichtigt werden.

Tabelle 5.26. Abschätzungen der externen Kosten im Lebenszyklus des Nordfriesland Windparks

Schadenskategorie	Wertabschätzung (Pf / kWh)
1. Schadenskosten der Produktions- und Installationsphase	
1.1 a Schadenskosten bei Einsatz fossiler Brennstoffe zur Produktion der WKA	
Berechnungen unter Verwendung des EcoSense-Modells (IER) und monetärer Angaben gemäß Kapitel 2.4	
Öffentliche Gesundheit	
- Sterblichkeit	
VSL-Ansatz	0,22[a]
VLYL-Ansatz	0,047[a]
- Erkrankungen	0,0059[a]
Getreide	0,000019[a]
Materialoberflächen	0,00062[a]
1.1 b Schadenskosten bei Einsatz regenerativer Energie zur Produktion der WKA	
entsprechende Kosten zu 1.1 a	Schadenskosten durch Schadstoffemis-sionen entfallen weitgehend (10^{-2}... 0)
1.2 BeruflicheGesundheitsrisiken (netto)	
Todesfälle	0,0023
Erkrankungen & Verletzungen	0,0062
2. Schadenskosten der Betriebsphase	
Lärmbelastungen	0-0,012[b]
Berufliche Gesundheitsrisiken (netto)	
Todesfälle	- 0,0013
Erkrankungen & Verletzungen	- 0,00083
3. Schadenskosten der Abriß-Phase	
Berufliche Gesundheitsrisiken (netto)	
Todesfälle	0,00058
Erkrankungen & Verletzungen	0,00060

[a] Die Zuverlässigkeit zur Quantifizierung externer Kosten der regenerativen Systeme ist nicht ausreichend, da die Schadenskosten vor allem durch die Nutzung fossiler Energieträger für die Produktion der regenerativen Energieversorgungssysteme verursacht werden. Bei entsprechender Nutzung regenerativer Energieträger liegen die erwarteten externen Kosten um mindestens eine Größenordnung niedriger.

[b] Im Fall der Lärmbelastungen konnte nur eine Obergrenze der Kosten ermittelt werden, die Untergrenze ist erheblich geringer.

6 Zusammenfassung und Schlußfolgerungen

(W. Krewitt, R. Friedrich)

Die Bereitstellung und Nutzung von Energie ist mit unerwünschten „Nebenwirkungen", insbesondere mit Belastungen der Umwelt und mit Risiken für die menschliche Gesundheit, verbunden. Ein großer Teil dieser Wirkungen entsteht nicht beim Verursacher, etwa dem Kraftwerksbetreiber, sondern bei unbeteiligten Dritten, sie werden daher als 'extern' bezeichnet. Werden diese externen Effekte bei Entscheidungen nicht berücksichtigt, z. B. weil sie im betrieblichen Rechnungswesen nicht in Erscheinung treten, so kann es zu einer Fehlallokation von Ressourcen kommen. Entscheidungen, die für den Anlagenbetreiber optimal, weil am kostengünstigsten sind, können deshalb dennoch für die Gesellschaft nicht optimal sein. Um Fehlallokationen zu vermeiden, ist es erforderlich, die externen Effekte zu internalisieren, d. h. auf geeignetem Wege in das Entscheidungskalkül mit aufzunehmen.

6.1 Methodik und Bewertungsansätze

Wirkungspfadansatz

Die Berücksichtigung von externen Effekten bei Entscheidungen kann insbesondere durch die Monetarisierung der externen Effekte, also durch die Umrechnung von Umwelt- und Gesundheitsschäden in Geldwerte und die anschließende Addition dieser Kosten zu den betriebswirtschaftlichen „internen" Kosten erfolgen. Zur Bewertung von Technikalternativen sollte die Summe aus externen und internen Kosten berücksichtigt werden. Der ökonomischen Theorie entsprechend müssen für eine Internalisierung die marginalen externen Effekte, die durch den Bau und Betrieb eines zusätzlichen Kraftwerks entstehen, bekannt sein. Marginale Schäden können nur mit einem aufwendigen *bottom-up* oder verursacherorientierten Ansatz berechnet werden, bei dem die Wirkungskette einer Umweltbelastung von der Emission über die Ausbreitung der Schadstoffe in den Umweltmedien bis hin zur Wirkung auf Rezeptoren (Menschen, Pflanzen, Ökosysteme) verfolgt wird. Mit einer solchen Wirkungspfadanalyse ist es möglich, standortspezifische Einflußgrößen wie z. B. die Bevölkerungsverteilung, meteorologische Verhältnisse oder die Höhe der Schadstoffvorbelastung, die einen großen Einfluß auf die Schäden haben können, entsprechend zu berücksichtigen.

Bewertung

Die Methodik der monetären Bewertung wird aus der Wohlfahrtsökonomik übernommen. Der monetäre Wert eines Umweltschadens wird daran gemessen, wieviel die Betroffenen zu zahlen bereit sind, um dem Schaden zu entgehen, bzw. welche Kompensation erforderlich ist, damit sie bereit sind, den Schaden auf sich nehmen.

Monetäre Werte für Umweltschäden können in einigen wenigen Fällen als Marktpreise ermittelt werden, z. B. im Falle von Materialschäden (Kosten einer Fassadenrenovierung) und bei Schäden an Nutzpflanzen in der Land- und Forstwirtschaft. In den meisten Fällen ist diese Möglichkeit jedoch nicht gegeben, für menschliches Leid durch Krankheit oder den Verlust von Erholungsnutzen gibt es keinen Markt. Hier können entweder indirekte oder direkte Methoden zur Erfassung der Zahlungsbereitschaft genutzt werden.

Bei der indirekten Monetarisierung werden Güter betrachtet, in deren Preise auch die Umweltqualität einfließt. Der durch die unterschiedliche Umweltqualität verursachte Teil des Preisunterschieds wird mit einer Regressionsanalyse separiert. Beispiele sind Mieten oder Wohnungspreise in Gebieten mit unterschiedlichem Lärmpegel, der Aufwand zur Erreichung verschiedener Naherholungsgebiete mit unterschiedlicher Erholungsqualität oder Lohndifferenzen bei Arbeitsplätzen mit unterschiedlichen Gesundheitsrisiken. Die Schwierigkeit bei diesen Verfahren besteht darin, die verschiedenen Ursachen für Preisunterschiede zu identifizieren und angemessen zu berücksichtigen. Die Methode ist nur begrenzt einsetzbar, weil nicht für alle Schadenskategorien solche indirekten Beziehungen zwischen Marktgütern und Schäden bestehen.

Immer anwendbar ist dagegen die "Contingent-Valuation"-Methode, bei der (in persönlichen Interviews oder mit Fragebogen) ein repräsentativer Teil der Bevölkerung nach der Zahlungsbereitschaft zur Vermeidung eines Schadens bzw. der Höhe von Kompensationszahlungen für die Hinnahme eines Nachteils befragt wird. Diese Methode ist vor allem mit praktischen Problemen behaftet. So gilt es zunächst, den Befragten den zu bewertenden Schaden oder das zu bewertende Risiko (z.B. mit der Wahrscheinlichkeit von 10^{-8} einen Schaden zu erleiden) deutlich zu machen; außerdem sollte gewährleistet sein, daß der Befragte die genannten „fiktiven" Zahlungen auch tatsächlich leisten würde. Hierzu gibt es spezielle Fragetechniken, die diese Probleme zumindest teilweise berücksichtigen und verringern können.

Die Erhöhung des Risikos, einen tödlichen Unfall oder einen Tod durch Krankheit zu erleiden, gehört zu den wichtigsten Schadenskategorien. Daher hat der sogenannte Wert eines statistischen Menschenlebens (VSL = *Value of a Statistical Life*) einen besonderen Einfluß auf die Ergebnisse. Der VSL stellt keinesfalls den ethischen Wert eines menschlichen Lebens dar (dieser läßt sich nicht in Geld umrechnen) oder die Kompensation für einen Todesfall, sondern die Zahlungsbereitschaft für die Verringerung eines kleinen Risikos, einen tödlichen Unfall zu erleiden. Beispielsweise führt eine Zahlungsbereitschaft von 300 DM, um das Risiko eines Todesfalls um 1/10 000 zu verringern, zu einem VSL von 3 Millionen DM. Solche Abwägungen zwischen Kosten und Risiken werden in der Gesellschaft oft auf individueller und staatlicher Ebene durchgeführt - wenn auch häufig nicht auf quantitativer Basis. Man denke etwa an die Festlegung von Sicherheitsstandards bei Bau und Ausrüstung von Straßen oder Fahrzeugen (Beleuchtung, Leitplanken, Installation von Fußgängerampeln an gefährlichen Punkten), die Ausstattung von Kliniken mit medizinischen Geräten oder die Auaatattung von Feuerwehr und Rettungsdiensten mit Fahrzeugen, Hubschraubern. Zur Bestimmung des VSL existiert eine Reihe von Studien, als Mittelwert wurde in dieser Studie ein Wert von 5,8 Millionen DM verwendet. Die zugrundeliegenden Studien betrachten dabei im allgemeinen Unfälle, die mit geringer Wahrscheinlichkeit auftreten und sofort zum Tode führen (akute Mortalität).

Problematisch, weil zu Widersprüchen führend, wird der VSL-Ansatz dagegen bei chronischer Mortalität, man denke etwa an die Verringerung der Lebenserwartung bei einem Anstieg der Feinstaubkonzentration. Ein zusätzlicher Anstieg der Feinstaubkonzentration führt hier vermutlich nicht zu einem proportionalen Anstieg der Zahl der Todesfälle, sondern teilweise dazu, daß die empfindliche Personengruppe, deren Lebenserwartung schon vorher durch die Feinstaubgrundbelastung reduziert ist, weitere Reduktionen der Lebenserwartung hinnehmen muß. Die oben genannte Voraussetzung, daß die Wahrscheinlichkeit für das Eintretens des Todesfalles klein ist, trifft für diese Personengruppe nicht mehr zu. Das Ergebnis der Anwendung des VSL-Ansatzes wird beliebig - entweder erhält man für die Risikogruppe keinen zusätzlichen monetären Beitrag, weil ja auch ohne zusätzliche Belastung vorzeitige Todesfälle eingetreten wären, die Zahl der Fälle sich also nicht erhöht. Oder man berücksichtigt für jede weitere Verringerung der Lebensdauer den VSL, dann wird der Gesamtwert aber beliebig, weil jede Verringerung der Lebenserwartung in beliebig viele kleine Teilschritte zerlegt werden kann.

Eine widerspruchsfreie Lösung dieses Bewertungsproblems ergibt sich, wenn man statt des VSL den Wert eines statistischen verlorenen Lebensjahres (Value of a statistical life year lost - VLYL) zur Bewertung verwendet. Das Problem dieses Ansatzes ist jedoch, das ihm bisher eine empirische Basis fehlt. Der Ansatz bedeutet nämlich, daß zur Abwendung der Gefahr, am Ende des Lebens zwei Lebensjahre zu verlieren, doppelt soviel aufgewendet wird wie zur Vermeidung des Verlustes eines Lebensjahres. Inwieweit dies zutrifft, wurde bisher nicht ermittelt. Bekannt ist jedoch, daß die Aufwendungen zur Vermeidung eines *akuten* Todesfalles mit fortschreitendem Alter zwar etwas abnehmen, jedoch nicht proportional zur noch verbleibenden Lebenserwartung sind. Bewertungsgrundlage ist also bei akuter Mortalität nur teilweise die Zahl der verlorenen Lebensjahre; hauptsächlich dürfte hier die Angst vor dem tödlichen Risiko an sich ausschlaggebend sein.

Die Autoren dieses Kapitels halten den VLYL-Ansatz für einen geeigneten und vor allem widerspruchsfreien Ansatz zur Bewertung chronischer Mortalität. Da allerdings die empirische Absicherung für diesen Ansatz fehlt, werden zusätzlich, gewissermaßen als Obergrenze auch Ergebnisse eines VSL-Ansatzes angegeben.

Dabei wird angenommen, daß die Zahl der berücksichtigten Todesfälle proportional zur Belastung ist und daß die monetäre Bewertung chronischer Motalität derjenigen akuter Mortalität gleichgesetzt werden kann - Annahmen, für die ebenfalls empirische Nachweise fehlen.

Ein in der Ökonomie gängiges Verfahren zur Berücksichtigung der zeitlichen Schadensverteilung ist die „Abzinsung" der in der Zukunft auftretenden Schäden. Es wird davon ausgegangen, daß Individuen einen Schaden lieber erst in der Zukunft erleiden, während sie einen Nutzen möglichst in der Gegenwart realisieren wollen. Dementsprechend wird einem Nutzen oder Schaden in der Zukunft ein geringerer Wert zugeordnet als ein gleich großer Nutzen oder Schaden in der Gegenwart. Diese beobachtete Präferenz kann u. a. damit erklärt werden, daß in Zukunft das Wohlfahrtsniveau höher, ein Schaden also besser verkraftbar ist, daß ggfs. auf Grund neuer Erkenntnisse Schäden besser bekämpft oder vermieden werden können und daß das Eintreten des Schadens oder Nutzens immer unsicherer wird, je weiter es in der Zukunft liegt. Durch die Einführung einer Diskontrate kann diese Zeitpräferenz bei der Schadensbewertung berücksichtigt werden, allerdings ist die Höhe der Diskontrate umstritten. Von Ökonomen wird oft eine empirisch ermittelte "soziale Zeitpräferenzrate" zwischen 2 und 4% als Diskontrate bei der Bewertung von Umweltschäden vorgeschlagen, während aus ethischen Gründen (die Vermeidung eines Schadens für zukünftige Generationen sollte uns gleichviel wert sein wie die Vermeidung eines heutigen Schadens) manchmal eine Diskontrate von 0 %, d. h. keine Abzinsung, für angemessen gehalten wird. Dabei handelt es sich aber um eine ethische Setzung und nicht um beobachtete oder durch Befragung ermittelte Präferenzen der Bevölkerung. Eine Diskontrate größer 0 % paßt daher besser zum zugrundeliegenden Bewertungskonzept. Um den Einfluß der Diskontrate auf die Höhe der externen Kosten deutlich zu machen, wurden die externen Kosten dennoch nicht nur mit einer Diskontrate von 3 %, sondern auch mit 0 % berechnet.

Die beschriebene Monetarisierung mit dem 'willingness-to-pay'-Ansatz betrachtet vor allem Schäden, die durch andere Nutzen oder Vorteile, z. B. die Verfügbarkeit oder Nichtverfügbarkeit von Waren und Dienstleistungen ausgeglichen werden können. Es liegt jedoch auf der Hand, daß es auch Schäden gibt, die auf jeden Fall vermieden werden müssen, etwa die Verursachung von Krankheiten oder gar Todesfällen bei bestimmten Menschen mit hoher Wahrscheinlichkeit oder auch irreversible Verluste an natürlichen Grundlagen für das menschliche Leben. Dies bedeutet, daß Belastungsgrenzwerte eingehalten werden müssen. Im Rahmen der 'externe Kosten'- Betrachtungen kann man die Einhaltung bestimmter Grenzwerte erreichen, indem man die externen Kosten so hoch setzt, daß Entscheidungen, die zur Grenzwertüberschreitung führen, praktisch ausgeschlossen sind.

In einer Reihe von Fällen ist die Ermittlung externer Kosten nicht möglich, weil zu wenig Kenntnisse über Dosis-Wirkungs-Beziehungen oder Präferenzen vorliegen. Bei einigen dieser Fälle können ebenfalls Belastungsgrenzwerte (z. B. critical levels oder loads) definiert werden, deren Überschreitung vermieden werden sollen. Der aus der Forderung nach nachhaltiger Entwicklung kommende Ansatz von Belastungsgrenzwerten wird hier daher nicht als Gegensatz zum 'externe Kosten'- Ansatz, sondern als erforderliche Ergänzung angesehen.

6.2 Quantifizierung umweltrelevanter Effekte

Da es praktisch unmöglich ist, sämtliche durch die verschiedenen Prozeßstufen eines Energiesystems verursachten Umwelteffekte zu quantifizieren, müssen zunächst die Umwelteinflüsse identifiziert werden, die zu den voraussichtlich größten Umweltschäden führen. Auf der Grundlage einer ausführlichen Literaturauswertung und durch Diskussionen mit entsprechenden Fachleuten wurden die folgenden Schadenskategorien für die Bewertung von Stromerzeugungssystemen als besonders wichtig eingeschätzt:

- Gesundheitsschäden in der allgemeinen Bevölkerung durch Luftschadstoffe und ionisierende Strahlung,
- berufliche Gesundheitsschäden,
- Treibhauseffekt,
- Schäden an Nutzpflanzen,
- Schäden an Wäldern und naturnahen Ökosystemen,
- Materialschäden,
- Öleinträge ins Meer, und
- Beeinträchtigungen durch Lärm.

Berücksichtigt wurden somit wesentliche Umwelt- und Krankheitsrisiken, nicht jedoch andere Kategorien von Effekten, die in der Literatur teilweise im Zusammenhang mit externen Effekten erwähnt werden.

Makroökonomische Effekte, z. B. Auswirkungen auf Arbeitsplätze entstehen im Rahmen des Marktmechanismus, sie sind daher keine externen Kosten im Sinne der hier verwendeten Definition. Es ist zudem wenig sinnvoll, Arbeitsplätze durch Förderung bestimmter arbeitsintensiver Techniken vermehren zu wollen; vielmehr sollten die Rahmenbedingungen so gesetzt werde, daß Arbeitsplätze da entstehen, wo sie den höchsten Nutzen bringen.

Ausgaben des Staates für Forschung und Entwicklung können, soweit sie in der Vergangenheit erfolgten, als 'sunk costs' bei gegenwärtigen und zukünftigen Entscheidungen nicht mehr beeinflußt bzw. zurückgeholt werden, ihre Berücksichtigung bei den externen Kosten ist daher weder theoriekonform noch sinnvoll. Bei neuen Ausgaben ist die Zuordnung schwierig, i. a. hängt die Mittelvergabe aber nicht mit dem Bau eines zusätzlichen Kraftwerks zusammen, sodaß keine zusätzlichen marginalen Kosten auftreten. Schließlich werden Forschungsgelder bewußt ohne die Forderung nach Rückzahlung vergeben, offenbar steht daher dem ausgegebenen Betrag zumindest nach Auffassung der Geldgeber ein externer Nutzen gegenüber.

Ein wichtiger Aspekt ist die Bewertung des Verzehrs endlicher Ressourcen, bedeutet doch der Verbrauch etwa von fossilen Energieträgern, daß diese nachfolgenden Generationen nicht zur Verfügung stehen, sodaß sie auf möglicherweise teurere Alternativen zur Energiebereitstellung zurückgreifen müssen. Allerdings ist hier umstritten, ob bzw. inwieweit diese Kosten des Ressourcenverzehrs nicht bereits in den Preisen der Energieträger enthalten sind. In [6.1] und [6.2] werden zudem Kosten für den Ressourcenverzehr von Öl von 0,03 - 0,07 Pf/kWh errechnet, für Gas und vor allem Kohle ergeben sich kleinere Werte, die alle klein gegenüber den ermittelten Umweltkosten sind. Wegen der großen methodischen Unsicherheiten werden diese Werte im folgenden nicht berücksichtigt, hier ist jedoch zweifellos weiterer Forschungsbedarf vorhanden.

Die Vorgehensweise zur Abschätzung der vorgenannten hier berücksichtigten Schäden wird in den folgenden Abschnitten kurz zusammengefaßt.

Öffentliche Gesundheitsschäden durch Luftschadstoffe

Der Zusammenhang zwischen Mortalität bzw. Morbidität und der Konzentration verschiedener Schadstoffe in der Umgebungsluft wurde in zahlreichen epidemiologischen Studien analysiert. Aus den Ergebnissen dieser Studien läßt sich ein statistisch signifikanter Zusammenhang vor allem zwischen der Ozonkonzentration sowie zwischen der Konzentration von Feinstaub und verschiedenen Gesundheitsschäden ableiten. Feinstäube werden zum Teil direkt emittiert, ein weiterer wesentlicher Teil des Feinstaubs entsteht aber auch durch chemische Umwandlung von SO_2, NO_x und NH_3 zu Ammoniumnitrat und -sulfat. Die untersuchten Effekte reichen von Tagen mit Atemwegsbeschwerden über eine Erhöhung der Häufigkeit von Asthmaanfällen bis hin zu einer erhöhten Sterblichkeitsrate.

Von besonderer Bedeutung für die Höhe der externen Kosten ist der Zusammenhang zwischen Feinstaub mit einem Durchmesser von weniger als 10 oder 2.5 µm (PM_{10}, $PM_{2.5}$) und chronischer Mortalität. Dieser Zusammenhang wurde in amerikanischen Studien als statistisch signifikant nachgewiesen. Allerdings bleibt die Frage offen, ob der Indikator (z. B. $PM_{2.5}$ in µg/m³) den Wirkungszusammenhang ausreichend abbildet oder ob nicht Parameter wie Anzahl der Partikel, Korngrößenverteilung und Staubinhaltsstoffe wesentliche, die Wirkung bestimmende Parameter sind.

Nur für akute Mortalität, also den Zusammenhang zwischen einer kurzfristigen Änderung der Feinstaubkonzentration und der Mortalitätsrate gibt es sowohl amerikanische als auch europäische Untersuchungen, die ebenfalls auf der Feinstaubmasse als Indikator beruhen. Dabei zeigt sich für Europa ein um den Faktor 2 kleinerer Zusammenhang. Dies kann als Indiz gewertet werden, daß die Verwendung der Masse als Indikator wohl nicht optimal ist. Neben den Ergebnissen, die sich aus der amerikanischen Expositions-Wirkungs-Beziehung ergeben, werden daher auch die um einen Faktor 2 reduzierten Werte angegeben.

Bei der Schadensabschätzung wird davon ausgegangen, daß es keinen Schwellenwert gibt, unterhalb dessen keine Schäden zu erwarten sind. Die berechneten Gesundheitseffekte werden vor allem durch die Summierung über eine große

Anzahl von Personen, die einer sehr kleinen Änderung der Schadstoffkonzentration ausgesetzt sind, bestimmt. Existiert ein Schwellenwert, so führt diese Vorgehensweise unter Umständen zu einer Überschätzung der Schäden.

Öffentliche Gesundheitsschäden durch ionisierende Strahlung
Der Betrieb kerntechnischer Anlagen führt zu einer erhöhten Belastung der Bevölkerung mit ionisierender Strahlung. In dem für die Schadensabschätzung relevanten Dosisbereich kommt es zu stochastischen Schäden (Krebs und genetische Effekte), für die kein Schwellenwert angenommen wird. Wegen der hohen und in einem weiten Wertebereich schwankenden spontanen Krebsrate ist es mit statistischen Methoden bisher nicht gelungen, eine Erhöhung der Krebsrate durch niedrige Strahlendosen wirklich nachzuweisen. Um trotzdem Aussagen über das Risiko kleiner Dosen machen zu können, wird die bei hoher Dosis und hoher Dosisleistung gefundene Abhängigkeit des Risikos von der Dosis auf den niedrigen Dosisbereich extrapoliert, wobei der Verlauf der Extrapolationskurve umstritten ist, von einigen Fachleuten wird sogar ein „biopositver“ Effekt im niedrigen Dosisbereich angenommen. Für die hier durchgeführte Schadensabschätzung wurden die von der International Commission on Radiological Protection (ICRP) für den Bereich des Strahlenschutzes empfohlenen Risikofaktoren verwendet.

Berufsrisiken
Zu den beruflichen Risiken gehören die durch Berufskrankheiten und Arbeitsunfälle hervorgerufenen negativen Auswirkungen auf die Gesundheit der Personen, die beruflich an den Aktivitäten der verschiedenen Prozesse eines Energiesystems beteiligt sind. Berufliche Risiken wurden vor allem mit den von den gewerblichen Berufsgenossenschaften erhobenen Daten zum beruflichen Unfall- und Krankheitsgeschehen berechnet. Für Berufskrankheiten mit langer Latenzzeit wie z. B. Silikose- oder Krebserkrankungen wurden Dosis-Wirkungsbeziehungen zur Risikoabschätzung verwendet, da die heute festgestellten Erkrankungen nicht aus der derzeitigen, sondern aus der Exposition zurückliegender Jahre hervorgegangen sind.

Um das durch die Wahl eines bestimmten Energiesystems verursachte zusätzliche Risiko zu bestimmen, wurde das Konzept des Nettorisikos eingeführt. Das Nettorisiko beschreibt die Differenz zwischen dem Risiko einer bestimmten Aktivität und dem durchschnittlichen Risiko gewerblicher Tätigkeit. Es ist negativ, wenn das Risiko durch die betrachtete Aktivität kleiner ist als das durchschnittliche Risiko.

Ungeklärt ist, in wie weit berufliche Risiken als externe Kosten zu werten sind. Durch Beiträge zur betrieblichen Krankenversicherung ist ein Teil des Berufsrisikos zumindest teilweise internalisiert.

Schäden an Nutzpflanzen
Die Fachleute sind sich darüber einig, daß die Luftschadstoffe SO_2 und vor allem O_3 den größten Einfluß auf die Entwicklung von Feldpflanzen haben. Für beide

Schadstoffe werden für die Abschätzung dem aktuellen Stand des Wissens entsprechende Expositions-Wirkungsbeziehungen verwendet, die den Zusammenhang zwischen SO_2 bzw. O_3 und dem Ernteertrag von Feldpflanzen beschreiben. Darüber hinaus wird der zusätzliche Kalkbedarf ermittelt, der notwendig ist, um optimale pH-Bedingungen für die Feldpflanzen zu gewährleisten.

Für SO_2 stehen dabei nur lineare Ertragsgleichungen zur Verfügung, obwohl inzwischen hinreichend belegt ist, daß niedrige SO_2-Konzentrationen eher positive Auswirkungen haben. Bei niedrigen SO_2-Konzentrationen steigt der Ertrag mit wachsender Konzentration, erst ab ca. 15 $\mu g/m^3$ nimmt er wieder ab. Wenn also die SO_2-Konzentrationen durch die Emissionen eines Kraftwerkes zunehmen, kann es in den Gebieten mit niedriger SO_2-Konzentration zu Ertragssteigerungen kommen. Daher werden mit linearen Ertragsgleichungen die Schadenskosten um so mehr überschätzt, je größer der Anteil der Gebiete mit niedrigen SO_2-Konzentrationen in der zu untersuchenden Region ist.

Wälder und naturnahe Ökosysteme

Pflanzen und Ökosysteme können auf direktem oder indirektem Weg durch Luftverunreinigungen und den Eintrag von Schadstoffen geschädigt werden. Indirekt können Schadstoffeinträge die Ökosysteme durch die Bodenversauerung oder die Eutrophierung beeinträchtigen. Die Bodenversauerung führt zu einer Veränderung der Bodenchemie, die das Wurzelwachstum und die Nährstoffaufnahme von Pflanzen hemmen, was sich auf die Photosyntheseleistung u.v.m. auswirken kann. Zu hohe Stickstoffeinträge führen zu Nährstoffungleichgewichten, außerdem werden Arten, die an eine stickstoffarme Umwelt angepaßt sind, von Arten, die weniger stickstoffeffizient sind, verdrängt. Dies führt zu einer Gefährdung der Artenvielfalt insbesondere in naturnahen Ökosystemen. Überschüssiger Stickstoff wird ins Grundwasser ausgewaschen oder als N_2O emittiert, das wiederum zum Treibhauseffekt beiträgt.

Bei den komplexen Wirkungsmechanismen, wie sie bei der Bodenversauerung oder der Eutrophierung in Ökosystemen ablaufen, können statistisch ermittelte Wirkungsbeziehungen oder andere einfache, quantitative Modelle zur Schadensabschätzung nicht eingesetzt werden. Stattdessen wird ein potentieller Schaden basierend auf ökosystemaren Belastungsgrenzen abgeleitet. Eine solche Abschätzung bezieht sich dabei auf die aus der Forderung nach dauerhaft-nachhaltiger Entwicklung ableitbare Managementregel, wonach die Aufnahmekapazität der natürlichen Ökosysteme nicht überschritten werden darf.

Das Konzept der Critical Levels/Loads der UN-ECE ist für ein solches Vorgehen besonders geeignet. Critical Levels (kritische Konzentrationen) und Critical Loads (kritische Eintragsraten), die im Rahmen der Convention on Long-Range Transboundary Air Pollution der UN-ECE für Ökosysteme entwickelt wurden, stellen die Konzentrationen bzw. Eintragsraten dar, bei deren Unterschreitung nach jetzigem Stand des Wissens keine Schädigungen auftreten.

Es ist wahrscheinlich, daß mit steigender Überschreitungshöhe der Schaden zunimmt, das Schadens*potential* also steigt. Aufbauend auf dieser Annahme wurde ein Indikator eingeführt, der sich aus Überschreitungsfläche *und* Überschreitungshöhe zusammensetzt und hier als *Schadenspotential-gewichtete Überschreitungsfläche (SPGÜF)* bezeichnet wird. Mittels dieses Indikators können Kraftwerke bezüglich verschiedener Effekte und Schadstoffe verglichen werden.

Die Verwendung von physischen Indikatoren basierend auf ökosystemaren Belastungsgrenzen kann die Quantifizierung von Schädigungen und eine daran anschließende Monetarisierung in sinnvoller Weise ergänzen. Eine Aggregierung zu einem „Bewertungsindex", wie sie praktisch bei den quantifizierten Schäden mittels der Monetarisierung erfolgt, ist allerdings nicht möglich.

Materialschäden

Metallische und anorganische Materialien werden vor allem von SO_2 und von sauren Niederschlägen angegriffen (Korrosion). Ozon ist vor allem für die Gefährdung organischer Materialien bekannt. Neuere Untersuchungen belegen aber auch korrosive Effekte von O_3 auf Metalle. Staubemissionen führen zusätzlich zu einer Verschmutzung der Oberflächen. Sowohl die Korrosion wie auch die Verschmutzung führen zu erhöhten Instandsetzungs- und Instandhaltungskosten. Für die Korrosion, insbesondere durch saure Deposition, gibt es eine ganze Reihe von gut abgesicherten Expositions-Wirkungs-Beziehungen, jedoch nicht für die Verschmutzung. Für Kraftwerksemissionen sind Verschmutzungseffekte aber auch weniger bedeutend als z. B. für die Emissionen aus dem Verkehr.

Die vorliegende Analyse untersucht die Auswirkungen auf Materialoberflächen von Bauwerken. Dazu mußte zunächst mit erheblichem Aufwand ein Inventar der in Europa vorhandenen Bauwerke und Materialoberflächen erstellt werden. Mit Hilfe der aus einer Literaturauswertung gewonnenen Expositions-Wirkungs-Beziehungen und der Ergebnisse der Ausbreitungsrechnungen werden dann die zusätzlich durch die Emissionen des betrachteten Kraftwerks entstehenden Korrosionsschäden ermittelt. Anschließend wird der dadurch erforderliche zusätzliche Reparatur- und Instandhaltungsaufwand abgeschätzt und mit Marktpreisen bewertet.

Während für die Quantifizierung der Instandhaltungskosten an sogenannten Gebrauchsgütern also Ansätze zur Verfügung stehen, gestaltet sich die Erfassung der Schäden an Sachgütern mit besonderem kulturellen Wert (Kulturgütern) als schwierig. Die Restaurationskosten lassen sich nur schwer erfassen und nicht eindeutig den Materialschäden durch Luftverunreinigungen zuordnen, da die Kosten im wesentlichen von anderen Faktoren bestimmt werden. Ein schwieriger Punkt bleibt zudem die monetäre Bewertung des Verlustes an Originalität und Authentizität, für die in bestehenden Studien kaum Anhaltspunkte gegeben sind. Die Schäden an Kulturgütern wurden daher hier nicht berücksichtigt.

Treibhauseffekt

Die Verbrennung fossiler Energieträger führt zu einem Anstieg der Treibhausgaskonzentrationen in der Atmosphäre und damit zu einer Verstärkung des vom Menschen verursachten Treibhauseffekts. Dies wiederum hat Auswirkungen auf das Weltklima, insbesondere werden Erhöhungen des mittleren globalen Temperatur und des Meeresspiegels erwartet. Diese möglichen Auswirkungen werden mit Hilfe komplexer Weltklimamodelle quantitativ abgeschätzt, wobei die Unsicherheiten der Ergebnisse derzeit aber noch sehr groß sind.

Darüber hinaus gibt es bereits einige vereinfachte Ansätze zur Modellierung der globalen Temperaturerhöhung, die in dieser Studie angewandt wurden. Mittels dieser Ansätze können die marginalen Temperaturerhöhungen aufgrund der Emission von Treibhausgasen simuliert werden.

Schwieriger gestaltet sich die Abschätzung der vielfältigen Auswirkungen einer globalen Klimaänderung. Viele Zusammenhänge sind noch nicht ausreichend bekannt, oftmals entscheidet das Zusammenspiel von täglichen Temperatur- und Niederschlagsdaten über die Höhe der Schäden, und für viele Effekte sind Prognosen der Rahmenbedingungen über mehrere Jahrhunderte notwendig. In der Vergangenheit wurden einige zusammenfassende Studien vorgelegt, die - mit einer Ausnahme - für eine globale Temperaturerhöhung von 2,5 Kelvin Schadenskosten zwischen 1 und 3 % des globalen Bruttosozialproduktes berechneten. Alle Studien weisen jedoch noch gravierende Lücken auf. So werden Schäden an nicht marktfähigen Gütern bisher nur unzureichend berücksichtigt, das betrifft vor allem Schäden an Ökosystemen und Artenverluste. Direkte ökonomische Schäden werden nur über Marktpreise quantifiziert, die sich bei größeren physischen Änderungen drastisch ändern würden. Für einige wichtige Schadenskategorien (die Folgen potentieller Nahrungsmittelknappheit, ansteckende Krankheiten, etc.) wurden keine Ergebnisse vorgelegt. Die durch Meeresspiegelanstieg, Verschiebung von Anbaugebieten, Wüstenbildung, etc. verursachte Migration von Menschen (Völkerwanderungen) wurde nicht belastbar abgeschätzt. Die psychischen und sozialen Folgen der Migration wurden nicht berücksichtigt. Die Schäden für die USA sind oft relativ detailliert, die weltweiten Schäden jedoch nur grob und überschlägig abgeschätzt.

Dennoch wurden aufbauend auf diesen Ergebnissen für verschiedene Referenzfälle mittels eines angenommenen Zusammenhangs zwischen Temperaturerhöhung und Schadenskosten in verschiedenen weiteren Studien marginale CO_2-Schadenskosten bestimmt. Die so quantifizierten CO_2-Schadenskosten liegen zwischen 2,2 und 54 DM/t CO_2 für Diskontraten zwischen 0 und 3 %. Eigene Berechnungen für Diskontraten von 0 bis 3 % führten zu einer vergleichbaren Bandbreite von 1,1 bis 55 DM. Mit diesen treibhausgasspezifischen Schadenskosten können prinzipiell Klimaschadenskosten der Referenzenergiesysteme berechnet werden. Die mit diesen Abschätzungen verbundenen Unsicherheiten sind aber sehr groß und unterscheiden sich in ihrer Qualität von den übrigen Ergebnissen. Die Klimaänderung stellt aber einen wichtigen, evtl. sogar dominierenden Effekt dar. Um alternative Ergebnisse zur Zahlungsbereitschaft zur Verminderung des Treibhauseffekts zu erhalten, wird zusätzlich der Vermeidungskostenansatz gewählt.

Dabei wird von dem von der Bundesregierung explizit genannten Ziel einer Reduzierung der CO_2-Emissionen um 25% im Jahr 2005 ausgehend vom Jahr

1987 ausgegangen. Die marginalen Minderungskosten zur Erreichung dieses Zieles werden abgeschätzt und zur Bewertung der CO_2-Emissionen herangezogen.

In [6.3] ergaben sich für das den derzeitigen Rahmenbedingungen am besten entsprechende Szenario marginale CO_2-Minderungskosten von 54 DM/t CO_2. Diese Minderungskosten entsprechen dem oberen Ende der für die CO_2-Schadenskosten berechneten Bandbreite.

Öleinträge ins Meer

Da zur Zeit keine Modelle zur Durchführung einer vollständigen Wirkungspfadanalyse zur Abschätzung der Umweltschäden durch den Eintrag von Öl in marine Ökosysteme zur Verfügung stehen, werden in einer groben Abschätzung die durch die Unfälle der AMOCO CADIZ und der EXXON VALDEZ entstandenen Kosten auf eine Einheit Strom umgerechnet. Die resultierenden Schadenskosten liegen zwischen ca. 0,006 und 0,07 Pf/kWh. Es sei aber darauf hingewiesen, daß die für den EXXON VALDEZ Unfall berücksichtigten Kosten nur die Reinigungskosten abdecken. Ansätze zur Bewertung des Verlustes von z. B. 100 000 bis 300 000 Seevögeln stehen nicht zur Verfügung.

Auswirkungen von Lärm

Zur Abschätzung der Auswirkungen von Lärm wird die Schallausbreitung mittels des Rechenverfahrens der VDI-Richtlinie 2714 bestimmt. Die zusätzliche Lärmbelastung wird mittels Ergebnissen von Contingent-Valuation-Studien bewertet.

6.3 Ergebnisse der Quantifizierung externer Kosten

Die von einem Energiesystem verursachten Umweltschäden hängen sowohl von der technischen Auslegung einzelner Anlagen als auch von standortspezifischen Faktoren wie zum Beispiel der Bevölkerungsdichte oder den meteorologischen Bedingungen ab. Das bedeutet, daß zum Beispiel nicht die externen Kosten der Stromerzeugung aus Steinkohle generell bestimmt werden können, sondern nur für ganz bestimmte Kombinationen von Technologie und Standort der verschiedenen Prozeßstufen. Im einzelnen wurden die externen Kosten für die folgenden Kraftwerke mit ihren vor- und nachgelagerten Prozeßstufen abgeschätzt:

- Steinkohlekraftwerk mit atmosphärischer Staubfeuerung, Rauchgasentschwefelungsanlage und Entstickung (DENOX), Nennleistung 600 MW, Wirkungsgrad 43,0 %, Ausnutzungsdauer: 6500 Stunden pro Jahr; Standort Südwestdeutschland;
- Braunkohlekraftwerk mit atmosphärische Staubfeuerung, Rauchgasentschwefelungsanlage und Entstickung (DENOX), Nennleistung 800 MW, Wirkungsgrad 40,1 %, Ausnutzungsdauer: 6500 Stunden pro Jahr; Standort rheinisches Braunkohlerevier;

- Ölkraftwerk mit Gasturbine, Nennleistung 156 MW, Wirkungsgrad 31,1 %, Ausnutzungsdauer: 675 Stunden pro Jahr; Standort Südwestdeutschland;
- Gaskraftwerk mit Gasturbine, Nennleistung 146 MW, Wirkungsgrad 33,2 %, Ausnutzungsdauer: 675 Stunden pro Jahr; Standort Südwestdeutschland;
- Gaskraftwerk mit Gas- und Dampfturbine, Nennleistung 778 MW, Wirkungsgrad 57,6 %, Ausnutzungsdauer: 6500 Stunden pro Jahr; Standort Südwestdeutschland;
- Kernkraftwerk: Druckwasserreaktor, Nennleistung 1375 MW, Ausnutzungsdauer: 7800 h/Jahr; Standort Südwestdeutschland;
- Photovoltaik-Dachanlage: netzgekoppelte Dachanlage, Module aus polykristallinem Silizium, installierte Leistung 4,8 kW; Standort Hessen;
- Photovoltaik-Fassade: 200 Module aus polykristallinem Silizium, installierte Leistung 13 kW_p; Standort Nordrhein-Westfalen;
- Windkraftanlage: Windpark, bestehend aus 45 Windenergiekonvertern á 250 kW, installierte Leistung 11,25 MW; Standort Nordseeküste.

Die Ergebnisse für diese Stromerzeugungssysteme sind in den Tabellen 6.1 bis 6.4 zusammengefaßt. Da sich die Ergebnisse für die zwei unterschiedlichen Photovoltaikanlagen kaum voneinander unterscheiden, werden im folgenden nur die Ergebnisse für die Dachanlage dargestellt. Tabelle 6.1 enthält einige Beispiele aus der Vielzahl der berechneten physischen Umweltschäden. In Tabelle 6.2 sind dann die monetären Werte der berechneten Schäden und Risiken sowie, soweit eine Monetarisierung nicht möglich ist, Überschreitungen von critical levels and loads angegeben. Dabei sind jedoch die beiden größten Beiträge zu den externen Kosten, nämlich die öffentlichen Gesundheitsschäden einschließlich der verkürzten Lebenserwartung durch Feinstaub und die Folgen des Treibhauseffektes in Tabelle 6.2 nicht enthalten. Deren externe Kosten werden vielmehr in Tabelle 6.3 und Tabelle 6.4 gesondert aufgeführt, um die Auswirkungen verschiedener Setzungen und Annahmen (Sensitivität) auf das Ergebnis mit in den Tabellen darstellen zu können. Zudem weist die gesonderte Darstellung insbesondere des Treibhauseffekts darauf hin, daß die Unsicherheiten in diesem Bereich besonders groß sind, d. h. daß neue Erkenntnisse zu Veränderungen des Ergebnisses um eine Größenordnung und mehr führen können. Um in Gebieten mit Überschreitungen kritischer Belastungsgrenzen von Ökosystemen auch die Höhe der Überschreitung als möglichen Indikator für einen nicht zu quantifizierenden Schaden berücksichtigen zu können, wird in Tabelle 6.2 die durch die Kraftwerksemissionen verursachte Änderung des Produktes aus Überschreitungsfläche und der jeweiligen Überschreitungshöhe angegeben.

Die gesamten externen Kosten der betrachteten Stromerzeugungssysteme ergeben sich somit als Summe der in den Tab. 6.2, 6.3 und 6.4 aufgeführten Werte. Verwendet man bei der Feinstaubbelastung den VLYL-Ansatz, beim Treibhauseffekt Vermeidungskosten sowie einen Zinssatz von 3 %, so ergeben sich folgende Werte jeweils ohne/mit Treibhauseffekt (und ohne Einwirkungen auf natürliche und naturnahe Ökosysteme):

Steinkohlekraftwerk	2,8/7,5 Pf/kWh,
Braunkohlekraftwerk	3,2/8,9 Pf/kWh,
Gasturbine/ Öl	6,7/11,8 Pf/kWh
Gasturbine/ Erdgas	2,1/5,7 Pf/kWh
Gas- und Dampfturbine/ Erdgas	0,9/3,0 Pf/kWh
Kernkraftwerk	0,1/0,2 Pf/kWh
Photovoltaik-Dachanlage	0,3/0,6 Pf/kWh
Windkraftanlage	0,08/0,1 Pf/kWh.

Die Werte für andere Annahmen lassen sich aus den Tab. 6.1-3 leicht ermitteln. Insgesamt ergibt sich folgende Bandbreite der Ergebnisse:

Steinkohlekraftwerk	2,1 - 14,5 Pf/kWh
Braunkohlekraftwerk	2,2 - 17,7 Pf/kWh
Gasturbine/ Öl	4,3 - 31,5 Pf/kWh
Gasturbine/ Erdgas	1,5 - 10,7 Pf/kWh
Gas- und Dampfturbine/ Erdgas	0,7 - 4,9 Pf/kWh
Kernkraftwerk	0,07 - 1,5 Pf/kWh
Photovoltaik-Dachanlage	0,11 - 1,6 Pf/kWh
Windkraftwerk	0,05 - 0,3 Pf/kWh

Im folgenden werden die Ergebnisse für die verschiedenen Kraftwerkssysteme etwas genauer analysiert.

Externe Kosten der Stromerzeugung aus fossilen Brennstoffen

Umweltschäden durch die Stromerzeugung aus fossilen Energieträgern werden vor allem durch die vom Kraftwerk emittierten Luftschadstoffe verursacht. Die quantifizierten externen Kosten werden wesentlich durch die Gesundheitsschäden bestimmt. Durch die erhöhte Konzentration von Feinstaub, der zum Teil vom Kraftwerk direkt emittiert, vor allem aber durch die Umwandlung von SO_2 und NO_x zu Sulfat- und Nitrataerosolen gebildet wird, kommt es zu einer Verkürzung der Lebenserwartung in der belasteten Bevölkerung. So führt zum Beispiel der Betrieb des Kohlekraftwerks zu 124 „verlorenen Lebensjahren" (Years of Life Lost - YOLL) je TWh, die niedrigeren Emissionen des Gas-GUD Kraftwerks verursachen knapp 30 verlorene Lebensjahre. Die Bandbreite nicht tödlicher Erkrankungen je TWh reicht von mehreren tausend Tagen mit eingeschränkter Aktivität über einige hundert Fälle von chronischer Bronchitis bei Kindern bis hin zu einigen wenigen zusätzlichen Krankenhausaufnahmen wegen Erkrankungen der Atemwege und des Herzens. Die öffentlichen Gesundheitsschäden sind beim VSL-Ansatz etwa dreimal höher als beim VLYL-Ansatz und erreichen dann Werte, die gleich hoch oder höher sind als die Stromerzeugungskosten.

Durch die von fossilen Kraftwerken verursachte erhöhte SO_2-Konzentration in der Luft kommt es zu Ertragsverlusten bei Feldpflanzen in der Höhe von ca. 0,0003 % der jährlichen Produktion in Europa. Da hier eine mögliche Ertragssteigerung durch zusätzliches SO_2 bei niedrigen Hintergrundkonzentrationen nicht berücksichtigt wurde, sind die vorliegenden Ergebnisse als Obergrenze möglicher Ernteverluste anzusehen. Trotzdem liegen die Schadenskosten unter einem hundertstel Pfennig je Kilowattstunde.

Die erhöhte Konzentration von säurebildenden und oxidierenden Luftverunreinigungen führt zu einer beschleunigten Korrosion von Materialoberflächen und somit zu einer Verkürzung von Instandsetzungsintervallen. So führt der Betrieb des Kohlekraftwerks dazu, daß in Europa je TWh zum Beispiel 9482 m^2 Farbanstrich oder 610 m^2 Zink und galvanisierter Stahl erneuert werden müssen. Dies führt zu Instandhaltungskosten von maximal ca. 0,03 Pf/kWh (Ölkraftwerk). Schäden an Objekten mit kulturellem Wert konnten nicht abgeschätzt werden.

Obwohle Schäden an Wäldern und Ökosystemen oft im Mittelpunkt umweltpolitischer Interessen stehen, können wegen der komplexen Wirkungsmechanismen keine quantitativen Schadensabschätzungen durchgeführt werden. Da die Emissionen eines einzelnen Kraftwerks im Vergleich zur gesamten Emissionsfracht sehr klein sind, führen sie auch nicht zu einer Überschreitung von kritischen Belastungsgrenzen in Gebieten, die ohne das Kraftwerk unterhalb der Belastungsgrenze liegen. Allerdings wächst durch den zusätzlichen Schadstoffeintrag die Wahrscheinlichkeit eines Schadens. Die mit der jeweiligen Überschreitungshöhe gewichtete Fläche, in denen kritische Belastungsgrenzen überschritten werden, erhöht sich im Fall der Eutrophierung von naturnahen Ökosystemen in Europa um bis zu 0,14 ‰ je TWh, im Fall von Bodenversauerung bei Wäldern in Deutschland um ca. 0,09 ‰.

Die fossilen Referenzenergiesysteme emittieren große Mengen an Treibhausgasen. Mittels treibhausgasspezifischer Schadenskosten wurden Klimaschadenskosten der fossilen Energiesysteme berechnet. Diese Ergebnisse sind jedoch mit großen Unsicherheiten verbunden. Sie sind in Tabelle 6.4 den quantifizierten Vermeidungskosten gegenübergestellt. Die Größenordnung der Vermeidungskosten und der oberen Grenze der quantifizierten Schadenskosten entspricht der Größenordnung der quantifizierten Gesundheitsschäden (VLYL-Bewertung).

Externe Kosten der Stromerzeugung aus Kernenergie

Bei der Abschätzung externer Kosten durch die Stromerzeugung aus Kernenergie wurden Schäden durch die Emission radioaktiver Stoffe bei der Uranerzgewinnung und -aufbereitung, Konversion, Anreicherung, Brennelementfertigung, Kraftwerksbetrieb, Wiederaufarbeitung und der Endlagerung berücksichtigt. Im Normalbetrieb der Anlagen werden die größten Beiträge zu den Schäden durch Radon-Emissionen aus den Abraumhalden der Uranmine sowie durch die Emission von Tritium, Kohlenstoff-14 und Krypton-85 aus dem Kraftwerk und der Wiederaufarbeitungsanlage, die zu einer globalen Exposition führen, verursacht. Zur Schadensabschätzung werden die von der International Commission on Radiological Protection für den Bereich des Strahlenschutz empfohlenen Risikofaktoren verwendet. Zu dem berechneten Gesamtschaden trägt vor allem die globale Belastung eines großen Bevölkerungskollektivs mit einer sehr kleinen individuellen

Strahlendosis bei. Da ein großer Teil der zu erwartenden Schäden erst in Zeiträumen von bis zu mehreren tausend Jahren auftreten wird, wird der Gegenwartswert der Schadenskosten klein, sobald die Schäden mit einer Diskontrate größer als 0 % abdiskontiert werden. Mögliche medizinische Erfolge bei der Krebsbekämpfung, die in Zeiträumen von Jahrtausenden nicht unwahrscheinlich sind, wurden nicht berücksichtigt.

Zur Abschätzung der externen Kosten durch einen großen Kernkraftwerksunfall wurde für verschiedene in der deutschen Risikostudie Kernkraftwerke Phase B beschriebene Unfallkategorien eine Unfallfolgenabschätzung durchgeführt. Je nach Unfallkategorie können erhebliche Schäden entstehen, etwa die erforderliche Umsiedlung von Zehntausenden bis zu Millionen von Menschen und die Vernichtung von Tausenden bis zu Millionen Tonnen an landwirtschaftlichen Produkten. Überdies würde die Strahlendosis, der die europäische Bevölkerung ausgesetzt ist, etwas erhöht, was bei Anwendung der ICRP Dosis-Wirkungsbeziehungen je nach Unfallkategorie rechnerisch etwa 30 bis zu über 50 000 tödliche Krebsfälle in den auf den Unfall folgenden 200 Jahren in ganz Europa ergeben würde. Das Auftreten solcher Unfälle ist aber extrem unwahrscheinlich, sodaß der monetäre Wert des Risikos, also der Erwartungswert der Schäden bzw. das Produkt aus Schadenskosten und Wahrscheinlichkeit des Auftretens der Unfälle sehr klein wird (ca. 0,001-0,0001 Pf/kWh).

Nicht berücksichtigt bei Verwendung des Erwartungswertes ist eine mögliche Risikoaversion. Dies bedeutet, daß die Zahlungsbereitschaft zur Vermeidung eines sehr hohen Schadens höher ist als zur Vermeidung eines geringeren Schadens, auch wenn das Risiko, also das Produkt aus Schaden und Eintrittswahrscheinlichkeit in beiden Fällen gleich ist. Allerdings fehlen bisher sowohl empirische Nachweise als auch überzeugende Ansätze zur Abbildung der Risikoaversion. Ein möglicher Weg zur Integration solcher Überlegungen in Entscheidungsprozesse wäre die Definition von Höchstschäden oder Maximalrisiken, die von einer Anlage ausgehen dürfen. Als ein Schritt in diese Richtung kann die neue Fassung des 2. Atomgesetzes betrachtet werden. Darin wird verlangt, daß „...auch Ereignisse, deren Eintritt durch die zu treffende Vorsorge gegen Schäden praktisch ausgeschlossen ist, einschneidende Maßnahmen zum Schutz vor der schädlichen Wirkung ionisierender Strahlen außerhalb des abgeschlossenen Geländes der Anlage nicht erforderlich machen ...“. Somit müßten bei neuen Kernkraftwerken die Folgen von mit sehr geringer Wahrscheinlichkeit auftretenden Unfällen ganz wesentlich geringer sein als oben beschrieben, insbesondere müßte die Notwendigkeit von Umsiedlungen etc. wegfallen.

Weitere offene Fragen sind, inwieweit die Folgen ‘unsichtbarer’ Strahlenbelastungen anders bewertet werden als etwa die Folgen eines Verkehrsunfalls und inwieweit die tatsächliche oder vermeintliche Beeinflußbarkeit des Unfallgeschehens durch die Betroffenen bei der Bewertung von Unfallfolgen eine Rolle spielt.

Tabelle 6.1. Beispiele für Umweltschäden je TWh durch die betrachteten Referenzkraftwerke (ohne vorgelagerte Prozeßstufen)

	Steinkohle	Braunkohle	Öl	Gas GT	Gas GUD	Kernenergie	PV	Wind
Mortalität								
verlorene Lebensjahre	124	156	270	85	29	16	8	1,7
Morbidität, z. B.								
Tage mit eingeschränkter Aktivität	4264	5337	9212	2956	1009	-	276	59
Chronische Bronchitis bei Kindern	116	145	251	80	27	-	7,5	1,6
Tage mit Atemwegssymptomen bei Asthmatikern	622	779	1345	431	147	-	40	8,6
nicht tödliche Krebserkrankungen	-	-	-	-	-	2,4	-	-
Ernteverluste in dt, z. B.								
Weizen	1036	1219	5292	19	10	55	130	26
Gerste	816	752	4176	15	8	43	102	20
Kartoffeln	1515	1827	7811	28	15	80	190	38
Materialschäden, zusätzlicher Bedarf für Instandhaltung in m^2, z.B.								
Farbanstriche	10550	13010	34570	6975	2786	418	1439	196
Zink und galvanisierter Stahl	683	936	2582	319	128	27	93	13
Ökosysteme								
gewichtete Überschreitungsfläche der kritischen Eintragsrate für eutrophierenden Stickstoff in km^2	27	25	41	30	11	2,8	4	0,8

Externe Kosten der Stromerzeugung aus Photovoltaik und Wind

Bei den Systemen zur Nutzung der erneuerbaren Energien Photovoltaik und Wind ist der Betrieb der Stromerzeugungsanlage weitgehend emissionsfrei (nur Lärmemissionen der Windenergie wurden berücksichtigt). Umweltschäden entstehen vor allem durch die Emissionen aus vorgelagerten Prozeßstufen wie z. B. Materialherstellung oder der Komponentenfertigung. Art und Ausmaß der Schäden werden also wesentlich durch die bei der Herstellung eingesetzten fossilen Energieträger beeinflußt und kaum durch die regenerativen Energiesysteme selbst. Die öffentlichen Gesundheitsschäden durch primäre und sekundäre Aerosole sowie die Treibhausgasemissionen tragen daher wesentlich zu den quantifizierbaren externen Kosten bei. Für die Windenergie wurden zusätzlich die Auswirkungen des Lärms durch den Betrieb der Windkraftanlage untersucht.

Tabelle 6.2. Ausgewählte externe Kosten verschiedener Stromerzeugungssysteme in Pf/kWh, ohne öffentliche Gesundheitsschäden und ohne Treibhauseffekt, sowie gewichtete Überschreitungen von critical levels und loads

	Steinkohle	Braunkohle	Öl	Gas GT	Gas GuD	Kernenergie	PV	Wind
Berufliche Gesundheitsschäden	0,19	0	0,052	0,0051	0,0040	0,0089	- 0,054	0,0076
Schäden an Feldpflanzen	0,0008	0,0008	0,004	0,00005	0,00002	0,00008	0,0001[c]	0,00002[c]
Materialschäden	0,030	0,039	0,10	0,019	0,007	0,0036	0,0044[c]	0,0006[c]
Lärm	n. q.	n. q.	n. q.	n. q.	n. q.	n. q.	n. q.	0 - 0,012
Marine Ökosysteme	-	-	0,0063-0,067	-	-	-	-	-
Waldökosysteme[a]	0,044	0,043	0,14	0,032	0,012	0,0047	0,012	0,0019
naturnahe Ökosysteme[b]	0,081	0,075	0,12	0,090	0,033	0,0084	0,012	0,0024

[a] Zunahme der mit dem Schadenspotential gewichteten Überschreitungsfläche der kritischen Eintragsrate für eutrophierenden Stickstoff in Europa in ‰.

[b] Zunahme der mit dem Schadenspotential gewichteten Überschreitungsfläche der kritischen Eintragsrate für Säure in Deutschland in ‰.

[c] Schadenskosten werden überwiegend durch die Nutzung fossiler Energieträger für die Produktion der regenerativen Energiesysteme verursacht.

Tabelle 6.3. Schadenskosten durch öffentliche Gesundheitsschäden in Pf/kWh unter Berücksichtigung unterschiedlicher Annahmen

	Bester Schätzwert				Sensitivitätsanalyse [a]			
	VLYL		VSL		VLYL		VSL	
Diskontrate	0%	3%	0%	3%	0%	3%	0%	3%
Steinkohle	3,0	2,6	9,6	8,5	1,7	1,5	5,6	5,0
Braunkohle	3,6	3,2	12,0	10,6	2,0	1,8	7,1	6,4
Öl	7,5	6,5	26,2	23,2	4,2	3,7	15,4	13,9
Gas GT	2,4	2,1	7,1	6,2	1,4	1,2	4,0	3,6
Gas GuD	1,0	0,85	2,8	2,5	0,55	0,49	1,6	1,4
Kernenergie								
Normalb.	0,79	0,086	1,4	0,4	0,73	0,05	0,24	0,21
Unfall [b]	$6 \cdot 10^{-4}$	$2 \cdot 10^{-4}$	$9 \cdot 10^{-4}$	$2 \cdot 10^{-4}$	$6 \cdot 10^{-4}$	$2 \cdot 10^{-4}$	$9 \cdot 10^{-4}$	$2 \cdot 10^{-4}$
PV [c]	0,25	0,31	1,0	1,3	0,14	0,17	0,53	0,66
Wind [c]	0,053	0,062	0,23	0,26	0,03	0,035	0,12	0,13

[a] Steigung der Schadensfuntion für chronische Mortalität durch Feinstaub um den Faktor 2 reduziert.

[b] Erwartungswert des Schadens

[c] Schadenskosten werden überwiegend durch die Nutzung fossiler Energieträger für die Produktion der regenerativen Energiesysteme verursacht.

Während die beruflichen Gesundheitsschäden für Windenergiesysteme ähnlich hoch sind wie für die nicht-erneuerbaren Referenzenergiesysteme, ergeben sich für die Photovoltaik durch die hier durchgeführte Netto-Betrachtung negative Schadenskosten. Der Grund hierfür ist, daß die Herstellung der Photovoltaikanlage zwar sehr arbeitsintensiv ist, das individuelle Risiko der Beschäftigten bei der Herstellung aber etwas geringer ist als das durchschnittliche individuelle Risiko der Beschäftigten aller Branchen.

Bei der Verwendung einer positiven Diskontrate zur Bewertung der zeitlichen Schadensverteilung werden die berechneten Schadenskosten etwas größer, da die Schäden vor allem durch Emissionen während der Anlagenfertigung, also vor der Stromerzeugung, entstehen. In der Summe ergeben sich für die regenerativen Systeme im Vergleich zu den anderen betrachteten Stromerzeugungstechnologien relativ niedrige Schadenskosten. Bei der Photovoltaik ist es vor allem der aufwendige Herstellungsprozeß, der hohen Einsatz an fossilen Energieträgern bedingt und damit den Hauptteil der externen Kosten verursacht. Gelingt es, den Herstellungsprozeß zu verbessern und weniger energieintensiv zu gestalten, so sinken dadurch auch die externen Kosten. In dem Maße, wie die internen Kosten durch techischen Fortschritt sinken, die Photovoltaik also wettbewerbsfähiger wird, reduzieren sich somit parallel auch die externen Kosten.

Tabelle 6.4. Quantifizierte Schadens- und Vermeidungskosten für die Klimaänderung [Pf/kWh] (Zentraler Wert der Schadenskosten gilt für globale Temperaturerhöhung von 2,5 Kelvin bei einer CO_2-Verdopplung und Schadenskosten von 2 % des globalen Bruttosozialproduktes in diesem Fall. Die Bandbreite der Schadenskosten ergibt sich aus den Bandbreiten dieser beiden Werte.)

Referenzenergiesystem	Schadenskosten 0 % Diskontrate	Schadenskosten 3 % Diskontrate	Vermeidungskosten
Steinkohle	1,8 (0,6–4,9)	0,4 (0,1–1,1)	4,7
Braunkohle	2,1 (0,6–5,7)	0,4 (0,1–1,1)	5,7
Öl	1,9 (0,6–5,1)	0,4 (0,1–1,0)	5,1
Gas-GT	1,4 (0,4–3,8)	0,3 (0,1–0,8)	3,6
Gas-GuD	0,8 (0,2–2,1)	0,2 (0,05–0,4)	2,1
Kernenergie	0,04 (0,01–0,1)	0,008 (0,002-0,02)	0,1
PV (Dachanlage)	0,12 (0,03–0,3)	0,02 (0,01–0,06)	0,3
PV (Fassadenanlage)	0,11 (0,03–0,3)	0,02 (0,01–0,06)	0,3
Wind	0,01 (0,004–0,04)	0,003 (0,001–0,008)	0,04

6.4 Schlußfolgerungen und Ausblick

Bei der Betrachtung der Ergebnisse fällt zunächst die große Bandbreite auf, die sich aus der Anwendung unterschiedlicher Annahmen ergibt und die die noch vorhandene Unsicherheit teilweise widerspiegelt. Die Ermittlung externer Kosten ist aktuelles Forschungsgebiet; die vorgelegten Ergebnisse geben zwar den aktuellen Stand des Wissens wieder, neue Erkenntnisse werden aber in Zukunft auch zu veränderten Ergebnissen führen. Trotzdem kann eine ganze Reihe von Schlußfolgerungen und Einsichten aus den Ergebnissen abgeleitet werden.

Es zeigt sich, daß die durch die Stromerzeugung verursachten externen Kosten insgesamt so hoch sind, daß sie auf keinen Fall vernachlässigt werden können. Schäden an Materialien und Feldpflanzen sind allerdings eher klein verglichen mit den Stromerzeugungskosten.

Bei den *fossilen Energieträgern* liefern zum einen der Treibhauseffekt, zum anderen öffentliche Gesundheitsschäden die größten Beiträge zu den externen Kosten. Während die möglicherweise erheblichen Folgen des Treibhauseffekts schon seit längerem Gegenstand der wissenschaftlichen und öffentlichen Diskussion sind, sind die sich als wesentlich ergebenden Einwirkungen auf die menschliche Gesundheit überraschend. Insbesondere weisen die vorliegenden Abschätzungen auf die Feinstaubbelastung als ein wesentliches, bisher unterschätztes Umweltproblem hin. Obwohl in den untersuchten Kraftwerken für fossile Kraftwerke wirksame Maßnahmen zur Entstaubung und Entschwefelung und zur Entfernung der Stickoxide aus dem Rauchgas eingesetzt werden, verursachen die noch entstehenden primären und sekundären Aerosole erhebliche externe Kosten durch chronische Mortalität. Werden die hier eingesetzten Expositions-Wirkungs-Beziehungen in weiteren Untersuchungen bestätigt, so weist dies auf die Notwendigkeit weiterer Reduktionen der Emissionen von Feinstaub, NO_x, SO_2 und NH_3 bei allen wesentlichen Emittenten hin. Bei den beruflichen Gesundheitsschäden sind vor allem die Risiken, die den Arbeitern im Kohlebergwerk aufgebürdet werden, überdurchschnittlich hoch.

Bei der *Kernenergienutzung* entsteht überraschenderweise ein großer Beitrag zu den externen Kosten (bei 0% Diskontrate) durch die Abraumhalde, die beim Uranbergbau anfällt. Auffällig ist zudem die Diskrepanz zwischen dem niedrigen Erwartungswert der Schäden durch Unfälle im Kernkraftwerk und der Ablehnung der Kernenergie durch einen Teil der Bevölkerung. Immerhin liefern die hier vorliegenden Daten eine Grundlage für weiterführende Diskussionen zu diesem Punkt; sowohl Meinungsänderungen als auch andere Bewertungskalküle bis hin zu Schadens- oder Risikogrenzwerten sind denkbare Ergebnisse solcher Diskussionen.

Bei *Photovoltaik und Windenergie* entstehen die externen Kosten überwiegend durch den Einsatz fossiler Energieträger bei der Herstellung der Anlagen. Die Werte gelten für bestehende Anlagen. Vor allem bei der Photovoltaik führen derzeit laufende Entwicklungen z. B. hin zu dünneren Schichten zu noch deutlich niedrigeren externen Kosten. Bei der Windenergie könnten die externen Kosten durch 'visuelle Belastung' in Zukunft an Bedeutung gewinnen.

Vergleicht man die quantifizierten externen Kosten der untersuchten Kraftwerke miteinander, so zeigt sich, daß die Werte für Stromerzeugung aus fossilen Energieträgern höher liegen als bei den anderen Alternativen, innerhalb der Gruppe der fossilen Energieträger schneidet Erdgas deutlich besser ab als Kohle. Besonders niedrige externe Kosten weist die Windenergie auf.

Die beschriebenen Schäden, die größere Beiträge zu den externen Kosten liefern, entstehen durch sehr kleine, weiträumig verteilte Einwirkungen. Die entstehenden Schäden sind daher eher statistischer Natur, der Zusammenhang zwischen den auftretenden Schäden und den Verursachern ist nicht offenkundig erkennbar. Dies läßt sich dadurch erklären, daß bei einem offensichtlichen Zusammenhang zwischen Schaden und Verursachung bereits bisher, begünstigt durch die überschaubare Zahl der Emissionsquellen (Kraftwerke) und die Struktur der Elektrizitätsversorgung, wirksame Maßnahmen zur Schadensminderung eingeleitet wurden. Das Ausmaß der hier im Vordergrund stehenden Schäden wird dagegen nur durch rechnerische Abschätzungen wie die hier eingesetzte Wirkungspfadanalyse ermitteln.

Inwieweit können von diesen Ergebnissen neue Impulse für energie- und umweltpolitische Entscheidungen ausgehen? Zunächst liefern sie Argumente, bestimmte Probleme, insbesondere die Feinstaubbelastung, stärker als bisher als gravierendes Umweltproblem zu betrachten. Zudem können die Ergebnisse Anhaltspunkte zur rechnerischen Berücksichtigung von Umwelteinwirkungen bei Entscheidungen oder zur Höhe von an den verursachten Schäden orientierten Umweltabgaben und -steuern liefern. Zwar sind die Unsicherheiten noch zu groß, als daß die konkreten Zahlenwerte ohne Überprüfung und ggfs. bewußte Akzeptanz der zugrundeliegenden Annahmen verwendet werden können, Hilfen für begründete Festsetzungen lassen sich aber doch ableiten.

Ein weiteres wichtiges Feld, in dem die hier dargestellten Methoden sinnvoll angewendet werden können, ist die Kosten-Nutzen-Analyse umweltpolitischer Maßnahmen. Während in den USA eine formale Kosten-Nutzen-Analyse fester Bestandteil der Umweltgesetzgebung geworden ist, ist eine solche Vorgehensweise in Europa noch weitgehend unbekannt. Werden die in diesem Buch ermittelten Ergebnisse z. B. als Schadenskosten je emittierter Tonne SO_2, NO_x oder Staub dargestellt, so lassen sich diese leicht mit anlagenspezifischen Vermeidungskosten vergleichen. Es hat sich gezeigt, daß allein bei Schadenskategorien wie Ernteverluste oder Materialschäden, die bei relativ kleinen Unsicherheiten (experimentell bestimmte Dosis-Wirkungsbeziehungen, Bewertung durch Marktpreise) zu vergleichsweise niedrigen externen Kosten führen, die Schadenskosten je Tonne emittiertem Schadstoff in etwa der gleichen Höhe wie die entsprechenden Vermeidungskosten durch Entschwefelung und NO_x-Reduzierung liegen.

Generell kann die Internalisierung externer Kosten dazu beitragen, daß Umwelt- und Gesundheitsschutz effizienter als bisher durchgeführt wird, daß also der Ertrag bei gleichem Aufwand höher wird.

Die vorstehenden Ausführungen haben auch deutlich gemacht, daß an vielen Stellen Wissenslücken zu Unsicherheiten führen. So ist weiterer Forschungsbedarf unter anderem bei der Erforschung der Wirkung kleiner Schadstoff- und Strahlendosen auf den Menschen, bei der Abschätzung der Folgen von Treibhausgasemissionen und bei der Bewertung von Unfällen und chronischen Erkrankungen vorhanden. Je weiter die Unsicherheiten und Lücken bei der Ermittlung externer Kosten reduziert werden können, umso mehr Grundlagen für eine konsistente und transparente Gestaltung von Entscheidungen stehen zur Verfügung.

Literatur

Literatur zu Kapitel 2

2.1 SRU - Rat von Sachverständigen für Umweltfragen (1994) Umweltgutachten 1994. Für eine dauerhaft-umweltgerechte Entwicklung. Drucksache 12/6995. Stuttgart

2.2 Hauff V (Hrsg.) (1987) Unsere gemeinsame Zukunft. Der Brundtland-Bericht der Weltkommission für Umwelt und Entwicklung. Greven

2.3 Pearce D, Turner R K (1990) Economics of natural resources and the environment. New York et al.

2.4 Daly H E (1990) Towards some operational principles of sustainable development. In: Ecological Economics, 2/1990, S. 1 - 6

2.5 Rennings K, Wiggering H (1995) Weak and strong sustainability: how to combine economic and ecological indicator concepts? In: Proceedings of the International Sustainable Development Research Conference, March 27th - 28th, in Manchester. ERP Environment, Shipley, S. 76 - 79

2.6 Hanusch H (1987) Nutzen-Kosten-Analyse. München

2.7 Schumann J (1992) Grundzüge der mikroökonomischen Theorie. 6. Auflage, Berlin, Heidelberg, New York

2.8 Endres A, Querner I (1993) Die Ökonomie natürlicher Ressourcen - eine Einführung. Darmstadt

2.9 Pearce D W (1993) Economic Values and the Natural World. London

2.10 Norgaard R B, Howarth R B (1991) Sustainability and Discounting the Future. In: Costanza R (Ed.): Ecological Economics: The Science and Management of Sustainability. New York, S. 87 - 101

2.11 Markandya A, Pearce D (1991) Development, the environment, and the social rate of discount. In: The World Bank Research Observer, Vol. 6, No. 2, S. 137 - 152

2.12 Hartwick, J M. (1978) Intergenerational equity and the investing of rents from exhaustible resources. In: The American Economic Review, Vol. 67, S. 972 - 974

2.13 Daly H E (1992) Allocation, distribution and scale: towards an economics that is efficient, just and sustainable. In: Ecological Economics, Vol. 6, S. 185 - 193

2.14 Hampicke U (1992) Ökonomische Ökologie. Opladen.

2.15 Bishop R C (1978) Endangered Species and unvertainty: the economics of a safe minimum standard. In: American Journal of Agricultural Economics, 60/1978, S. 10 - 18

2.16 Fritsch M, Wein T, Ewers H-J (1993) Marktversagen und Wirtschaftspolitik. Mikroökonomische Grundlagen staatlichen Handelns, München

2.17 Baumol, W.J., Oates, W.E. (1988) The Theory of Environmental Policy, 2nd ed., Cambridge a.o.

2.18 Pigou, A.C. (1912) Wealth and Welfare, London

2.19 Krupnick A J, Burtraw D, Myrick Freeman III A, Harrington W, Palmer K, Dowlatabadi H (1994) The Social Costing Debate: Issues and Resolutions. In: Hohmeyer, Ottinger (1994), pp.7-37

2.20 Markandya A, Rhodes B (1992) External Costs of Fuel Cycles. An Impact Pathway Approach. Economic Valuation, Metronomica

2.21 Bator F M (1958) The Anatomy of Market Failure. Quarterly Journal of Economics LXXII, pp. 351-79

2.22 Pace (1991) Environmental Costs of Electricity, by R.L. Ottinger et al., Pace University Center for Environmental Studies, New York

2.23 Hohmeyer O (1988) Social Costs of Energy Consumption. Berlin

2.24 Hohmeyer O (1989) Soziale Kosten des Energieverbrauchs, zweite, revidierte und erweiterte Auflage, Berlin

2.25 Friedrich R et al. (1989) Externe Kosten der Stromerzeugung, Studie im Auftrag der VDEW, Stuttgart

2.26 Friedrich R, Voß A (1993) External costs of electricity generation, in: Energy Policy, Vol. 21, Nr. 2, February, pp. 114-122

2.27 Friedrich R (1995) Externe Kosten der Elektrizitätserzeugung. Ist die Kernenergie ein Sonderfall? In: atw, 40. Jg, Heft 2 (Februar), pp. 83-88

2.28 Enquête Kommission (1990) Energie und Klima. Herausgegeben von der Enquête Kommission "Vorsorge zum Schutz der Erdatmosphäre" des 11. Deutschen Bundestages, Band 10, Karlsruhe

2.29 Prognos (1992) Identifizierung und Internalisierung externer Kosten der Energieversorgung. Studie im Auftrag des Bundesministers für Wirtschaft, Basel

2.30 Kapp W S (1979) Soziale Kosten der Marktwirtschaft, Frankfurt

2.31 CSERGE/EFTEC (1994) Non-Environmental Externalities of Electricity Fuel Cycles in the United Kingdom, Draft, London

2.32 Bohi D R (1994) Perspective on Energy Security and other Non Environmental Externalities in Electricity Generation. In: OECD (1994): Power Generation Choices: Costs, Risks and Externalities. Proceedings of an International Symposium, Washington, USA, 23-24 September 1993, pp. 351-368

2.33 Coase R H (1960) The Problem of Social Cost, in: Journal of Law and Economics, 3

2.34 Rat von Sachverständigen für Umweltfragen (SRU) (1994) Umweltgutachten 1994

2.35 Kemper M (1989) Das Umweltproblem in der Marktwirtschaft, Berlin

2.36 von Weizsäcker E U, Jesinghaus J, Mauch S P, Iten R (1992) Ökologische Steuerreform, Zürich

2.37 DIW (1995) Wirtschaftliche Auswirkungen einer ökologischen Steuerreform, Untersuchung im Auftrag von Greenpeace, Projektleiter: M. Kohlhaas, Sonderhefte des Deutschen Instituts für Wirtschaftsforschung Nr. 153, Berlin

2.38 DIW (1994) Selbstverpflichtungen der Industrie zur CO_2-Reduktion, Bearb.: M. Kohlhaas, B. Praetorius, Sonderhefte des Deutschen Instituts für Wirtschaftsforschung Nr. 152, Berlin

2.39 Bull K. (1995) Critical Loads - Possibilities and Constraints. Water, Air and Soil Pollution 85 : 201-212

2.40 Rennings K (1994) Indikatoren für eine dauerhaft-umweltgerechte Entwicklung. Stuttgart

2.41 Pommerehne W, Römer A U (1992) Ansätze zur Erfassung der Präferenzen für öffentliche Güter. In: Jahrbuch für Sozialwissenschaft, Jg. 43, S. 171 - 210

2.42 Rennings, 1994, S. 27 ff
2.43 Commission of the European Communities (1995) JOULE Programme. ExternE: Externalities of Energy - Volume 2 - Methodology. EUR 16521
2.44 Norgaard R B, Howarth R B (1991) Sustainability and discounting the future. In: Constanza, Robert (Ed.): Ecological Economics: the science and management of sustainability. New York, S. 87 - 101
2.45 Hanusch H (1987) Nutzen-Kosten-Analyse. München
2.46 Markandya A, Pearce D W (1991) Development, the environment, and the social rate of discount. In: The World Bank Research Observer, Vol. 6, No. 2, S. 137 - 152
2.47 Diekmann J (1994) Discounting of external costs. Draft paper, DIW, Berlin
2.48 Deutsche Bundesbank (1993) Monatsbericht Juni 1993. Frankfurt
2.49 Rabl A (1993) Discounting of long term costs: what would future generations prefer us to do? Ecole des Mines, Paris
2.50 Barbier E B, Markandya A, Pearce D W (1990) Environmental sustainability and cost-benefit-analysis. In: Environment and Planning A, vol. 22, S. 1259 - 1266
2.51 Sachverständigenrat zur Begutachtung der gesamtwirtschaftlichen Entwicklung (1992) Jahresgutachten 1992/93. Drucksache 12/3774 des Deutschen Bundestages
2.52 Daly H E (1994) Reply to Prakash and Gupta. In: Ecological Economics, 10/1994, S. 89 - 90
2.53 Pearce D W (1993) Economic values and the natural world. London
2.54 Mayerhofer P (1994) Climate change in the framework of external costs of energy systems. Paper presented on the A & WMA international speciality conference "global climate change: science, policy and mitigation strategies", Phoenix, Arizona, U.S.A., April 5-8, 1994
2.55 Rabl A (1994) Discounting and intergenerational costs: why 0 may be the appropriate effective rate. Ecole des Mines, Paris
2.56 Ackermann F (1994) The natural interest rate of the forest: macroeconomic requirements for sustainable development. In: Ecological Economics, 10/1994, S. 21 - 26
2.57 Krupnick A J, Markandya A, Nickell E (1993) The external costs of nuclear power: ex ante damages and lay risks. Resources for the Future, Discussion Paper QE93-28, Washington, D. C.
2.58 Pearce D W, Bann C, Georgiou S (1992) The social costs of fuel cycles. Centre for Social and Economic Research on the Global Environment (CSERGE), University College London
2.59 Arbeitsgemeinschaft Infras/Prognos (1992): Externe Kosten und kalkulatorische Energiepreiszuschläge für den Strom- und Wärmebereich. Studie im Auftrag des Bundesamts für Konjunkturfragen, Bundesamts für Energiewirtschaft, Amt für Bundesbauten, Bern
2.60 Viscusi, W K (1993) The value of risks to life and health. In: Journal of Economic Literature, Vol. XXXI, December 1993, S. 1912 - 1946
2.61 Goodstein, E B (1994) In defense of health-based standards. In: Ecological Economics, 10/1994, S. 189 -195
2.62 Ewers, H-J, Rennings K (1994) Economics of nuclear risks - a German study. In: Hohmeyer, Olav, Richard L. Ottinger (Eds.): Social costs of energy - present status and future trends. Berlin, Heidelberg, New York, S. 150 - 166

2.63 Markandya A, Pearce D W (1989): Environmental policy benefits: monetary valuation. OECD, Paris
2.64 Oak Ridge National Laboratory, Resources for the Future (1993): Fuel cycle externalities: analytical methods and issues. Prepared for the U.S. Department of Energy and the European Commission. Rough draft, Tennessee
2.65 Markandya A (1993) Valuation of life and accidents in fuel cycle studies. Metroeconomica
2.66 Pope C A, Thun M J, Namboodri M M, Dockery D W, Evans J S, Speizer F E, Heath C W (1995) Particulate air pollution as a predictor of mortality in a prospective study of US adults. Am J Resp Critical Care Med 151:669-674
2.67 Rowe R D, Lang C M, Chestnut L G, Latimer D A, Rae D A, Bernow S M, White D E (1995) The New York Electricity Externality Study. Volume I and II. Oceana Publications, New York
2.68 Johannesson M, Johansson P-O (1996) To be, or not to be, that is the question: An empirical study of the WTP for an increased life expectancy at an advanced age. Journal of Risk and Uncertainty 13:163-174
2.69 Cropper M L, Oates W E (1992) Environmental Economics: A survey. In: Journal of Economic Literature, Vol. XXX, June 1992, S. 675 - 740
2.70 zitiert nach Bernow S, Biewald B, Raskin P (1994) From social costing to sustainable development: beyond the economic paradigm. In: Hohmeyer, Olav, Richard L. Ottinger (Eds.) (1994): Social costs of energy - present status and future trends. Berlin, Heidelberg, New York, S. 373 - 404
2.71 Hohmeyer O, Gärtner M (1994) Die Kosten der Klimaänderung - eine grobe Abschätzung der Größenordnungen. Bericht an die Kommission der Europäischen Gemeinschaft, DG XII, aus dem Englischen übersetzt von Greenpeace Österreich, Wien
2.72 Bernow S, Biewald B, Marron D (1991) Environmental externalities measurement: quantification, valuation and monetization. In: Olav Hohmeyer, Richard L. Ottinger (Eds.) (1991): External environmental costs of electric power - analysis and internalization. Berlin, Heidelberg, New York, S. 81 - 102
2.73 Spash C L (1994) Double CO_2 and beyond: benefits, costs and compensation. In: Ecological economics, 10/1994, S. 27 - 36
2.74 Planco Consulting GmbH (1990) Externe Kosten des Verkehrs: Schiene, Straße, Binnenschiffahrt. Essen
2.75 Wittenbrink P (1992) Wirkungen einer Internalisierung negativer externer Effekte des Straßengüterverkehrs auf die Güterverkehrsnachfrage. Beiträge aus dem Institut für Verkehrswissenschaft an der Universität Münster, Heft 127, Göttingen
2.76 Borjans R (1983) Immobilienpreise als Indikatoren der Umweltbelastung durch den städtischen Kraftverkehr, Düsseldorf
2.77 Pommerehne W W (1986) Der monetäre Wert einer Flug- und Straßenlärmreduktion: Eine empirische Analyse auf der Grundlage individueller Präferenzen. In: Umweltbundesamt (Ed.) (1986): Kosten der Umweltverschmutzung. Tagungsband zum Symposium im Bundesministerium des Innern am 12. und 13. September 1985. Berlin, S. 199 - 216
2.78 Weinberger M, Thomassen G, Willeke R (1991) Kosten des Lärms in der Bundesrepublik Deutschland. Berichte 9/91 des Umweltbundesamtes. Berlin

2.79 Eyre Energy Environment (1994) The environmental costs of wind energy. CEC Programme External Costs of Fuel Cycles. Prepared for DG XII of the Comissions of the European Communities. Draft report
2.80 Navrud S (1994) Economic valuation of external costs of fuel cycles. Testing the benefit transfer approach. In: A. T. de Almeida et al. (Eds.): Integrated Electricity Resource Planning, Kluwer Academic Publishers, Netherlands, S. 49 - 66
2.81 Greek Implementation (1994) Wind fuel cycle study. Paper from the ExternalE coordination meeting, 5.-6.9.1994
2.82 Klockow S, Matthes U (1991) Umweltbedingte Folgekosten im Bereich Freizeit und Erholung. Studie im Auftrag des Umweltbundesamtes, UBA-FB 90-121, Berlin
2.83 Fahrenkrug K (1993) Windenergie - ein positiver Imagefaktor für den Fremdenverkehr. In: Windenergie aktuell, 9/1993

Literatur zu Kapitel 3

3.1 Wehovsky P, Leidemann W, Lezuo A (1994) IKARUS – Teilprojekt 4, Daten: Umwandlungssektor, Schlußbericht der Siemens AG – Energieerzeugung KWU für IER, Universität Stuttgart
3.2 Fichtner Development Engineering (1996) GEMIS – VDEW Stammdatensatz 1.0. Endbericht, im Auftrag der VDEW Frankfurt
3.3 CORINAIR (1992) Default Emission Factors Handbook
3.4 Täubert U (1991) Neue Entwicklungen bei der Entsorgung von Kohlekraftwerken. VGB Kraftwerkstechnik 71 (2):98–103
3.5 Hedden K, Jess A (1992) Raffinerie und Ölveredelung. Forschungsvorhaben für das Bundesministerium für Forschung und Technologie, Endbericht Teilbereich 4
3.6 DVGW (1983) Technische Regeln für die Gasbeschaffenheit. ZfGW-Verlag, Frankfurt
3.7 Cerbe G, Carlowitz O, Hölzel G *et al.* (1988) Grundlagen der Gastechnik: Gasbeschaffung, Gasverteilung, Gasverwendung. Carl Hanser Verlag, München
3.8 Ruhrgas (1992) Erdgas – heute und morgen. Ruhrgas AG, Essen
3.9 Fritsche U, Leuchtner J, Matthes F *et al.* (1994) Umweltanalyse von Energie-, Transport- und Stoffsystemen: Gesamt-Emissions-Modell Integrierter Systeme (GEMIS) Version 2.1. Endbericht. Hessisches Ministerium für Wirtschaft und Technik, Darmstadt
3.10 Frischknecht R, Suter P, Bollens U *et al.* (1996) Ökoinventare von Energiesystemen – Grundlagen für den ökologischen Vergleich von Energiesystemen und den Einbezug von Energiesystemen in Ökobilanzen für die Schweiz. 3. Aufl., Bundesamt für Energiewirtschaft, Zürich
3.11 Deutsche Wissenschaftliche Gesellschaft für Erdöl, Erdgas und Kohle e.V. (DGMK) (1992) Ansatzpunkte und Potentiale zur Minderung des Treibhauseffektes aus Sicht der fossilen Energieträger. Forschungsbericht 448-2, DGMK, Hamburg
3.12 Deutsche Wissenschaftliche Gesellschaft für Erdöl, Erdgas und Kohle e.V. (DGMK) (1989) Methanemissionen in Erdgas- und Erdölproduktionsbetrieben der Bundesrepublik Deutschland im Jahre 1988. Forschungsbericht 449-01, DGMK, Hamburg

3.13 Umweltbundesamt (1989) Luftreinhaltung '88 – Tendenzen – Probleme – Lösungen. Materialien zum vierten Immissionsschutzbericht der Bundesregierung an den Deutschen Bundestag, Erich Schmidt Verlag, Berlin
3.14 Lipfert F, Wyzga R (1995) Air pollution and Mortality: Issues and Uncertainties. Journal of the Air and Waste Management Association 45:949
3.15 Hurley J F (1995) Exposure-Response Relationships. In: European Commission, DGXII, Science, Research and Development, JOULE: EUR 16521 – ExternE: Externalities of Energy – Vol. 2: Methodology. Office for Official Publications of the European Communities, Luxembourg
3.16 Schwartz J (1993) Air Pollution and Daily Mortality in Birmingham, Alabama. American Journal of Epidemiology 137:1136–1147
3.17 Schwartz J, Dockery D W (1992) Increased mortality in Philadelphia associated with daily air pollution concentrations. American Review of Respiratory Disease 145:600–604
3.18 Schwartz J, Dockery, D W (1992) Particulate air pollution and daily mortality in Steubenville. American Journal of Epidemiology 135:12–19
3.19 Sunyer J, Castellsague J, Saez M, Tobias A, Anto J M (1996) Air pollution and mortality in Barcelona. J. Epidem. Comm. Health 50 (suppl 1): 76–80
3.20 Spix C, Wichmann H E (1996) Daily mortality and air pollutants: findings from Köln, Germany. J Epidem. Comm. Health 50 (suppl 1): 52–58
3.21 Verhoeff A P, Hoek G, Schwartz J, van Wijnen J H (1996) Air pollution and daily mortality in Amsterdam. Epidemiology 7:225–230
3.22 Pope C A, Thun M J, Namboodri M M *et al.* (1995) Particulate air pollution as a predictor of mortality in a prospective study of US adults. Am. J. Resp. Critical Care Med. 151:669–674
3.23 Dockery D W, Pope C A, *et al.* (1993) An Association Between Air Pollution and Mortality in Six U.S. Cities. The New England Journal of Medicine 329 (24): 1753–1759
3.24 Pope C A, Thun M J, Namboodiri M M, Dockery D W, Evans J S, Speizer F E, Heath C W (1995) Particulate air pollution as predictor of mortality in a prospective study of US adults. Am J Resp Crit Care Med 151:669–674
3.25 Dab W, Quenel S M P, Le Moullec Y, Le Tertre A, Thelot B, Monteil C, Lameloise P, Pirard P, Momas I, Ferry R, Festy B (1996) Short term respiratory health effects of ambient air pollution: results of the APHEA project in Paris. J. Epidem. Comm. Health 50 (suppl 1): 42–46
3.26 Wordley J, Walters S, Ayres J G Short term variations in hospital admissions and mortality and particulate air pollution. (In press)
3.27 Schwartz J, Morris R (1995) Air pollution and hospital admissions for cardiovascular disease in Detroit, Michigan. Am J Epidem 142:23–35
3.28 Ostro B D (1987) Air Pollution and Morbidity Revisited: a Specification Test. J. Environ. Econ. Manage. 14:7–98
3.29 Dusseldorp A, Kruize H, Brunekreef B, Hofschreuder P, de Meer G, van Oudvorst A B (1995) Associations of PM10 and airborne iron with respiratory health of adults near a steel factory. Am J Respir Crit Care Med 152:1932–1939
3.30 Roemer W, Hoek G, Brunekreef B (1993) Effect of ambient winter air pollution on respiratory health of children with chronic respiratory symptoms. Am Rev Respir Dis 147:118–124

3.31 Pope C A, Dockery D W (1992) Acute health effects of PM10 pollution on symptomatic and asymptomatic children. Am Rev Respir Dis 145:1123–1126
3.32 Abbey D E, Hwang B L, Burchette R J *et al.* (1995) Estimated Long-Term Ambient Concentrations of PM10 and Development of Respiratory Symptoms in a Nonsmoking Population. Archives of Environmental Health 50 (2)
3.33 Dockery D W *et al.* (1989) Effects of Inhalable Particles on Respiratory Health on Children. Am. Rev. Respir. Dis. 139:587–594
3.34 Ponce de Leon A, Anderson H R, Bland J M, Strachan D P, Bower J (1996) Effects of air pollution on daily hospital admissions for respiratory disease in London between 1987–88 and 1991–92. J Epidem Comm Health 50 (suppl 1): 63–70
3.35 Krupnick A, Harrington W, Ostro B (1990) Ambient ozone and acute health effects: Evidence from daily data. J Environ Econ Manage 18:1–18
3.36 Brauer M, Dumyahn T, Spengler J *et al.* (1995) Measurement of Acidic Aerosol Species in Eastern Europe: Implications for Air Pollution Epidemiology. Environmental Health Perspectives 103 (5):482–488
3.37 Rabl A, Eyre N (1997) An Estimate of regional and global O3 Damage from Precursor NOx and VOC Emissions. ExternE Working Paper, unveröffentlicht
3.38 Schönberger A, Mehrtens G, Valentin H (1988) Arbeitsunfall und Berufskrankheit. 4. Auflage, Erich Schmidt Verlag
3.39 Hurley J F, Maclaren W M (1987) Dust-related risks of radiological changes in coalminers over a 40-year working life: report commissioned by NIOSH. IOM Report TM/87/09, Institute of Occupational Medicine, Edinburgh
3.40 National Research Council, Commitee on Biological Effects of Ionizing Radiation (1989) Health risks of radon and other internally deposited alpha-emitters. BEIR IV. National Academy Press, Washington, D.C.
3.41 Guderian R (Hrsg.) (1985) Air pollution by photochemical oxidants. Ecological Studies 52, Springer, Berlin, 129–169
3.42 Jäger H J, Weigel H J, Grünhage L (1986) Physiologische und biochemische Aspekte der Wirkung von Immissionen auf Waldbäume. Eur. J. For. Path. 16:98–109
3.43 Schlee D (1991) Wirkung von Luftschadstoffen auf den pflanzlichen Organismus – biochemische Grundlagen. UWSF – Z. Umweltchem. Ökotox. 3:362–367
3.44 Guderian R (1977) Air pollution, Phytotoxicity of acidic gases and its significance in air pollution control. Ecological Studies Vol. 22, Springer, Berlin
3.45 Schlee D (1991) Wirkung von Luftschadstoffen auf den pflanzlichen Organismus – biochemische Grundlagen. UWSF – Z. Umweltchem. Ökotox. 3:362–367
3.46 Roberts T M (1984) Long-term effects of sulphur-dioxide on crops: an analysis of dose-response-relations. Phil. Trans. Royal Society of London B 305:299–316
3.47 Baker C K, Colls J J, Fullwood A E et al. (1986) Depression of growth and yields in winter barley exposed to sulfur dioxide in the field. New Phytologist 104:233–241
3.48 Weigel H J, Adaros G, Jäger H J (1990) Yield responses of different crop species to long-term fumigation with sulphur dioxide in open-to chambers. Environmental Pollution 67:15–28
3.49 Roberts T M (1984) Effects of Air Pollutants on Agriculture and Forestry. Atmospheric Environment 18 (3):629–652
3.50 Fowler D, Cape J N, Leith I D (1988) Effects of Air Filtration at Small SO_2 and NO_2 Concentrations on the Yield of Barley. Environmental Pollution 53:135–149

3.51 Murray F, Wilson S (1990) Growth responses of barley exposed to SO2. New Phytologist 114:537–541
3.52 European Commission (1995) EUR 16521 – ExternE: Externalities of Energy – Vol. 2: Methodology. Office for Official Publications of the European Communities, Luxembourg
3.53 Jones H E, Howson G, Rosengren-Brinck U, Hornung M (1997) Review of the effects of air pollutants on agricultural crops, forestry and natural vegetation. Institute of Terrestrial Ecology, Grange-over-Sands, UK
3.54 Somerville M C et al. (1989) Impact of Ozone and Sulfur Dioxide on the Yield of Agricultural Crops. Technical Bulletin 292, North Carolina Agricultural Research Service, Raleigh
3.55 Skärby L, Selldén G, Mortensen L et al. (1993) Responses of Cereals Exposed to Air Pollutants in Open-Top Chambers. In: Jäger H J, Unsworth M H, De Temmermann L, Mathy P (Hrsg.) Effects of Air Pollution on Agricultural Crops in Europe. Air Pollution Research Report 46, European Commission, Brussels, 241–259
3.56 Statistisches Bundesamt (StaBA) (Hrsg.) (1990) Land- und Forstwirtschaft, Fischerei – Ausgewählte Zahlen für die Agrarwirtschaft. Reihe 1, Fachserie 3, Statistisches Bundesamt, Wiesbaden
3.57 Food and Agricultural Organization (1993) FAO Quarterly Bulletin of Statistics 4
3.58 EUROSTAT (1993) EUROSTAT Agrarpreise, Preisindizes und absolute Preise – Vierteljährliche Statistiken. Heft 4
3.59 Carvallo O (1997) Persönliche Mitteilung vom 5. März 1997. Auszug aus der EUROSTAT/New Cronos Datenbank. Data Shop EUROSTAT, Brüssel
3.60 Hochstein E, Hildebrand E E (1992) Stand und Entwicklung der Stoffeinträge in Waldbestände von Baden-Württemberg. Allg. Forst- u. J.-Ztg. 163 (2):21–26
3.61 Rudolph E (1991) Das Niederschlagsdepositions-Meßnetz des Bayerischen Landesamtes für Umweltschutz – Ergebnisse und Folgerungen für Ökosysteme. Staub – Reinhaltung der Luft 51:445–451
3.62 Kauppi P E, Mielikäinen K, Kuusela K (1992) Biomass and Carbon Budget of European Forests, 1971 to 1990. Science 256:70–74
3.63 Kenk G, Fischer H (1988) Evidence from Nitrogen Fertilisation in the Forests of Germany. Environmental Pollution 54:199–218
3.64 Matzner E, Murach D (1995) Soil Changes Induced by Air Pollutant Deposition and their Implication for Forests in Central Europe. Water, Air and Soil Pollution 85:63–76
3.65 Nilsson J, Grennfelt P (1988) Critical Loads for Sulphur and Nitrogen. Report from a workshop held at Skokloster, Sweden, 19–24 March, 1988. Miljørapport 1988:15, Nordic Council of Ministers, Kopenhagen
3.66 Breemen N van, Dijk, H F G van (1988) Ecosystem Effects of Atmospheric Deposition of Nitrogen in The Netherlands. Environmental Pollution 54:249–274
3.67 Heil G W, Diemont W H (1983) Raised nutrient levels change heathland into grassland. Vegetatio 53:113–120
3.68 Forschungsbeirat Waldschäden/Luftverunreinigungen (FBW) (1989) Dritter Bericht.
3.69 Möhring C (1992) 10 Jahre Waldschadensforschung – Bilanz und Ausblick. Bundesministerium für Forschung und Technologie, Bonn
3.70 Shriner D S, Heck W W, McLaughlin S B et al. (1990) Response of Vegetation to Atmospheric Deposition and Air Pollution – NAPAP Report 18. In: Irving P M

(Hrsg.) Acidic Deposition: State of Science and Technology, Vol. III: Terrestrial, Materials, Health and Visibility Effects. The U.S. National Acid Precipitation Assessment Program, Washington, D.C.

3.71 Bonneau M, Landmann G (1992) Pollution atmosphérique et dépérissement des forêts dans les montagnes françaises – Programme DEFORPA -Rapport 1992 – Synthèse et contributions individuelles de recherche. Institut National de la Recherche Agronomique, Nancy

3.72 Olson R K, Binkley D, Böhm M (Hrsg.) (1992) The Response of Western Forests to Air Pollution. Springer, New York

3.73 Roth U (Hrsg.) (1992) Luft – Zur Situation von Lufthaushalt, Luftverschmutzung und Waldschäden in der Schweiz – Ergebnisse aus dem Nationalen Forschungsprogramm. Verlag der Fachvereine, Zürich

3.74 Becker M, Bräker O U, Kenk G *et al.* (1990) Kronenzustand und Wachstum von Waldbäumen im Dreiländereck Deutschland-Frankreich-Schweiz in den letzten Jahrzehnten. AFZ 11:263–274

3.75 Rehfuess K E (1991) Schadstoffwirkungen in mitteleuropäischen Wäldern. In: Deutsches Atomforum e.V. (Hrsg.) Schadstoffemissionen bei der Energiegewinnung – Ausmaß, Überwachung, Wirkungen. INFORUM, Bonn

3.76 UN-ECE (1996) Manual on Methodologies and Criteria for Mapping Critical Levels/Loads and Geographical Areas Where They are Exceeded. UBA-Texte 71/96, Umweltbundesamt, Berlin

3.77 Köble R, Nagel D, Smiatek G *et al.* (1993) Kartierung der Critical Loads & Levels in der Bundesrepublik Deutschland. Abschlußbericht zum Forschungsvorhaben FE 108 02 080. ÖNU (Forschungs-, Beratungs- und Projektierungs-GmbH für Ökologie, Natur- und Umweltschutz), Prädikow

3.78 Nagel H-D, Henze C, Kunze F *et al.* (1995) Modellgestützte Bestimmung der Ökologischen Wirkungen von Emissionen. Abschlußbericht zum F/E-Vorhaben 104 01 005. ÖNU (Forschungs-, Beratungs- und Projektierungs-GmbH für Ökologie, Natur- und Umweltschutz), Prädikow

3.79 Posch M, de Smet P A M, Hettelingh J-P, Downing R J (Hrsg.) (1995) Calculation and Mapping of Critical Thresholds in Europe: Status Report 1995. RIVM Report No. 259101004, RIVM, Bilthoven

3.80 Mayerhofer P (1997) Application of Critical Levels and Loads as Sustainability Indicators. Beitrag zur Task Group „Sustainability Indicators" von ExternE. Stuttgart, Institut für Energiewirtschaft und Rationelle Energieanwendung (IER)

3.81 Pearce D W, Turner R K (1990) Economics of natural resources and the environment. New York

3.82 Abhe S, Braunschweig A, Müller-Wenk R (1990) Methodik für Ökobilanzen auf der Basis ökologischer Optimierung. Schriftenreihe Umwelt Nr. 133, BUWAL, Bern

3.83 Lipfert F W (1989a) Air Pollution and Materials Damage. In: Hutzinger O (Hrsg.) Air Pollution – The Handbook of Environmental Chemistry. Vol. 4B, Springer, Berlin, 114–186

3.84 Butlin R N (1991) Effects of air pollutants on buildings and materials. In: Last F T, Watling R (Hrsg.) Acidic Deposition – Its Nature and Impacts. Proceedings of the Royal Society of Edinburgh 97 B:255–272

3.85 Kucera V, Tidblad J, Henriksen J et al., (1995) Statistical analysis of 4 year materials exposure and acceptable deterioration and pollution levels – UN-ECE

ICP on Effects on Materials, Including Historic and Cultural Monument. Report No. 18, Swedish Corrosion Institute, Stockholm

3.86 Baedecker Ph A, Edney E O, Moran P J et al. (1991) Effects of Acidic Deposition on Materials – NAPAP Report 19. In: Irving P M (Hrsg.) Acidic Deposition State of Science and Technology, Vol. III: Terrestrial, Materials, Health and Visibility Effects. The U.S. National Acid Precipitation Assessment Program, Washington, D.C.

3.87 Isecke B, Weltschev M, Heinz I (1990) Volkswirtschaftliche Verluste durch umweltverschmutzungsbedingte Materialschäden in der Bundesrepublik Deutschland. Bundesanstalt für Materialforschung und -prüfung, Berlin

3.88 Short N R (1994) External Costs of Fuel Cycles – Impact on Materials. A report for Natural Environmental Research Council & Commission of the European Communities, DGXII, Aston Materials Services Ltd., Birmingham

3.89 UN-ECE (1984) Air-Borne Sulphur Pollution – Effects and Controls. UN-ECE, New York, 164–262

3.90 Sherwood S I, Lipfert F W, Daum M L *et al.* (1991) Distribution of Materials Potentially at Risk from Acidic Deposition – NAPAP Report 21. In: Irving P M (Hrsg.) Acidic Deposition: State of Science and Technology, Vol. III: Terrestrial, Materials, Health and Visibility Effects. The U.S. National Acid Precipitation Assessment Program, Washington, D.C.

3.91 Building Effects Review Group (BERG) (1989) The effects of acid deposition on buildings and building materials in the United Kingdom. Department of the Environment, Her Majesty's Stationery Office, London

3.92 Butlin R N, Coote A T, Devenish M *et al.* (1992) Preliminary Results from the Analysis of Stone Tablets From the National Materials Exposure Programme (NMEP). Atmospheric Environment 26 B (2):189–198

3.93 Butlin R N *et al.* (1993) The First Phase of the National Materials Exposure Programme NMEP 1987–1991. BRE-Report, CR158/93, BRE, Birmingham

3.94 Lipfert F W (1987) Effects of acidic deposition on the atmospheric deterioration of materials. Materials Performance 26:12–19

3.95 Lipfert F W (1989) Atmospheric damage to calcareous stone: Comparison and reconciliation of recent findings. Atmospheric Environment 23:415–429

3.96 Haynie F H (1986) Atmospheric Acid Deposition Damage due to Paints. US-EPA Report EPA/600/M-85/019

3.97 Roth U, Häubi F, Albrecht J *et al.* (1980) Wechselwirkungen zwischen der Siedlungsstruktur und Wärmeversorgungssystemen. Forschungsprojekt BMBau RS II 4 – 70 41 02 – 77.10, Schriftenreihe "Raumordnung", Bundesministerium für Raumordnung, Bauwesen und Städtebau, Bonn

3.98 Hoos D, Jansen R, Kehl J *et al.* (1987) Gebäudeschäden durch Luftverunreinigungen – Entwurf eines Erhebungsmodells und Zusammenfassung von Projektergebnissen. Institut für Umweltschutz, Universität Dortmund, Dortmund

3.99 ECOTEC (1986) Identification and Assessment of Materials Damage to Buildings and Historic Monuments by Air Pollution. Report to the UK Department of the Environment

3.100 Kucera V, Henriksen J, Knotkova D, Sjöström Ch (1993) Model for Calculations of Corrosion Cost Caused by Air Pollution and Its Application in Three Cities. Report No. 084, Swedish Corrosion Institute, Roslagsvägen

3.101 McCarthy E F, Stankunas A R, Yocom J E *et al.* (1984) Damage Cost Models for Pollution Effects on Materials. EPA-600/3-84-012, PB 84 140342

3.102 Umweltbundesamt (UBA) (Hrsg.) (1986) Kosten der Umweltverschmutzung. Tagungsband zum Symposium im Bundesministerium des Innern am 12. und 13. September 1985, UBA-Berichte 7/86, Erich Schmidt Verlag, Berlin
3.103 Lübbecke W (Hrsg.) (1989) Denkmalinventarisation – Denkmalerfassung als Grundlage des Denkmalschutzes. 4. Jahrestagung des Bayerischen Landesamtes für Denkmalpflege, München, 2.–3. Juli 1987, Arbeitsheft 38, Bayerisches Landesamt für Denkmalpflege, München
3.104 Backes M (1987) Historische Originalität und materielle Substanz – Denkmalpflege zwischen Bewahrung und Verlust, Konservierung und Verfälschung. Deutsche Kunst und Denkmalpflege 45:27–36
3.105 Grunsky E (1991) Kunstgeschichte und die Wertung von Denkmälern. Deutsche Kunst und Denkmalpflege 49:107–118
3.106 Wulf W (1989) Zum Denkmalbegriff in der Öffentlichkeit – Ablehnung oder Akzeptanz? In: Lübbeke W (Hrsg.): Denkmalinventarisation – Denkmalerfassung als Grundlage des Denkmalschutzes. 4. Jahrestagung des Bayerischen Landesamtes für Denkmalpflege, München, 2.–3. Juli 1987. Arbeitsheft 38, Bayerisches Landesamtes für Denkmalpflege, München, 31–34
3.107 Kuik O, Jansen H (1992) On the valuation of air pollution damage to buildings and monuments and on recreation in forests and parks. Position paper, EU-Project External Costs of Fuel Cycles. Instituut voor Milieuvraagstukken (IVM), Amsterdam
3.108 Feenstra J F (1984) Cultural Property and Air Pollution Damage to Monuments, Art-objects, Archives and Buildings due to Air Pollution. Report for Ministry of Housing, Physical Planning and Environment. Instituut voor Milieuvraagstukken, Amsterdam
3.109 Deutsches Nationalkomitee für Denkmalschutz (DND) (1986) Steinzerfall. Deutsches Nationalkomitee für Denkmalschutz, Bonn
3.110 Muraro G (1974) Estimate of the Economic Damage Caused by Pollution: The Italian Experience – Comments on the ENI-ISVET Research – 1969–70. In: OECD (Hrsg.) Environmental Damage Costs. OECD, Paris
3.111 Schreiber H (1982) Air Pollution Effects on Materials. In: Committee on the Challenges of Modern Society (CCMS) (Hrsg.) Impact of Air Pollutants on Materials. Number 139, Vol. I, Report of Panel 3 "Environmental Impact" of the NATO-CCMS Pilot Study on Air Pollution Control Strategies and Impact Modeling
3.112 Kuik O, Jansen H, Opschoor J (1991) The Netherlands. In: Barde J P, Pearce D W (Hrsg.) Valuing the Environment: Six Case Studies. Earthscan Publ. Ltd., London, 106–140
3.113 Navrud S, Strand J (1992) Norway. In: Navrud S (Hrsg.) Pricing the European Environment. Oxford University Press, New York, 108–135
3.114 Intergovernmental Panel on Climate Change (IPCC) (1990) Climate Change – The IPCC Scientific Assessment. (Houghton J T, Jenkins G J, Ephraums J J (Hrsg.)), WMO, UNEP, Cambridge University Press, Cambridge
3.115 Intergovernmental Panel on Climate Change (IPCC) (1995) Climate Change 1994 – Radiative Forcing of Climate Change and An Evaluation of the IPCC 1992 Emission Scenarios. (Houghton J T, Meira Filho L G, Bruce J *et al.* (Hrsg.)), WMO, UNEP, Cambridge University Press, Cambridge
3.116 Intergovernmental Panel on Climate Change (IPCC) (1996) Climate Change 1995 – The Science of Climate Change – Contribution of Working Group I to the Second Assessment Report of the Intergovernmental Panel on Climate Change. (Houghton J T, Meira Filho L G, Callander B A *et al.* (Hrsg.)), Cambridge University Press, Cambridge

3.117 Intergovernmental Panel on Climate Change (IPCC) (1996) Climate Change 1995 – Economic and Social Dimensions of Climate Change – Contribution of Working Group III to the Second Assessment Report of the Intergovernmental Panel on Climate Change. (Bruce J P, Lee H, Haites E F (Hrsg.)), Cambridge University Press, Cambridge

3.118 Nordhaus W D (1991) To Slow or Not to Slow: The Economics of the Greenhouse Effect. The Economic Journal 101:920–937

3.119 Ayres R, Walter J (1991) The Greenhouse Effect: Damages, Costs and Abatement. Environmental and Resource Economics 1:237–270

3.120 Cline W R (1992) The Economics of Global Warming. Institute for International Economics, Washington, D.C.

3.121 Titus J G (1992) The Cost of Climate Change to the United States. In: Majumdar S K, Kalkstein L S, Yarnal B *et al.* (Hrsg.) Global Climate Change: Implications, Challenges and Mitigating Measures. Pennsylvania Academy of Science, Pennsylvania, 384–409

3.122 Fankhauser S (1992) Global Warming Damage Costs: Some Monetary Estimates. CSERGE GEC Working Paper 92-29, CSERGE, University College London and University of East Anglia

3.123 Fankhauser S (1995) Valuing Climate Change – The Economics of the Greenhouse. Earthscan, London

3.124 Hohmeyer O, Gärtner M (1993) Die Kosten der Klimaänderung – Eine grobe Abschätzung der Größenordnungen. Bericht an die Kommission der Europäischen Gemeinschaft – DGXII, Greenpeace Österreich, Wien

3.125 Tol R S J (1993) The Climate FUND – Survey of Literature on Costs and Benefits. IVM Working Paper W-93/01, Instituut voor Milieuvraagstukken Amsterdam

3.126 Tol R S J (1995) The damage costs of climate change: Towards more comprehensive calculations. Environmental and Resource Economics 5:353–374

3.127 Fankhauser S, Tol R (1995) Recent Advancements in the Economic Assessment of Climate Change Costs. CSERGE Working Paper GEC, CSERGE, London, 95–31

3.128 Fankhauser S, Tol R S J, Pearce D W (1996) The Aggregation of Climate Change Damages: A Welfare Theoretic Approach. IVM, CSERGE, Amsterdam, London (unveröffentlicht)

3.129 Rosenzweig C, Parry M L, Fischer G, Frohberg K (1993) Climate Change and World Food Supply. Research Report No. 3, Environmental Change Unit, Oxford

3.130 Fischer G, Frohberg K, Parry M L, Rosenzweig C (1994) Climate Change and World Food Supply, Demand and Trade – Who benefits, who loses? Global Environmental Change 4:7–23

3.131 Mayerhofer P (1995) Die Folgen der Klimaänderung – Diskussion der Ansätze zur ökonomischen Bewertung. Arbeitspapier, Institut für Energiewirtschaft und Rationelle Energieanwendung, Stuttgart

3.132 Mayerhofer P, Friedrich R (1996) Die Schadenskosten der Klimaänderung – Diskussion vorliegender Abschätzungen. Energiewirtschaftliche Tagesfragen 46:58–64

3.133 Rotmans J (1990) IMAGE: An Integrated Model to Assess the Greenhouse Effect. Kluwer Acad. Publ., Dordrecht

3.134 Climatic Research Unit (CRU), Environmental Resources Limited (ERL) (1992) Development of a Framework for the Evaluation of Policy Options to Deal with the

Greenhouse Effect – A Scientific Description of the ESCAPE Model: Version 1.1. Report for the Commission of European Communities

3.135 Nordhaus W D (1992) An Optimal Transition Path for Controlling Greenhouse Gases. Science 258:1315–1319

3.136 Peck S C, Teisberg T J (1992) CETA: A Model for Carbon Emissions Trajectory Assessment. Energy Journal 13:55–77

3.137 Tol R S J (1993) The Climate FUND – Modelling Costs and Benefits. IVM Working Paper W-93/17, Instituut voor Milieuvraagstukken, Amsterdam

3.138 Maier-Reimer E, Hasselmann K (1987) Transport and storage of CO_2 in the ocean – an inorganic ocean-circulation carbon cycle model. Climate Dynamics 2:63–90

3.139 Peck S C, Teisberg T J (1993) Global warming uncertainties and the value of information: An analysis using CETA. Resource and Energy Economics 15:71–97

3.140 Fankhauser S (1994) Evaluating the Social Costs of Greenhouse Gas Emissions. CSERGE GEC Working Paper 94-01, CSERGE, University College London and University of East Anglia

3.141 Manne A, Mendelsohn R, Richels R (1994) MERGE: An Integrated Assessment Model of Greenhouse Gases. In: Mathai C V, Stensland G (Hrsg.) Global Climate Change – Science, Policy, and Mitigation Strategies. Proceedings of the A&WMA International Specialty Conf., 5.–8. April 1994, Phoenix, Arizona, Air & Waste Management Ass., Pittsburgh, PA, USA, 608–626

3.142 European Commission (1995) EUR 16522 – ExternE: Externalities of Energy – Vol. 3: Coal & Lignite. Office for Official Publications of the European Communities, Luxembourg

3.143 Peck S C, Teisberg T J (1993) Optimal CO_2 Emissions Control with Partial World-Wide Cooperation: An Analysis Using CETA. 6. IIASA-Treffen des 'International Energy Workshops', 22.–24. Juni 1993, Laxenburg, Österreich

3.144 Mayerhofer P (1994) Climate Change in the Framework of External Costs of Energy Systems. In: Mathai C V, Stensland G (Hrsg.) Global Climate Change – Science, Policy, and Mitigation Strategies. Proceedings of the A&WMA International Specialty Conference, 5.–8. April 1994, Phoenix, Arizona, Air & Waste Management Ass., Pittsburgh, PA, USA, 760–775

3.145 Merkel A (Bundesministerin für Umwelt, Naturschutz und Reaktorsicherheit) (1996) Die CO_2-Selbstverpflichtung der Industrie ist und bleibt ein wichtiger Beitrag zur Klimavorsorge. Presseerklärung vom 3. April 1996

3.146 Enquete-Kommission „Vorsorge zum Schutz der Erdatmosphäre" des 11. Deutschen Bundestags (1990) Schutz der Erde. 3. Zwischenbericht, Economica-Verlag, Bonn

3.147 Fahl U, Läge E, Rüffler W *et al.* (1995) Emissionsminderung von energiebedingten klimarelevanten Spurengasen in der Bundesrepublik Deutschland und in Baden-Württemberg. IER-Forschungsbericht Band 21, Institut für Energiewirtschaft und Rationelle Energieanwendung, Stuttgart

3.148 Schaumann P, Schweicke O (1995) Entwicklung eines Computermodells mit linearer Optimierung zur Abbildung eines regionalisierten Energiesystems am Beispiel Gesamtdeutschlands. Studie im Auftrag des Bundesministeriums für Bildung, Wissenschaft, Forschung und Technologie (BMBF), FKZ 0329322A/B, Wissenschaftliche Berichte der HTWS Heft 39 Nr. 1481, Hochschule für Technik, Wirtschaft und Sozialwesen (FH), Zittau

3.149 IEA (1994) Climate Change Policy Initiatives – 1994 Update. Vol. I: OECD Countries. Internationale Energieagentur, Paris
3.150 Wallis M K, Lucas N J D (1993) Economic Global Warming Potentials. Sixth International Energy Workshop, Laxenburg 22.–24. Juni 1993
3.151 Schmalensee R (1993) Comparing Greenhouse Gases for Policy Purposes. The Energy Journal 14 (1):245–255
3.152 Runte K-H (1993) Öleinträge ins Meer über die offshore Ölindustrie und die Tankschiffahrt – Eine Kurzstudie über Eintragsgrößen, Abbauprozesse und Schadenswirkung von Kohlenwasserstoffen unter ökologisch-ökonomischen Gesichtspunkten. Forschungs- und Technologiezentrum Westküste der Universität Kiel, Kiel
3.153 Reiersen L O *et al.* (1988) Monitoring in the vicinity of oil and gas platforms; Results from the Norwegian Sector of the North Sea and recommended methods for forthcoming surveillance. In: Engelhardt J P *et al.* (Hrsg.) Drilling Wastes. Galgary conference, 91–117
3.154 Zevenboom W, Robson M, Massie L, Reiersen LO (1992) Environmental Effects of Discharges from the Offshore Oil and Gas Industriy in the North Sea. Paris Convention for the Prevention of Marine Pollution, 16th meeting of the working group on oil pollution, London, 38
3.155 Khan R A (1990) Parasitisme in marine fish after chronic exposure to petroleum hydrocarbons in the laboratory and to the Exxon Valdez oil spill. Bull. Environ. Contam. Toxicol. 44:759–763
3.156 Engelhardt F R, Geraci J R, Smith T G (1977) Uptake and clearance of petroleum hydrocarbons in the ringed seal Phoca hispida. J. Fish. Res. Board Can. 34:1143–1147
3.157 Geraci J R, Smith T G (1977) Consequences of oil fouling on marine mammals. In: Malins D C (Hrsg.) Effects of Petroleum on Arctic and Subarctic Marine Environments and Organisms,Vol. 2: Biological Effects. Academic Press, New York, 2399–2410
3.158 Marchand M (1982) The ecological survey of the Amoco Cadiz spill. Bull. Cedre. 8:2–10
3.159 Derek E (1989) Environments at Risk. Case Histories of Impact Assessment. Berlin, Heidelberg, New York
3.160 Kingston P F (1992) News. Mar. Poll. BULL. 24
3.161 Koburger CW (1989) Exxon Valdez: Symbol of a myth, end of an era? SAF. SEA 242:26–27
3.162 BP (1992) Zahlen aus der Mineralölwirtschaft. Deutsche BP Aktiengesellschaft, Hamburg
3.163 European Commission (1995) EUR 16523 – ExternE: Externalities of Energy – Vol. 4: Oil & Gas. Office for Official Publications of the European Communities, Luxembourg
3.164 Landesregierung NRW (1991) Leitentscheidungen zum Abbauvorhaben Garzweiler II. Düsseldorf
3.165 Decker J, Ebert O, Hater K *et al.* (1990) Gutachten zur Beurteilung der Sozialverträglichkeit von Umsiedlungen im Rheinischen Braunkohlenrevier. ILS-Schriften 48 (1), Institut für Landes- und Stadtentwicklungsforschung des Landes Nordrhein-Westfalen (ILS), Dortmund

3.166 Mayerhofer P, Krewitt W, Trukenmüller A, Greßmann A, Bickel P, Friedrich R (1996) Externe Kosten der Energieversorgung. IER-Forschungsbericht Bd. 24, Institut für Energiewirtschaft und Rationelle Energieanwendung, Stuttgart

Literatur zu Kapitel 4

4.1 Commission of the European Communities (1995) JOULE Programme. ExternE: Externalities of Energy - Volume 5 - Nuclear. EUR 16524

4.2 Wehowsky P, Leidemann W, Lezuo A, Seifritz W, Fischedick M, Herrmann D, Pfeiffer T, Fahl U, Voß A (1994) Strom- und wärmeerzeugende Anlagen auf fossiler und nuklearer Grundlage, IKARUS - ein Entwicklungsvorhaben des Forschungszentrums Jülich im Auftrag des Bundesministers für Forschung und Technologie, Nr. 4-06(2)

4.3 Sources and effects of ionizing radiation. United Nations Scientific Committee on the Effects of Atomic Radiation. UNSCEAR Report to the General Assembly. United Nations. New York, 1993

4.4 Wiese A, Marheineke T, Krewitt W, Voß A: Ganzheitliche Bilanzierung von Stromerzeugungssystemen. Jahrestagung "Entsorgung - Wiederverwertung - Beseitigung" des Fachverbandes für Strahlenschutz, September 1995, Wolfenbüttel

4.5 Deutsche Risikostudie Kernkraftwerke Phase B. Gesellschaft für Reaktorsicherheit (GRS) mbH, GRS-72. 1989

4.6 Feldmann A (1989) Radioaktivität und Gesundheit, in: Hohlneicher, G., Raschke, E. (Hrsg.): Leben ohne Risiko? Verlag TÜV Rheinland

4.7 ICRP (1991) 1990 Recommendations of the International Commission on Radiological Protection, ICRP Publication 60. Annals of the ICRP, Vol. 21, No. 1-3, Pergamonn Press, Oxford

4.8 Borsch P, Feinendegen LE, Feldmann A, Münch E, Paschke M (1991) Strahlenschutz - Radioaktivität und Gesundheit, Hrsg.: Bayer. Staatsministerium für Landesentwicklung und Umweltfragen, München

4.9 UNSCEAR (1993) Sources and effects of ionizing radiation. United Nations Scientific Committee on the Effects of Atomic Radiation. UNSCEAR Report to the General Assembly. United Nations. New York

4.10 Hirsekorn R-P, Nies A, Rausch H, Storck R (1991) Performance Assessment of Confinements for Medium-Level and Alpha-Contaminated Waste. PACOMA Project Rock Salt Option. GSF-Bericht 12/91. GSF-Forschunszentrum für Umwelt und Gesundheit. Neuherberg

4.11 Storck R, Aschenbach J, Hirsekorn R-P, Nies A, Stelte N (1988) Disposal in Salt Formations - Performance Assessment of Geological Isolation Systems for Radioactive Waste. Study performed under contract No. WAS 429-84-9-D and FI1W/0002-D for the European Atomic Energy Community. Published by the Commission of the European Communities. Luxembourg

4.12 Closs K-D (1984) Systemstudie andere Entsorgungstechniken. Hauptband. Zusammengestellt von der Projektgruppe Andere Entsorgungstechniken. Kernforschungszentrum Karlsruhe GmbH. Karlsruhe

4.13 Luhmann H-J (1991) Entsorgungsoptionen und Kernbrennstoffversorgung in Deutschland. atomwirtschaft, November 1991

4.14 GRS (1989) Deutsche Risikostudie Kernkraftwerke Phase B. Gesellschaft für Reaktorsicherheit (GRS) mbH, GRS-72

4.15 Ewers H-J, Rennings K (1992) Abschätzung der Schäden durch einen sogenannten „Super-GAU", in: Prognos-Schriftenreihe Identifizierung und Internalisierung externer Kosten der Energieversorgung, Band 2. prognos. Basel

4.16 Keßler G (1994) Sicherheitsanforderungen an zukünftige LWR-Anlagen. In: Sammlung der Vorträge zum Statusbericht des Projektes Nukleare Sicherheitsforschung (PSF) vom 23. März 1994 im Kernforschungszentrum Karlsruhe. KfK 5326, Mai 1994

4.17 ERI/HSK (1993) A regulatory evaluation of the Mühleberg Probabilistic Safety Assessment, Part II: Level 2, Final Report prepared by Energy Research, Inc. for Swiss Federal Nuclear Safety Inspectorate, Federal Office of Energy, CH-5232 Villigen - HSK

4.18 Wheeler G, Hewison RC (1994) The External Costs of Accidents at a UK PWR. Intera Information Technologies. Chiltern House, 45 Station Road, Henley-on-Thames, Oxfordshire RG9 1AT, UK

4.19 Jones A, Mansfield P, Haywood S, Nisbet A, Hasemann I, Steinhauer C, Erhardt J (1993) PC COSYMA: An Accident Consequence Assessment Package For Use on a PC, Commission of the European Communities, EUR 14916 PREPRINT

4.20 Joint EC/IAEA/WHO International Conference: One Decade after Chernobyl: Summing up the Consequences of the Accident. Summary of the Conference Results. INFCIRC/510. Vienna, 8-12 April 1996

4.21 Schneider T, Tort V (1996) Improvement of the assessment of severe accidents. Unpublished working document for the EU DG XII ExternE - External Costs of Energy Project, Task 1.5. CEPN, B.P. 48, 92263 Fontenay Aux Roses, France

4.22 Erdmann G, Wiedemann R (1995) Risikobewertung in der Ökonomik, in: Berg, M. et al. (Hrsg): Risikobewertung im Energiebereich, vdf Hochschulverlag AG an der ETH Zürich

4.23 Pearce D, Bann C, Georgiou S (1992) The Social Costs of Fuel Cycles. Centre for Social and Economic Research on the Global Environment, University College London, 136 Gower Street, London WC1E 6BT

4.24 Blokker E F (1983) Erfahrungen bei der Durchführung von Risikoanalysen für eigene Anlagen der petrochemischen Industrie in Rijnmond. In: Hartwig S (Hrsg.): Große technische Gefahrenpotentiale, Springer Verlag

4.25 Ott W, Masuhr K, et al. (1994) Externe Kosten und kalkulatorische Energiepreiszuschläge für den Strom- und Wärmebereich. Herausgeber: Bundesamt für Energiewirtschaft, Amt für Bundesbauten, Bundesamt für Konjunkturfragen. Bundesamt für Konjunkturfrage, CH-3003 Bern

4.26 Beroggi G, Abbas T, Stoop J, Aebi M (1993) Risikobewertung in den Niederlanden, Eine Studie im Auftrag der Akademie für Technikfolgenabschätzung in Baden-Würtemberg. Projekt 12/93, Stuttgart

Literatur zu Kapitel 5

5.1 Bergsjo A (1982) Wind Power in Landscape, 4 th International Symposium on Wind Energy

5.2 Bleijenberg AN (1988) Windenergie en vogels. Oversicht en beleidsoverwegingen, Centrum voor energiebesparing en schone technologie

5.3 Bundesministerium für Forschung und Technologie (1994) Bund-Länder-1000-Dächer-Photovoltaik-Programm; Sitzungsprotokoll 29.04.1994 in Dresden

5.4 European Commission, DG XII, Science, Research and Development, JOULE (1995) EXTERNE: Externalities of Energy - Vol. 2: Methodology. Luxembourg: Office for Official Publications of the European Communities, EUR 16521

5.5 European Commission, DG XII, Science, Research and Development, JOULE (1995) EXTERNE: Externalities of Energy - Vol. 3: Coal & Lignite. Luxembourg: Office for Official Publications of the European Communities, EUR 16522

5.6 Enquete-Kommission "Schutz der Erdatmosphäre": Studienprogramm "Verkehr", Studie C (1993) Systemvergleich für unterschiedliche verkehrliche Prozeßabläufe und Transportketten hinsichtlich des Energieeinsatzes und klimarelevanter Emissionen im Güterverkehr, Endbericht

5.7 Enßlin C, Hoppe-Kilper M, Kleinkauf W, Koch H, Rohrig K, Schott T (1993) The WMEP in the German "250 MW-Wind" Programme - Evaluations from the large scale WMEP measurement network- ISES Solar World Congress, Budapest

5.8 Eyre Energy Environment (1994) CEC Project on the External Costs of Fuel Cycles - The Environmental Costs of Wind Energy

5.9 Fritsche U, Rausch L, Simon KH (1992) GEMIS: Gesamt-Emissions-Modell integrierter Systeme, Version 2.0, Endbericht im Auftrag des Hessischen Ministeriums für Umwelt, Energie und Bundesangelegenheiten / Programm zur Analyse der Umweltaspekte von Energie-, Stoff- und Transportprozesse

5.10 Häger A, Löwenstein V (1994) Solarfassaden: Der Stand der Technik; Informationsbroschüre SCHÜCO International; Sonderdruck aus "Sonnenenergie & Wärmetechnik"

5.11 Hagedorn G, Hellriegel E (1992) Umweltvorsorgeprüfung bei Forschungsvorhaben - Am Beispiel von Photovoltaik - Band 5: Umweltrelevante Stoffströme bei der Herstellung verschiedener Solarzellen, BMFT-Vorhaben 426-3590-PLI 14120, Forschungsstelle für Energiewirtschaft München, Forschungszentrum Jülich

5.12 Hagedorn G, Lichtenberger S, Kuhn H (1989) Kumulierter Energieverbrauch für die Herstellung von Solarzellen und photovoltaischen Kraftwerken, Forschungsstelle für Energiewirtschaft, München

5.13 Hagedorn G, Ilmberger F (1991) Kumulierter Energieverbrauch für die Herstellung von Windkraftanlagen, Forschungsstelle für Energiewirtschaft, München

5.14 Hau E (1988) Windkraftanlagen: Grundlagen, Technik, Einsatz, Wirtschaftlichkeit, Springer, Berlin Heidelberg New York

5.15 Heier S, Hoppe-Kilpper M, Kleinkauf W (1994) Windenergienutzung in Deutschland - Stand und Perspektiven-, "Wohin weht der Wind?" Globus, BUND-Leserservice Heft 03

5.16 Heier S, Kleinkauf W, Sachau J (1994) Power Conditioning - the Link between Solar Conversion and Consumer, Advances in Solar Energy, Volume 9, Annual

Review of Research and Development, American Solar Energy Society, Colorado, USA

5.17 Hirtz W, Rey I, Reetz T, Schuller H, Widmann W (1992) Umweltvorsorgeprüfung bei Forschungsvorhaben - Am Beispiel von Photovoltaik - Band 7: Materialien zur Umwelterheblichkeitsprüfung, Interner Bericht KFA-STE-IB-5/92, Forschungszentrum Jülich

5.18 Hirtz, W, Huber W, Kolb G (1993) Umweltvorsorgeprüfung bei Forschungsvorhaben - Am Beispiel von Photovoltaik - Band 6: Praktische Durchführung, Forschungszentrum Jülich

5.19 Hoffmann V (1994) Ergebnisse der Standardauswertung des 1000-Dächer-Photovoltaik-Programms, Neuntes Symposium Photovoltaische Solarenergie Staffelstein

5.20 ISET, Projektgruppe Windenergie (1993/1994/1995/1996): Wissenschaftliches Meß- und Evaluierungprogramm (WMEP) zum Breitentest "250 MW Wind", Jahresauswertung 1992, 1993, 1994, 1995

5.21 Karus M, Wittassek R, Linden W (1992) Umweltaspekte bei der Nutzung von Cadmium-Tellurid-Solarzellen, 8. Int. Sonnenforum, Berlin

5.22 Kiefer K (1994) Erste Auswertungen aus dem Intensiv-Meß-und Auswerteprogramm (I-MAP) des 1000-Dächer-Photovoltaik-Programms, Neuntes Symposium Photovoltaische Solarenergie Staffelstein

5.23 Kiefer K (1995) Das 1000-Dächer-Programm: Aktuelle Ergebnisse der Auswertungen, Sonnenenergie & Wärmetechnik 2

5.24 Lohmann M, Ansorge T (1992) Windenergie und Fremdenverkehr, Wind Kraft Journal 1

5.25 Lutz HP (1993) Marktanaylse PV-Anlagen - Netzgekoppelte Anlagen in Aufdachmontage, Sonnenenergie 5

5.26 Molly JP (1990) Windenergie: Theorie - Anwendung - Messung, Verlag C. F. Müller, 2. Auflage

5.27 Norddeutsche Naturschutzakademie (1990) Biologisch-ökologische Begleituntersuchungen zum Bau und Betrieb von Windkraftanlagen, Endbericht, NNA-Berichte, Sonderheft, Schneverdingen

5.28 Schewe (1990) Schalltechnische Untersuchung an Windenergieanlagen, Schlußbericht, im Auftrag des Umweltministeriums des Landes Niedersachsen, Aktenzeichen 305-40500/4.02, deBAKOM GmbH, Odenthal, 1990

5.29 TÜV HH (1992) Technischer Überwachungsverein Nord e.V., Zentrale Hamburg, Gutachten Nummer 123LM08230 vom 25.5.1992

5.30 VDI-Richtlinie 2714 (1988) Schallausbreitung im Freien

5.31 Wagner HJ, Pfisterer F (1993) Umweltaspekte photovoltaischer Systeme, Forschungsverbund Sonnenenergie - Themen 1992/93, Photovoltaik 2, Köln, Februar 1993

5.32 Winkelman JE (1988) Onderzoek naar de mogelijke involved van wind turbines op vogels, Energiespectrum

5.33 Hagedorn G (1990) CO_2-Reduktion - Potential photovoltaischer Systeme, Sonnenenergie 1/90

5.34 Palz W, Zibetta H (1991) Energy pay-back time of photovoltaic modules, International Journal of Solar Energy

Literatur zu Kapitel 6

6.1 Friedrich R, Greßmann A, Krewitt W, Mayerhofer P (1996) Externe Kosten der Stromerzeugung. Stand der Diskussion. VWEW Verlag, Frankfurt

6.2 Bickel P, Friedrich R (1995) Was kostet uns die Mobilität? Externe Kosten des Verkehrs. Springer Verlag Heidelberg.

6.3 Fahl U, Läge E, Rüffler W, Schaumann P, Böhringer C, Krüger R, Voß A (1995) Emissionsminderung von energiebedingten klimarelevanten Spurengasen in der Bundesrepublik Deutschland und in Baden-Württemberg. Forschungsbericht des Institut für Energiewirtschaft und Rationelle Energieanwendung, Band 21, Stuttgart

Abkürzungen

A	Aktivität
AKMR	artenreiche Kalk-Magerrasen
AOT	Akkumulation der Ozon-Stundenwerte
AU	Arbeitsunfälle
BEIR	Biological Effects of Ionizing Radiation
BK	Berufskrankheiten
BKFT	Birken-, Kiefer-, Fichten- und Tannenmischbestände
BMELF	Bundesministerium für Ernährung, Landwirtschaft und Forsten
BMFT	Bundesministerium für Forschung und Technologie
BSP	Bruttosozialprodukt
C	Schadstoffkonzentration
C`	marginale Vermeidungskosten
CETA	Carbon Emissions Trajectory Assessment Model
COI	Cost of Illness-Methode
CVM	Contingent Valuation Method
D`	marginale Schadenskosten
DDREF	Low Dose and Dose Rate Effectiveness Factor
DGMK	Deutsche Wissenschaftliche Gesellschaft für Erdöl, Erdgas und Kohle e.V.
DICE	Dynamic Integrated Climate-Economy Model
DM	Deutsche Mark
DNA	Desoxyrhibonukleinsäure
DR	Diskontrate
DVGW	Deutscher Verein des Gas- und Wasserfaches e.V.
E	Emissionsniveau
e	Emission
e*	optimales Emissionsniveau
EED	Expert Expected Damage
EPR	European Pressurized Reactor
ESCAPE	Framework for the Evaluation of Policy Options to deal with the Greenhouse Effect
ETS	effektive Temperatursumme

EU	Expected Utility
EVA	Ethylen-Vinyl-Acetat
FUND	Climate Framework for Uncertainty, Negotiation and Distribution
GCM	General Circulation Models
GEMIS	Gesamt-Emissions-Modell Intergrierter Systeme
GEMIS	Gesamt-Emissions-Modell integrierter Systeme
GFK	glasfaserverstärkter Kunststoff
GT	Gasturbine
GuD	Gas und Dampf
GWP	Global Warming Potential
HAW	High Active Waste
HCA	Human Capital Approach
HPA	Hedonische Preisanalyse
HSW	Husumer Schiffswerft GmbH
I-MAP	Intensiv-Meß- und Auswerteprogramm
ICP	International Cooperative Programme
ICRP	International Commission on Radiological Protection
IE	Intergenerational Equity
IKARUS	Instrumente für Klimagas-Reduktionsstrategien
ILO	International Labour Office
IMAGE	Integrated Model to Assess the Greenhouse Effect
IPCC	Intergovernmental Panel on Climate Change
ITE	Institute of Terrestrial Ecology
ITP	individuelle Zeitpräferenz
KFA	Forschungszentrum Jülich
LAW	Low Active Waste
LRTAP	Convention on Long Range Transboundary Air Pollution
MAW	Medium Active Waste
MERGE	Model for Evaluating Regional and Global Environmental, Economic and Energy Effects
MRSS	Magerrasen auf schwach bis stark sauren Standorten
N	Personaleinsatz je TWh
n. q.	nicht quantifiziert
NCLAN	National Crop Loss Assessment Network
NEF	noise exposure forecast
NEV	nicht energetischer Verbrauch
NFC	National Focal Centers
NMEP	National Materials Exposure Programme
NNI	noise and number index

NR	natürliche Ressource
OCC	Opportunity Cost of Capital
OECD	Organization of Petroleum Exporting Countries
OPEC	Organisation of Petrol-Exporting Countries
p*	marginale Schadenskosten
PE	Polyethylen
PEV	Primärenergieverbrauch
PJ	Personenjahr
PM	Particulate Matter
PMF	Progressive Massive Fibrosis
pn	Halbleiter-Grenzschicht zwischen positiv und negativ leitenden Bereichen
PSA	Probabilistic Safety Assessment
PTFE/IT	Polytetrafluorethylen
PU	Polyurethan
PV	Photovoltaik
PVC	Polyvinylchlorid
R	Risiko
r	Risiko je Personenjahr
REA	Rauchgas-Entschwefelungsanlage
SCR	Selektive Katalytische Reduktion
Si	Silizium
SPGÜF	Schadenspotential gewichtete Überschreitungsfläche
SRU	Rat von Sachverständigen für Umweltfragen
StaBA	Statistisches Bundesamt
STP	Social Time Preference
TRANSIS	Simulationsprogramm zum Ertrag von PV-Anlagen
U	marginale Nutzen des Konsums
UBA	Umweltbundesamt
ÜF	Überschreitungsfläche
UN-ECE	United Nations Economic Commission for Europe
UNSCEAR	United Nations Scientific Commitee on the Effects of Atomic Radiation
VDEW	Verband Deutscher Elektrizitätswerke
VDI	Verein deutscher Ingenieure
VLYL	Value of Life Year Lost
VSL	Value of Statistical Life
W	Wachstumsrate des realen Konsums pro Kopf
WCED	Weltkommission für Umwelt und Entwicklung
WKA	Windkraftanlage
WMEP	Wissenschaftliches Meß- und

	Evaluierungsprogramm
WTP	Willingness to Pay
YOLL	Years of Life Lost